Kliniktaschenbücher

H. Kaess O. Kuntzen M. Liersch

Gastroenterologische Labordiagnostik

Mit einem Beitrag von H. Lieske

Mit 48 Abbildungen und 18 Tabellen

Springer-Verlag
Berlin Heidelberg New York Tokyo

Professor Dr. Herbert Kaess
Dr. med. Olaf Kuntzen
II. Medizinische Abteilung
Städtisches Krankenhaus München-Bogenhausen
Englschalkingerstraße 77, 8000 München 81

Priv.-Doz. Dr. med. Michael Liersch
Medizinische Klinik, Gastroenterologische Abteilung,
Ev. Krankenhaus Hamm GmbH, Werler Straße 110,
4700 Hamm 1

Dr. med. Herbert Lieske
Facharzt für innere Medizin und Tropenkrankheiten,
Bramfelder Chaussee 252, 2000 Hamburg 71

ISBN-13: 978-3-540-10527-5 e-ISBN-13: 978-3-642-48738-5
DOI: 10.1007/978-3-642-48738-5

CIP-Kurztitelaufnahme der Deutschen Bibliothek
Kaess, Herbert: Gastroenterologische Labordiagnostik / H. Kaess ; O. Kuntzen ; M. Liersch. Mit e. Beitr. von H. Lieske. – Berlin ; Heidelberg ; New York ; Tokyo : Springer, 1984. (Kliniktaschenbücher)

NE: Kuntzen, Olaf: ; Liersch, Michael:

2127/3140-543210

A. Lambling, dem Arzt,
Wissenschaftler und Europäer,
gewidmet

Vorwort

Labor- und Funktionsuntersuchungen bei Patienten mit Erkrankungen des Verdauungsapparats gehören zu den alltäglichen Aufgaben des Arztes in Klinik und Praxis. Sie nehmen in der Diagnostik trotz der Entwicklung von Sonographie, Endoskopie und Computertomographie einen wesentlichen Platz ein. Doch unterliegen die Möglichkeiten und Aufgaben des gastroenterologischen Labors einem raschen Wandel, bedingt durch neue Techniken und sich weitende Kenntnisse theoretischer Grundlagen und klinischer Zusammenhänge. Neben noch gültigen, lange eingeführten Methoden stehen neue, welche das Spektrum diagnostischer Möglichkeiten wertvoll erweitern und manches ältere Verfahren entbehrlich werden lassen.

Dieses Taschenbuch wurde für Allgemeinärzte, Internisten, Chirurgen und vor allem für Gastroenterologen unter ihnen zusammengestellt. Es vermittelt Grundlagen, Methoden und – darauf basierend – Aussagemöglichkeiten derzeit aktueller gastroenterologischer Labor- und Funktionsuntersuchungen. Dem Leser soll die kritische Indikationsstellung und Gewichtung seiner diagnostischen Maßnahmen und auch das Verständnis manches Arztbriefes erleichtert werden. Und mancher möge angeregt sein, die eine oder andere Untersuchung selbst durchzuführen; die Methodik derjenigen Tests, welche über die Ausstattung eines klinisch-chemischen Routinelabors hinaus nur wenige apparative Mehraufwendungen erfordern ist im Einzelnen beschrieben. Die dabei getroffene Auswahl entspricht der Erfahrung der Autoren.

Die Auswahl der Literaturhinweise wurde nach der Zielsetzung des Taschenbuches vorgenommen.

Die Verfasser danken dem Springer Verlag, insbesondere seinem Mitarbeiter, Herrn Dr. Wieczorek, für die verständnisvolle Zusammenarbeit.

München, März 1985

H. Kaess
O. Kuntzen
M. Liersch

Inhaltsverzeichnis

1 Magen

H. KAESS

1.1 Allgemeine Grundlagen

1.1.1 Physiologie

Der Magen dient der Umwandlung der Speisen in Chymus sowie seiner schubweisen Überführung ins Duodenum. Physiologisch am wichtigsten ist die *motorische Funktion* [4]. Magenfundus und oberer Korpusanteil speichern die Speisen und schieben den Mageninhalt durch tonische Kontraktionen aboralwärts. Der erzeugte intragastrische Druck bzw. der gastroduodenale Druckgradient spielt für die Magenentleerung flüssiger Speisen eine wichtige Rolle. Die distalen Magenabschnitte regulieren die Entleerung fester Speisen. Die Halbwertszeit für die Verweildauer einer gemischten Mahlzeit, welche durch die peristaltischen Kontraktionen des Antrums weiter befördert wird, beträgt ca. 2,5 h. Größere Nahrungspartikel (> 2 mm) werden in der interdigestiven Phase im Verlauf von großen peristaltischen Kontraktionen, welche im Abstand von 90–120 min auftreten (interdigestiver Motorkomplex) entleert.
Gastroduodenaler Druckgradient und Pylorus verhindern einen duodenogastralen Reflux [4].
Die Magensaftsekretion von Salzsäure (HCl), Pepsinogenen, Mukus und Serumproteinen, Wasser und Elektrolyten hat eine geringe *physiologische Bedeutung*. Eine wichtige Ausnahme bildet die Sekretion des Intrinsicfactors (I. F.) welcher für die Absorption von Vitamin B_{12} unerläßlich ist.

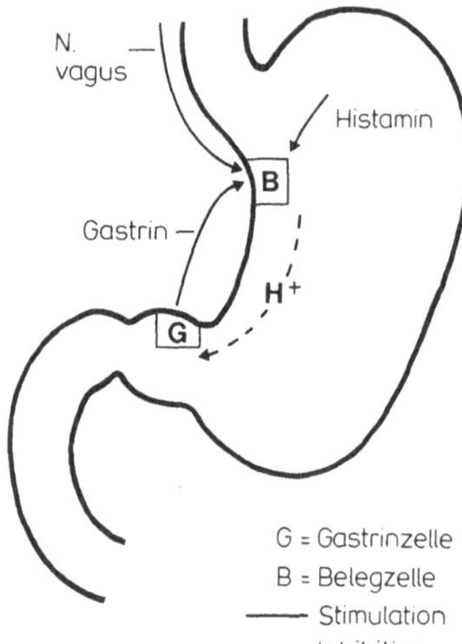

Abb. 1.1. Stimulierung der Säuresekretion

Salzsäure und I. F. werden in den Belegzellen der Fundusschleimhaut gebildet und gelangen durch die Drüsenöffnungen (Pits) in das Magenlumen. Stimuli für die Freisetzung von HCl sind 1. Acetylcholin, der Neurotransmitter des N. vagus; 2. das gastrointestinale Hormon Gastrin, welches in den G-Zellen der Antrumschleimhaut gebildet wird; 3. das Gewebshormon Histamin, welches aus den Mastzellen der Fundusschleimhaut durch Diffusion zu den Belegzellen gelangt (Abb. 1.1). Eine Verknüpfung der drei Stimulationsvorgänge ist dadurch begründet, daß

a) $Histamin_2$-Rezeptorenantagonisten, z. B. Cimetidine, die HCl-Sekretion nach Gastrin und vagaler Stimulation stark reduzieren,
b) die Ausschaltung des N. vagus oder der antralen Gastrinfreisetzung durch Vagotomie bzw. Antrektomie die Ansprechbarkeit der Belegzellen auf den jeweils anderen Stimulus herabsetzt.

Zwischen Gastrinfreisetzung und HCl-Sekretion besteht ein negativer Rückkopplungsmechanismus, d. h. bei saurem Antrummilieu wird die Gastrinabgabe gehemmt. Die Salzsäure übt im Nüchternzustand eine antibakterielle Wirkung aus und verhindert zusammen mit der gastrointestinalen Peristaltik eine Keimbesiedlung proximaler Abschnitte des Gastrointestinaltrakts. Während einer Mahlzeit trägt die HCl-Sekretion dazu bei, daß die proteolytische Digestion,

d. h. die Aktivierung von Pepsinogenen bei pH 3,5–4,0 in Gang kommt und der Mageninhalt zunehmend in eine saure isotone flüssige Phase überführt wird, die fraktioniert entleert werden kann [13].
Die Magenschleimhaut bzw. das autonome Nervensystem der Magenwand enthält neben Gastrin andere gastrointestinale Polypeptide wie *Serotonin,* vasoaktives intestinales Polypeptid (VIP), Somatostatin sowie Enkephaline. Die physiologische Bedeutung dieser Substanzen ist ungeklärt.

1.1.2 Pathophysiologie

Im Kontrast zur begrenzten physiologischen Rolle bildet die HCl-Sekretion einen wichtigen pathogenetischen Faktor für die Entstehung entzündlicher und ulzeröser Magenläsionen, „ohne Säure – kein Ulkus". Um der hochkonzentrierten Salzsäure des Magensafts (ca. pH 1,0) widerstehen zu können, besitzt die Magenschleimhaut defensive Mechanismen, auch Mukosabarriere bezeichnet. Hierzu zählen die Sekretion von Magenschleim, die Abgabe einer bikarbonathaltigen Sekretion, welche durch Prostaglandine, z. B. PGE_2 stimuliert wird. Es bildet sich ein pH-Gradient zwischen Mageninhalt und Magenschleimhaut mit einem neutralen Milieu an der Oberfläche der Schleimhautepithelzellen. Weiterhin gehören Funktion und Erneuerung der Magenepithelzellen sowie die Durchblutung der Magenschleimhaut zu den zytoprotektiven Mechanismen, welche insgesamt durch neurohumorale Einflüsse, z. B. N. vagus, trophische Wirkung von Gastrin sowie Prostaglandine verändert werden können.

1.1.3 Gastroduodenales Ulkus

Das *gastroduodenale Geschwür* wird als Folge eines gestörten Gleichgewichts zwischen Salzsäure und Mukosabarriere betrachtet,

wobei verschiedene pathophysiologische Mechanismen wirksam sein können, so daß die Ulkuskrankheit als heterogene Gruppe von Störungen angesehen wird [5].
Unter *definierten Formen* der Ulkuskrankheit seien das Zollinger-Ellison-Syndrom und die antrale G-Zellhyperplasie verstanden, weil ihnen bekannte pathophysiologische Störungen zugrunde liegen. Für das *Ulcus duodeni* wird der HCl-Hypersekretion bzw. einem niedrigen pH im Bulbus eine vorrangige Bedeutung beigemessen. Eine erhöhte Anzahl von Belegzellen, ihre gesteigerte Ansprechbarkeit auf Stimuli sowie eine gesteigerte Gastrinfreisetzung erhöhen die Säureresektion. Schnelle Magenentleerung mit unzureichender Neutralisation des Magensafts durch die Speisen und ungenügende Bikarbonatsekretion des Pankreas begünstigen ebenfalls ein saures Milieu des Bulbus. Ungeklärt sind der Einfluß des N. vagus und die Frage einer erhöhten Histaminfreisetzung. Ein Versagen der Zytoprotektion steht beim Ulcus ventriculi im Vordergrund. Magengeschwüre entstehen überwiegend auf dem Boden einer Gastritis im Grenzbereich von Antrum- und Korpusschleimhaut, für deren Pathogenese der Reflux von Gallen- und Pankreassaft sowie exogene Faktoren, z. B. Alkohol und Pharmaka, verantwortlich gemacht werden.

1.1.4 Atrophie der Magenschleimhaut

Atrophische Schleimhautveränderungen führen zu einer Verminderung der anorganischen und organischen Bestandteile der Magensaftsekretion. Ist die Fundusschleimhaut betroffen, sind HCl-Sekretion, I. F.-Sekretion der Belegzellen sowie Serum-Pepsinogen-I-Sekretion der Hauptzellen reduziert. Eine Atrophie der Antrumschleimhaut ist von einer Verminderung des Serumpepsinogenspiegels II begleitet. Man unterscheidet folgende Formen der atrophischen Gastritis deren Diagnose durch histologische Untersuchung von Magenschleimhautbiopsie-Material erfolgt:
1. *Fundusatrophie mit normaler Antrumschleimhaut,* d. h. Achlorhydrie und I. F.-Mangel mit konsekutiver Erhöhung des Serumgastrinspiegels = Typ-A-Gastritis, wie sie bei Morbus Biermer besteht.

2. *Antrumgastritis mit normaler Fundusschleimhaut,* d.h. normaler Sekretion von HCl und I.F.-Faktor mit geringer Erhöhung des Serumgastrinspiegels = Typ-B-Gastritis.
3. *Kombinierte Atrophie von Fundus und Antrumschleimhaut* = Typ-A-B-Gastritis.

1.2 Untersuchung der Magenfunktionen

Die Prüfung der Magenfunktionen für klinische Zwecke beschränkt sich hauptsächlich auf die Untersuchung des *Magensafts* und des *Serumgastrinspiegels.*
Die Prüfung der Säuresekretion des Magens in den früheren Indikationsbereichen zur Diagnostik von peptischem Geschwür, Gastritis und Karzinom wurde durch die Endoskopie mit Biopsie abgelöst.
Praktisch klinische Bedeutung besitzen die Säuresekretionsanalyse und die Bestimmung des Serumgastrins zur Feststellung von *definierten Formen der Ulkuskrankheit* und zur Abklärung des postoperativen Geschwürs [2, 14].
Die Messung der organischen Magensaftbestandteile ist selten indiziert und bleibt Speziallabors vorbehalten. Eine Ausnahme bildet die Bestimmung des Intrinsicfactors, welcher zusammen mit der morphologischen Schleimhautuntersuchung sowie hämatologischen Untersuchungsverfahren zur Diagnostik des Morbus Biermer verwendet wird (atrophische Fundusgastritis).
Die Untersuchung der Motilität mittels Manometrie und Szintigraphie, die Untersuchung der Aktivität der Mukosabarriere bzw. der Schleimhautdurchblutung werden bisher nur für wissenschaftliche Fragen angewandt.

1.2.1 Magensekretionsanalyse

1.2.1.1 Säurebestimmung

Die Sekretion des Magens, welche ein Gemisch aus dem wäßrigen HCl-Sekret der Belegzellen, dem bikarbonathaltigen Magensekret sowie den organischen Bestandteilen, insbesondere dem Magenschleim darstellt, wird mit einer Sonde erfaßt und durch Titration gemessen. Bestimmt wird die Säuresekretionsleistung im Nüchternzustand und nach Stimulation der Belegzellen.

Untersuchungsmethodik. Der Patient muß sich mindestens seit 12 h im Nüchternzustand befinden. Medikamente, welche die Magensaftsekretion beeinflussen, müssen mindestens 24 h vor der Untersuchung abgesetzt werden. Hierzu gehören Säuresekretionshemmer, z. B. Cimetidine und Pirenzepin. Psychopharmaka und Ranitidine sollten wegen der verlängerten Halbwertszeit ein größeres Intervall zuvor, d. h. mindestens 48 h vor der Untersuchung, weggelassen werden. Diabetiker erhalten vor der Untersuchung eine Insulinmenge wie bei anderen Eingriffen, welche im Nüchternzustand durchgeführt werden müssen, z. B. Endoskopie und Sonographie.
Die Magensonde – röntgenkontrastgebend, Länge 120 cm, Durchmesser 6 mm, distal mehrfach perforiert (z. B. Fa. Rüsch) –, benetzt mit Wasser, wird im Sitzen durch Mund oder Nase eingeführt und unter wiederholtem Schlucken des Patienten bis ins mittlere Antrum vorgeschoben. Für Patienten mit empfindlicher Mund- und Rachenschleimhaut, insbesondere Raucher und Alkoholiker, empfiehlt sich eine Lokalanästhesie, z. B. mittels Lidocainspray.
Vor Beginn der Magensaftuntersuchung wird die Sondenlage vor dem Röntgenschirm kontrolliert. Die Spitze der Sonde soll im Stehen am unteren Magenpol, in linker Seitenlage an der großen Kurvatur des distalen Antrums lokalisiert sein (Abb. 1.2).
Ein indirektes Kontrollverfahren besteht in der Instillation von 100 ml Wasser durch die Sonde, von dem sich mindestens 90 ml anschließend aspirieren lassen müssen. Nach Lagerung in linker Sei-

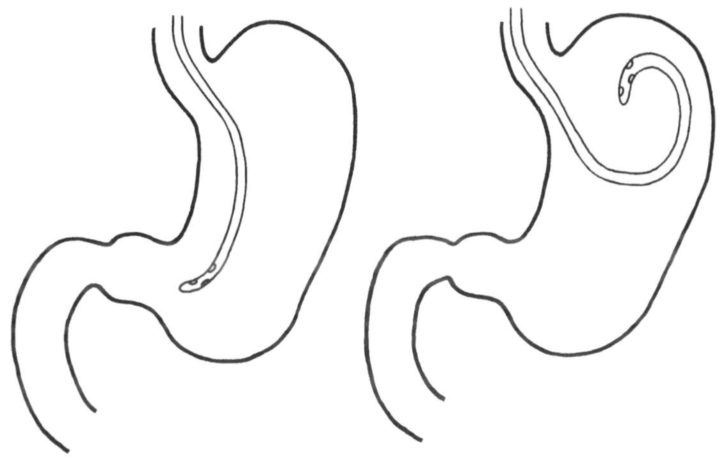

Abb. 1.2. Plazierung der Sonde im Magen

tenlage wird der Patient angehalten, den Speichel nach außen in Zellstofflagen auszuspucken.
Der Mageninhalt wird bei mäßigem Unterdruck in eine Spritze aspiriert. Ist die Absaugung blockiert, weil sich die Magenwand um die Sondenöffnung gelegt hat, wird eine geringe Menge Luft insuffliert.
Das Magensekret wird in 15minütigen Portionen in Meßzylinder erfaßt. Bei Verwendung einer automatischen Absaugpumpe (z. B. Gastromat oder Gastrovac) muß die laufende Überwachung der Untersuchung gewährleistet sein. Bei Vorhandensein von Speiseresten, Auftreten von Schmerzen sowie Aspiration von Blut wird auf die Magensaftuntersuchung verzichtet.
Nach Entnahme des Mageninhalts wird die *spontane Magensaftsekretion* während 60 min (4mal-15-min-Fraktionen) gewonnen.
Bei normalem Untersuchungsablauf zeigt das Volumen der einzelnen Fraktionen keine großen Unterschiede voneinander.
Die Messung der nächtlichen Nüchternsekretion über 12 h bringt keine besseren diagnostischen Informationen und ist mit erheblichen Nachteilen (Kosten- und Personalaufwand) belastet.
Anschließend wird das Magensekret unter maximaler Stimulierung gesammelt. Als Stimulans wird *Pentagastrin,* ein synthetisches Pen-

tapeptid, mit der C-terminalen Tetrapeptidsequenz des Gastrins, in einer Dosierung von 6 µg/kg Körpergewicht (KG) subkutan verabreicht. Die Sammelperiode beträgt 60 min (4mal-15-min-Fraktionen).

Nebenwirkungen. Pentagastrin hat nur geringe Nebenwirkungen: Übelkeit, abdominelles und thorakales Druckgefühl, selten Blutdruckabfall.
Histamin oder Histaminderivate (Histalog 0,5 mg/kg KG subcutan), welche früher als Reiz der HCl-Sekretion gedient haben, sind wegen ihrer Nebenwirkungen zugunsten des Pentagastrins verlassen.

Fehlerquellen der Magensekretionsanalyse

1. Unvollständige Erfassung des Magensaftvolumens
   a) durch falsche Sondenlage;
   ohne Röntgenkontrolle verfangen sich Sonden häufig in einer Kaskade (s. Abb. 1.2);
   b) transpylorische Verluste und Verluste aus Resektionsmägen über die Anastomose, welche bei Zustand nach Billroth II beträchtlich sein können;
   c) Rückdiffusion von H^+Ionen bei chronischer Gastritis infolge einer Schädigung der Mukosabarriere.
2. Zufluß von Verdauungssekreten
   a) Speichel;
   b) bulbogastraler Reflux, d. h. Reflux von Gallen-, Pankreas- und Duodenalsaft;
   c) die Beeinflussung durch Pharmaka (s. Vorbereitung zur Magensaftuntersuchung).

Die Kontrolle transpylorischer Verluste durch Farbstoffindikatoren, z. B. Phenolrot, hat keine Bedeutung für klinische Untersuchungen erlangt, weil der zusätzliche methodische Aufwand die diagnostische Aussage nicht entscheidend erhöht.

Verfahren der Säuremessung

Säuretitration. Die Säurekonzentration jeder Magensaftfraktion wird aus einem Aliquot durch Zugabe von 0,1 N NaOH titrimetrisch bestimmt. Der Titrationspunkt ist 7,0 bei Verwendung eines pH-Meters, z. B. automatisches Titriergerät der Firma Radiometer, Kopenhagen.

Bei der manuellen Titration wird als Farbindikator Phenolrot mit einem Umschlag zwischen pH 6,8 und 8,7 verwendet, welcher jeder Probe zuvor (1–2 Tropfen) zugesetzt wird. NaOH wird über eine Titrierbürette (25 ml) mit dazugehöriger Vorratsflasche [2 Liter] und einem 2-Kammerblaseball *(Colodur-Blau-Brand)* zugesetzt. Titriert wird jeweils ein Aliquot, z. B. 1 ml Magensaft mit 0,1 N NaOH (0,1 mol/l oder 0,1 Eq./l NaOH). Aus dem Verbrauch von NaOH wird die HCl-Konzentration berechnet. Dabei entspricht der Verbrauch von 1 ml 0,1 N NaOH zur Neutralisation von 1 ml Magensaft einer H-Konzentration von 100 mmol/l.

Die Bestimmung der sog. freien Säure durch Titration bis pH 3,5, dem Umschlagspunkt von Dimethylamidoazobenzol (Töpfer-Reagenz) ist verlassen, weil der pH-Bereich zwischen 3,5 und 7,0 nicht nur an Mukus gebundene und undissoziierte HCl enthält, sondern vor allem bei geringer oder fehlender Säuresekretion organische Säuren, z. B. Milchsäure, erfaßt.

Aus dem Volumen (ml) jeder 15minütigen Fraktion und der titrierten Azidität (mmol/l) wird die Säuresekretion mmol/15 min berechnet. Beispiel: 15 ml Sekretionsvolumen/Magensaftfraktion (15 min) mal 40 mmol/l gemessene Azidität, entsprechen 0,6 mmol/Fraktion (15 min).

Darstellung der Ergebnisse

1. *Basale (Nüchtern-)Säuresekretion.* Darunter wird die spontane Säuresekretionsleistung während 60 min (4 Fraktionen) in mmol/h verstanden. Beträgt die Magensaftsammelperiode nur 30 min, wird die Säuresekretion der beiden Proben mit 2 multipliziert.

Der international gebräuchliche Ausdruck für basale Säuresekretion lautet: basal acid output (BAO).

2. *Stimulierte Säuresekretion.* Unterstellt werden maximale Stimulationsreize, welche eine maximale Säuresekretionsleistung auslösen; diese steht in einem direkten Bezug zur Anzahl der Belegzellen. Gebraucht werden hierfür folgende Begriffe:

a) maximale Säuresekretionsleistung (maximal acid output = MAO), welche der Säuresekretion in den 4 Fraktionen nach der Stimulation entspricht = mmol/h.

   Der Begriff ist indessen insofern nicht völlig zutreffend, weil nach intravenöser anstelle subkutaner Gabe von Pentagastrin eine noch höhere Säuresekretionsleistung erreicht werden kann.

b) Gipfelsekretion (peak acid output = PAO) welche der Summe der beiden höchsten aufeinanderfolgenden 15minütigen Säureresektion mal 2 entspricht = mmol/h.
   Die Gipfelsekretion hat den kleinsten Variationskoeffizienten, d.h. sie ist am besten reproduzierbar.

Magensaftuntersuchung
Bestimmung der HCl-Sekretionsleistung

- Nüchternsekretion mmol/h
  (basal acid output = PAO)
- HCl-Sekretion nach Pentagastrinreiz mmol/h
  (peak acid output = PAO)
  (maximal acid output = MAO).

HCl-Sekretion nach Pentagastrinstimulation
1. *Normalpersonen.* Nüchternsekretion und Gipfelsekretion nach Pentagastrinreiz zeigen eine breite Streuung [3, 14]. Der Häufigkeitsgipfel liegt zwischen 2 und 3 mval/h für die Basalsekretion und bei 22 mval/h für die Gipfelsekretion (Abb. 1.3).
2. *Ulcus duodeni.* Nüchternsekretion und Gipfelsekretion liegen im Durchschnitt höher als bei Normalpersonen. Die Überlappung zwischen den Ergebnissen dieser beiden Gruppen ist groß, insbesondere bei der Basalsekretion [14]. Bei den Ulcus-duodeni-Patienten werden 2 Populationen angenommen:

a) mit normaler Belegzellenmasse,
b) mit erhöhter Belegzellenmasse, d.h. gesteigerter Basal- und Gipfelsekretion. 30% der Patienten mit Ulcus duodeni haben eine Basalsekretion oberhalb von 6 mmol/h. Eine Gipfelsekretion unterhalb 15 mmol/h spricht gegen ein Ulcus duodeni, liegt sie oberhalb von 40 mmol/h für ein Ulcus duodeni.

Die Befunde zeigen eine niedrige Sensitivität und Spezifität der Magensaftanalyse für die Ulkusdiathese, so daß die Säuresekretionsuntersuchung hierfür nicht angewendet werden soll. Die Säuresekretionsleistung bei *Ulcus ventriculi* ist entsprechend der Lokalisation des Ulkus im Vergleich zu Normalpersonen nicht verändert oder vermindert. Die Reduktion wird auf eine Abnahme der Belegzellen

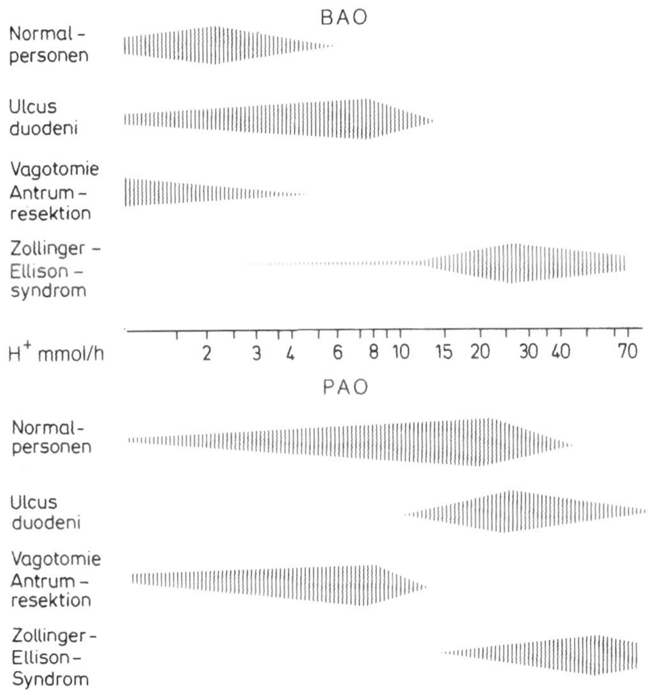

Abb. 1.3. Säuresekretion in der Basalsekretion (BAO = basal acid output) und nach Pentagastrinstimulation (PAO = peak acid output). Kaess H., O. Kuntzen, Taschenbuch der Inneren Medizin, G. Schettler-Thieme Verlag Stuttgart 1984

infolge entzündlicher atrophischer Schleimhautveränderungen sowie eine Rückdiffusion von H-Ionen in die Magenschleimhaut zurückgeführt. Man unterscheidet nach Johnson Ulzera vom Typ I, an der kleinen Kurvatur lokalisiert, häufig mit erniedrigter und normaler Säuresekretion, Typ III mit präpylorischer Lokalisation, welche im Hinblick auf Säuresekretion und Klinik Beziehungen zum Ulcus duodeni aufweisen und Typ II, die Kombination von Ulcus ventriculi und Ulcus duodeni.

3. *Zustand nach Vagotomie und Antrektomie (Billroth I + II).* Die HCl-Sekretion ist nach dieser Magenoperation vermindert [3]. Verantwortlich hierfür ist die vagale Denervierung der Korpusschleimhaut bzw. der Belegzellen, z. B. bei der selektiven proximalen Vago-

tomie. Auch die Resektion des Antrums allein (Billroth I), d.h. die Ausschaltung der antralen Gastrinstimulation oder die Antrumresektion kombiniert mit einer zusätzlichen partiellen Resektion der Korpusschleimhaut (⅔-Resektion nach Billroth II), d.h. Ausschaltung der antralen Gastrinfreisetzung und Reduktion der Belegzellenmasse, senken die HCl-Sekretion.

Beträgt die postoperative Reduktion der Gipfelsekretion weniger als 60%, ist mit einer höheren Rezidivquote zu rechnen. Dieser Befund läßt an eine inkomplette Vagotomie oder eine Sonderform der Ulkuskrankheit denken.

Die prä- und postoperative Vergleichsuntersuchung dient somit auch als Qualitätskontrolle für den chirurgischen Eingriff, insbesondere für die Vagotomie.

4. *Gastrinom* (Zollinger-Ellison-Syndrom). Die Basalsekretion beträgt, von wenigen Ausnahmen abgesehen, >15 mmol/h. Die Gipfelsekretion liegt im Durchschnitt bei 50 mmol/h. Es wurden Sekretionswerte von 100 mmol/h, aber auch Werte im Normbereich gemessen.

Beträgt die Basalsekretion mehr als 60% der Gipfelsekretion, gilt dies als ein diagnostisches Kriterium hoher Spezifität für das Zollinger-Ellison-Syndrom.

Von *Achlorhydrie,* d.h. einer fehlenden HCl-Sekretion, spricht man, wenn der pH-Wert des Magensafts zwischen 4,5 und 7 liegt und nach Pentagastrinreiz nicht um eine pH-Einheit abfällt. Der Nachweis einer Achlorhydrie besitzt eine hohe Sensitivität für den Morbus Biermer. Nur einige jugendliche Patienten sind in der Lage Säuremengen zu sezernieren. Liegt bei einer Achlorhydrie eine ulzeröse Magenläsion vor, muß ein maligner Prozeß angenommen werden, da für die peptische Ulkusentstehung die pH-abhängige Umwandlung von Pepsinogen zu Pepsin erforderlich ist.

pH-Werte zwischen 4,5 und 7 entsprechen einer geringen H^+-Konzentration, welche nicht auf eine HCl-Sekretion zurückgehen muß, sondern Ausdruck geringer Mengen organischer Säuren (z. B. Milchsäure, Essigsäure) sein kann.

HCl-Sekretion nach Scheinfütterung. Eine Scheinfütterung wird als zentral vagaler Stimulus für die Untersuchung der Vollständigkeit einer Vagotomie verwendet. Der Patient kaut ein Probefrühstück wäh-

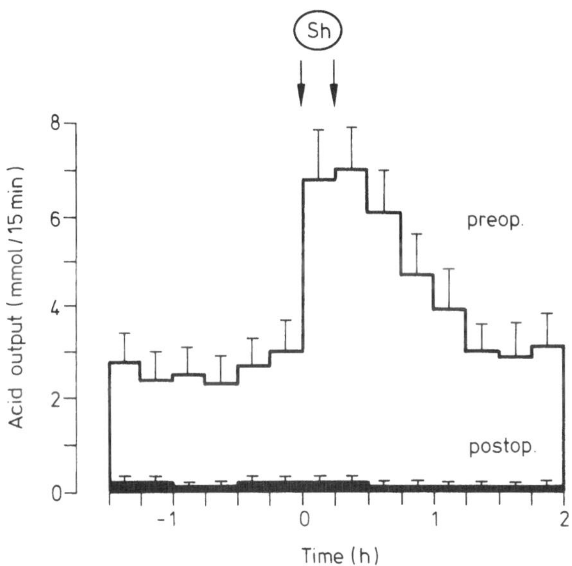

Abb. 1.4. Mittelwert der HCL-Sekretion nach Scheinfütterung (SH) vor und nach proximaler selektiver Vagotomie. Stenquist B., J. Rehfeld, E. Olbe, GUT 20, 1020–1027, 1979

rend 30 min, welches aus 300 ml Fleischbrühe oder einem Brötchen, 20 g Butter, 100 g gehacktem Fleisch besteht. Dabei muß darauf geachtet werden, daß nach dem Kauvorgang jeweils die Nahrung völlig ausgespuckt wird und keine Speisereste in den Magen gelangen. Der Magensaft wird 60 min nach Beginn der Scheinfütterung gesammelt.

Die Säuresekretion nach Scheinfütterung erreicht ca. 50% der PAO nach Pentagastrinstimulation nach eigenen Ergebnissen ca. 40% der PAO. Nach kompletter Vagotomie erfolgt kein Anstieg über die Basalsekretion hinaus (Abb. 1.4). Das Verfahren besitzt nach Olbe eine hohe Sensitivität und Spezifität zum Nachweis einer kompletten bzw. inkompletten Vagotomie [25].

HCl-Sekretion nach Probemahlzeit. Die Verwendung einer Probemahlzeit als Stimulus hat sich wegen des hohen technischen Aufwands und der Störanfälligkeit des Verfahrens in der klinischen

Routine nicht durchgesetzt. Das Prinzip der Methode besteht darin, daß während eines Zeitraums von 3–4 h nach Beginn der Probemahlzeit eine Bikarbonatlösung so zugeführt wird, daß der intragastrale pH-Wert des Mageninhalts konstant auf 5,5 eingestellt ist. Die verbrauchte Bikarbonatlösung erlaubt die Berechnung der HCl-Sekretionsleistung (mmol/h) [10, 19].
Bei der *intragastralen Titration* wird Mageninhalt in kurzen Abständen ca. alle 3 min über eine Magensonde aspiriert, sein pH bestimmt und anschließend in den Magen zurückbefördert. Der Zufluß der Neutralisationslösung, z. B. 0,3 oder 0,5 N $NaHCO_3$ in den Magen erfolgt über eine dünne Sonde, deren Spitze ca. 10 cm oberhalb der Spitze der Magensonde zur Aspiration des Mageninhaltes liegen sollte. Das zugeführte Volumen der Titrationslösung soll den pH-Wert des Mageninhalts auf 5,5 halten. Eine besondere Bedeutung kommt der ständigen Durchmischung des Mageninhalts zu, welcher aus Probemahlzeit, HCl-Sekretion und Bikarbonattitrationslösung besteht, zu. Als Probemahlzeit werden verwendet: 3 Buletten, 2 Brötchen, 20 g Butter sowie 300 ml Flüssigkeit (Tee).
Wird eine flüssige Probemahlzeit verabreicht, z. B. 500–600 ml 10%ige Peptonlösung (z. B. Bactopeptone, Difco) kann der Titrationsvorgang *extragastral* erfolgen. Der flüssige Mageninhalt wird laufend aus dem Magen aspiriert, in einer automatischen Titrationseinheit (Fa. Radiometer, Kopenhagen) konstant auf pH 5,5 eingestellt und in den Magen zurückbefördert. Die Titrationseinheit umfaßt 1. eine Titrationskammer, in welcher sich ein Glas-Kalomel-pH-Meter, Zufluß- und Abflußschläuche für den Mageninhalt, Zuflußschlauch für die Titrierlösung sowie ein Lüftungsrohr befinden, 2. einen Titrator, 3. eine Rollpumpe, die den Rückfluß des titrierten Mageninhalts aus der Titrierkammer in den Magen besorgt, 4. eine Bürette mit Titrierlösung, 5. ein Schreiber, welcher den Verbrauch der Titrierflüssigkeit registiert, 6. ein Reservegefäß mit Peptonlösung (Abb. 1.5).

HCl-Sekretion nach Insulingabe. Wegen gefährlicher Nebenwirkungen wird die HCl-Sekretion nach zentraler vagaler Stimulation durch Insulinhypoglykämie nicht mehr bestimmt. Der Insulintest wurde verwendet, um die Vollständigkeit einer Vagotomie zu überprüfen [14, 17].

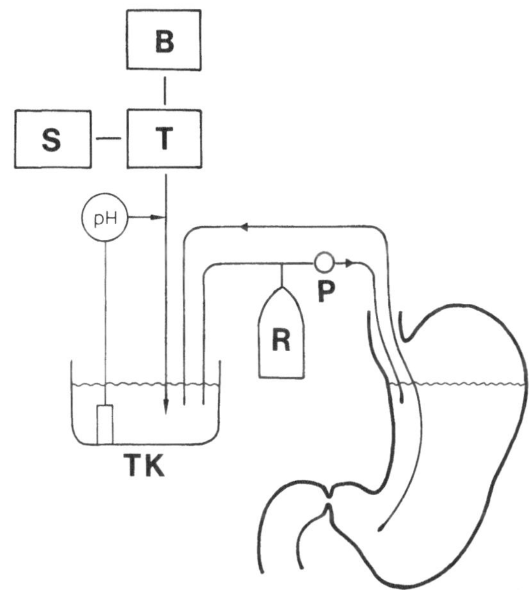

Abb. 1.5. Schema der kontinuierlichen Titration des Magensaftes während einer Probemahlzeit

B = Burette
E = Entlüftungsrohr
P = Pumpe
R = Reservegefäß
S = Schreiber
T = Titrator
TK = Titrationskammer

Nach Entnahme der Basalsekretion werden dem Patienten 0,15–0,2 E/kg KG Altinsulin i.v. verabreicht und der Magensaft während 90 min gesammelt. 30–40 min nach der Injektion entwikkelt sich der stärkste Abfall des Blutzuckers, welcher weniger als 45 mg% betragen und durch eine Blutzuckerbestimmung dokumentiert werden soll. Unter diesen Umständen kommt es zu einer ausreichenden Stimulierung des N. vagus, aber auch des N. sympathicus, welche sich in Schwitzen, Hungergefühl und Salivation äußert. Es besteht in jedem Fall die Gefahr eines *hypoglykämischen Komas,* welches sich in zunehmender Schläfrigkeit ankündigt. Die Gefahr des Komas, welches mit einer Schädigung von Hirngewebe einhergeht, muß sofort mittels intravenöser Verabreichung von 50%iger

Glukose (50–100 ml) bis zur Normalisierung des Blutzuckers behandelt werden. Der intravenöse Zugang muß *vor* der Insulingabe gelegt werden. Ein fehlender Säureanstieg oder ein Säureanstieg von weniger als 20 mval/l über den Ausgangswert wird als „negativer“, andernfalls als „positiver“ Insulintest bezeichnet. Beim Insulintest wurden Todesfälle beschrieben.

Indirekte Säurebestimmungsverfahren. Verwendet werden Farbstoffe oder Farbstoffverbindungen, welche nach oraler Gabe im Magen unter Einwirkung von Säure freigesetzt, im Intenstinum absorbiert und im Urin ausgeschieden werden. Wegen ihrer großen Fehlerbreite, auch nach Pentagastrinstimulation, d.h. falsch positiver und falsch negativer Befunde, sollten diese Farbstoffreste nicht mehr im Gebrauch sein. Angeboten werden Phenylazo-2,6-diaminopyridin (Gastrazidtest) und Methylthioniumchlorid, bekannt als Methylenblau (Desmoidpillen). Bei letzteren ist der Farbstoff in einer unverdaulichen Hülle aus Latex und Naturkautschuk enthalten, welche mit einem Catgutfaden umgeben ist. Die Öffnung erfolgt durch „peptische Verdauung“ des Catgutfadens.

1.2.1.2 pH-Messung

Bei der pH-Bestimmung mit pH-Meter oder pH-Indikatoren (s. S. 7) wird die H^+-Ionenaktivität bzw. mit geringen Einschränkungen die aktuelle H^+-Konzentration gemessen [22]. Die Meßskala ist logarithmisch, d.h. zwischen pH 7 und pH 1 besteht eine Konzentrationsänderung um einen Faktor von 10^6. Praktische Bedeutung hat die pH-Bestimmung für den Nachweis einer Achlorhydrie (s. S. 9).

Radiotelemetrische pH-Bestimmung (Heidelberger Kapsel). Es handelt sich um eine intragastrale pH-Messung, welche telemetrisch auf einen Empfänger übertragen und aufgezeichnet wird. Elektrode und Radiosender befinden sich in einer bohnengroßen Kapsel. Nach Kontrolle der Elektrode mittels Eichlösungen von pH 7, pH 4 und pH 1 wird die Kapsel an einem Faden befestigt, und der Patient verschluckt sie im Sitzen. Nachdem die Kapsel im Magenantrum angelangt ist, wird der Faden, an dessen Ende die Kapsel befestigt ist, mittels eines Pflasters im Wangenbereich fixiert. Dann erfolgt die Messung über den Empfänger. Dieser wird in möglichst kurzem Abstand zum Sender im Epigastrium von außen mittels eines Gürtels befestigt. Die Meßwerte werden von einem Schreiber laufend aufgezeichnet. Das Intragastrale pH kann im Nüchternzustand und nach Pentagastrinstimulation bestimmt werden. Die eingeschränkte Meßgenauigkeit der Elektrode im sauren Bereich sowie der unkontrollierbare Kontakt der Kapsel mit Mageninhalt oder Magenwand sind Gründe dafür, daß dieses Verfahren in der vorliegenden Form keine Anwendung für die Bestimmung der Säuresekretion mehr findet.

1.2.1.3 Pepsinbestimmung im Magensaft

Die Magenschleimhaut sezerniert 2 Hauptgruppen von Pepsinogenen, welche sich u.a. durch pH-Optimum und Substratspezifität unterscheiden. Pepsinogene I werden in den Haupt- und Mukuszellen der Schleimhaut, Pepsinogene II darüber hinaus in den Mukuszellen von Antrum, Duodenum und Kardia gefunden. Die Pepsinbestimmung im Magensaft besteht darin, daß der Enzymaktivität entsprechend Mengen von tyrosin- und tryptophanhaltigen Bruchstücken, welche mit dem Phenolreagenz nach Folin gemessen werden, aus denaturiertem Hämoglobin freigesetzt werden [1].

Die Pepsinbestimmung im Magensaft hat keinen diagnostischen Wert, weil sie im Vergleich zur HCl-Bestimmung keine zusätzliche diagnostische Aussage erlaubt.

1.2.1.4 Proteinbestimmung im Magensaft

Die geringen Proteinmengen im Magensaft, insbesondere Albumin und IgA, werden durch die proteolytische Aktivität denaturiert, so daß ihre genaue Messung nur bei Achlorhydrie oder intragastaler Neutralisation des Magensafts erfolgen kann. Der Normalbereich der Proteinkonzentration, welche nach Biuret bestimmt wird, liegt unter 50 mg/l [11].

Eine Erhöhung ist bei der *Menetrier-Erkrankung,* d.h. einer hypertrophischen Gastritis mit Riesenfalten, mit oder ohne Atrophie der

Belegzellen sowie bei großen Ulzera und Malignomen zu finden. Endoskopie und Biopsie sind die Untersuchungsverfahren der Wahl. Der ^{51}Cr-Albumintest ist bei erhöhten gastralen Proteinverlusten pathologisch. Nachdem α-1-Antitrypsin im sauren Milieu verändert wird, ergibt dieses Verfahren bei der Bestimmung gastraler Eiweißverluste keine verläßlichen Ergebnisse.

Mukusbestimmung. Der Magenschleim besteht aus einem Glykoprotein, d. h. einem Polymer aus 4 Untereinheiten mit einem Molekulargewicht von 2×10^6. Bei der peptischen Hydrolyse im Magen wird aus dem Glykoprotein freie n-Acetyl-Neuraminsäure (NANA) freigesetzt. Die unverändert im Magenschleim gebliebene NANA wird durch Hydrolyse mit Schwefelsäure in vitro erfaßt (gebundene NANA) [29]. Die methodisch aufwendige NANA-Bestimmung zur Erfassung des Magenschleimgehalts hat bisher nur wissenschaftliche aber keine praktisch-diagnostische Bedeutung erlangt.

1.2.2 Serumpepsinogene

Serumpepsinogene-I- und Serumpepsinogene-II-Konzentrationen werden radioimmunologisch (s. später) bisher nur für Forschungszwecke bestimmt. Die Serumpepsinogene-I-Konzentration entspricht der Hauptzellmasse der Fundusschleimhaut, während die Serumpepsinogen-II-Konzentration vorwiegend auf die Anzahl der Hauptzellen der Antrumschleimhaut zurückgeht. Zwischen Anzahl der Belegzellen und Anzahl der Hauptzellen besteht eine enge Beziehung, so daß die Serumpepsinogen-I-Konzentration eine gute Korrelation mit der MAO nach Pentagastrinstimulation aufweist. Der Normalbereich beträgt 28–250 ng/ml. Etwa 50% der Patienten mit Ulcus duodeni haben eine höhere Konzentration als 250 ng/ml.
Patienten mit Gastrinomen weisen stark erhöhte Werte auf, während sie bei atrophischer Gastritis deutlich herabgesetzt sind. In einzelnen Ulkusfamilien wird eine autosomal dominante Vererbung von Hyperpepsinogenämien I gefunden [23].
Die kombinierte Messung von Serumgastrin (s. später) und Serumpepsinogen erlaubt unter Wegfall der HCl-Sekretionsbestimmung

die sondenlose Differenzierung von Hypergastrinämien mit HCl-Hypersekretion z. B. Gastrinom, antrale Gastrinzellhyperplasie von Hypergastrinamien mit verminderter bzw. fehlender HCl-Sekretion, z. B. Biermer-Anämie.

1.3 Untersuchung gastrointestinaler Hormone (Polypeptide)

1.3.1 Allgemeine Grundlagen

Die vielfältig ineinandergreifenden Verdauungsvorgänge, welche den geregelten Ablauf von Abbauprozessen im Gastrointestinaltrakt, Absorption und Stoffwechsel zugeführter Nahrungsmengen regulieren, werden durch *neurohumorale Mechanismen* kontrolliert. Neben dem klassischen *cholinergen* und *adrenergen* autonomen Nervensystem und endokrinen Organen, wie dem Inselzellapparat des Pankreas, sind gastrointestinale Hormone bzw. Polypeptide daran beteiligt. Man versteht darunter eine Reihe von Substanzen aus endokrinähnlichen Zellen, welche von Kardia bis Rektum verstreut in der Schleimhaut liegen sowie in den Zellen und Fasern des autonomen Nervensystems vorkommen. Darüber hinaus sind einzelne dieser Hormone in anderen Organen wie Haut, Lunge und insbesondere ZNS nachgewiesen worden, während andererseits Neurotransmittoren des ZNS und des peripheren Nervensystems, wie Enkephaline im Gastrointestinaltrakt, bestimmt werden können. Dieses „diffuse endokrine“ System welches weit in der Evolutionsgeschichte zurückverfolgt werden kann, hat bisher nur eine begrenzte physiologische Bedeutung, in Einzelfällen aber eine wichtige klinische Relevanz erkennen lassen.

Physiologie. Die pyramidenförmigen endokrinen Zellen haben mit ihrem schmalen Pol direkt Kontakt zum Lumen des Gastrointesti-

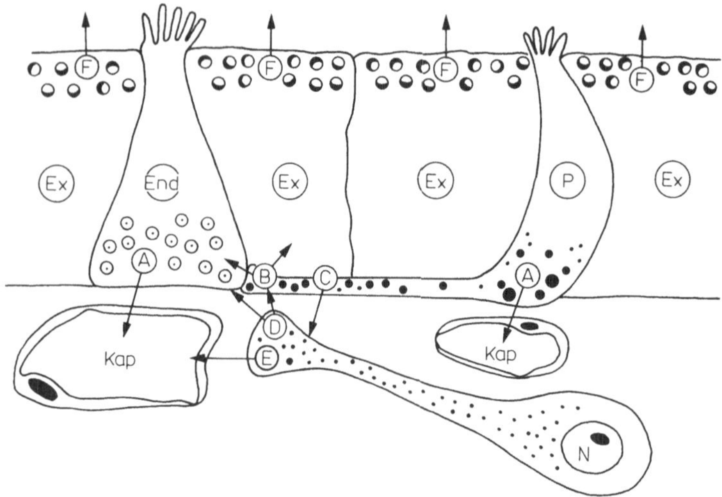

Abb. 1.6. Schematische Illustration von gesicherten und hypothetischen Beziehungen zwischen exokrinen Zellen (EX), endokrinen Zellen (END), parakrinen Zellen (P), Neuronen (N) und Kapillaren (KAP)
A = endokrine Sekretion
B = parakrine Sekretion (Effektor Organ = Zelle)
C = parakrine Sekretion (Effektor Organ = Nerv)
D = Neurotransmitter-ähnliche Situation
E = Neuroendokrine Sekretion
F = exokrine Sekretion
Larsson L.J., Clin. Gastroenterol. 9, 485–516, 1980

naltrakts, d.h. den Digestionsprodukten der Nahrung sowie den Verdauungssekreten. Mit ihrer Basis sitzen sie der Lamine propria auf [18]. Von dort aus gelangt das Sekret dieser Zellen zunächst in naheliegende Gefäße und dann auf dem Blutweg zu den Effektorzellen in verschiedene Organe = *endokrine Wirkung*. Es können auch Sekretionsprodukte ins Lumen des Gastrointestinaltrakts abgegeben werden. Einzelne endokrine Zellen weisen fingerförmige Ausläufer entlang der Basalmembran zu benachbarten exokrinen oder endokrinen Zellen der Schleimhaut sowie zu Nervenfasern auf, so daß eine direkte lokale Einwirkung möglich wird = *parakriner Effekt*. Ein solcher Wirkungsmechanismus wird für Somatostatin angenommen, welches eine Hemmwirkung auf endokrine und exokrine Zellen ver-

schiedener Organe sowie auf Nervenfasern ausübt. Andererseits können Polypeptide aus dem autonomen Nervensystem eine lokale Wirkung auf naheliegende endokrine oder exokrine Zellen enthalten = *neurotransmitterähnliche Wirkung*, sowie in Gefäße gelangen = *neuroendokrine Wirkung* (Abb. 1.6). Es wird angenommen, daß über die letzteren Mechanismen vasoaktives intestinales Polypeptid (VIP), Substanz P, Somatostatin und Enkephaline wirksam sind.
Es ist unschwer sich vorzustellen, daß gastrointestinale Polypeptide nicht nur mittels e i n e s Wirkungsmechanismus, z. B. endokrin, sondern auf mehreren Wegen Effekte ausüben können, z. B. parakrin und neuroendokrin. Die physiologische Wirkung und die Bezeichnung der gastrointestinalen Polypeptide sowie die Lokalisation der Zellen aus denen sie freigesetzt werden, sind in Tabelle 1.1 ersichtlich. Strukturähnlichkeiten verschiedener Polypeptide weisen auf eine phylogenetische Verwandtschaft hin und erklären vergleichbare biologische Wirkungsbereiche. Zusammengefaßt werden: 1. *Gastrin und Cholezystokinin* sowie 2. Sekretin, vasoaktives intestinales Polypeptid und Glukagon.
Einzelne Hormone liegen mit verschiedenen Spaltprodukten, z. B. Gastrin und Cholecystokinin vor.

Pathophysiologie. Pathophysiologische Störungen durch gastrointestinale Hormone bzw. Polypeptide sind bisher nur für die Hypersekretion durch benigne oder maligne Hyperplasien bekannt. Die Sekretion *endokriner Tumoren* des Gastrointestinaltrakts kann eine oder mehrere Substanzen umfassen, z. B. Gastrin und pankreatisches Polypeptid. Hiervon zu unterscheiden ist die multiple endokrine Adenomatose I (Wermer-Syndrom) mit Freisetzung von Hormonen differenter Tumoren, z. B. Gastrinom, Hyperparathyreoidismus und Hypophysentumoren.
Aus der vermehrten Hormonsekretion resultiert eine übersteigerte Wirkung auf Zellen und Organe, welche unter physiologischen Bedingungen beeinflußt werden. Das klassische Beispiel hierfür ist die Entstehung eines Zollinger-Ellison-Syndroms, d. h. einer Hypersekretion des Magens mit chronischer Ulkuskrankheit infolge einer tumorinduzierten Hypergastrinämie. In anderen Fällen läßt sich ein vielfältiges klinisches Krankheitsbild nicht in allen Einzelheiten aus der vermehrten Hormonsekretion erklären, z. B. beim Glukagonom.

Tabelle 1.1. Gastrointestinale Hormone

Peptide	endokrine Zellen	Lokalisation	Wirkung*
Gastrin	G-Zellen	Antrum oberer Dünndarm	Stimulierung der Magensekretion trophischerEffekt auf die Magenschleimhaut
pankreatisches Polypeptid	PP-Zellen	Pankreas	Hemmung der Pankreasenzymsekretion und Gallenblasenkontraktion
Sekretin	S-Zellen	Duodenum und Jejunum	Stimulierung der Bikarbonatsekretion des Pankreas
Cholecystokinin-Pankreocymin	I-Zellen	Dünndarm	Stimulierung der Pankreasenzymsekretion und Gallenblasenkontraktion
Motilin	M u. MEC-Zellen	Dünndarm	Stimulierung der motorischen Aktivität des oberen Gastrointestinaltraktes
gastrisches inhibitorisches Peptid (GIP)	K-Zellen	Dünndarm	insulinotroper Effekt
Neutrotensin	N-Zellen	Ileum	Hemmung der gastralen Motilität
Enteroglucagon	EG-Zellen	Ileum und Kolon	trophischer Effekt auf die Enterozyten

* – pharmakologische Wirkungen
– mögliche physiologische Wirkungen

Die Hypersekretion kann auch Störungen an Organen verursachen, an denen für das gastrointestinale Polypeptid eine physiologische Bedeutung bisher nicht gesichert worden ist. Hierher gehört das Werner-Morrison-Syndrom oder WDHA (watery diarrhea, hypokalemia and achlorhydria), ausgelöst durch vasoaktives intestinales Polypeptid = Vipom. Unter physiologischen Bedingungen wird VIP die Rolle eines Neurotransmitters im autonomen Nervensystem zugesprochen.

1.3.2 Radioimmunologische Bestimmungsverfahren

Die Untersuchung gastrointestinaler Polypeptide wird im Blut vorgenommen und erfordert wegen der geringen Konzentration von meistens weniger als 10^{-9}g/l die Inanspruchnahme radioimmunologischer Bestimmungsmethoden.

Allgemeine Grundlagen. Die Reaktion eines Antigens mit einem spezifischen Antikörper wird dazu verwendet, um die Konzentration jeder möglichen Substanz von biologischem Interesse zu messen. Die unbekannte Konzentration der antigenen Substanz in einer Probe wird dadurch erhalten, daß ihre Hemmwirkung auf die Bindung von radioaktiv markierten Antigenen an eine begrenzte Menge eines spezifischen Antikörpers mit der Hemmwirkung eines bekannten Standards verglichen wird [30].

Vereinfacht besteht nach dem Massenwirkungsgesetz folgendes Gleichgewicht:

$$\underset{F}{[Ag^*]} + [Ak] \underset{k_2}{\overset{k_1}{\rightleftarrows}} \underset{B}{[Ag^* \; Ak]}$$

Ag*	= molare Konzentration radioaktiv markierten freien, d.h. nicht an den Antikörper gebundenen Antigens = F
Ak	= molare Konzentration von freien, nicht an Antigen gebundenen Antikörper
Ag*Ak	= molare Konzentration des radioaktiv markierten Antigens an den Antikörper gebunden oder komplett gebundene Antikörperbindungsstellen = B

Diese Gleichgewichtsreaktion kann durch Trennung von Ag* = F und Ag*Ak = B im Gleichgewichtsgemisch und Bestimmung der Radioaktivität, d.h. aus dem Verhältnis von B zu F gemessen werden.

Im klassischen Radioimmunoassay wird nichtmarkiertes Antigen dem Reaktionsgleichgewicht zugesetzt, so daß sich entsprechend seiner Konzentration obige Gleichgewichtsreaktion verändert. Das radioaktiv markierte Tracerantigen wird von den Bindungsstellen des Antikörpers zugunsten des nichtmarkierten Antigens freigesetzt, der freie Anteil des radioaktiv markierten Antigens nimmt zu, bzw. die Menge des antikörpergebundenen radioaktiv markierten Antigens verkleinert sich, d.h. das Verhältnis B/F nimmt ab.

$$\begin{matrix} \underset{F}{[Ag^*]} & & \underset{B}{[Ag^*\,Ak]} \\ & \underset{k_2}{\overset{k_1}{\rightleftarrows}} & \\ [Ag] & & [AgAk] \end{matrix}$$

Der Zeitraum bis zur Herstellung der Gleichgewichtsreaktion wird als Inkubationszeit bezeichnet.

Einer hohen Empfindlichkeit des Testansatzes wegen sollte die komplexgebundene Antikörpermenge B etwa der Menge freien radioaktiv markierten Antigens (F) entsprechen, d.h. das Verhältnis B/F beträgt etwa 1:1. Durch Zugabe verschiedener definierter Mengen nicht markierten Antigens kann aus der Abnahme des B/F-Verhältnisses eine Eichkurve erstellt werden. Die Menge unbekannten Antigens kann dann aus dem B/F-Verhältnis des markierten Antigens von der Eichkurve abgelesen werden (Abb. 1.7).

Die radioimmunologische Methode hat den Vorzug, Substanzen, z.B. Hormone, Pharmaka, in Konzentrationen des Fentomolbereichs (10^{-15}) messen zu können. Andererseits gibt es zahlreiche Störfaktoren, welche die Empfindlichkeit und Genauigkeit der Methode beeinflussen.

Erwähnt seien:

1. der Antikörper, die Spezifität und Affinität seiner Bindung zur antigenen Testsubstanz. Eine hohe Spezifität besagt, daß der Antikörper ausschließlich mit dem intakten Antigen reagiert, hingegen nicht eine antigenähnliche Molekularstruktur wie Hormonbruchstücke desselben oder verwandte Hormone bindet (= Kreuzreaktion). Die Charakterisierung der Antikörper im Hinblick auf den antigenwirksamen Bereich einer Substanz erlaubt die genaue Differenzierung gegenüber ähnlichen Substanzen;
2. die Markierung des Hormons, für welche vorzugsweise ^{125}J oder ^{14}C mittels verschiedener Methoden verwendet wird, verursacht eine Alteration des Antigens mit Entwicklung von Zerfallsprodukten,

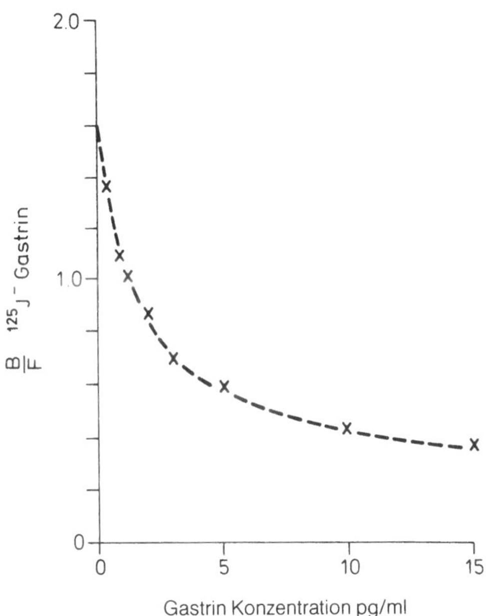

Abb. 1.7. Standardkurve für Radioimmunassay von Gastrin

welche abgetrennt werden müssen. Das intakte markierte Antigen sollte eine hohe spezifische Aktivität aufweisen;

3. unspezifische störende Reaktionen wie pH, ionales Milieu im Testansatz, antimikrobielle Stoffe, Enzyminhibitoren in hohen Konzentrationen, Antikoagulantien (Heparin);

4. Verfahren zur Trennung von gebundenem und freiem Antigen.

Besondere Erwähnung bedarf der rasche Abbau einiger Hormone durch proteolytische Fermente des Plasmas oder bakterielle Enzyme, welche durch Aprotinin und Zugabe antimikrobieller Substanzen bei der Abnahme, niedrige Aufbewahrungstemperaturen (– 20 °C) sowie die Durchführung des Testversuchs bei 4 °C verhindert werden können.

Die fehlende Standardisierung radioimmunologischer Verfahren erklärt wegen der nichtstandardisierten Antikörper in gewissem Umfang unterschiedliche Ergebnisse verschiedener Labors und Schwankungen innerhalb eines Labors bei Mehrfachbestimmungen.

Nach Walsh [28] sind folgende Angaben bei radioimmunologischen Untersuchungen notwendig a) Standard-Antigen: Herkunft, Herstellungsdatum und Art der Aufbewahrung; b) markiertes Antigen: Herkunft, Art der Markierung sowie Reinigung des markierten Produkts, spezifische Aktivität; c) Antikörper: Herstellung Titer im Testansatz, Spezifität, Affinität; d) methodische Durchführung: Inkubationsvolumen, Konzentration der Testsubstanz bzw. anderer interferrierender Substanzen im Endvolumen, Trennungsverfahren von freiem und gebundenem markierten Antigen, unspezifische Bindung von Antigen und Antikörper; e) Reproduzierbarkeit und Sicherheit der Ergebnisse: Variationskoeffizient innerhalb (intra-) und zwischen verschiedenen (inter-) Bestimmungsgängen, Wiederfindung von zugesetztem Antigen [28]. Die Erlaubnis für Arbeiten mit radioaktiven Substanzen ist erforderlich.

1.3.2.1 Gastrinbestimmung

Physiologie des Gastrins. Aus den Gastrinzellen von Antrum und Duodenalschleimhaut wird Gastrin freigesetzt, welches die Belegzellen der Fundusschleimhaut zur Sekretion von HCl stimuliert. Der Anteil des Gastrins an der Stimulation der HCl-Sekretion ist unter physiologischen Bedingungen gering. Die Ansprechbarkeit der Belegzellen auf Gastrin weist große Schwankungen auf. Die Gastrinfreisetzung erfolgt erstrangig durch Eiweißprodukte der Nahrung; darüber hinaus gibt es cholinerge, zentrale und lokale Reize, deren Effekte beim Menschen gering oder umstritten sind. So wird nach Scheinfütterung von Normalpersonen nur ein geringer Anstieg des Plasmagastrinspiegels beobachtet. Die postprandiale erhöhte Gastrinfreisetzung wird durch direkte Einwirkung von H^+-Ionen auf die Gastrinzellen vermindert, d.h. es besteht ein negativer Rückkopplungsmechanismus zwischen stimulierter Gastrinfreisetzung und HCl-Sekretion (s. Abb. 1.1). Die basale Sekretion der Gastrinzellen wird davon nicht beeinflußt. Darüber hinaus verlaufen im N. vagus Fasern, welche die Abgabe von Gastrin im Nüchternzustand nach Stimulation hemmen. Eine Stimulierung der Gastrinsekretion erfolgt bei Erhöhung des Serumkalziumspiegels [27].

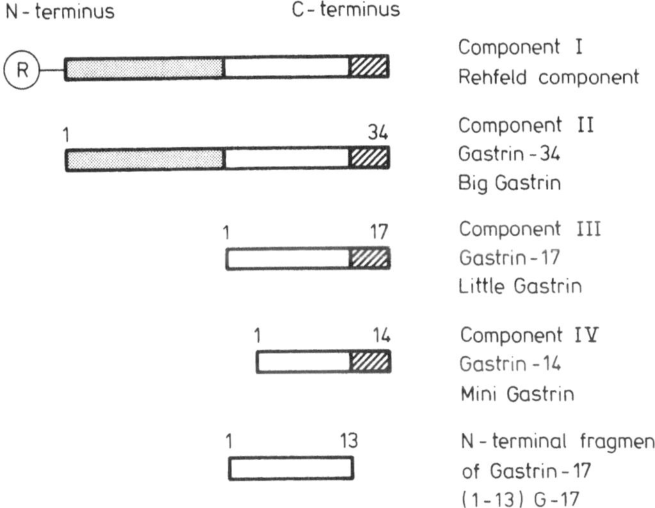

Abb. 1.8. Formen des Gastrinmoleküls ▨ biologisch aktive Tetrapeptidsequenz

Unter den fünf verschiedenen Gastrinmolekülen, jeweils in sulfatierter und nichtsulfatierter Form vorliegend, haben Gastrin 34 = „big gastrin" und Gastrin 17 (Heptadectapeptid) = „little gastrin" die größte physiologische Bedeutung (Abb. 1.8). Die biologische Wirksamkeit ist an die COOH-terminale Tetrapeptidsequenz Tryptophan, Methionin, Asparagin, Phenylalanin gebunden. Darüber hinaus wurden das NH_2-terminale Tridecapeptid von Gastrin 17 bei Gastrinompatienten und Normalpersonen im Serum und in der Antrumschleimhaut nachgewiesen. Der Abbau des Gastrins findet in der Niere, im Gastrointestinaltrakt sowie im gesamten Gefäßsystem, für kleinere Gastrinfragmente, so z. B. das synthetische Pentagastrin, in der Leber statt. Die Halbwertszeit für Gastrin 34 beträgt 36 min, jene des Gastrins 17 6 min. Im Nüchterngastrin überwiegt Gastrin 34 (60–65%) gegenüber Gastrin 17 (20–30%).

Postprandial wird vergleichsweise mehr Gastrin 17 sezerniert, so daß beide Gastrinformen den gleichen Anteil an der erhöhten Gesamtgastrinkonzentration erreichen. Wegen seiner 6 bis 8-mal höheren biologischen Wirksamkeit besitzt Gastrin 17 die größere physiologische Bedeutung.

Pathophysiologie der Gastrinsekretion (Hypergastrinämie). Die HCl-Hypersekretion und die Ulkusbildung bei *Sonderformen der Ulkuskrankheit* werden auf eine gesteigerte Gastrinsekretion zurückgeführt. Hierzu gehören a) gastrinproduzierende Tumoren = Gastrinome, b) antrale Gastrinzellhyperplasie bzw. Hyperfunktion.
Es wird angenommen, daß postoperative Ulzera nach Billroth-II-Operation mit im Duodenalstumpf verbliebenen Antrumschleimhautresten darauf zurückgehen, daß im beständig alkalischen Milieu des Duodenalsafts eine Säureinhibition der Gastrinzellen ausbleibt. Bekannt sind Hypergastrinämien verschiedener Ursachen mit normaler oder leicht erhöhter HCl-Sekretion bei denen keine oder nur eine gering erhöhte Inzidenz der Ulkusdiathese nachgewiesen wurde (Tabelle 1.2).
Hyperparathyreoidismus mit Hyperkalzämie verursacht eine leichte Stimulierung der Gastrinfreisetzung im Nüchternzustand. Bei Phäochromozytomen sowie nach abnormaler β-adrenerger endogener oder exogener Stimulation werden Hypergastrinämien beobachtet. Störungen des Gastrinabbaus bei Niereninsuffizienz und ausge-

Tabelle 1.2. Hypergastrinämien

a) Mit Ulkuskrankheit
   - Gastrinom
   - Antrale Gastrinzellhyperplasie
   - Verbliebener Antrumschleimhautrest

b) Mit HCl-Sekretion
   - Hyperparathyreodismus
   - Phäochromozytom
   - Zustand nach Vagotomie
   - Niereninsuffizienz
   - Dünndarmresektion

c) Bei fehlender HCl-Sekretion
   - Atrophische Gastritis Typ A = Morbus Biermer
   - Atrophische Gastritis Typ A/B
   - Antisekretorische Pharmaka, z. B. H_2-Rezeptor-Antagonisten

dehnten Dünndarmresektionen haben leichte Hypergastrinämien zur Folge. Der Wegfall hemmender Vagusfasern auf die Gastrinfreisetzung wird als Ursache der Hypergastrinämie nach Vagotomie angesehen, deren Auswirkungen auf die HCl-Sekretion wegen der Denervierung der Belegzellen zu vernachlässigen sind.
Hypergastrinämien werden bei *Achlorhydrie* oder stark reduzierter HCl-Sekretion beobachtet und darauf zurückgeführt, daß die Säureinhibition der Gastrinfreisetzung ausbleibt = fehlende negative Rückkoppelung zwischen Gastrinfreisetzung und HCl-Sekretion. Hierfür spricht, daß die Instillation von HCl in den Magen von einem raschen Abfall der Hypergastrinämie gefolgt ist.
In Einzelfällen wird unter einer antisekretorischen Ulkustherapie, z. B. mit H_2-Rezeptor-Antagonisten, ein Anstieg des Serumgastrins im Nüchternzustand bis 100 pg/ml, bei Probemahlzeiten bis 250 pg/ml, beobachtet, so daß eine derartige Medikation 48 h vor der Blutabnahme zur Gastrinbestimmung abgesetzt werden sollte.

Durchführung der Gastrinbestimmung. Die Blutabnahme (10 ml) wird am nüchternen Patienten ohne Verwendung von Heparin vorgenommen. Nach baldiger Zentrifugation wird das Serum zur Bestimmung bzw. bis zum Versand bei −20 °C gelagert. Obwohl Gastrin relativ unempfindlich gegenüber thermischen Einflüssen ist, sollten die Proben beim Versand in auswärtige Laboratorien, welcher mehr als 24 h in Anspruch nimmt, in Trockeneis verpackt transportiert werden.
Aus Kostengründen beschränkt man sich zunächst auf die Bestimmung einer Gastrinprobe im Nüchternzustand. Eine weitere Differenzierung kann durch Anwendung von Reizen auf die Gastrinfreisetzung gewonnen werden.

Stimulationstests der Gastrinfreisetzung

a) *Sekretin/Glukagon.* Nach Entnahme der Nüchternblutprobe erhält der Patient 1 E/kg KG Sekretin (Vitrum) als Bolus intravenös injiziert. Blutentnahmen erfolgen nach 5 und 15 min. *Glukagon* 1 mg i. v. kann alternativ zu Sekretin als Stimulus verabreicht werden.
Verwendung findet auch die Infusion von 3 E/kg KG/h Sekretin (Vitrum), um die Untersuchung von Gastrin und HCl-Sekretin

des Magens zu kombinieren. Nach einer Vorphase von 60 min zur Entnahme des Nüchternsekrets über eine Magensonde und mindestens von 2 Blutproben, erfolgt die Stimulationsphase von 60 min, während der die HCl-Sekretion (15–75 min) erfaßt und Blutproben in 15minütigen Abständen entnommen werden [21].

b) *Probemahlzeit.* Die Patienten enthalten eine Probemahlzeit, z. B. 2 Fleischbuletten, 1 Brötchen, 50 g Butter und 300 ml Wasser/Tee. Die Blutentnahme erfolgt vor sowie in 30minütigen Abständen nach Beginn der Mahlzeit während eines Zeitraums von 2 h.

c) *Kalziumstimulationstest.* Die intravenöse Infusion von 4–5 mg/kgKG/h Kalzium als Kalziumgluconat während 3 h findet wegen der Nebenwirkungen (Hyperkalziämien) sowie dem Fehlen einer größeren Aussagefähigkeit im Vergleich zum Sekretintest nur selten Anwendung.

Radioimmunoassay von Gastrin. Die radioimmunologische Gastrinbestimmung wird in Universitätskliniken, großen Krankenhäusern und laborchemischen Instituten, z. B. Firma Bioscientia, Mainz, durchgeführt. In zunehmenden Maße finden kommerzielle RIA-Kits für Gastrin, z. B. GASK, Firma Isotopen West, Verwendung. Es sollen in jedem Fall die erforderlichen Angaben über die radioimmunologischen Untersuchungsmethoden eines betreffenden Labors erfragt werden (s. S. 18).

Untersuchungsergebnisse. *Nüchterngastrinkonzentration.* Die Gastrinwerte von Ulcus-duodeni-Patienten liegen breitgestreut unterhalb eines Grenzwerts, welcher bei 40–100 pg/ml entsprechend der unterschiedlichen Empfindlichkeit und Spezifität des Bestimmungsverfahrens für die beiden Hauptkomponenten des Serumgastrins (G 17 u. G 34) in den verschiedenen Labors anzusetzen ist (Abb. 1.9) [5, 27].

Bei Pylorusstenosen können leichte Hypergastrinämien auftreten.

Gastrinompatienten zeigen überwiegend stark erhöhte Nüchterngastrinspiegel. Die breite Verteilung der Werte umfaßt auch einzelne Patienten, deren Gastrinwerte sich im Bereich von Normalpersonen bewegen.

Möglicherweise liegt bei einem Teil dieser Gastrinompatienten mit niedriger Gastrinkonzentration ein biologisch aktives Polypeptid vor, welches dem Radioimmunoassay entgeht.

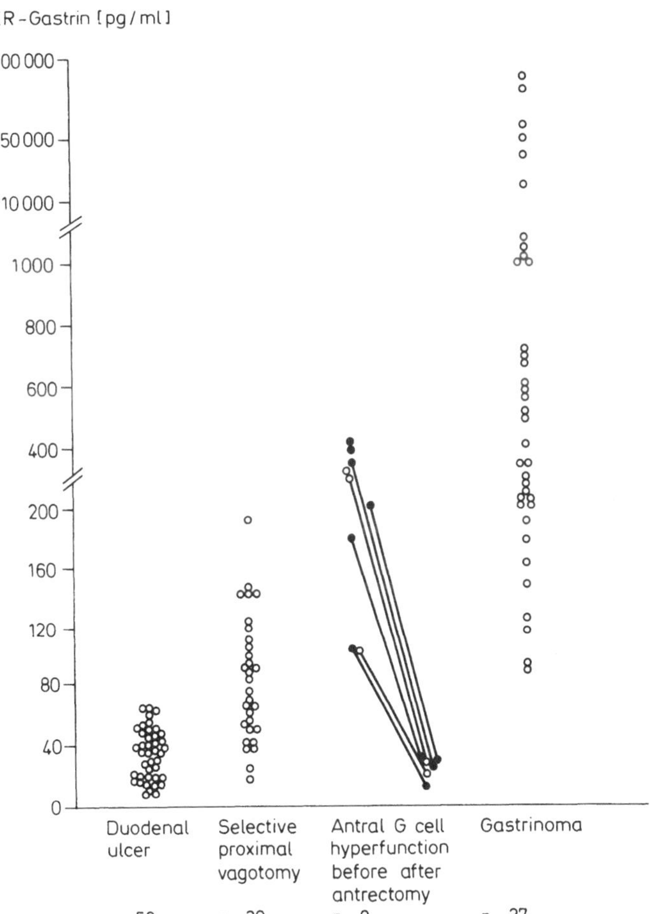

Abb. 1.9. Nüchternserumgastrinspiegel bei Ulcus duodeni Patienten, Patienten mit Zust. n. proximal selektiver Vagotomie, antraler G-Zell-Hyperplasie vor und nach Antrektomie (• mit vorausgegangener Vagotomie) sowie Gastrinom-Patienten. Creutzfeld W., Scand. J. Gastroenterol., Vol 17, Suppl. 77, 7–20, 1982

Patienten mit *antraler Gastrinzellhyperplasie* bzw. Hyperfunktion haben mäßig erhöhte Gastrinwerte, wobei als oberer Normbereich 400–800 pg/ml angegeben werden [5, 27]. Die Antrektomie wird bei diesen Patienten von einem Abfall des Serumgastrinspiegels in den Bereich von Normalpersonen gefolgt. Zahlreiche Patienten weisen eine Vagotomie auf, weil diese Störung als Ursache der Ulkuskrankheit vor dem Eingriff nicht erkannt wurde.
Nach *Vagotomie* sind die Nüchterngastrinspiegel leicht erhöht (150–200 pg/ml) (siehe Abb. 1.9).
Nach Antrektomie (Billroth I und Billroth II) sinken die Gastrinkonzentrationen ab; die Obergrenze der Gastrinwerte liegt vergleichsweise zu den Ulcus-duodeni-Patienten niedriger. Bei Achlorhydrie im Rahmen einer atrophischen Gastritis A (Morbus Biermer), d. h. Atrophie der Fundusschleimhaut bei intakter Antrumschleimhaut, werden Hypergastrinämien bis über 1000 pg/ml beobachtet. Bei atrophischer Gastritis A/B, d. h. bei gleichzeitiger Atrophie von Fundus- und Antrumschleimhaut liegen die Gastrinwerte niedriger (unter 200 pg/ml). Entsprechend einer verminderten oder fehlenden Säuresekretion bei Magenkarzinompatienten können Hypergastrinämien nachgewiesen werden. Eine diagnostische Bedeutung kommt der Gastrinbestimmung für das Magenkarzinom nicht zu.

Gastrin-Konzentration nach Stimulation. Nach einer Bolusinjektion von *Sekretin* (Glukagon) steigen die Serumkonzentrationen von Gastrinompatienten stark an, während bei Ulcus-duodeni-Patienten keine oder nur eine geringe Erhöhung zu beobachten ist (Abb. 1.10). Nach Walsh erlaubt ein Anstieg von mehr als 100 pg/ml über den Nüchterngastrinwert hinaus 90% der Gastrinompatienten zu erfassen. Ein prozentualer Anstieg des Serumgastrins von mehr als 100% über den Basalwert hinaus wird als diagnostisches Kriterium hoher Sensitivität zugunsten des Gastrinoms verwendet [24]. Bei kombinierter Untersuchung von HCl-Sekretion und Gastrin unter Sekretininfusionen (3 E/kg KG/h) bedeuten ein Serumgastrinanstieg von mehr als 190 pg/ml und eine HCl-Sekretion von mehr als 18 mval/h nach Bonfils eine hohe Sensitivität und Spezifität des Ergebnisses für das Gastrinom [21].
Nach Kalziumstimulation reagieren Gastrinompatienten mit einer höheren Gastrinfreisetzung (> 390 pg/ml) über den Basalwert im

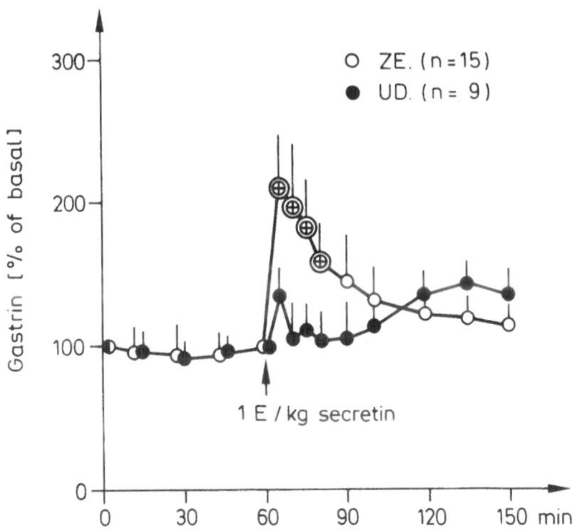

Abb. 1.10. Serum-Gastrin-Konzentration vor und nach Sekretin-Injektion bei Zollinger-Ellison-Patienten (N = 15) und Ulcus duodeni-Patienten (N = 9). Stage J.G. et al., Scand. J. Gastroenterol. 13, 501–511, 1978

Vergleich zu Ulcus-duodeni-Patienten. Der Gastrinanstieg nach einer *Probemahlzeit* liegt bei antraler Gastrinzellhyperplasie über 250 pg/ml oberhalb des Nüchternwerts, fehlt bei Gastrinomen weitgehend und zeigt einen mäßiges bis geringes Ausmaß bei Ulcus-duodeni-Patienten.

Derartige Angaben enthalten eine Dunkelziffer von Gastrinompatienten, welche morphologisch nicht oder noch nicht zu erfassen sind. Es ist verständlich, daß die diagnostischen Kriterien zwischen den verschiedenen Labors schwanken und daß im Einzelfall die Diagnose sich nicht aus einem einzigen, nicht eindeutigen Befund ergibt, sondern aus Verlaufsbeobachtungen gestellt werden muß. Kürzlich wurde bei „Gastrinompatienten“ mit normaler Serumgastrinkonzentration ein Peptid nachgewiesen, welches kein Gastrin ist, aber eine starke HCl stimulierende Wirkung aufweist. (Chey et al 1984)

1.3.2.2 Insulinome

Insulin wird in den B-Zellen des Pankreas gebildet, welche in den Inselzellen in engem räumlichen Kontakt zu den A-Zellen (Glukagon), D-Zellen (Somatostin) und PP-Zellen (pankreatisches Polypeptid) stehen.
Ein absoluter oder relativer Mangel ist die Grundlage eines Diabetes mellitus. *Insulinome* sind meist kleine (1–2 cm) unilokuläre, überwiegend (80–90%) gutartige B-Zelltumoren, welche im gesamten Pankreas verstreut, darüber hinaus selten ektopisch im Gastrointestinaltrakt, z. B. Milzhilus, vorkommen. Sie verursachen Hypoglykämien, welche Anlaß zu klinischen Beschwerden geben können. Im Vordergrund stehen zerebrale Symptome des Blutzuckermangels mit Gedächtnisstörungen, neurologischen Ausfällen (Hemiparese) bis zu Krämpfen und Koma [7].
Aus niedriger Blutzuckerkonzentration (unter 50 mg/100 ml) und erhöhtem Seruminsulinspiegel (25 mE/l) nach *längerem Fasten* von 48–72 h kann häufig die Diagnose gestellt werden. Eine Verbesserung der Diagnostik bringt die Bestimmung des C-Peptids des Insulins (Normalbereich unter 10 ng/ml) und des Proinsulins, welche nach Fasten normalerweise supprimiert sind. Der Anteil des Proinsulins beträgt 5–22% bei Diabetikern und bis zu 90% bei Insulinomen. Ein Plasmaproinsulinspiegel von >40 fentomol/l ist nahezu beweisend für ein Insulinom. Maligne Insulinome sezernieren im Gegensatz zu benignen Adenomen häufig Gonadotropin. Die Bestimmung des C-Peptids des Proinsulins erlaubt darüber hinaus die Abgrenzung einer Hypoglycaemia factitia (exogene Insulinzufuhr).
Die Untersuchung wird in Universitätskliniken (z. B. Medizinische Klinik der Universität Ulm, Prof. Pfeiffer) und großen klinisch chemischen Labors durchgeführt.

1.3.2.3 Glukagonome

Glukagon entsteht in den A-Zellen des Pankreas aus einem Proglukagon (Glizentin) durch Abspaltungsvorgänge. Die Bildung von Enteroglucagon in den L-Zellen der Mukosa von Intestinum und Colon erfolgt ebenfalls aus Glizentin [26]. Die Homöostase des Kohlenhydratstoffwechsels in Ruhe, postprandial und bei erhöhtem Energiebedarf wird durch das Zusammenspiel von Insulin und Glukagon geregelt, wobei das Glukagon die Glykogenolyse, die Glukoneogenese und die Ketonkörperneubildung anregt. Die physiologische Bedeutung von intestinalem Glukagon ist ungeklärt. Möglicherweise spielt es als trophisches Hormon der Darmschleimhaut eine Rolle, nachdem stark erhöhte Enteroglukagonwerte nach Darmresektionen beobachtet wurden. Bei Diabetes I und II wurden erhöhte Serumglukagonspiegel nachgewiesen.

Unter den glukagonproduzierenden Tumoren des Pankreas unterscheidet man a) Adenome, welche klinisch stumm sind und als Zufallsbefund mit dem Nachweis eines Tumors und erhöhter Serumglukagonwerte entdeckt werden, daneben maligne Tumoren, welche klinisch ein charakteristisches Krankheitsbild aufweisen, das Glukagonomsyndrom: Gewichtsverlust, Stomatitis, Glossitis, nekrotisierende migratorische erythematöse Hauteffloreszenzen, Anämie, Diabetes mellitus und Gewichtsverlust [12]. Erwähnt seien erhöhte Infektneigung, Thromboseneigung sowie die hohe Inzidenz von Lebermetastasen. Die Glukagonome sezernieren häufig Glukagonvorstufen (Glizentin) sowie andere Polypeptide wie Insulin und pankreatisches Polypeptid. Die Serum-Glukagon-Konzentration ist nüchtern mindestens 5mal höher als der Normbereich, welcher unter 80 pg/ml beträgt.

Die Blutentnahme soll in eisgekühlten, heparinisierten Gläschen bzw. EDTA Röhrchen mit Trasylol 500 E/ml Blut vorgenommen werden. Nach sofortiger Zentrifugation wird das Plasma 3 h eisgekühlt gelagert und anschließend bei −20° aufbewahrt. Glukagonbestimmungen werden in Universitätskliniken (z. B. Priv.-Doz. Dr. Böttger, Nuklearmedizinische Klinik und Poliklinik der Technischen Universität, Krankenhaus rechts der Isar in München) durchgeführt.

1.3.2.4 Vipome

Für das vasoaktive intestinale Polypeptid (VIP), welches in den Zellen und Fasern des autonomen Nervensystems von Gastrointestinal-

trakt, Urogenitaltrakt, Respirationstrakt sowie im ZNS enthalten ist, wird eine Funktion als Neurotransmitter oder Neuromodulator angenommen [6].
Vipome, d.h. Ganglioneurinome, oft im Pankreas lokalisiert, zeichnen sich durch ein charakteristisches Krankheitsbild aus. *Wäßrige Durchfälle,* in einigen Fällen auch intermittierend und geringen Volumens, *Hypokaliämie* infolge der intestinalen Elektrolytverluste und *Achlorhydrie* (ca. 50% der Fälle) bzw. verminderte Säuresekretion gehören zu den klassischen Symptomen: *W*atery, *D*iarrhoea, *H*ypokalaemia, *A*chlorhydria (WDHA)-Syndrom oder Verner-Morrison-Syndrom. Differentialdiagnostisch sollte an das medulläre Schilddrüsenkarzinom und Karzinoide gedacht werden, welche Prostaglandine bzw. Serotonin sezieren. Die Bestimmung des VIP-Spiegels (Normbereich 60 pg/ml) klärt die Diagnose des Vipoms und ist für Verlaufskontrollen nach chirurgischer Therapie oder Behandlung mit Streptozotozin gut geeignet. Bei einigen Patienten mit WDHA Syndrom ist ein dem VIP ähnliches Peptid, das Histidin-Isoleucin-Peptid nachgewiesen, welches ebenfalls die intestinale Elektrolytabsorption hemmt (Moriarty et al 1984).
Einzelheiten über Entnahme der Blutproben, ihre Aufbewahrung, Verpackung zur Versendung und Angaben über die Labors, in denen die Bestimmungen durchgeführt werden, können erfragt werden:
Med. Univ. Klinik Marburg, Prof. Arnold
Med. Univ. Klinik Göttingen, Prof. Creutzfeld
Med. Univ. Klinik Ulm, Prof. Pfeifer
Med. Poliklinik Heidelberg, Prof. Feuerle

1.3.2.5 Pankreatisches Polypeptid sezernierende Tumoren

Das Polypeptid wird in den PP-Zellen gebildet, welche im Inselzellapparat sowie verstreut im Pankreasgewebe lokalisiert sind [8].
Das Polypeptid wird freigesetzt unter Nahrungsaufnahme, vagaler Reizung (z.B. Scheinfütterung) sowie β-adrenerger Stimulation, z.B. körperlicher Anstrengung. Erhöhte basale PP-Konzentrationen werden bei chronischer Pankreatitis mit exokriner Insuffizienz, Diabetes mellitus Typ I, Niereninsuffizienz sowie bei älteren Personen beobachtet, wobei bei letzteren nach Gabe von Atropin die PP-Werte in

Tabelle 1.3. Plasmakonzentration von pankreatischem Polypeptid (PP) bei Patienten mit Pankreastumoren. Bloom S. R., J. M. Polak.Clin. Gastroenterol. 9, 785–798, 1980

	Patienten N	Patienten mit erhöhten Nüchtern-PP Konzentrationen (300 P mol/l) N	erhöhte PP-Konzentrationen in %
PPome	1	1	100
Vipome	49	31	63
Glucoganome	14	7	50
Gastrinome	60	15	25
Insulinome	17	4	24
Adenokarzinome	16	0	0

den Normbereich (50 pg/ml) absinken. Benigne und maligne Tumoren des Inselzellapparats sowie andere endokrine gastrointestinale Tumoren sezernieren häufig gleichzeitig humanes pankreatisches Polypeptid (hPP), welches selbst keine spezifischen Krankheitssymptome verursacht. Erhöhte PP-Konzentrationen (mehr als 300 pg/ml) finden sich bei Insulinomen, Glukagonomen, Gastrinomen, Vibromen und Karzinoidtumoren, wobei extrem hohe Werte auf eine Metastasierung (Leber) (s. Tabelle 1.3) hinweisen.
Einzelheiten über Entnahme der Blutproben, ihre Aufbewahrung, Verschickung und Bestimmung können erfragt werden (sh. Bestimmung v. vasoaktivem intestinalem Polypeptid = VIP, Seite 36).

1.3.2.6 Somatostatinome

Somatostatin ist im autonomen Nervensystem des Gastrointestinaltrakts sowie in den D-Zellen enthalten, welche in der Schleimhaut von Antrum und Bulbus sowie im Inselzellapparat des Pankreas gehäuft vorhanden sind. Darüber hinaus wird das Polypeptid in Hypophyse und ZNS angereichert vorgefunden.
In pharmakologischer Dosierung wird die Sekretion exokriner und endokriner Organe gehemmt. Im Gastrointestinaltrakt sind die Sekretionen von Magensaft, Pankreassaft, die Freisetzung der gastroin-

testinalen Hormone und Polypeptide, die Motilität, besonders die Gallenblasenkontraktion und Magenentleerung sowie Absorption und Durchblutung betroffen.

Ungesichert ist die physiologische Rolle von Somatostatin (parakriner Effekt).

Somatostatinome, gewöhnlich im Pankreas lokalisiert, sind eine große Seltenheit. Klinisch werden häufig beobachtet: Dyspepsie, Durchfall, Diabetes mellitus und Cholezystolithiasis. An Funktionsstörungen bestehen häufig eine exokrine Pankreasinsuffizienz und eine reduzierte Magensaftsekretion. Die Serumkalzitoninspiegel sind erhöht [16].

Die Diagnose wird aus der schwierigen radioimmunologischen Bestimmung von Somatostatin im Plasma gestellt. Bei Somatostatinomen liegen die Konzentrationen um ein Vielfaches oberhalb des Normbereichs, der zwischen 5–40 pg/ml angegeben wird.

Einzelheiten über Entnahme der Blutproben, ihre Aufbewahrung, Verschickung und Bestimmung können erfragt werden (sh. Bestimmung v. vasoaktivem intestinalem Polypeptid = VIP, Seite 36).

Die radioimmunologische Bestimmung von Sekretin und Cholezystokinin, gastrointestinalem inhibitorischem Polypeptid Neurotensin und Motilin wird für wissenschaftliche Fragestellungen durchgeführt, hat aber keine klinische Bedeutung.

1.4 Indikationen zur Funktionsdiagnostik des Magens

1.4.1 Sonderformen der Ulkuskrankheit

Verstanden seien hierunter peptische Geschwüre, für welche eine vermehrte Gastrinfreisetzung als pathogenetischer Mechanismus angenommen wird. Dieser Verdacht muß bei Patienten mit einem schweren Verlauf der Ulkuskrankheit geäußert werden, d.h. Patienten, für welche eine Operation oder eine Langzeit-Pharmakotherapie zur Debatte stehen.

Praktisch bedeutet dies, daß bei jedem Ulkuspatienten vor einer Operation Sonderformen der Ulkuskrankheit ausgeschlossen werden sollten, da sie eine gezielte Behandlung erfordern. Sonderformen der Ulkuskrankheit sind:

1.4.1.1 Gastrinome

Es handelt sich um endokrine, gastrinproduzierende Tumoren. Hypergastrinämien, HCl-Hypersekretion und gastroduodenale Ulzera mit häufigen Rezidiven, Komplikationen, z. B. Perforationen, sind die Folge (Abb. 1.11).

Nicht selten werden vom Tumorgewebe neben Gastrin, Insulin, PP, Kalzitonin, VIP oder Glukagon sezerniert (s. Tabelle 1.3). Ausgeschlossen werden muß beim Nachweis eines Gastrinoms ein Syndrom der multiplen endokrinen Adenomatose (MEA I) = Wermer-Syndrom. Dabei liegen eine multizentrische Hyperplasie der Nebenschilddrüsen sowie in der Hypophyse chromophobe Adenome oder Tumoren vor, welche das Wachstumshormon ACTH oder Prolaktin sezernieren. Unter *Zollinger-Ellison-Syndrom* versteht man Gastrinome mit HCl-Hypersekretion, Ulkus und Durchfällen. Bei der Entstehung der Durchfälle dürfte die Inaktivierung von Pankreasenzymen sowie eine Schädigung der Dünndarmschleimhaut durch die HCl-Sekretion eine Rolle spielen.

Die Diagnose wird durch die Serumgastrinbestimmung gestellt. Ein Nüchterngastrinspiegel von mehr als 100 pg/ml ist verdächtig, über 800 pg/ml beweisend für ein Gastrinom. Im Zweifelsfall erlaubt ein Gastrinanstieg von mehr als 100 pg/ml nach Sekretinbolus (1 E/kg KG i. v. bzw. ca. 190 pg/ml nach 3 E/kg KG/h Sekretin) eine weitere Abklärung. Nach Probemahlzeit bringt ein Ausbleiben oder nur geringer Anstieg des Serumgastrinspiegels einen wichtigen Hinweis auf ein Gastrinom. Hiervon ausgenommen sind Gastrinome duodenaler Lokalisation mit hohem postprandialem Gastrinanstieg. In den verbleibenden unklaren Fällen bringen Verlaufskontrollen der Gastrinbestimmung während 3–12 Monaten eine Klärung der Dia-

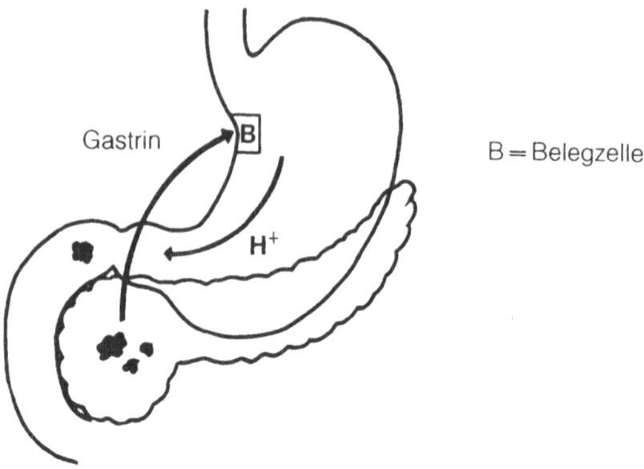

Abb. 1.11. Tumorinduzierte Gastrin-Sekretion mit HCL-Hypersekretion und Ulkusbildung

gnose. In Einzelfällen von Zollinger-Ellisonpatienten mit Normogastrinemie, liegt die Sekretion eines gastrindifferenten Peptides vor (Chey et al 1984). Die Säuresekretion erlaubt schon vor der Gastrinbestimmung eine Verdachtsdiagnose, wenn BAO größer als 15 mval/h ist und >60% der Gipfelsekretion erreicht. Eine BAO von >18 mval/h unter Sekretinstimulation von 3 E/kg KG/h erhöht die Treffsicherheit der Serumgastrinbestimmung. 20% der Gastrinome entwickeln sich im Rahmen einer multiplen endokrinen Adenomatose, welche durch Bestimmung des Serumkalziums, des Parathormonspiegels sowie der Hormonbestimmung von STH, Prolaktin und ACTH sowie computertomographische Untersuchung erfaßt werden kann.

1.4.1.2 **Antrale Gastrinzellhyperplasie** (Hyperfunktion)

Diese seltene Form der Ulkuskrankheit wird durch eine Hyperplasie oder Überfunktion der antralen Gastrinzellen verursacht. Bei erhöhten Nüchterngastrinwerten zwischen 100–800 pg/ml gilt ein Gastrinanstieg von 250 pg/ml nach Probemahlzeit zusammen mit einem fehlenden oder geringen Anstieg des Serumgastrins nach Sekretinstimulation als sehr verdächtig für die Diagnose [2, 10].

Tabelle 1.4 Häufigkeit von Produktion mehrerer Hormone in endokrinen Tumoren (Immunhistologischer Nachweis). Owyang C, V. L. Go. Gastrointestinal Hormones. Raven Press 1980, p. 741–747

	Gastrinomas		Insulinomas		Glucagonomas	
	a	b	a	b	a	b
Insulin	4/18	2/6	3/30	9/9	3/3	1/3
Glucagon	0/18	2/6	0/30	4/9	3/3	3/3
Plancreatic polypeptide	5/18	1/6	1/13	2/9	2/3	0/3
Somatostatin	0/18	2/6	0/30	0/9	2/3	2/3
Gastrin	18/18	6/6	1/30	1/9	0/3	0/3
ACTH	8/14	1/6	–	1/9	–	–
VI P	–	–	–	–	–	1/3

a, Creutzfeldt series; b, Larsson series

Die HCl-Sekretionswerte sind häufig mäßig erhöht mit einer BAO von 10 mval/h und einer Gipfelsekretion von >25 mmol/h. Eine Bestätigung der antralen Gastrinzellhyperplasie bringt die Antrumschleimhautbiopsie mit histologischer Untersuchung in Speziallabors, wenn die Gastrinzellzahl höher als 80/Gesichtsfeld (Fläche 0,35 × 0,23 mm) ist. Andernfalls muß eine Hyperfunktion der Gastrinzellen angenommen werden.
In Einzelfällen wurden bei Ulkuspatienten mit normalem Gastringehalt erhöhte Gastrinzellzahlen in der Antrumschleimhaut festgestellt.
Der Nachweis einer antralen G-Zellhyperplasie (Hyperfunktion) hat deshalb große klinische Bedeutung, weil die Ulkuskrankheit nicht durch Vagotomie, sondern durch Antrektomie erfolgreich behandelt wird.

1.4.2 Postoperative Ulzera

Wird ein Ulkus nach Magenoperation nachgewiesen, ergeben sich aus Säuresekretionsanalyse und Gastrinbestimmung pathogenetische Hinweise, welche das therapeutische Vorgehen bestimmen können. Dabei muß zwischen den verschiedenen Operationsverfahren differenziert werden.

1.4.2.1 **Symptomatische Verfahren** (Ulkusübernähung, Gastroenterostomie)

Hierbei wird keine Reduktion der Säuresekretion vorgenommen. In diesen Fällen ist dieselbe präoperative Diagnostik angezeigt, wie bei einem Ersteingriff (s. S. 28).

1.4.2.2 Zustand nach Vagotomie

Die Häufigkeit postoperativer Ulzera steigt nach diesem Eingriff an und beträgt ca. 15–20% innerhalb 7–8 Jahren. Vergleichsweise werden bei nichtoperierten Ulcus-duodeni-Patienten 80–90% Rezidivulzera innerhalb 1 Jahres beobachtet. Bei Frührezidiven muß an eine inkomplette Vagotomie, aber auch an eine antrale G-Zellhyperplasie und ein Gastrinom gedacht werden, wenn keine entsprechende Vordiagnostik erfolgte. Die Diagnose einer inkompletten Vagotomie wird am besten mit Hilfe der Säuresekretionsanalyse nach Scheinmahlzeit gestellt. Bei kompletter Vagotomie verbleibt die stimulierte Säuresekretion im Bereiche der BAO, bei inkompletter Vagotomie kann sie bis auf 50% der PAO nach Gastrinreiz ansteigen (s. Abb. 1.4). Eine geringere diagnostische Empfindlichkeit besitzt die Säuresekretionsanalyse nach Pentagastrinstimulation. Beträgt der Abfall der PAO im Vergleich zur Untersuchung vor der Operation weniger als 60% und liegt die BAO über 5 mmol/h bzw. die PAO über 15 mmol/h, ist die Diagnose einer inkompletten Vagotomie anzunehmen.

Rezidive im späteren Verlauf werden nicht selten auch bei reduzierter Säuresekretion beobachtet. Eine postoperative vagale Reinnervation ist möglich.

Besondere Beachtung verdienen Rezidivulzera nach Vagotomie, welche durch antrale Gastrinzellhyperplasie oder Gastrinome verursacht sind (Diagnostik s. S. 28, 29).

1.4.2.3 Zustand nach Magenresektion

Rezidivulzera nach Antrumresektion (Billroth I oder Billroth II) sind selten (3–5%). Mit Hilfe der Magensaftuntersuchung kann festgestellt werden, ob eine erhöhte Säuresekretion vorliegt. Beträgt die BAO > 5 mmol/h und die PAO > 15 mmol/h, muß erstrangig ein Gastrinom durch Serumgastrinbestimmung ausgeschlossen werden.
In Einzelfällen wurde bei Patienten mit Rezidivulzera nach Billroth-II-Operation im Duodenalstumpf Antrumschleimhaut nachgewiesen. Es wird angenommen, daß die Ulkusbildung durch eine vermehrte Gastrinfreisetzung verursacht wird, welche als Folge des neutralen und alkalischen Duodenalmilieus und der fehlenden Säureinhibition angesehen wird. Die HCl-Sekretion fließt durch die Anastomose aus dem Magen und gelangt nicht in den Duodenalstumpf. Während nach kompletter Antrektomie die Nüchterngastrinwerte absinken, weisen eine leichte Erhöhung der Nüchterngastrinspiegel und ein normales Gastrinverhalten nach Sekretinreiz auf diese sehr seltene Diagnose hin. Voraussetzung ist, daß andere Ursachen einer leichten Hypergastrinämie, z. B. Niereninsuffizienz (s. Tabelle 1.3) ausgeschlossen wurden. Die Therapie der Wahl ist die Resektion des verbliebenen Antrumschleimhautrestes.

1.4.3 Verlaufskontrollen

1.4.3.1 Gastrinome

Zunächst muß nach präoperativer Diagnostik zur Tumorlokalisation in geeigneten Fällen eine kausale Therapie, d.h. die Entfernung des Tumors versucht werden. Dies gelingt bei makroskopisch nachweisbaren und unilokulären Tumoren, besonders wenn sie im Duodenum lokalisiert sind. Dennoch ist eine Kausaltherapie wegen der häufigen multilokulären Anordnung selten möglich. Die komplette Resektion des Tumors wird aus dem *Abfall des Serumgastrinwerts* in den Normbereich nachgewiesen. Entsprechend kann die Unvoll-

ständigkeit des Eingriffs aus einer persistierenden oder nur geringfügig abgesunkenen Hypergastrinämie bzw. das Auftreten eines Rezidivs und von Metastasen aus dem Wiederanstieg des Serumgastrinspiegels beobachtet werden. In den meisten Fällen muß eine symptomatische Behandlung durch Reduktion der HCl-Sekretion ins Auge gefaßt werden. Im Vordergrund steht heute noch die chirurgische Therapie: die totale Gastrektomie. Umstritten ist die Vagotomie, welche die Durchführung einer Pharmakotherapie erreichbarer macht, andererseits eine später nachfolgende totale Gastrektomie mit der Entwicklung von Ösophagusstenosen belasten kann [20]. Bei etwa 30–80% der Patienten können HCl-Sekretion und Ulkusbildung durch eine hochdosierte Pharmakotherapie zumindest zeitweilig unterdrückt werden. Die Pharmakotherapie stellt insbesondere bei Patienten mit hohem Operationsrisiko eine Alternative dar und erfolgt mit einer hochdosierten Therapie von H_2-Rezeptor-Antagonisten, z. B. Cimetidine bis 16 g oder Ranitidine bis 3,6 g, wobei die Kombination mit einem selektiven Anticholinergika, z. B. Pirenzepin, mit einer niedrigeren Medikation dieser Substanzen und einer Verminderung der unerwünschten Nebenwirkungen verbunden ist. Die Einstellung der Pharmakotherapie wird anhand der Bestimmung der basalen HCl-Sekretion vorgenommen, welche höher als 10 mval/h vor der nächsten Einnahme des Pharmakons sein sollte. Sie muß im Verlauf der Erkrankung, welche oft einen langsamen Verlauf nimmt, modifiziert werden.
Liegt eine multiple endokrine Andenomatose I vor, sollte der Hyperparathyreoidismus zuerst operativ beseitigt werden, bevor eine operative Behandlung des Gastrinoms vorgenommen wird.

1.4.3.2 Antrale Gastrinzellhyperplasie

Nach Antrektomie sinken die Nüchterngastrinwerte in den Normbereich ab; desgleichen kommt es zu einer Verminderung der basalen und stimulierten HCl-Sekretion.

1.4.4 Diagnostik bei Morbus Biermer

Das Krankheitsbild ist durch eine Atrophie der Fundusschleimhaut bei normaler Antrumschleimhaut sowie einer hohen Inzidenz von Autoimmunkörper gegen Parietalzellen und Intrinsic factor charakterisiert. Der Intrinsic-factor-Mangel verursacht eine Vitamin-B_{12}-Malabsorption, welche zu einer Störung der DNS-Synthese führt und Ursache des klinischen Krankheitsbilds mit hyperchromer Anämie, trophischer Störung an Schleimhäuten und einer funikulären Spinalerkrankung ist.
Es liegen eine Achlorhydrie, d. h. eine fehlende Säuresekretion nach maximaler Stimulation mit Pentagastrin sowie eine Hypergastrinämie vor. Die Hypergastrinämie sinkt nach intragastraler HCl-Gabe ab. Die Erkrankung wird mit Hilfe des Schilling-Testes (s. später!) sowie aus den hämatologischen Veränderungen diagnostiziert. Häufig werden Serum-Antikörper gegen Parietalzellen (94%) sowie gegen I. F. (54%) beobachtet.

Indikation zur Funktionsdiagnostik bei Magenerkrankungen

a) Serumgastrin
b) HCl-Sekretion
   1. Präoperative Diagnostik des peptischen Ulkus
      Ausschluß von
      - Gastrinom
      - antraler Gastrinzellhyperplasie
   2. Abklärung postoperativer Ulzera
      - Gastrinom
      - antrale G-Zell-Hyperplasie
      - verbliebener Antrumschleimhautrest
      - inkomplette Vagotomie
      - ungenügende Fundusresektion
   3. Verlaufskontrollen bei Gastrinom
   4. Morbus Biermer.

Literatur

1. Anson ML (1939) The estimation of pepsin, papain trypsin and kathepsin with haemoglobin. J Gen Physiol 22: 79
2. Arnold R, Creutzfeld W (1977) Präoperative Untersuchungen bei Rezidivulcus im operierten Magen. Dtsch Med Wochenschr 102: 1684–1687
3. Baron JH (1970) The clinical use of gastric function tests. Scand J Gastroenterol 5 [Suppl 6]: 9–46
4. Cooke AR, Christiansen J (1978) Motor functions of the stomach in gastrointestinal disease. In: Sleisinger RH, Fordtran JS (eds) Saunders, Philadelphia London Toronto, pp 629–640
5. Creutzfeld W (1982) Gastrointestinal peptides – role in pathophysiology and disease. Scand J Gastroenterol 17 [Suppl 77]: 7–20
6. Fahrenkrug J (1980) Vasoactive intestinal polypeptide. Clin Gastroenterol 9: 633–642
7. Fajans L, Floyd JC jr (1979) Diagnosis and management of insulinomas. Ann Rev Med 30: 313
8. Floyd JC jr (1980) Pancreatic polypeptide. Clin Gastroenterol 9: 657–678
9. Fordtran JS, Walsh JH (1973) Gastric acid secretion rates and buffer content of the stomach after eating. J Clin Invest 52: 645–657
10. Friesen SR, Tomata T (1981) Pseudo-Zollinger-Ellison-Syndrom, hypergastrinaemia, hyperchlorhydra without tumor. Ann Surg 194: 481–492
11. Gornal AG, Bordavic CW, David MM (1949) Determination of sero-proteins by means fo biuret reaction. J Biol Chem 177: 751
12. Guillansseau PJ, Guillansseau C, Villet R et al (1982) Les glucagomas. Gastroenterol Clin Biol 6: 1029–1041
13. Grossman MI (1978) Control of gastric secretion in gastrointestinal disease. In: Sleisinger MH, Fordtran JS (eds) Gastrointestinal Disease. Saunders, Philadelphia London Toronto, pp 640–659
14. Isenberg JI (1978) Gastric secretory testing. In: Sleisinger MH, Fordtran JS (eds) Gastrointestinal Disease. Saunders, Philadelphia London Toronto, pp 714–731
15. Isenberg JI, Richardson CT, Fordtran JS (1978) Pathogenesis of peptic ulcer. In: Sleisinger JH, Fordtran JS (eds) Gastrointestinal Disease. Saunders, Philadelphia London Toronto, pp 792–806
16. Krejs GJ, Orci L, Conlon JM et al (1979) Somatostatinoma syndroms. N Engl J Med 301: 285–290
17. Kronberg O (1972) The insulin test. Scand J Gastroenterol 7: 561–564
18. Larsson LJ (1980) Gastrointestinal cells producing endocrine, neurocrine and paracrine messengers. Clin Gastroenterol 9: 485–516
19. Lux G, Lux E, Weingart J et al (1976) Intragastrale Tritration. Dtsch Med Wochenschr 101: 1000–1002
20. Malagelada JR (1983) Uncertainties in the management of the Zollinger-Ellison-Syndrome. Gastroenterology 84: 188–189
21. Mignon M, Poynard T, Rigaud D et al (im Druck) Sensitivy, selectivy and predictive value of secretin-test in Zollinger-Ellison-Syndrome versus in

duodenal ulcer patients. Abstr. 15th Meeting Eur. Gastro Club, Erlangen 1983
22. Moore EW, Scarlata RW (1965) The determination of gastric acidity by the glass electrode. Gastroenterolgy 49: 178–188
23. Rotter JI, Sones IG, Samloff IM et al (1979) Duodenal ulcera disease associated with elevated serum pepsin I: an inherited autosomal dominant disorder. N Engl J Med 300: 63–66
24. Stage IG (1978) Secretin and Zollinger-Ellison-Syndrome: reliability of secretin tests and the pathogenic role of secretin. Scand J Gastroenterol 13: 501–511
25. Stenquist B, Rehfeld J, Olbe L (1979) Effects of proximal gastric vagotomy and anticholinergics on the acid and gastrin responses to shame feeding in duodenal ulcer patients. Gut 20: 1020–1027
26. Unger RH, Orci L (1981) Glucagon and A cells. N Engl J Med 304: 1518–1524 and 1575–1580
27. Walsh JH, Lam SK (1980) Physiology and pathology of gastrin. Clin Gastroenterol 9: 767–791
28. Walsh JH (1978) Radioimmunoassay methology of articles in gastroenterology, Gastroenterology 75: 523–524
29. Warren L (1955) The thiobarbituric acid assay of sialic acids. J Biol Chem 234: 1971
30. Yalow RS, Strauss E (1980) Problems and pitfalls in the radioimmunoassay of gastrointestinal hormons. In: Glass GBJ (ed) Gastrointestinal hormons. Raven Press, New York, pp 751–768

2 Intestinaltrakt

O. KUNTZEN

In der klinischen Praxis haben Untersuchungen der Dünndarmfunktionen, soweit sie über die morphologische Darstellung hinausgehen, derzeit vor allem Digestion und Resorption zum Gegenstand. Motorische und vor allem immunologische und endokrine Funktionen bleiben weitgehend außer Betracht.
Es ist experimentell-wissenschaftlich möglich, die Assimilationsvorgänge der meisten verschiedenen Bestandteile unserer Nahrung mehr oder weniger detailliert zu verfolgen. Viele dieser Methoden sind aufwendig und für klinisch-diagnostische Aussagen von geringer Spezifität, was Lokalisation und Ursache meßbarer Störungen betrifft. Daher haben sich auch nur wenige Untersuchungsverfahren in die Klinik eingeführt, an welchen wir Verdauungs- und Resorptionsleistungen des Intestinums ermessen. Sie sollen möglichst weitgehend Anforderungen an die Zumutbarkeit für den Patienten, an die Praktikabilität der Meßtechnik für das Laboratorium und an die Gewichtigkeit der diagnostischen Aussage erfüllen. Über die Frage, an welcher Stelle im diagnostischen Vorgehen die einzelnen Tests zur Anwendung kommen sollen, lassen sich allgemeinverbindlich Richtlinien allenfalls in groben Zügen aufstellen. Zu sehr hängt dies von den individuellen Umständen, von Anamnese und klinischem Befund des Patienten und auch von den technischen Gegebenheiten des verfügbaren Labors ab. Der Kliniker muß in Kenntnis seiner Voraussetzungen und des Werts der Untersuchungsverfahren das diagnostische Vorgehen von Fall zu Fall immer erneut durchdenken.

2.1 Untersuchungen zur Assimilation der Nahrung im Intestinaltrakt

2.1.1 Einführung

Der Dünndarm ist dasjenige Organ, auf welches mit geringen Ausnahmen Nahrungsverdauung und -resorption beschränkt sind. Makromolekulare Nahrungsbestandteile, Eiweiße, Kohlenhydrate und Fette, werden vorwiegend mit Hilfe von Pankreasenzymen intraluminal abgebaut, teils unter Mitwirkung der Galle. Enteropeptidase des Dünndarms ist erforderlich, um - mittelbar oder unmittelbar - mehrere dieser Enzyme initial zu aktivieren. Die wesentlichen weiteren Dünndarmenzyme, welche bei Verdauungsprozessen mitwirken, sind strukturgebunden Bestandteile des Bürstensaums an der Zelloberfläche oder des Zytosols im Zellinneren der Schleimhaut. Sie sind vor allem an der Assimilation von Oligopeptiden und Oligosacchariden beteiligt. Für die Resorption kleinmolekularer Produkte der intraluminalen Verdauung wie für die Resorption von Elektrolyten, auch von Spurenelementen und von Vitaminen, von Wasser und für die endogenen Gallensäuren verfügt der Dünndarm über mehr oder minder spezifische Mechanismen.

Das Kolon hat weit geringere resorptive Funktionen bei der Aufnahme von Kalorienträgern. Nahrungsbestandteile, welche für den Makroorganismus unverdaulich sind, werden im Dickdarm z.T. bakteriell abgebaut. Mit der Kolonwand erfolgt ein Flüssigkeits- und Elektrolytaustausch.

Störungen der enteralen Nahrungsverwertung finden sich bei einer großen Zahl von Erkrankungen (Tabelle 2.1).

Bei diesen Erkrankungen sind Art und Ausmaß der Symptomatik je nach Ursache zwar verschieden, doch in der Regel nicht in solcher Weise krankheitsspezifisch, daß sich aus dem Spektrum von Störungen der Nahrungsverwertung allein die Diagnose folgern läßt.

Tabelle 2.1. Erkrankungen mit Störungen der enteralen Nahrungsverwertung (Auswahl)

Erkrankungen des Magens: Magenresektionen, Vagotomie (insbesondere trunkulär), Magenschleimhautatrophie

Erkrankungen der Leber: Intra- und extrahepatische Cholestase

Erkrankungen der Bauchspeicheldrüse: Akute und chronische Pankreatitiden, Tumoren, Pseudozysten, Stoffwechselerkrankungen

Erkrankungen des Dünndarms:
(Schleimhautatrophie) Glutenenteropathie, Kollagensprue, tropische Sprue, Dermatitis Duhring; chronische intestinale Ischämie bei verschiedenen vaskulären Erkrankungen, Strahlenschaden, Resektion
(entzündliche Schleimhauterkrankungen) akute erregerbedingte Enteritiden, Morbus Crohn, Morbus Whipple, Lambliasis, andere parasitäre Erkrankungen
(infiltrative neoplastische Erkrankungen) maligne lymphatische Erkrankungen, Amyloidose, Karzinoid (des Mesenteriums), Lymphknotenmetastasen, retroperitoneale Fibrose
(motilitätsbedingt, meist in Kombination mit anderen Ursachen) Hyperthyreose, diabetische Enteropathie
(anatomisch oder funktionell bedingte Passagestörungen als Ursache von pathologischem bakteriellen Dünndarmüberwuchs)
Blind-loop-Syndrom als Syndrom der zuführenden Schlinge, der blinden Schlinge nach Darmresektionen, bei enteralen Fisteln, Stenosen, Divertikeln; diabetische Enteropathie, Sklerodermie, idiopathisch
(medikamentös) Laxanzien, Zytostatika
(hereditäre Störungen) isolierte Disaccharidasenmangel, Defekte von Transportmechanismen für Monosaccharide, Aminosäuren, Vitamin B_{12}, Gallensäuren; A-β-Lipoproteinämie, Morbus Tangier

---

2.2 Untersuchungen der Kohlenhydratassimilation

2.2.1 Physiologie

Stärke und Glykogen sind die mengenmäßig wesentlichsten verdaulichen Polysaccharide in der Nahrung. Sie werden durch die Amylasen von Kopfspeicheldrüsen und Bauchspeicheldrüse abgebaut. Die

Abbauprodukte sind Oligosaccharide der Glukose: Maltose, Maltotriose (mit α-1,4-glykosidischen Bindungen) und verschiedene Grenzdextrine (mit Kettenverzweigungen, besonders durch 1,6-glykosidische Bindungen). Diese Oligosaccharide werden ebenso wie diejenigen, welche primär Bestandteile der Nahrung sind, von Disaccharidasen weiter gespalten, lokalisiert in dem Bürstensaum der Zellmembran der Dünndarmschleimhautepithelien. Es lassen sich Enzyme mit folgenden Aktivitäten unterscheiden:

Maltase (EC 3.2.1.20).

Saccharase-Isomaltase (Palatinase) (EC 3.2.1.48–10). Es handelt sich um einen Komplex aus zwei verschiedenen Proteinkomponenten, die im Zytosol wahrscheinlich separat synthetisiert werden und in der Zellmembran assoziiert sind; Mangelzustände der Einzelkomponenten sind bekannt. Das Enzym spaltet auch Grenzdextrine, nicht L-Sucrose, nur D-Sucrose.

Trehalase.

Laktase-Phlorizinhydrolase (EC 3.2.1.23–62). Das Enzym hat für seine beiden Substrate verschiedene kinetische Charakteristika, K_m-Werte, Hemmeigenschaften, Thermostabilität.

Laktase-Phlorizinhydrolase und Saccharase-Isomaltase haben ihr Aktivitätsmaximum im oberen Jejunum, nach proximal und distal abnehmend. Maltase hat ihre höchste Aktivität im Ileum.

Die Produkte des Kohlenhydratumsatzes durch Disaccharidasen sind Monosaccharide, Glukose und Fruktose. Für Glukose und Galaktose existiert ein natriumabhängiger Transportmechanismus durch die Zellmembran in das Zytosol der Schleimhautzelle. Fruktose permeiert durch einfache Diffusion.

2.2.2 Pathophysiologie

Störungen der Kohlenhydratverdauung und -resorption beruhen vor allem auf Enzymmangelzuständen oder auf Störungen der Resorptionsmechanismen. Dabei ist der Abbau der Polysaccharide in der Folge von Erkrankungen der Speicheldrüsen nur selten kritisch eingeschränkt, da eine große Funktionsreserve besteht. Welche Rolle andererseits den im Getreide und in der Nahrung vorhandenen

Amylaseinhibitoren bei der Polysaccharidverdauung zukommt, läßt sich noch nicht voll übersehen; wahrscheinlich können sie diese Vorgänge wirksam verzögern.

Fortgeschrittene *Dünndarmschleimhauterkrankungen,* welche mit Schleimhautatrophie einhergehen, beeinträchtigen mit der Resorption aller Nahrungsbestandteile auch die der Kohlenhydrate. Zottenatrophie führt zu einer verringerten resorbierenden Schleimhautoberfläche und gleichzeitig zur verminderten enzymatischen Verdauungskapazität. Davon sind – im Blick auf die Kohlenhydratassimilation – alle Disaccharidasen betroffen.

Klinisch häufiger sind *hereditäre* Zustände *isolierten Disaccharidasemangels.* Bei etwa 15–20% unserer erwachsenen Bevölkerung findet sich ein mehr oder weniger ausgeprägter Laktasemangel, der sich im Laufe des Lebens zunehmend entwickelt. Allerdings bestehen zumeist keine gravierenden klinischen Symptome. Davon ist der schon beim Neugeborenen vorhandene vollständige Laktasemangel abzugrenzen, welcher weit seltener ist. – Ebenfalls selten treten Mangelzustände von Saccharase-Isomaltase sowie von Trehalase bei Kindern, aber auch bei Erwachsenen auf.

Für verschiedene in der Nahrung vorkommende Oligosaccharide besitzt der Dünndarm physiologischerweise keine abbauenden Enzyme. Diese Kohlenhydrate bleiben daher regelmäßig unverdaut und sind Ursache von Beschwerden, z. B. Stachyose und Raffinose aus Leguminosen.

Von vorwiegend pädiatrischem Interesse ist die isolierte Glukose-Galaktose-Malabsorption, ein *Defekt des Carrier-Systems* in der Zellmembran. Dagegen kann durchaus nicht selten auch bei Erwachsenen eine unvollständige Verwertung von Fruktose gefunden werden. Diese kann entsprechenden klinischen Beschwerden in Folge des Genusses von Früchten, Obstsäften, Limonaden u. a. mit natürlichem oder künstlichem hohen Fruktosegehalt zugrunde liegen. Auch Sorbit, ein Zuckeralkohol und Austauschstoff für Rohrzucker, u. a. in Fruchtsäften, Bonbons, Kaugummi, wird häufig unvollkommen assimiliert und ruft bei mengenmäßig ausreichender Zufuhr Beschwerden hervor.

Störungen jeglicher Monosaccharidabsorption finden sich dagegen bei hochgradiger Schleimhautatrophie des Dünndarms (s. oben), insbesondere bei der Sprue.

Das *klinische Bild* bei verschiedenen Formen von Kohlenhydratmalassimilation ist prinzipiell gleichartig. Es kommt zu Blähungen mit Schmerzen, Durchfällen und Malnutrition. Diese Symptomatik entsteht durch die Vermehrung osmotisch aktiver, kleinmolekularer Kohlenhydrate mit großer Wasserbindungsfähigkeit im Intestinaltrakt. Die große Wassermenge beschleunigt die Passage sämtlicher Nahrungsbestandteile und verringert ihre Resorption. Wenn die Kalorienträger nach der Dünndarmpassage in den Bereich mikrobieller Besiedlung gelangen, werden sie durch Bakterien teilweise metabolisiert – auch auf Stoffwechselwegen, welche der Makroorganismus nicht besitzt. Wesentliche Produkte dieses Umsatzes im unteren Ileum und vor allem im Kolon sind Gase, Kohlendioxid, Wasserstoff und teils Methan, welche Blähungen und Schmerzen hervorrufen. Außerdem entstehen kurzkettige Fettsäuren, Essigsäure, Propionsäure, Buttersäure und Milchsäure, die im Kolon in nur beschränkter Menge resorbiert und daher mit dem Stuhl ausgeschieden werden. Von geringer Molekülgröße, sind sie Mitursache für hohe Osmolarität und Wasserbindungsfähigkeit des Darminhalts. Es kommt zu Durchfall. Die pH-Werte im Stuhl liegen im sauren Bereich. An der Gesamtosmolarität sind Nichtelektrolyte u. U. in beträchtlichem Ausmaß beteiligt (osmotischer Durchfall). Die unverdaut im Stuhl ausgeschiedenen Monosaccharide können an positiven Reduktionsproben erkannt werden.

2.3 Untersuchungsverfahren zur Kohlenhydratverdauung

Untersuchungen der Kohlenhydratverdauung sind möglich 1. durch direkte Messung der Aktivitäten kohlenhydratverdauender Enzyme: Amylasen im Speichel und im Pankreassekret, wobei letztere ungleich bedeutender für den Abbau der Polysaccharide sind; Disaccharidasen in der Dünndarmschleimhaut. 2. Durch Wasserstoffatemtests mit verschiedenen Disacchariden sowie auch mit Polysacchariden als oral applizierte Substrate können Mangelverwertungen dieser Kohlenhydrate auf nichtinvasive Weise nachgewiesen werden. Dabei wird der aus den nichtresorbierten Kohlenhydraten schließlich bakteriell im Darm freigesetzte Wasserstoff in der Ausatemluft gemessen, der resorbiert und über die Lunge abgegeben wird. Allerdings ist die Sensitivität dieser Tests nicht sehr hoch. Sie genügt aber für die Diagnose der klinisch relevanten Fälle. Angesichts dessen sind Belastungstests mit radioaktiv markierten Kohlenhydraten ($^{14}CO_2$-Atemtests) nicht mehr gerechtfertigt. 3. Untersuchungen der Blutzuckerspiegel nach oraler Kohlenhydratbelastung sind einfach in der Durchführung, jedoch nicht sehr empfindlich und spezifisch und daher als Verfahren für die Beurteilung der Kohlenhydratverdauung und -resorption von eher orientierendem Wert. 4. Der Xylosetest ist als Untersuchungsverfahren der Zuckerresorption einfach und seit langem eingeführt. Auch er besitzt aber eine beschränkte Sensitivität und Spezifität, weshalb ihm die vielfach eingeräumte Schlüsselstellung in der Diagnostik chronischer Durchfallserkrankungen und des Malassimilationssyndroms eigentlich nicht zusteht. 5. Niedrige pH-Werte im Stuhl und positive Reduktionsproben sind durch Teststreifen nachweisbar und sollten als Hinweise auf gestörte Kohlenhydratverwertung bei Durchfallserkrankungen vor komplizierteren Verfahren diagnostisch genützt werden.

2.3.1 Dünndarmbiopsie

Dieses Verfahren ist nicht nur in der Diagnostik von Störungen der Kohlenhydratverwertung eine der ergiebigsten Methoden bei der Untersuchung des Dünndarms. An dem gewonnenen Gewebematerial sind sowohl morphologische wie funktionelle biochemische Aussagen zu erhalten.

Die Dünndarmbiopsie kann als *„Blindbiopsie“* unter röntgenologischer Kontrolle verschiedener geeigneter Sonden durchgeführt werden; dabei sind alle Teile des Jejunums und ggfs. auch des Ileums zugänglich. Die meisten diagnostischen Aussagen lassen sich aber auch bereits durch die *endoskopische* Entnahme von Schleimhaut aus dem Duodenum treffen.

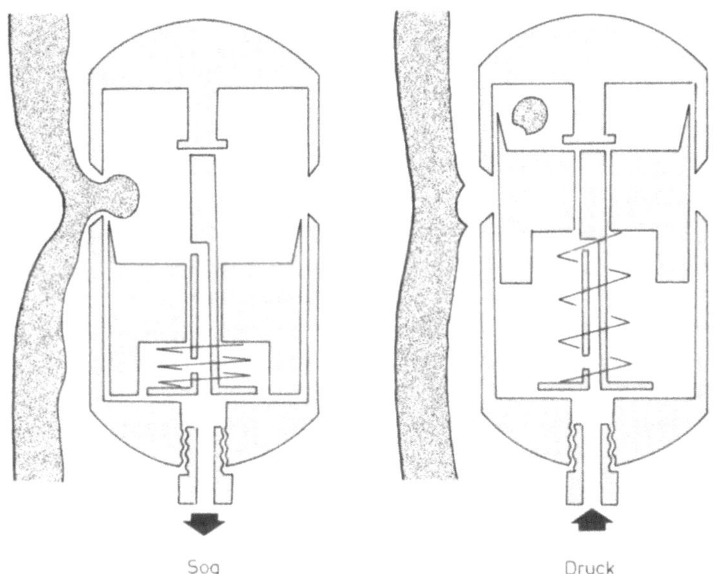

Abb. 2.1. Schematischer Längsschnitt durch die Biopsiekapsel nach Baumgartner. Durch Sog über die Sonde von außen ist das Gleitmesser zurückgezogen, die Kapselöffnungen sind dadurch frei, Gewebepartikel werden in das Kapselinnere eingestülpt. Mittels Luftüberdruck wird darauf das Messer an den Fenstern vorbeigeführt, das Gewebe wird abgetrennt und verbleibt in der Kapsel

2.3.1.1 Sonden zur Blindbiopsie

Bei der Blindbiopsie werden Schleimhautpartikel in eine in den Dünndarm eingeführte Kapsel eingesogen (Saugbiopsie) und von der Unterlage durch ein Messerchen abgetrennt, welches mechanisch, hydraulisch oder pneumatisch von außen über die Sonde betätigt wird.

Die meistverwendete *Sonde von Baumgartner* (Fa. Karl Storz, Tuttlingen) ist einläufig (Abb. 2.1). Sie trägt an der Spitze die Metallkapsel, welche zwei seitliche Fensterchen besitzt. Im Inneren kann ein Metallzylinder, dessen vordere Kante messerscharf geschliffen ist, durch Luftunter- und -überdruck hin und her und damit an den Fenstern vorbeigeführt werden. Diese Schneidebewegung wird durch eine Spiralfeder unterstützt. Die erforderlichen Luftdruckschwankungen im hinteren Teil der Kapsel werden durch Druck und Sog mittels einer am äußeren Ende der Sonde aufgesetzten Spritze manuell vom Untersucher erzeugt. Durch den Sog werden gleichzeitig die abzutrennenden Schleimhautpartikel durch die Fenster in die Kapsel eingestülpt.

Andere *pneumatische* Sonden wurden von Watson sowie von Crosby und Kugler entwickelt; mit ihnen kann pro Untersuchung nur je ein Partikel aus der Schleimhaut gewonnen werden.

Durch *hydraulische* Sonden (Rubin, Quinton) sind gezielte Mehrfachbiopsien möglich. Die Schleimhautpartikel können sofort nach der Entnahme durch die in situ belassene Sonde mit Hilfe einer Wasserspülung einzeln gewonnen werden. Die Wassersäule in der zweiläufigen Sonde vermittelt auch Schub und Zug von außen an die Kapsel im Dünndarm.

Demgegenüber haben Sonden mit *mechanischer* Kraftübertragung durch ein Baudenzugsystem, wie sie als erste (Shiner) verwendet wurden, den Nachteil des hohen mechanischen Widerstands, wenn sie den Windungen von Magen und Darm folgen.

Neuere Sonden besitzen ein Baudenzugsystem zur röntgenologisch kontrollierten Steuerung der Sondenspitze beim Einführen durch den Magen (MediTech, München). Die Biopsie dauert mit diesem Gerät nur wenige Minuten.

2.3.1.2 Durchführung der Untersuchung

Die Biopsiesonde wird dem nüchternen Patienten unter Röntgenkontrolle eingeführt. Die Magenpassage ist leichter, wenn der Patient zunächst auf der linken Seite liegt und sich dann, mit dem Erreichen des Magenantrums, in Rechtsseitenlage dreht, damit die Kapsel den Magenausgang passiert. Die Bewegungen der Sonde werden durch kräftige Zwerchfellbewegungen mit tiefem Aus- und Einatmen bzw. durch Atembewegungen bei geschlossenen Atemwegen beschleunigt.

Wird die Sonde nach Baumgartner verwendet, so erfolgt die Probenentnahme aus der Schleimhaut, indem durch die aufgesetzte 20-ml-

Spritze ein Sog für 3–5 s ausgeübt wird (Zurückziehen des Biopsiemessers und Einsaugen der Partikel in die Kapsel). Anschließend wird ein Überdruck erzeugt (Vorschieben des Messers, Abtrennen der Partikel). Durch Röntgenkontrolle überzeugt man sich, daß die Biopsiekapsel nunmehr wieder frei beweglich ist, die Gewebeproben also von der Unterlage abgelöst wurden. Daraufhin kann die Probenentnahme wiederholt werden, so daß mehrere Schleimhautteilchen gewonnen werden. Sie können am Ende allerdings nicht mehr nach dem Entnahmeort unterschieden werden.
Bei der Verwendung eines hydraulischen Systems ist der Entnahmeort der Biopsien bekannt. Das Gewebe kann rasch zur Weiterverarbeitung fixiert oder gekühlt werden.

2.3.1.3 Komplikationen der Dünndarmblindbiopsie

Bei der Verwendung der pneumatischen Sonde sind erfolglose Biopsien, die keinerlei Gewebe zutage fördern, nicht ganz selten. Dabei stellt sich dieses Resultat erst nach Beendigung der für den Patienten doch aufwendigen Prozedur heraus, ohne daß die Möglichkeit der sofortigen Korrektur besteht.
Eine ernste Komplikation der Untersuchung ist das Hängenbleiben der Kapsel an einem sich verklemmenden, nicht abgetrennten Schleimhautpartikel. In diesem Falle muß unter sanftem Zug so lange abgewartet werden, bis sich die Kapsel mit dem Mukosateilchen doch löst, und wenn dies auch Stunden dauert. Eine Kontrolle ist röntgenologisch an den Bewegungen der Kapsel beim Zurückziehen der Sonde möglich.
Selten sind Hämatome in der Darmwand von einer klinischen Symptomatik gefolgt. Auch Blutungen und Perforationen sind Zwischenfälle von großer Seltenheit. Jedoch muß der Patient vor der Untersuchung darüber aufgeklärt werden. Voraussetzung ist weiterhin, wie bei anderen Biopsien auch, ein ausreichendes Gerinnungspotential.

2.3.1.4 Endoskopische Probenentnahme

Eine endoskopische Entnahme kann aus Duodenalschleimhaut erfolgen. Das Gewebsmaterial hat maximal Zierstecknadelkopfgröße und wird mechanisch leicht lädiert. Daher ist die Beurteilbarkeit durch die Lupenbetrachtung vergleichsweise weniger gut und die Übersicht im mikroskopischen Bild beschränkt, gemessen an Partikeln aus Blindbiopsien. Doch sind die meisten diagnostischen Aussagen über die Schleimhautmorphologie auch an diesem Material möglich. Die Enzymaktivitäten, speziell die der Disaccharidasen sind gegenüber jenen der Jejunalschleimhaut um so geringer, je näher die Biopsie am Bulbus duodeni erfolgt. Eine Beurteilung ist aber möglich, wenn unter Zuhilfenahme entsprechender Normalwerte die Biopsien einheitlich aus dem Bereich des unteren Duodenalknies entnommen werden. Diese Region ist endoskopisch in der Regel zugänglich.
Sehr selten kann es bei der endoskopischen Biopsie aus dem Duodenum zu einer klinisch relevanten Blutung kommen. Mit anderen Komplikationen ist nicht zu rechnen.

2.3.1.5 Bestimmung der Disaccharidasenaktivitäten in der Dünndarmschleimhaut

Wegen der verhältnismäßig einfachen Nachweistechnik werden die Disaccharidasenaktivitäten am häufigsten genutzt, um organische Schleimhauterkrankungen funktionell zu erfassen. Darüber hinaus sind verschiedene dieser Enzyme am häufigsten von isolierten Mangelzuständen betroffen.

Testprinzip. Aus biopsierten Partikeln der Schleimhaut wird ein Homogenat hergestellt, suspendiert in Wasser. Proben dieses Homogenats werden mit dem Substrat des zu testenden Enzyms unter optimalen Bedingungen inkubiert. Aus dem Disaccharid werden die Monosaccharide freigesetzt. Nach definierter Zeit wird die Reaktion gestoppt und die entstandene Glukose im Ansatz quantitativ bestimmt. Die Enzymmenge in der Probe wird auf die Menge Protein bezogen und die Enzymaktivität in Einheiten/gr Eiweiß ausgedrückt.

Als Bezugsgröße kann auch das Frischgewicht der Probe ausgewogen werden. Das Testergebnis wird dann in Enzymeinheiten pro Gramm Gewebe erhalten.

Untersuchungstechnik. Nach der Probenentnahme aus dem Intestinum erfolgt die Weiterverarbeitung möglichst ohne Zeitverlust, da andernfalls die Enzymaktivitäten rasch abnehmen. Entweder werden die Proben tiefgefroren bis zur weiteren Analyse oder es wird das Homogenat hergestellt. Zur Einhaltung des geeigneten Meßbereichs der anschließenden Bestimmungen ist es zweckmäßig, die Schleimhautpartikel – eingeschlagen in ein Stück zuvor abgewogenen Parafilms – zu wiegen und dann mit einer auf das Gewicht bezogenen Wassermenge für die Herstellung des Homogenats zu überschichten: 25 Teile Wasser pro Teil Gewebe.
Für die Homogenisierung eignet sich der Potter-Elvehjem-Homogenisator (z. B. Firma Jahnke & Kunkel, IKA-Werk Staufen) oder ein Ultraschallhomogenisator Branson Sonifier.

Schema 2.1. Herstellung der Homogenatverdünnungen bei der Disaccharidasenbestimmung nach Dahlqvist

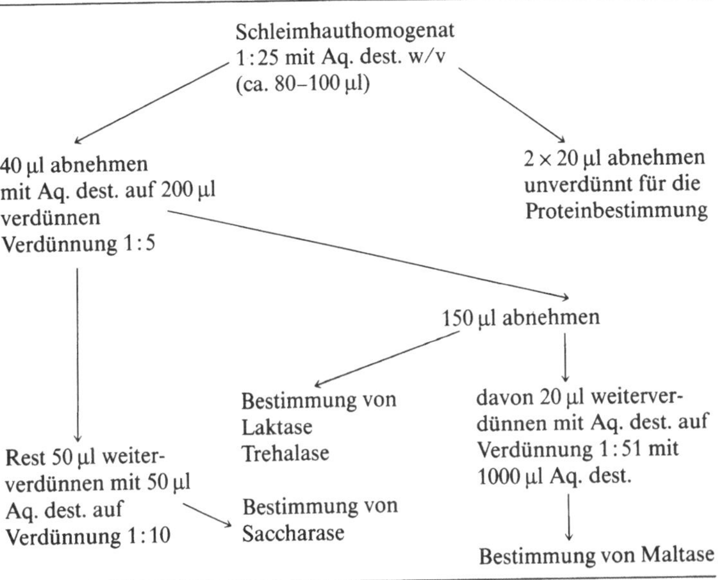

Schema 2.2. Disaccharidasenbestimmung nach Dahlqvist (Reagenzien S. 65)

Bestimmungen werden ausgeführt in Gewebshomogenat 1:25 w/v in Wasser. Jede Bestimmung erfolgt doppelt.
Für die Testansätze werden die folgenden Verdünnungen des Homogenats hergestellt (s. Schema 2.1):
Für Maltase 1:50; für Saccharase 1:10; für Trehalase 1:5; für Laktase 1:5

Testansatz in Reaktionsgefäß mit Deckel	
10 µl Homogenatverdünnung	
10 µl Puffer-Substratlösung	Maleatpuffer-Disaccharid-Lösungen: je 0,5 g Maltose bzw. Saccharose bzw. Trehalose bzw. Laktose aufnehmen mit je 25,0 ml Maleatpuffer, je 0,2 ml Toluol hinzufügen Maleatpuffer pH 5,9; 0,1 mol/l: 5,80 g Maleinsäure in ca. 400 ml NaOH 0,1 N lösen, mit NaOH 1 N auf pH 5,9 bringen, mit Aq. dest. auf 500,0 ml auffüllen
60 min im Wasserbad bei 37 °C inkubieren	
300 µl GOD-POX-Reagens zufügen	GOD-POX-Reagens: 100 ml TRIS-Puffer pH 7,0; 0,5 mol/l 61 g TRIS; 85 ml HCl 5 N; ca. 800 ml Aq. dest.; pH 7,0 einstellen; auf 1000 ml mit Aq. dest. auffüllen +9 mg Glukoseoxydase Boehringer +1 ml Triton X-100/Äthanol 2 g Triton X-100 auf 8 g 95%iges Äthanol (monatlich neu ansetzen) +1 ml o-Dianisidin 100 mg o-Dianisidin auf 10 ml Äthanol 95%ig +0,5 ml Peroxydase-Lösung 10 mg Peroxydase Boehringer auf 10,0 ml Aq. dest.; tiefgefroren in 0,5-ml-Portionen

---

15 min bei 37 °C im Wasserbad inkubieren
Photometrieren bei 436 nm gegen Luft, Mikroküvette 200 μl, d = 1 cm
Von den Meßwerten wird der Leerwert abgezogen:

10 μl Homogenatverdünnung
+ 300 μl GOD-POX-Reagens
+ 10 μl Substrat-Pufferlösung
(Reihenfolge!)
15 min bei 37 °C inkubiert

Die Auswertung erfolgt anhand einer Eichkurve mit bekannten Glukosemengen im Ansatz:
Es werden Glukoselösungen hergestellt 10 mg/dl, 20 mg/dl ... 50 mg/dl. Sie enthalten in 10 μl die Mengen 1, 2, ... 5 μg Glukose.
Je 10 μl der Glukosestandardlösungen werden inkubiert mit 300 μl GOD-POX-Lösung bei 37 °C, 15 min lang. Exakt am Ende der Inkubation wird die Extinktion bei 436 nm gegen einen Leerwert ohne Glukose gemessen. Daraus ergibt sich die Eichkurve mit den μg-Mengen Glukose auf der Abszisse und den korrespondierenden Extinktionswerten auf der Ordinate. Aus der Eichkurve kann die Menge Glukose abgelesen werden, welche durch die Inkubation der Schleimhautenzyme aus den Disacchariden freigesetzt wurde. Daraus ergibt sich für die Berechnung der Enzymeinheiten pro Gramm Schleimhautprotein für Maltase, Trehalase

$$\frac{E_{Enzym}}{g_{Protein}} = \frac{\mu g_{Glucose} \cdot d}{mg/dl_{Protein} \cdot 1{,}08 \cdot 2}$$

Der Faktor 2 im Nenner entfällt für die Berechnung der Aktivitäten von Laktase und Saccharase (nur 1 mol Glukose aus 1 mol Substrat). – (d = Verdünnungsfaktor)

Alle Manipulationen der Gewebeprobe müssen unter Eiskühlung erfolgen, beginnend mit der Entnahme aus Biopsiekapsel bzw. Biopsiezange. Verdünnungsschritte, Enzym- und Proteinbestimmungen siehe Schemata 2.1–2.5 Reagenzien s. S. 65. Nach welchen Verfahren die Bestimmungen ausgeführt werden, richtet sich auch nach der Größe der zur Verfügung stehenden Schleimhautprobe. Für kleine Partikel eignet sich die Bestimmung nach Dahlqvist. Die Inkubation der Homogenatproben mit den Substratlösungen erfolgt mit kleinen Volumina und wird gestoppt durch eine Verdünnung des Ansatzes 1 : 15 mit dem Einpipettieren eines Puffer-Enzym-Substratgemischs, durch welches unmittelbar die Glukosebestimmung mit

Schema 2.3. Bestimmung der Disaccharidasenaktivitäten im Dünndarmschleimhauthomogenat. (Nach Rommel u. Böhmer) (Reagenzien S. 65)

Homogenatverdünnungen mit Aq. dest. herstellen:

für	Laktase	Saccharase	Maltase	Trehalase
Homogenat (µl)	300	50	50	50
Aq. dest. (µl)	–	200	500	200
Verd.-Verhältnis	1	0,2	0,091	0,2

Substratlösungen ca. 55 mmol/l in Maleatpuffer

je 0,5 g Laktose, Saccharose, Maltose, Trehalose mit je 25 ml Maleatpuffer aufnehmen (0,1 mol/l, pH 5,9), je 0,2 ml Toluol zufügen

Maleatpuffer: 5,80 g Maleinsäure in ca. 400 ml NaOH 0,1 mol/l lösen mit NaOH 1 mol/l auf pH 5,9 bringen, mit Aq. dest. auf 500,0 ml auffüllen

Testansatz: Doppelbestimmungen für jedes Enzym

Homogenatverdünnung 50 µl plus
Substratlösung 50 µl

Inkubation im verschließbaren Reaktionsgefäß 60 min bei 37 °C
Reaktionsstop durch Einstellen in kochendes Wasser, 2 min Zentrifugieren
Glukose im Überstand messen (Standardverfahren)

Substratleerwert

physiol. Kochsalzlösung 50 µl plus
Substratlösung 50 µl
gleiche Inkubation

Homogenatleerwert

Homogenatverdünnung 50 µl plus
physiolog. NaCl 50 µl
gleiche Inkubation

Berechnung: Eingesetzt werden die im Testansatz erhaltenen Glukosekonzentrationen, vermindert um den zugehörigen Substratleerwert sowie um den zugehörigen Homogenatleerwert (s. S. 64).

Schema 2.4. Proteinbestimmung im Schleimhauthomogenat nach Lowry (Reagenzien S. 65)

Doppelbestimmungen für jede Probe; Leerwert; Standardwert

100 µl Probe	= Verdünnung 1:100 des Homogenats d.i. 50 µl Homogenat auf 5,0 ml physiol. NaCl
700 µl Na_2CO_3 10%ig	10 g Na_2CO_3 wasserfrei auffüllen auf 100 ml mit Aq. dest.
100 µl $CuSO_4$ 0,1%ig	1 g $CuSO_4$ auf 1 l Aq. dest.

Schütteln, 30 min stehenlassen

100 ml Folin-Ciocalteus-Reagens zufügen, 1:3 verd. mit Aq. dest.

Schütteln; 5 min bei 37 °C inkubieren im Wasserbad, dann 15 min Zimmertemperatur; Photometrieren = 578 nm, d = 1 cm

Leerwert: statt Probe physiol. NaCl
Standard: statt Probe Albuminlösung 50 mg/dl

Berechnung: $(\Delta E_{Probe} - \Delta E_{Leerwert}) \times 114$ = Proteinkonzentration (mg/dl)

---

der Glukoseoxydasemethode angeschlossen wird. Bei dieser Technik ist eine Schleimhautprobe von kleiner als 5 mg ausreichend. Sie ist das in der Kinderklinik angewandte Verfahren.
Steht mehr Gewebe zur Verfügung, sollte man zur Verringerung von Pipettierfehlern die nach Rommel und Böhmer wiedergegebene Methode verwenden. Hier kommen Pipettenvolumina von unter 10 µl nicht vor. Größere und Mehrfachbiopsien haben ohnehin den Vorteil, eher Durchschnittswerte für die Enzymaktivitäten der Schleimhaut zu liefern, als kleine Einzelproben.
Proteinkonzentrationen unter 100 mg/dl im Homogenat werden mit der Lowry-Methode bzw. der Mikro-Lowry-Methode bestimmt. Höhere Konzentrationen können mit Hilfe der Biuretmethode bestimmt werden (Reagenzien Fa. Merck o.a.). – (Analysen s. Schemata 2.1–2.7).

Berechnung der Enzymaktivitäten. Entsprechend der Definition der Enzymeinheit ist die Enzymaktivität in der Schleimhaut gleich dem

Schema 2.5. Mikro-Lowry-Methode der Proteinbestimmung im Schleimhauthomogenat (Reagenzien S. 65)

In Reaktionsgefäß pipettieren

20 µl Probe
200 µl Reagens wie folgt:

5 ml $2\%\ Na_2CO_3$ in 0,1 N NaOH
(2 g Na_2CO_3 in 100 ml 0,1 N NaOH lösen)

+0,1 ml Na-K-Tartrat/$CuSO_4$-Lösung (frisch)
5,5 g $CuSO_4$ in 100 ml Aq. dest. (I)
1,35 g Na-K-Tartrat auf 100 ml Aq. dest. (II)
0,02 ml Lösung (I) + 0,2 ml Lösung (II) werden vor Gebrauch gemischt

10 min bei Raumtemperatur stehen lassen

+20 µl Folin-Ciocalteus-Reagens, 1:2 mit Na_2CO_3 2%ig, wie oben, verdünnt

30–35 min im Dunklen stehen lassen

Extinktion messen bei 772 nm gegen Leerwert

Proteinkonzentration aus einer Standardeichkurve entnehmen, hergestellt mit eingewogenem Humanalbumin definierter Verdünnungen im Meßbereich

---

Substratumsatz (hier gemessen an der Menge des freigesetzten Reaktionsprodukts Glukose) unter definierten optimalen Bedingungen (Substratsättigung, Temperatur, pH, Ionenmilieu) in µmol pro Gramm Protein (oder Frischgewicht) pro Minute.

Aus der Bestimmung von Glukosekonzentration und Proteinkonzentration in mg/dl sowie unter Berücksichtigung der Inkubationszeit von 60 min, des Molekulargewichts der Glukose von 180 sowie der mit dem Ansatz getroffenen Verdünnung des Homogenats für die Disaccharidasenbestimmung ergibt sich für die Aktivitätsbestimmung folgender Rechenweg:

1. für Umsätze, bei denen aus 1 mol Substrat 2 mol Glukose entstehen (Reaktionen von Maltase, Trehalase, Isomaltase)

$$\frac{\mathrm{mg/dl}_{\mathrm{Glukose}} \cdot d \cdot 100}{\mathrm{mg/dl}_{\mathrm{Protein}} \cdot 1{,}08 \cdot 2} = \frac{\mathrm{Einheiten}_{\mathrm{Disaccharidase}}}{\mathrm{Gramm}_{\mathrm{Protein}}}$$

Reagenzien	*(Disaccharidasenbestimmungen)*
Laktose	Merck 7660
Saccharose	Merck 7651
Trehalose	Merck 8353
Maltose	Merck 5910
Galaktose	Merck 4060
Maleinsäure	Merck 800380
NaOH 0,1 N	Merck 9141
Toluol	Merck 8323
TRIS Tris-hydroxy-methylaminomethan	Merck 8382
HCl 5 N	Merck 9911
Triton X-100	Fluka 93420
Äthanol 96%ig	Fluka 02850, Serva 11094
o-Dianisidin	Merck 3191
NaOH 1 N	Merck 9137
Peroxydase	Boehringer Mannheim; Merck 24567;
Glukoseoxydase	Merck 24649; Boehringer Mannheim
	(Proteinbestimmungen)
Na_2CO_3 wasserfrei	Merck 6392
$CuSO_4$	Merck 2791
Na-K-Tartrat	Merck 8087
Albumin (v. Rind) lyophilisiert	Boehringer Mannheim
Folin-Ciocalteus-Reagens	Merck 9001
Merck 33270 Gesamteiweiß, Biuretmethode Merckotest	

2. für Umsätze, bei denen aus 1 mol Substrat 1 mol Glukose entsteht (neben 1 mol eines anderen Monosaccharids; Reaktionen von Saccharase und Laktase)

$$\frac{mg/dl_{Glukose} \cdot d \cdot 100}{mg/dl_{Protein} \cdot 1{,}08} = \frac{Einheiten_{Disaccharidase}}{Gramm_{Protein}}$$

d = Homogenatverdünnung

Ergebnisse (s. auch Abb. 2.2)

Normalwerte	n. Dumphy et al.	n. Welsh et al.	eigene
$\bar{x} \pm 2s$ E/$g_{Protein}$	22 Erwachsene ob. Jejunum	22 Erwachsene Duodenum und ob. Jejunum	71 Erwachsene Duodenum
Maltase	266 (111–420)	288 (84–410)	137 (58 –324)
Saccharase	87 (26–138)	61 (27–119)	44 (16 –120)
Laktase	44 (9– 98)	38 (13– 85)	22 (7,5– 62)*
Trehalase			16 (6,7– 40)

* 55 Erwachsene ohne isolierten Laktasemangel

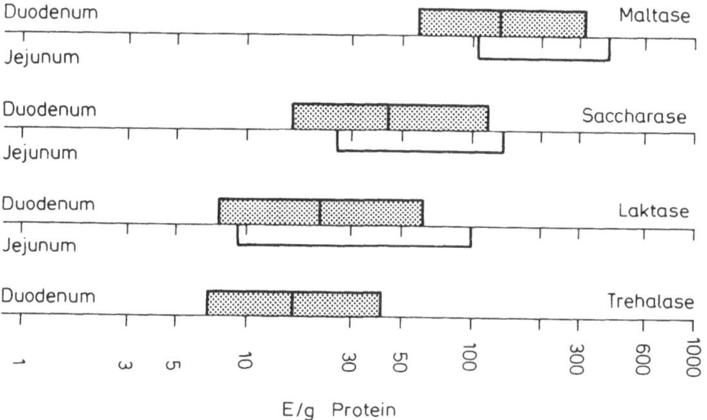

Abb. 2.2. Normalwerte der Disaccharidasenaktivitäten ($x \pm 2s$-Bereiche) in der Schleimhaut von Duodenum und oberem Jejunum

Auswertung. Verminderungen *aller* Schleimhautenzymaktivitäten finden sich bei den Erkrankungen, welche mit Zottenatrophie einhergehen sowie bei konsumierenden extraintestinalen Erkrankungen. Der Befund ist unspezifisch. Seine Ausprägung richtet sich nach dem Schweregrad der Grunderkrankung. Hierher gehören:

Glutenenteropathie
Kollagensprue
Dermatitis herpetiformis Duhring
Morbus Whipple
Tropische Sprue
Intestinale Durchblutungsstörungen
Amyloidose
Lambliasis
Strahlenenteropathie
Kwashiorkor
Kachexie bei Malignomen
Colitis ulcerosa
Morbus Crohn
Leberzirrhose
Magenresektion
chron. Alkoholexposition

Die Erniedrigung *einzelner* Enzymaktivitäten ist anlagenbedingt, so der komplette Laktasemangel des Neugeborenen, der Laktasemangel des Erwachsenen, isolierter Trehalasemangel und isolierter Mangel an Saccharase-Isomaltase.
Isolierter Laktasemangel kann zwar an dem Absolutwert der Enzymaktivität in der Schleimhaut erkannt werden. Sind aber die Aktivitäten auch der anderen Disaccharidasen erniedrigt infolge einer anderen Grunderkrankung, so ist die Diagnose schwieriger. Eindeutige Resultate entstehen erst durch die zusätzliche Verwendung von Quotienten aus Laktase- und Trehalaseaktivität (Normalwerte > 0,48; pathologisch < 0,3) oder anderen.
Klinisch manifestiert sich der Laktasemangel des Neugeborenen mit dem Beginn der Milchernährung, und die Symptome sind durch Vorbehandlung der Milch mit Laktase zu verhindern.
Der Laktasemangel des Erwachsenen, besser „Hypolaktasie", ist bei Mittel- und Westeuropäern mit einer Häufigkeit von um 20% zu finden. Bei Angehörigen anderer Rassen, z. B. bei Negern, ist er die Regel. Graduelle Ausprägung und Manifestationsalter sind sehr verschieden. Häufig treten entsprechende Zeichen von Milchzuckerintoleranz erst bei Kombination mit einer Zweiterkrankung auf, z. B. nach Magenresektion, bei entzündlichen Darmerkrankungen u. a.
Trehalasemangel kann sich klinisch als Unverträglichkeit gewisser Speisepilze äußern, welche Trehalose enthalten.
Saccharase-Isomaltasemangel hat die Intoleranz gegenüber Rohrzucker zur Folge.
Die beiden letztgenannten Störungen können auch bei Erwachsenen gefunden werden. Ein isolierter Maltasemangel wird nicht beobachtet.

2.3.1.6 Morphologische Beurteilung von Dünndarmschleimhautbiopsien

Lupenmikroskopische Untersuchung. Für die lupenmikroskopische Untersuchung werden Schleimhautpartikel in einem Uhrglasschälchen und physiologischer Kochsalzlösung ausgebreitet. Am besten geeignet sind binokulare Lupenmikroskope für ca. 20fache Vergrößerung im Auflicht (z. B. Fa. Carl Zeiss, Oberkochen), mit denen ein sterisches Bild erhalten wird. Aber auch einfache, ausreichend starke Lupen ermöglichen eine Beurteilung (z. B. die Nahaufsicht durch ein umgekehrtes Mikroskopokular). Die Lupenbetrachtung liefert eine Übersicht über die zottentragende Schleimhaut und ermöglicht, die Zottenhöhe abzuschätzen.

Die normalen Zotten des oberen Dünndarms sind dichtstehend, schlank, fingerförmig. Aber auch flache, blattförmige Zotten gehören zum Normalbefund. In ihrem Inneren verlaufen meander- und girlandenförmige Blutgefäße. Beim Gesunden können die zwischen den Zotten liegende Krypten nicht gesehen werden. – Zottenatrophie führt zur Verkürzung bis zum Verlust der Zotten. Bei weniger hochgradigen Fällen sind sie nach Art von Hirnwindungen miteinander verbunden. Im Extremfall ist die Schleimhautoberfläche nahezu glatt, noch durch Krypten gegliedert, welche nun an der Oberfläche liegen.

Histologische Untersuchung. Für feingewebliche Untersuchungen wird das Material sofort nach der Entnahme fixiert, für die Lichtmikroskopie in Formalin 10%ig, für die Elektronenmikroskopie in Osmiumsäure und/oder in Glutaraldehyd. (Das weitere Vorgehen wird hier nicht beschrieben)

Im Zusammenhang mit den Bestimmungen von Enzymaktivitäten liefert die histologische Untersuchung das feingewebliche Korrelat zu dem Befund verminderter Disaccharidasenaktivitäten, wobei die Zottenatrophie für sich allein ein unspezifisches Zeichen ist. Darüber hinaus können einige – meist seltenere – Zustände diagnostiziert werden, welche nicht oder inkonstant mit einem pathologischen Enzymaktivitätsbefund einhergehen:

Intestinal lokalisierte maligne lymphatische Erkrankungen
Intestinale Lymphangiektasie
Noduläre lymphatische Hyperplasie
Verschiedene Parasitosen
A-β-Lipoproteinämie
Eosinophile Gastroenteritis
Chronisch ulzeröse Jejunoileitis.

Soweit es sich nicht um diffuse Dünndarmschleimhauterkrankungen handelt, ist die Diagnosestellung daran gebunden, daß mit der Biopsiesonde pathologisch verändertes Gewebe tatsächlich erfaßt wird. Dies ist dem Zufall überlassen, um so mehr, je weniger Gewebe entnommen wird.

2.4 Wasserstoffatemtests

2.4.1 Grundlagen

Freier Wasserstoff im Organismus stammt ausschließlich aus dem bakteriellen Stoffwechsel im Intestinaltrakt. Er wird resorbiert, physikalisch im Körperwasser gelöst, auch zur Lunge transportiert und abgeatmet. Die Wasserstoffspannung in der Alveolarluft entspricht der des pulmonalen Kapillarbluts.
Beim *Gesunden* entstehen die Hauptmengen Wasserstoff als Bestandteil der Darmgase im *Kolon*. Voraussetzung ist, daß aus dem Dünndarm geeignete Substrate für die Wasserstoffbildung übertreten, nämlich Kohlenhydrate, ohne vorher durch Verdauung und Resorption verwertet worden zu sein (Abb. 2.3). Es kann sich dabei handeln um

1. Nahrungsbestandteile, die vom menschlichen Dünndarm schon normalerweise nicht assimiliert werden können; dies sind vor allem pflanzliche Faserstoffe (Polysacharide), aber auch verschiedene Oligo- und Monosaccharide

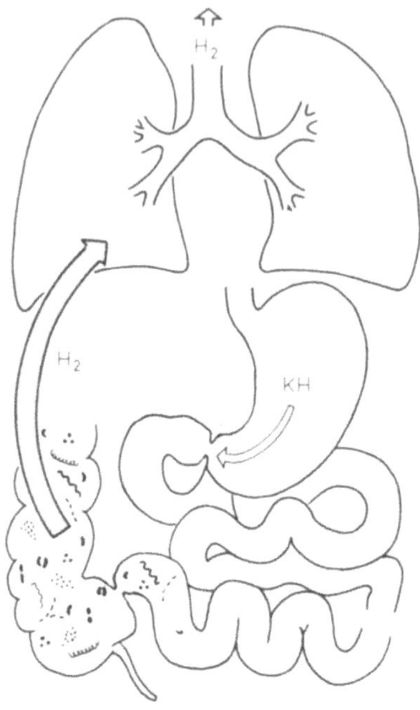

Abb. 2.3. Herkunft von Wasserstoff in der Ausatemluft: Vom Dünndarm unverdaute Kohlenhydrate werden im Dickdarm unter Wasserstoffbildung bakteriell metabolisiert; H_2 wird resorbiert und auf dem Blutweg zur Lunge transportiert. (*KH* Kohlenhydrat)

2. Nahrungsbestandteile, die infolge Überangebots nicht vollständig verdaut und resorbiert werden können: „overeating".
3. Nahrungsbestandteile, für die krankhafterweise eine globale oder isolierte Mangelverdauung oder -resorption im Dünndarm besteht: Malassimilationssyndrome.

   In allen diesen Fällen ist die Zeit von der Aufnahme der Nahrung bis zum Auftreten der Wasserstoffbildung abhängig von der Geschwindigkeit, mit welcher der Darminhalt das Kolon erreicht. Damit entsteht eine Möglichkeit, diese intestinale Transitzeit abzuschätzen.

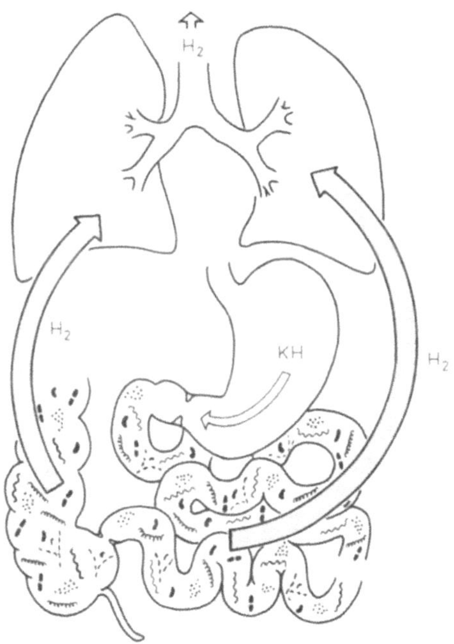

Abb. 2.4. Herkunft von Wasserstoff in der Ausatemluft bei pathologischem bakteriellen Überwuchs des Dünndarms: Auch resorbierbare Kohlenhydrate werden bakteriell unter Wasserstoffbildung umgesetzt, da sie im Intestinaltrakt noch vor der normalen Assimilation in den Bereich mikrobieller Besiedlung und Verwertung gelangen

4. Enterale Gasbildung kann auch aus der bakteriellen Umsetzung körpereigener Substrate erfolgen. Als solche sind Glykoproteine der von der Mukosa sezernierten Schleimsubstanzen bekannt. Aus ihnen entwickeln sich Gase auch beim Nüchternen.

Unter *pathologischen* Bedingungen entsteht Wasserstoff auch im *Dünndarm,* wenn hier eine abnorm dichte Besiedlung mit Mikroorganismen vorhanden ist, welche über die geeigneten metabolischen Fähigkeiten verfügen: pathologischer bakterieller Dünndarmüberwuchs (Abb. 2.4).

2.4.2 Indikationen

Wasserstoffanalysen in der ausgeatmeten Luft haben daher die folgenden Indikationen:

1. Messung spontaner Wasserstoffabatmung als ein Kriterium dafür, daß Meteorismus seinen Ursprung in enteral-bakterieller Gasbildung haben kann, in Abgrenzung zum Luftschlucken.

Ein seltener Sonderfall ist die zystische Pneumatosis intestinalis. Bei einem Teil der Patienten mit dieser Erkrankung kann im Nüchternzustand eine hohe spontane Wasserstoffabatmung nachgewiesen werden.

2. Verdacht auf Kohlenhydratmangelverwertung.
3. Verdacht auf einen pathologischen bakteriellen Dünndarmüberwuchs.
   - Für die beiden letztgenannten Indikationen eignen sich Kohlenhydratbelastungstests. Sie haben die größte klinische Bedeutung.
4. Bestimmung der intestinalen Transitzeit.

2.4.3 Durchführung der Untersuchung

2.4.3.1 Nachweis einer Kohlenhydratmangelverwertung

Dem Patienten wird oral das zu testende Kohlenhydrat verabreicht. Es werden dann in regelmäßigen zeitlichen Abständen Proben der Ausatemluft untersucht, und zwar so lange, bis angenommen werden kann, daß das Substrat mit Sicherheit durch den Dünndarm bis in das Kolon gelangt ist. Dies wird in der Regel innerhalb von 3 h der Fall sein.
Häufigste Anwendung für die Untersuchung ist der Nachweis der Disaccharidmalassimilation bei Mangel einzelner Disaccharidasen in der Dünndarmschleimhaut. Bei Verdacht auf einen Laktasemangel erhält der Patient je nach mutmaßlicher Schwere des Befundes bzw. der zu erwartenden subjektiven Beschwerden (Meteorismus,

Diarrhoe) 0,5–2,0 g Milchzucker/kg KG, maximal 50 g. Andere Disaccharide werden analog dosiert. – Die Zucker werden als ca. 20%ige Lösung in Wasser appliziert. Der Patient trinkt anschließend ein gleiches Volumen Wasser nach und bleibt für die Zeit der weiteren Untersuchung nüchtern.

2.4.3.2 Nachweis von pathologischem bakteriellem Dünndarmüberwuchs

Der Patient erhält ein Kohlenhydrat per os, welches bakteriell umsetzbar, vom Dünndarm selbst aber nur langsam oder überhaupt nicht verwertbar ist. Ein geeigneter Zucker ist Laktulose. Handelsübliche Präparate (Bifiteral, Laevilac) enthalten ca. ⅔ w/v der Substanz in wäßriger Lösung. In geringen Mengen sind außerdem andere Zucker enthalten, auch Laktose. – Die Dosierung für den Test ist 20 g Lactulose bei Erwachsenen. Atemproben werden entnommen, bis das Substrat den Dünndarm wahrscheinlich durchflossen hat, d.h. etwa 3 h lang in Abständen von je 30 min mit ersten Proben nach 10 und 20 min.

Es können auch andere Zucker für die Untersuchung mit dieser Indikation verwendet werden, z. B. Xylose, aber auch Maltose, Saccharose, Glukose u. a. Sie gelangen in der Regel nicht oder nur zu kleinen Teilen in das Kolon, so daß eine meßbare Wasserstoffabatmung ihren Ursprung sicherer als bei der Verwendung von Laktulose im Dünndarm hat. Der Nachteil liegt aber in der normalerweise raschen Spaltung bzw. Resorption dieser Zucker, welche mit dem bakteriellen Umsatz zu Wasserstoff konkurrieren. Es treten infolgedessen häufig falsch negative Testergebnisse auf.

2.4.3.3 Bestimmung der intestinalen Transitzeit

Der Patient erhält – zusammen mit einer anderen Testmahlzeit oder allein – Laktulose (Dosierung 10 g o. a.). Atemproben werden in Abständen von 30 min über etwa 4–6 h bzw. bis zum Auftreten von Blähungen untersucht.

2.4.3.4 Entnahme der Atemluftproben

Die Patienten werden angewiesen, „endexspiratorische Luft" in einen Ballon oder in eine 20-ml-Spritze einzublasen. Dies erfordert eine sorgfältige Erklärung und Einübung. Es wird dann vermieden, daß Totraumluft aus dem Mund-Rachen-Tracheobronchial-Raum anstelle von Alveolarluft untersucht wird. Bei Kleinkindern kann die spontan ausgeatmete Luft mit einer Spritze atemsynchron von Nase oder Mund entnommen werden. – Im Handel sind Geräte erhältlich, in welchen die vom Patienten tief ausgeatmete Luft durch ein automatisch arbeitendes Ventil fraktioniert wird. Ein erster Teil enthält die Totraumluft, der zweite die zur Messung benötigte Alveolarluft. Die Atemproben können in den Kammern tagelang ohne Änderung ihrer Zusammensetzung aufbewahrt werden. – Demgegenüber nimmt die Wasserstoffkonzentration in Atemproben, welche in verstöpselten Plastik-Einmalspritzen aufbewahrt werden, innerhalb von 24 h um ca. 20% ab.

2.4.3.5 Wasserstoffmessung

Die Messung der Wasserstoffkonzentration in Luft kann *gaschromatographisch* mit Hilfe speziell für diese Aufgabe ausgerüsteter Geräte erfolgen (z. B. „Model S" Gaschromatograph der Firma Quintron Instruments Co., Inc., 3712 West Perce Street, Milwaukee, Wisconsin 53215, U.S.A.). Die Apparatur enthält eine Molekularsiebsäule geeigneter, relativ großer Länge mit der Möglichkeit, auch große Probenvolumina von 15 ml einzubringen. Das Trägergas ist gewöhnlich Argon. Wasserstoff passiert die Säule schneller als die nachfolgenden Sauerstoff und Stickstoff, von denen er abgetrennt werden muß, um am Ende durch einen *Thermistordetektor* gemessen werden zu können. Die verschiedenen Gase werden dabei mit Hilfe ihrer unterschiedlichen Wärmeleitfähigkeit bestimmt. Es lassen sich Wasserstoffkonzentrationen von 10 ppm oder größer in Luft messen. Die Quantifizierung wird durch Verwendung von Eichgasen mit Konzentrationen von 50 und/oder 100 ppm Wasserstoff in einem luftgleichen Stickstoff-Sauerstoff-Gemisch ermöglicht (Eichgas, Zusammensetzung laut Bestellung, z. B. von Firma Linde AG, Technische Gase).

Wasserstoff kann in Atemluft auch *polarographisch* bestimmt werden: Wasserstoff diffundiert, wie CO und O_2, durch eine platinbeschichtete Kunststoffmembran und modifiziert den Stromfluß zwischen jenseitigen Elektroden, an denen eine geeignete Spannung liegt, um H_2 zu oxidieren; damit wird es zum Ladungsträger. Die Änderung des Stromes ist dem Partialdruck des Wasserstoffs (CO, O_2) in der Probe proportional. Die elektrochemische Zelle hat eine Lebensdauer von 6–12 Monaten. Eine Messung erfordert nur wenige Minuten. Die Eichung wird mit Gas bekannter Wasserstoffkonzentration (ca. 100 ppm, vom Gerätehersteller o.a. Fachhandel) vorgenommen. (Gerät: GMI Exhaled H_2 monitor, in Deutschland H_2-Atemtestgerät, Verkauf Fa. Stimotron, Medizinische Geräte, 8501 Wendelstein 2, Nibelungenstraße 53)

Andere Geräte verwenden zum quantitativen Nachweis Halbleiter, deren elektrischer Widerstand durch die Adsorption verbrennbaren bzw. reduzierenden Gases an der Sensoroberfläche (z.B. SnO_2) absinkt. Zwischen der Gaskonzentration und der Änderung der Leitfähigkeit besteht eine definierte, logarithmische Beziehung. Bei der Messung von Wasserstoff in der Ausatemluft interferiert nur Kohlenmonoxid, welches durch eine einfache Molekularsieb-Chromatographie abgetrennt werden muß. Andere Bestandteile der Luft stören die Messung nicht, vielmehr kann Luft als Trägergas verwendet werden. Die Empfindlichkeit dieser Anordnung ist um etwa eine Größenordnung besser als bei Verwendung des Thermistordetektors, die Messung erfordert nur etwa ein Zehntel des Zeitaufwandes. Die Ergebnisse werden digital angezeigt. (Gerät: z.B. MicroLyzer der Fa. Quintron, s.o.)

Reagenzien	
Eichgas (Zusammensetzung nach Bestellung)	Linde AG, Technische Gase
Argon	Linde AG, Technische Gase
D-Xylose	Merck 8692
Laktulose	Bifiteral Thomae o.a.

2.4.3.6 Fehlerquellen

Entscheidend ist die korrekte Entnahme der Atemluftproben. – Die Fehlermöglichkeiten bei der apparativen Messung der Wasserstoffkonzentrationen sind detailliert in den Betriebsanleitungen der Instrumente beschrieben.

2.4.3.7 Ergebnisse

Trotz der quantitativen Messung der Wasserstoffkonzentrationen in der Atemluft bedeuten die gewonnenen Werte nur eine qualitative,

bestenfalls grob quantitative Aussage über die Mengen der im Darm freiwerdenden Gase. Anhand von Vergleichsbeobachtungen mit definierten Mengen nichtresorbierbaren Zuckers (Laktulose) am jeweils gleichen Patienten ist eine Abschätzung möglich, welchem bakteriellen Kohlenhydratumsatz die gemessene Wasserstoffabatmung entspricht.
Wasserstoff in der Atemluft *nüchterner* Patienten und postprandial ist ein Beweis enteraler Gasbildung in Differentialdiagnose zur Aerophagie als Erklärung etwa bestehender Blähungsbeschwerden.
Beim *Kohlenhydratbelastungstest* steigt bei Kohlenhydratmalassimilation im Dünndarm die Wasserstoffausscheidung innerhalb von 30–120 min nach Untersuchungsbeginn deutlich an. Als positives Resultat werden Zunahmen der H_2-Konzentration um wenigstens 15–20 ppm gewertet.

Beim Nachweis des isolierten vollständigen Laktasemangels des Kindes hat der Wasserstoffatemtest eine Sensitivität von 100%. Bei Laktasemangel im Zusammenhang mit organischen Dünndarmschleimhauterkrankungen ist die Empfindlichkeit geringer, und falsch negative Tests sind häufig.
Für den Nachweis von Saccharase-Isomaltase-Mangel sowie von isolierter Glukose-Galaktose-Malabsorption mit dem Wasserstoffatemtest liegen weniger Erfahrungen vor. Es wurde über häufige falsch negative Resultate berichtet, so daß das Verfahren hier von beschränktem Wert zu sein scheint.
Der Wasserstoffatemtest kann zum Nachweis einer Sorbit-Malabsorption dienen, einer für Diabetiker und bei der Verwendung von Zuckeraustauschstoffen wesentlichen Störung. Angaben zur Sensitivität stehen aus.

Wasserstoffabatmung innerhalb von 30–45 (–60) min nach Kohlenhydratbelastung spricht für eine Wasserstoffentwicklung im Dünndarm, falls nicht eine Fistel zum Kolon besteht. Damit ist ein *pathologischer bakterieller Dünndarmüberwuchs* wahrscheinlich. Bei einem zweigipfligen Verlauf der Wasserstoffabatmung mit einem frühen ersten Anstieg ist jedoch auch daran zu denken, daß der Wasserstoff dem bakteriellen Umsatz von Dünndarminhalt entstammen kann, welcher – vor allem bei zu kurzer vorangehender Nüchternphase – erst mit Untersuchungsbeginn an das Kolon abgegeben wird. Dieser Befund darf nicht zur Annahme einer raschen Dünndarmpassage des zu testenden Zuckers verleiten. Allerdings ist die Abgrenzung

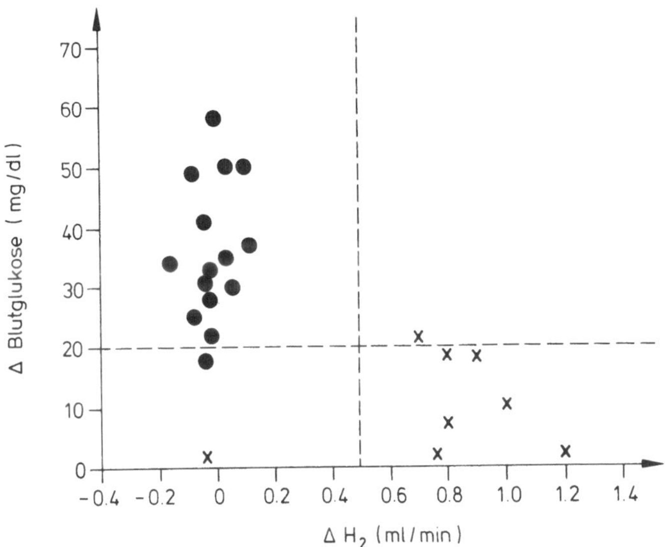

Abb. 2.5. Beziehung zwischen Blutzuckeranstieg und maximaler Wasserstoffexhalation nach oraler Laktosebelastung (50 g Milchzucker) bei Patienten mit und ohne Lactoseintoleranz. Aus: Lewitt MD, Donaldson RM (1970) Use of respiratory hydrogens (H_2) excretion to detect carbohydrate malabsorption. J Lab Clin Med 75: 937
Abszisse: Maximale Änderung der Wasserstoffabatmung im Laufe von 4 h nach Laktosegabe, angegeben in ml H_2/min.
Ordinate: Maximale Änderung des Blutglukosespiegels im Meßzeitraum, in mg/dl. = Pat. ohne Durchfall; *x* = Pat. mit Durchfall nach Laktose. Geringe Blutzuckeranstiege bei gestörter enteraler Milchzuckerverwertung entsprechen vermehrten Mengen Wasserstoff in der abgeatmeten Luft und Durchfällen

der Möglichkeiten, den Befund der frühzeitigen Wasserstoffabatmung zu verursachen, naturgemäß schwierig (Abb. 2.6 a, b).

Auch die Differenzierung zwischen Wasserstoffbildung im unteren Dünndarm und im Kolon ist unsicher, selbst wenn der Patient zur röntgenologischen Kontrolle der Darmpassage gleichzeitig einen Kontrastmittelbrei geschluckt hat.

Bestimmungen der gastrointestinalen *Transitzeit* mit Hilfe des Wasserstoffatemtests sind sehr problemreich. Einzelbestimmungen blei-

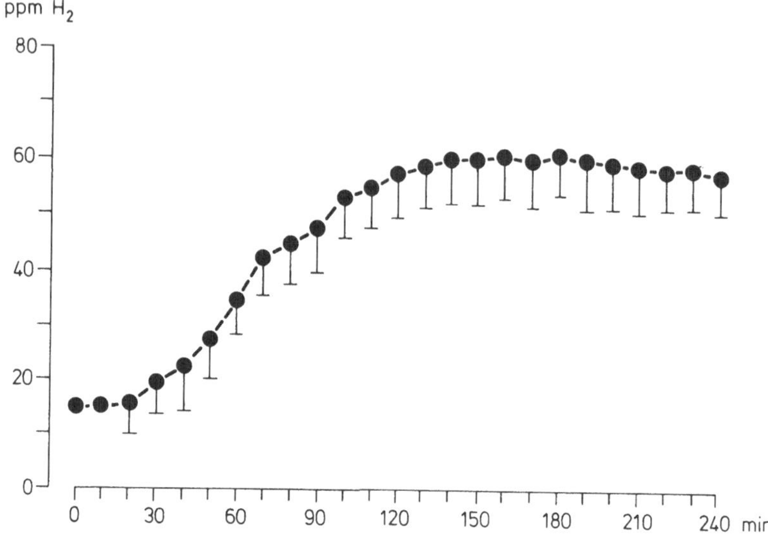

Abb. 2.6a. Wasserstoffexhalation (Mittelwert und Standardabweichung) nach Einnahme von 20 g Laktulose bei 67 gesunden Probanden (aus H.-J. Wildgrube; M. Classen. Wasserstoff-H_2-Atemtest in der Diagnostik von Dünndarmerkrankungen. Z. Gastroenterologie 21; 628–36; 1983). Die Kurve mit dem H_2-Anstieg von der 30. bis zur 120. min nach Testbeginn verdeutlicht die Schwierigkeit, einen Zeitpunkt abzugrenzen, bei welchem das Substrat den Dünndarm passiert hat und in das Colon eingetreten ist (gastrointestinale Transitzeit).

ben wegen starker intraindividueller Schwankungen nahezu ohne Wert. Das Ergebnis von Mehrfachbestimmungen ist zwar besser reproduzierbar. Es bezieht sich aber lediglich auf den verwendeten Zucker (in der Regel Laktulose) und auf die verwendete Menge. Rückschlüsse auf die Passageverhältnisse bei anderen Arten von Nahrung sind kaum statthaft.

Für den Nachweis des pathologischen bakteriellen Dünndarmüberwuchses konkurriert der Wasserstoffatemtest mit dem $14CO_2$-Atemtest (mit Glycocholat oder Xylose als markierte Substrate). Diese Tests sind erheblich empfindlicher. Doch zeigt ein Teil der Patienten mit bakteriellem Dünndarmüberwuchs keine vermehrte Glykocholatdekonjugation und damit falsch normale Befunde zumindest mit diesem Substrat. Die Häufigkeit falsch normaler Be-

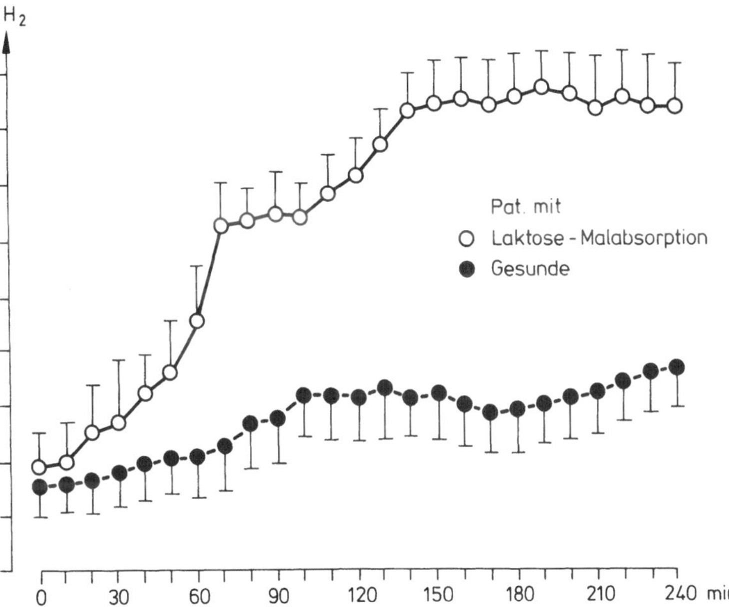

Abb. 2.6 b. Wasserstoffexhalation (Mittelwert und Standardabweichung) nach Einnahme von 50 g Laktose bei 27 Gesunden und 19 Patienten mit Laktose-Malabsorption (aus H.-J. Wildgrube; M. Classen. Wasserstoff-H_2-Atemtest in der Diagnostik von Dünndarmerkrankungen. Z. Gastroenterologie 21; 628–36; 1983). Die H_2-Exhalation bei den Patienten mit Lactasemangel ist jenseits der 60. min nach Untersuchungsbeginn von den Normalpersonen eindeutig unterschieden.

funde kann durch Kombination mit dem Wasserstoffatemtest von etwa 20 auf 10% gesenkt werden.
Im Vergleich zum ^{14}C-Glykocholatatemtest wird der Wasserstoffatemtest nicht systematisch durch Funktionsstörungen des unteren Ileums beeinflußt.

Wird bei Belastungstests *keine* Wasserstoffabatmung beobachtet, so ist entweder der applizierte Zucker resorbiert, bevor er in den anatomischen Bereich *bakterieller* Umsätze gelangt (Saccharose, Maltose, Trehalose, Laktose, auch Mono- und Polysaccharide) oder der bakterielle Stoffwechsel führt nicht zur Freisetzung ausreichend großer Mengen H_2, die meßbar wären. Dies kann seine Ursache darin ha-

Tabelle 2.2. Erkrankungen bzw. Zustände mit Wasserstoffabatmung bei Kohlenhydratbelastung

Kohlenhydrat	Ursachen für die bakterielle intestinale Wasserstoffbildung
Alle Kohlenhydrate	Malassimilationssyndrom bei Dünndarmschleimhauterkrankungen
	Pathologischer bakterieller Dünndarmüberwuchs
	Acarbosetherapie
	Enterokolische Fistel
Polysaccharide:	
Stärke	„over eating"
	Amylasehemmung durch Inhibitoren aus Getreide (Bestandteile normaler Nahrung)
	(exokrine Pankreasinsuffizienz; seltene Ursache)
Zellulose Andere Faserstoffe Mukoproteine im Schleimsekret	physiologischerweise unverdaulich
Oligosaccharide:	
Milchzucker	Kompletter Laktasemangel des Säuglings, hereditär; isolierter Laktasemangel des Erwachsenen, hereditär
Trehalose	Trehalasemangel, hereditär
Saccharose	Saccharase-Isomaltasemangel, hereditär
Laktulose Raffinose Stachyose u. a.	Physiologischerweise unverdaulich
Monosaccharide:	
Fruktose (Sorbit) Xylose u. a.	Physiologischerweise begrenzte Resorption
Glukose Galaktose	Glukose-Galaktose-Malabsorption, hereditär

ben, daß solche Bakterien fehlen, welche aus dem angebotenen Substrat Wasserstoff entwickeln. Der Wasserstoff kann auch durch andere, gleichzeitig anwesende Spezies wieder aufgebraucht werden. Die Wasserstoffentwicklung ist allgemein gering bei saurem Milieu im Kolon – bei Kohlenhydratmangelverwertung häufig – und steigt im neutralen Bereich an.

2.4.4 Methan

Neben Wasserstoff ist Methan ein Gas ausschließlich enteral-bakteriellen Ursprungs, welches in der Atemluft auftritt. Seine gaschromatografische Messung ist derzeit nicht Gegenstand der Routinediagnostik. Von wissenschaftlichem Interesse sind die ethnischen Unterschiede in der Häufigkeit der Methanbildung bei Gesunden und die möglichen Zusammenhänge mit der Karzinogenese im Kolon. Bei Personen, welche nach peroral verabreichter Laktulose nur wenig oder keinen Wasserstoff abatmen, kann häufig eine vergleichsweise hohe Methanbildung beobachtet werden. Die gleichzeitige Entwicklung großer Mengen beider Gase scheint nicht vorzukommen. Insofern wäre die Messung der Methanausscheidung ergänzend zu der von Wasserstoff bei Kohlenhydratverwertungstests sinnvoll.

2.5 Disaccharidbelastungstests mit Blutzuckerbestimmung

2.5.1 Grundlagen

Eine Disaccharidmangelverwertung kann in ausgeprägteren Fällen durch fehlenden oder vergleichsweise geringen Blutglukoseanstieg nach peroraler Applikation des fraglichen Zuckers diagnostiziert werden. Dabei sind als Ursachen zu unterscheiden: 1. die fehlende enzymatische Spaltung des Zuckers in Monosaccharide, welche Voraussetzung für die Resorption wäre, als hereditärer funktioneller Defekt; 2. eine organische Schleimhauterkrankung mit Zottenatrophie (Spruesyndrom). Dabei sind sowohl die Aktivitäten aller disaccharidspaltender Enzyme reduziert wie auch die resorptiven Funktionen u.a. für Monosaccharide eingeschränkt; 3. hereditäre Störungen der Resorptionsmechanismen für einzelne Monosaccharide sind sehr selten.

2.5.2 Indikationen

Die Untersuchung wird durchgeführt zur Diagnostik aller Formen von Disaccharidmangelverwertung unter Verwendung der jeweils zur Frage stehenden Zucker

2.5.3 Durchführung der Untersuchung

Der nüchterne Patient erhält 50 (100) g des zu testenden Disaccharids als ca. 20%ige Lösung in Wasser: Laktose, Saccharose oder Trehalose. An einem zweiten Tag kann die Untersuchung wiederholt werden, wobei äquivalente Mengen der korrespondierenden Monosaccharide gegeben werden (Glukose und Galaktose bzw. Glukose und Fruktose bzw. Glukose). Nüchtern sowie nach 15, 30, 60, 90 und 120 min wird die Blutglukose bestimmt.

2.5.4 Ergebnisse

Als Kriterium für einen Disaccharidasemangel gilt ein Blutzuckeranstieg von weniger als 20 mg/dl oder weniger als 40% im Vergleich

mit einer Untersuchung mit äquivalenten Mengen der entsprechenden Monosaccharide.
Die diagnostische Sicherheit bei wenig ausgeprägten Fällen ist gering, weil der Verlauf der Blutzuckerkurve auch von der Magenentleerungsgeschwindigkeit, einem etwa vorhandenen bakteriellen Dünndarmüberwuchs und von der endogenen Blutzuckerregulation abhängig ist. Für die Methode spricht der geringe Aufwand (s. auch Abb. 2.5).

2.6 Xylosetest

2.6.1 Grundlagen

Xylose, eine Aldopentose, wird nach oraler Gabe zu etwa ⅔, vorzugsweise im oberen Dünndarm, resorbiert. Die Resorptionskapazität des Ileums ist erheblich geringer. Die Aufnahme durch die Dünndarmschleimhaut ist zum größeren Teil ein aktiver Prozeß. Von dem resorbierten Anteil werden wiederum bis ca. ⅔ metabolisiert, hauptsächlich in der Leber. Der Rest wird renal ausgeschieden. Von einer oralen Testdosis von 25 g erscheinen innerhalb von 5 h beim Gesunden 7–8 g im Urin.
Nach oraler Verabreichung von Xylose dient die Bestimmung der Konzentration im Blut und der in den Urin ausgeschiedenen Menge als Test für die Resorptionsfunktion des Dünndarms.

2.6.2 Durchführung der Untersuchung

Der Test wird bei Erwachsenen üblicherweise mit 25 g Xylose durchgeführt. Der Patient trinkt morgens nüchtern die Lösung in 400–500 ml Wasser. In der ersten und zweiten Stunde danach wer-

Schema 2.6. Xylosebestimmung in Urin und Serum

Prinzip: Als Pentose wird Xylose mit Eisessig unter Wasserentzug zum Furfurol umgesetzt, mit welchem p-Bromanilin einen bei 546 nm photometrierbaren Farbkomplex bildet

Reaktionsansatz
für die Bestimmung
im Urin

0,02 ml Urin	Urin ggfs. konserviert mit 10%iger Thymollösung in Isopropanol, pro Sammelurin 5 ml
bzw. Leerwert bzw. Standard	s. unten
5,00 ml p-Bromanilin-Reagens	2 g p-Bromanilin in 100 ml Eisessig, in welchem zuvor 4 g Thioharnstoff gelöst wurden (Lösung in brauner Flasche bei 4 °C 2 Wochen haltbar)

10 min Reaktionszeit bei Inkubation im 70 °C-Wasserbad.
Anschließend 60 min stehen lassen bei Raumtemperatur im Dunkeln. Dann photometrieren bei 546 nm, Glasküvette, d = 1 cm, innerhalb von 30 min.

Leerwert: Aq. dest.	
Standard: 0,5 g/dl	0,50 g Xylose auf 100 ml ges. Benzoesäure (0,25 g Benzoesäure/100 ml Aq. dest.)

Berechnung: $\frac{\Delta E_{Urin} - \Delta E_{Leer}}{\Delta E_{Standard} - \Delta E_{Leer}} \cdot 5\ g/l = g_{Xylose}/l_{Urin}$

Für die *Bestimmung im Serum* wird die Probe zunächst mit Trichloressigsäure enteiweißt:

0,2 ml Serum	
0,4 ml TCA	Trichloressigsäure

5 min stehenlassen, Trübung abzentrifugieren, dann

0,1 ml Überstand	
bzw. Leerwert	Trichloressigsäure
bzw. Standard	10 mg/dl Xylose (10 mg Xylose auf 100 ml Benzoesäure, s. oben)
+ 1,0 ml p-Bromanilin-Reagens	wie oben

weiterer Arbeitsgang wie oben

Berechnung: $\frac{\Delta E_{Serum} - \Delta E_{TCA\ Leer}}{\Delta E_{Standard} - \Delta E_{TCA\ Leer}} \cdot 3 \cdot 10\ mg/dl = mg_{Xylose}/dl_{Serum}$

Reagenzien		
Thymollösung 10% in Isopropanol	Merck	8166
D-Xylose	Serva	38530
Benzoesäure p. A.	Merck	136
p-Bromanilin	Merck	1599
Eisessig Essigsäure 99–100%	Merck	60
Thioharnstoff	Merck	7979
Trichloressigsäure	Merck	807

den nochmals je 250 ml Wasser gegeben. (Kinder erhalten 0,3 g Xylose/kg KG.) Blutentnahmen zur Bestimmung des Serumspiegels erfolgen nach 60 und 120 min. Der Urin wird 5 h lang gesammelt. Vor Testbeginn soll die Blase entleert werden. Der Urin kann durch Zusatz von 5 ml 10%iger Thymollösung in Isopropanol für 48 h bei Zimmertemperatur konserviert werden.

Da es mitunter zu Durchfällen kommt, sind für den Test auch kleinere Mengen Xylose (5 g) verwendet worden. Diese unterliegen jedoch bei pathologischem Dünndarmüberwuchs zu noch höheren Anteilen als die größeren Mengen dem bakteriellen Verbrauch, so daß um so eher falsch pathologische Ergebnisse resultieren.
Für Methodik und Normalwerte beim Neugeborenen siehe Literatur.
Bestimmung von Xylose in Serum und Urin s. Schema 2.6.

2.6.3 Ergebnisse

Weniger als 4 g Urin-Xylose-Ausscheidung in 5 h bzw. weniger als 16% der peroral gegebenen Menge von 25 g bzw. 0,35 g/kg KG sind pathologisch, ebenso maximale Konzentrationen im Blutserum unter 25 mg/dl (1,7 mmol/l) bzw. unter 20 mg/dl nach 60 min. Die Normalwerte sind vom Alter des Patienten unabhängig.
Eingeschränkte Werte finden sich bei diffusen Dünndarmschleimhauterkrankungen, vor allem wenn die proximalen Abschnitte be-

troffen sind, bei Kurzdarmsyndrom und bei beschleunigter Dünndarmpassage.

Es sind die folgenden Erkrankungen zu bedenken: Glutenenteropathie, tropische Sprue, Kollagensprue, Dermatitis Duhring, Morbus Whipple, mesenteriale Durchblutungsstörungen, Sklerodermie, Strahlenenteropathie, Dünndarmresektion, bakterieller pathologischer Dünndarmüberwuchs, Karzinoidsyndrom, Zollinger-Ellison-Syndrom, Magenausgangsstenose.

Die Xyloseresorption ist auch dann vermindert, wenn durch bakteriellen Dünndarmüberwuchs der Zucker mikrobiell metabolisiert wird. Zum Ausschluß dieser Möglichkeit empfiehlt sich daher die mit der Xylosebelastung gleichzeitige Messung der Wasserstoffexhalation bzw. die Wiederholung des Xylosetests nach einigen Tagen antibiotischer Therapie.

2.6.4 Fehlerquellen

Wesentliche technische Fehlerquelle ist die unvollständige Sammlung des Urins. Eine zu geringe Xyloseausscheidung in den Harn aus extraintestinaler Ursache findet sich bei Niereninsuffizienz. Bei hochgradig gestörter Leberfunktion mit Aszites kann die renale Xyloseausscheidung durch Vergrößerung des Extrazellulärraums vermindert sein. Andererseits kann die eingeschränkte hepatische Verwertung bei Lebererkrankungen die Ausscheidung in den Urin begünstigen.
Der Xylosetest wird oft als wesentlichste globale Untersuchungsmethode für die Funktion der Dünndarmschleimhaut gewertet. Da sein Ergebnis aber von mehreren häufig vorhandenen Einflußgrößen mitbestimmt wird (s. oben), die von der Schleimhautfunktion unabhängig sind, ist die Spezifität, aber auch die Sensitivität der Methode eingeschränkt und kritisch zu beurteilen. Systematische Untersuchungen führten daher auch zu der Empfehlung, auf den Test gänzlich zu verzichten, da falsch positive und falsch negative Ergebnisse häufig sind – für die Diagnostik eher verwirrend als klärend (Abb. 2.7).

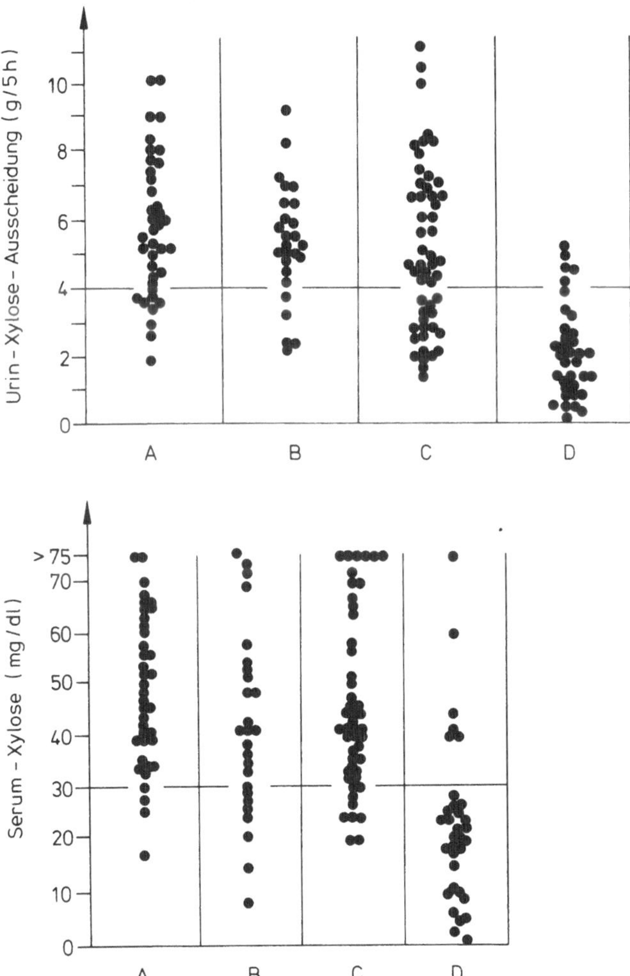

Abb. 2.7. Xylosetest bei Normalpersonen und Patienten mit verschiedenen gastrointestinalen Erkrankungen (nach Sladen GE, Kumar PJ (1973) Is the xylose test still a worth-while investigation. Brit. Med. J. 3, 223–5, 1973)
A Gesunde, n = 38; *B* Patienten mit verschiedenen gastrointestinalen Erkrankungen und normaler Dünndarmschleimhautmorphologie, n = 26; (Pankreasinsuffizienz, Colitis ulcerosa, Ileostomie, Magenresektion, Perniziosa, Dünndarmdivertikel, intestinale Ischämie, Laxanziengebrauch, Hyperthyreose, Lambliasis). *C* Morbus Crohn, davon fünf mit röntgenologisch dokumentierter Jejunumbeteiligung, n = 52; *D* Dünndarmschleimhauterkrankungen, Erwachsenensprue, n = 31; chronisch tropische Sprue, n = 4; Morbus Whipple, n = 1

2.7 Untersuchungen der Proteinverwertung

2.7.1 Grundlagen

Die luminale Eiweißspaltung im Dünndarm durch Proteinasen, vor allem des Pankreas, führt zur Bildung von Peptiden. Die Schleimhaut ist an diesem Prozeß durch die Enteropeptidase (Enterokinase) beteiligt, welche das pankreatische Trypsinogen zu Trypsin aktiviert. Dieses aktiviert seinerseits weiteres Trypsinogen und die anderen vom Pankreas sezernierten Koenzyme. Die Sekretion von Enteropeptidase wird durch Sekretin und durch Cholezystokinin stimuliert. Der weitere Abbau von Peptiden im Dünndarm geschieht luminal mit Hilfe pankreatischer Carboxypeptidasen, während die Aminopeptidasen auch intestinalen Ursprungs von geringer Aktivität sind. Wesentlich sind außerdem verschiedene in der Bürstensaummembran strukturgebundene Peptidasen.

Es lassen sich unterscheiden eine Carboxypeptidase EC 3.4.12.X, eine Oligoaminopeptidase EC 3.4.11.2, eine Dipeptidylpeptidase IV EC 3.4.15.X sowie eine Aspartataminopeptidase EC 3.4.11.7.

Ihre Aktivität nimmt im Dünndarm von kranial nach kaudal zu. Als Folge ihrer Umsätze werden Produkte der Eiweißverdauung z. T. als Aminosäuren resorbiert. Hierfür existieren mehrere verschiedene Mechanismen. Sie sind aktiv und hängen vom Natriumtransport ab. In gleicher Weise ist ein Transportmechanismus vorhanden, welcher zur Resorption von Di- und Tripeptiden führt. Er ist für die Eiweißverwertung wesentlicher als die Aminosäureresorption, so daß Eiweißabbauprodukte aus Verdauungsvorgängen zu über 50% als Peptide aufgenommen werden. Deren Ab- und Umbau findet im Zytosol der Dünndarmschleimhautzellen statt.
Störungen der Proteinassimilation treten außer bei fortgeschrittener Pankreasinsuffizienz vor allem bei ausgedehnten Dünndarmschleimhauterkrankungen mit Zottenatrophie, auch bei stark beschleunigter Speisebreipassage auf. Im Stuhl wird dann vermehrt or-

ganischer Stickstoff ausgeschieden (Krotonorrhoe). Im Serum sind bei Eiweißmangel frühzeitig die Konzentrationen von vor allem Präalbumin, Albumin, retinolbindendem Protein und Transferrin vermindert.

Selten ist der Enteropeptidasemangel, eine hereditäre Störung, Ursache für Proteinmangelverwertung. Dabei fehlt die Aktivierung tryptischer Pankreasenzyme.

2.7.2 Untersuchungsverfahren

In der klinisch-chemischen Praxis werden Messungen von Parametern der Eiweißverdauung und -resorption – Pankreasenzyme ausgenommen – nur selten im Zusammenhang mit intestinaler Funktionsdiagnostik durchgeführt. Möglich sind die Bestimmung der Stickstoffausscheidung im Stuhl (Kjeldahl-Methode nach Veraschung), auch die Bestimmung von Serumproteinen, deren verminderte Konzentrationen Anhalte für eine Eiweißmangelverdauung sind. Die Messung von Peptidasenaktivitäten in der Dünndarmschleimhaut ist meist nicht in die Routine eingeführt, schon deswegen nicht, weil anders als bei den meisten Disaccharidasen die Werte aus dem oberen Jejunum nicht repräsentativ für die Maximalaktivitäten sind, die erst im Ileum erreicht werden.
Enteropeptidasemangel kann an der zusätzlichen Aktivierung von Trypsinogen im Duodenalsaft in vitro durch gereinigte Enteropeptidase (Sigma Biochemicals) nachgewiesen werden. Außerdem ist auch die Bestimmung der Enteropeptidaseaktivität in Homogenaten aus Dünndarmschleimhaut möglich.

Von wesentlichem klinischen Interesse ist aber der Nachweis und die Quantifizierung von gastrointestinalem *Proteinverlust*.

2.8 Messungen des gastrointestinalen Proteinverlustes

2.8.1 Grundlagen

Bei zahlreichen Erkrankungen von Magen, Dünn- und Dickdarm, nämlich bei entzündlichen und tumorösen Prozessen, bei Störungen der Blut- und Lymphzirkulation verschiedener Ursachen kann es über ein physiologisches, normales Maß hinaus zu einer vermehrten Exsudation von Eiweißen des Blutplasmas in den Gastointestinaltrakt kommen. Dieser Proteinverlust kann die Grundlage für ein klinisch hervortretendes Eiweißmangelsyndrom mit Kachexie, Ödemen, Hypoproteinämie sein.

2.8.2 Untersuchungsverfahren mit radioaktiven Isotopen

2.8.2.1 Prinzip

Es wird die Eliminationsrate von Makromolekülen, markiert mit radioaktiven Isotopen, aus der Blutbahn durch Messung der Radioaktivität des Stuhls bestimmt.

Früher waren ^{131}J- und ^{125}J-PVP (Polyvinylpyrrolidon) als synthetische Markersubstanzen für diesen Zweck gebräuchlich, die intravenös appliziert werden konnten. Sie werden aber wegen der Jodbelastung der Schilddrüse nicht mehr verwendet.

An die Stelle der Jodisotope ist die *^{51}Chrom-Markierung* von Plasmaeiweißen getreten. $^{51}CrCl_3$, intravenös gegeben, führt zur ^{51}Cr-Markierung vornehmlich von Albumin, aber auch von anderen Plasmaeiweißen und von Erythrozyten. – ^{51}Cr-Albumin ist auch isoliert käuflich und anwendbar; jedoch geht bei diesem Verfahren eben-

falls ein nicht zu vernachlässigender Teil der Markierung auf Erythrozyten über. – Eine Resorption von ^{51}Cr nach seiner Ausscheidung in den Gastrointestinaltrakt findet nicht wieder statt. Größere Mengen werden renal aus der Blutbahn eliminiert.
Auch *^{67}Cu-Coeruloplasmin* eignet sich zum nuklearmedizinischen Nachweis von gastrointestinalem Proteinverlust. Das Präparat ist käuflich. Das Prinzip der Untersuchung ist identisch.

2.8.2.2 Durchführung der Untersuchung

Die Patienten erhalten ca. 100 µCi = 3,7 MBq des ^{51}Cr-markierten Albumins bzw. $^{51}CrCl_3$ intravenös. Daraufhin wird die Stuhlausscheidung über 4–6 Tage gemessen. Der Stuhl, aufzubewahren in Plastikeimern o. ä., darf nicht mit Urin vermischt werden.
Für die Messung der Radioaktivität ist ein Gammazähler erforderlich. Die Applikation der Testsubstanzen und die Messungen werden in der Regel von Instituten für Nuklearmedizin durchgeführt. Es muß die Einhaltung der Strahlenschutzbestimmungen gewährleistet sein, ferner muß der Untersucher die Genehmigung zum Umgang mit radioaktiven Materialien besitzen. – Auf seiten des Patienten sind die üblichen Kontraindikationen gegen einen Test mit radioaktiver Strahlenbelastung zu beachten. Im Einzelfall ist auch zu klären, ob bei dem Patienten eine weitere nuklearmedizinische Methode ggfs. gleichzeitig durchgeführt werden kann oder ob ein zeitlicher Abstand einzuhalten ist.

2.8.2.3 Ergebnisse

Als Normalwerte gelten Aktivitäten im Stuhl bei Sammelperioden von 6 Tagen von weniger als 1,5% der applizierten Dosis, bei Sammelperioden von 4 Tagen unter 0,7% (^{51}Cr-Albumin) bzw. unter 1% ($^{51}CrCl_3$). Bei erhöhten gastrointestinalen Eiweißverlusten werden Werte bis 40% erreicht.
Zur Differentialdiagnose des enteralen Proteinverlustsyndroms s. Tab. 2.3.

2.8.2.4 Fehlerquellen

Wegen der hohen Nuklidausscheidung im Urin ist die Kontamination des Stuhls mit Urin die effektivste Fehlerquelle. Blutungen in den Magen-Darm-Trakt verfälschen die Messung bereits, wenn die Blutverluste in der Größenordnung von 1% der Körperblutmenge innerhalb von 4–6 Tagen liegen.

2.8.3 α_1-Antitrypsinclearance

2.8.3.1 Grundlagen

α_1-Antitrypsin ist ein in der Leber synthetisiertes Serumprotein. Wie andere wird es normalerweise in geringem Maße über die Schleimhaut an das Darmlumen abgegeben und ist im Stuhl nachzuweisen. Es wird von saurem Magensaft ($pH < 3$) rasch, von den intestinalen proteolytischen Aktivitäten nur gering abgebaut. Bei Zuständen mit vermehrten intestinalen Proteinverlusten erscheinen erhöhte Mengen des Proteins im Stuhl. Die Messung erfolgt im Blut wie im Stuhl quantitativ mit Hilfe der *Agargel-Immunpräzipitation;* die beiden Werte werden zueinander in Beziehung gesetzt.
Bereits die einfache quantitative Messung der α_1-Antitrypsinkonzentration im Stuhl gestattet eine Abgrenzung normaler von pathologischer, gesteigerter enteraler Eiweißausscheidung. Die Abgrenzung in Zweifelsfälle ist aber unscharf.
Eine bessere Trennung zwischen normalen und krankhaften Eiweißverlusten ergibt sich, wenn die enterale Clearance für α_1-Antitrypsin ermittelt wird. Es ist diejenige virtuelle Menge Serum, aus welcher das Protein durch Ausscheidung in den Magen-Darm-Trakt täglich vollständig eliminiert wird. Hierzu werden zeitlich korrespondierende Konzentrationen von α_1-Antitrypsin in Serum und Stuhl sowie die Stuhlmenge über einen definierten Zeitraum gemessen.

2.8.3.2 Durchführung der Untersuchung

An drei aufeinanderfolgenden Tagen werden dem Patienten Blutproben entnommen. Serum wird zu gleichen Teilen gemischt (für die Bestimmung benötigte Menge unter 100 µl) und 1:9 mit physiologischer Kochsalzlösung verdünnt. Die Bestimmung der α_1-Antitrypsinkonzentration erfolgt mit der M-Partigenplatte α_1-Antitrypsin (Behring-Werke, Marburg). Man erhält mit der einen Bestimmung einen Durchschnittswert für die drei Untersuchungstage.
An den gleichen Tagen wird der Stuhl des Patienten vollständig gesammelt (Kühlschrank) und gewogen. Hierzu eignen sich im Fachhandel erhältliche Plastikgefäße mit Deckel zum Einstellen in die Toilette. Für die Proteinbestimmung im Stuhl muß das Untersuchungsmaterial verrührt werden. Es wird dann ein Aliquod von 4 g Stuhl entnommen, mit 8 ml physiologischer Kochsalzlösung 1 h lang gerührt und 5 min bei 1500 g zentrifugiert. Aus dem Überstand wird die Messung vorgenommen mit LC-Partigenplatte α_1-Antitrypsin (Behring-Werke). Bei hoher Konzentration kann auch die M-Partigenplatte verwendet werden. Die aufzutragende Menge Überstand beträgt 20 µl, die Inkubationszeit 3 Tage.

Reagenzien	
LC- u./od. M-Partigenplatte α_1-Antitrypsin	Behring-Werke AG Marburg

2.8.3.3 Auswertung

Aus der mittleren Konzentration von α_1-Antitrypsin über 3 Tage in Serum und Stuhl (Verdünnungsfaktoren berücksichtigen!) sowie aus dem mittleren täglichen Stuhlgewicht ergibt sich ein Clearancewert in ml/Tag

$$^{C}\alpha_1\text{-AT}_{\text{GI-Trakt}} = \frac{\text{tägl. } \alpha_1\text{-AT-Ausscheidung im Stuhl (mg)}}{\text{mittlere } \alpha_1\text{-AT-Konzentration im Serum (mg/ml)}}$$

Tabelle 2.3. Erkrankungen mit pathologisch gesteigertem enteralem Proteinverlust

Magen:	Erkrankungen mit „Riesenfalten", insbesondere M. Menetrier, benigne Polyposen
	Malignome
Dünndarm:	Intestinale Lymphangiektasie, primär und sekundär, insbesondere bei malignen lymphatischen Erkrankungen
	M. Whipple
	M. Crohn
	Lambliasis, verschiedene Parasitosen
	Erkrankungen mit Spruesyndrom
	Amyloidose
	Neoplastische Erkrankungen der Darmwand
	Venöse Stase bei Rechtsherzinsuffizienz u. a.
	Strahlenenteropathie
	Alkoholische Leberzirrhose
Dickdarm:	Chronisch entzündliche Erkrankungen, benigne Polyposen
	Malignome

2.8.3.4 Ergebnisse

Bei Normalpersonen liegt die Clearance unter 10 ml/Tag. Pathologische Werte können das 20fache und mehr erreichen.

Wird die Untersuchung auf die α_1-Antitrypsin*konzentration* im Stuhl beschränkt (eine Probe), so gelten Werte über 2,6 mg/g lyophilisierten Stuhls als pathologisch.

Enteraler Proteinverlust ist ein vieldeutiges Symptom. Mögliche zugrundeliegende Erkrankungen sind die in Tabelle 2.3 aufgeführten:

Der enterale Proteinverlust bei akut entzündlichen, erregerbedingten Erkrankungen des Gastrointestinaltrakts wird kaum je eine Indikation für die vorstehend beschriebene Diagnostik sein.

Der Gedanke, daß intestinaler Eiweißverlust ursächlich am Zustandekommen von Eiweißmangelsymptomen bei verschiedenen Grunderkrankungen beteiligt sein kann, liegt für den Arzt oft nicht unmittelbar auf der Hand. Die Messung bedeutet auch eine gute Möglichkeit zur Verlaufskontrolle solcher Krankheitsbilder.
Vergleichende Untersuchungen zeigen, daß Bestimmungen des ente-

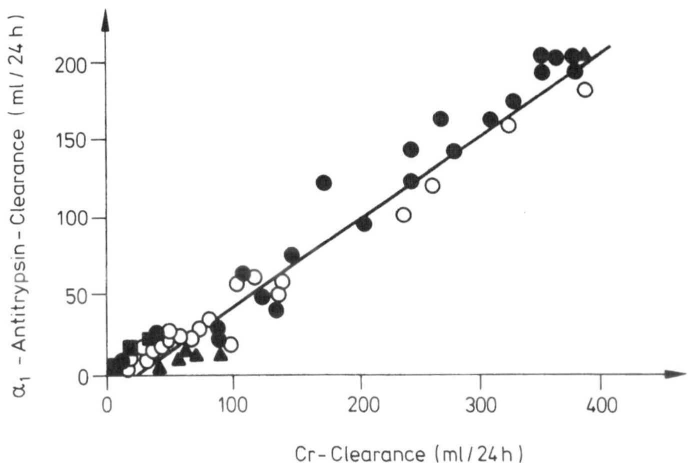

Abb. 2.8. Verhältnis zwischen enteraler α_1-Antitrypsin-Clearance und Proteinverlust, gemessen mit $^{51}CrCl_3$ (s. Text; aus: Florent G, L'Hirondel C, Desmazures C, Aymes C, Bernier JJ (1981) Intestinal clearance of α_1-antitrypsin. Gastroenterology 81: 777–780)
Patienten: • entzündliche Darmerkrankungen; ○ nichtentzündliche Darmerkrankungen; ▲ verschiedene; ■ gesunde Kontrollen.
Zwischen den Ergebnissen beider Methoden besteht eine lineare Beziehung

ralen Proteinverlustes mit Isotopenmethoden und mit der immunologischen Proteinbestimmung zu einander entsprechenden Ergebnissen führen (Abb. 2.8).

2.9 Untersuchungen zur Fettassimilation

2.9.1 Grundlagen

Die normale enterale Resorption *langkettiger* Triglyceride erfordert außer der Einwirkung pankreatischer Enzyme die Bildung von Mizellen mit Hilfe von konjugierten Gallensäuren. Sie vermitteln den

Kontakt zwischen dem lipophilen Substrat – langkettige Fettsäuren, β-Monoglyceride und Diglyceride – und den lipophilen Zellmembranen im wäßrigen Milieu des Darmlumens. Die Assimilation *mittel-* und *kurzkettiger* Fette ist ohne Mizellenbildung möglich. Der Transport durch die Zellmembran ist eine passive Diffusion. Im Zytosol der Enterozyten werden Fettsäuren gebunden an spezifische Transportproteine und zum Wiederaufbau von Fetten verwendet. Diese werden in der Bindung an Lipoproteine abtransportiert, die zu wesentlichen Teilen ebenfalls in der Darmschleimhautzelle synthetisiert werden. Transportform sind überwiegend die Chylomikronen. Der weitere Umsatz des enteral aufgenommenen Fettes erfolgt vornehmlich in der Leber. Bei einer Nahrungszufuhr von 100 g Fett pro Tag erscheinen 5–10 g im Stuhl, wobei ca. ein Drittel endogener Herkunft ist.

Pathologische Einschränkungen der Fettresorption sind – abgesehen von *Erkrankungen des Pankreas* und *gestörtem Gallensäurenstoffwechsel* – begründet in vielgestaltigen Funktionsstörungen der *Dünndarmschleimhautzellen.* Bei Zottenatrophie ist die Verminderung der Gesamtoberfläche des Dünndarms Hauptursache einer Steatorrhoe, wobei die Fettaufnahme auch durch die reduzierte Lipoproteinsynthese infolge der Proteinverarmung beeinträchtigt ist. Eine intakte Bildung von Chylomikronen ist überdies an die vollständige Ausreifung der Enterozyten gebunden, die bei Erkrankungen mit Zottenatrophie (insbesondere bei der Sprue) mit sehr raschem Zellumsatz nicht stattfindet. Zumindest der Abtransport von mittelkettigen Triglyceriden aus der Darmschleimhaut kann aber auch ohne Chylomikronenbildung vonstatten gehen.

Besondere Verhältnisse weist die seltene A-β-Lipoproteinämie auf, bei der infolge eines genetischen Defekts Apolipoprotein B nicht synthetisiert werden kann, so daß die Chylomikronenbildung ausbleibt.

Bei Dünndarmerkrankungen ist die pankreatische Triglyceridspaltung intakt bzw. wenig gestört. Im Darmlumen bis in das Kolon treten daher freie Fettsäuren auf, die aber nicht resorbiert und stattdessen bakteriell metabolisiert werden können, wobei Hydroxyfettsäuren entstehen. Sie sind Ursache von wäßrigen Diarrhoen.

Diese Symptomatik ist hingegen bei exokriner Pankreasinsuffizienz eher ungewöhnlich. Hier erreichen die Fette vorwiegend als Triglyceride ungespalten die unteren Darmabschnitte. Es resultieren Fettstühle ohne Durchfall.

Störungen der Fettresorption äußern sich *klinisch* als Steatorrhoe und in ausgeprägten Fällen durch Zeichen der Malnutrition, welche in erster Linie Folge des Kalorienmangels aber auch des Ausfalls essentieller Fettsäuren ist. Außerdem können Mangelsymptome fettlöslicher Vitamine bestehen, deren Resorption an die intakte Fettaufnahme gebunden ist: Vitamine A, D, E und K. Vitaminmangel ist häufiger und ausgeprägter bei Dünndarmerkrankungen als bei exokriner Pankreasinsuffizienz.

2.9.2 Untersuchungsverfahren

2.9.2.1 Prinzipien

Die Fettaufnahme aus der Nahrung läßt sich ermessen 1. aus dem Anstieg der Plasmalipide unter alimentärer Fettbelastung, 2. aus Bilanzen über Einfuhr und Ausfuhr, und 3. anhand der Ausscheidung von Stoffwechselprodukten, welche aus resorbiertem Fett im Organismus entstehen. Dazu sind radioaktiv markierte Substrate erforderlich, während eine Bilanzuntersuchung die konstante Zufuhr von Nahrungsfett und Fettbestimmungen im Stuhl notwendig macht.

2.9.2.2 Makroskopische Stuhluntersuchung

Massive Steatorrhoen sind ohne Hilfsmittel erkennbar. Der Stuhl enthält Fettaugen, wenn er wäßrig-durchfällig ist, wie bei massivem bakteriellen Dünndarmüberwuchs oder bei Sprue. Bei der exokrinen Pankreasinsuffizienz ist er typischerweise salbenartig.

2.9.2.3 Mikroskopische Untersuchung der Fettausscheidung im Stuhl

Bereits normaler Stuhl enthält neben mikroskopisch sichtbaren Muskelfasern und Stärkekörnern auch Fetttropfen in wechselnder

Zahl. Deren Nachweis ist demzufolge kein brauchbares Kriterium für eine Mangelverwertung, und nur massive Befunde können als ein Hinweis gelten.

Es existiert jedoch ein semiquantitatives Verfahren, welches als erfolgreiche Screeningmethode für die Steatorrhoe beschrieben wird. Dabei werden die Lipide im homogenisierten 24-h-Stuhl in einem Aliquod mit Hilfe einer Eisessig-Äthanol-Sudan-III-Farblösung hydrolysiert, emulgiert und gefärbt. Die Zahl der Fetttröpfchen wird in einer Blutzellzählkammer bestimmt. Die Ergebnisse korrelieren gut mit der quantitativen Stuhlfettbestimmung (Simco, V. 1981).

2.9.2.4 Quantitativer Stuhlfettnachweis

Für die quantitative Fettbestimmung im Stuhl ist eine Methode gebräuchlich, mit der alle Lipide gemeinsam erfaßt werden (van de Kamer, ten Bokkel Huinik und Weyers). Dieses Verfahren dient anderen Methoden der Quantifizierung intestinaler Fettverwertung vielfach als Referenzmethode.

Außerdem gibt es eine Reihe von Verfahren, mit deren Hilfe zwischen den verschiedenen Fraktionen der Fette im Stuhl durch chromatographische Trennungsschritte unterschieden werden kann. Der diagnostische Gewinn ist aber eher gering, gemessen am methodischen Aufwand. Allenfalls kann aus der relativen Vermehrung der Triglyceride bei Steatorrhoe auf einen mangelhaften Aufschluß der Neutralfette geschlossen werden, wie sie für eine exokrine Pankreasinsuffizienz typisch ist, im Gegensatz zu den intestinalen Resorptionsstörungen.

Von Speziallabors abgesehen, wird die quantitative Stuhlfettanalyse in praxi selten durchgeführt.

Methode von van de Kamer; Prinzip der Messung. Die Lipide werden im Stuhlhomogenat alkalisch hydrolysiert, die Fettsäuren extrahiert und titrimetrisch bestimmt. Damit werden die Gesamtfettsäuren ohne Rücksicht auf ihre Herkunft aus verschiedenen Lipidfraktionen gemessen.

Untersuchungsgang s. Schema 2.7.

Schema 2.7. Stuhlfettbestimmung nach van de Kamer, ten Bokkel Huinik u. Weyers

Stuhl sammeln, 24 h (48 h) (in Polyäthylendosen mit Deckel)
Wiegen
mit Wasser auf das 3- bis 4fache verdünnen (protokollieren)
einige Tropfen Silikon-Entschäumer zusetzen
gleichmäßig verrühren (z. B. mechanisches Rührwerk RW 12 v. Jahnke & Kunkel, IKA-Werk, 7813 Staufen)

Aliquod der Aufschwemmung weiterverarbeiten:

10–20 ml in 150-ml-Schliffkolben überführen (passend zum Rückflußkühler)

+ 10 ml KOH 33%ig	33 g KOH-Plätzchen auf 100 ml mit Aq. dest.
+ 40 ml Äthanol 95%ig	
+ 2 ml n-Amylalkohol	

im Rückflußkühler mit Glasperlen 20 min auf 96 °C erhitzen (Glycerinbad); abkühlen lassen

+ 17 ml HCl 25%ig

abkühlen lassen

+ 50 ml Petroläther

2 min kräftig schütteln

25 ml der Petrolätherphase abheben, in 100-ml-Erlenmeyer-Kolben geben
Kolben mit Wasserstrahlpumpe evakuieren und auf 50 °C im Wasserbad erwärmen, bis der Petroläther abgedampft ist

+ 10 ml Äthanol	neutral mit Thymolblau; Äthanol 95%
+ einige Tropfen Thymolblau	Thymolblau 0,2%ig in 50%igem Äthanol

mit 0,1 n NaOH aus der Bürette bis zum konstanten Farbumschlag von Gelb nach Blau titrieren

Reagenzien

Silikon-Entschäumer M-30	Serva 35109
KOH-Plätzchen reinst DAB 6	Merck 5032
Äthanol 95%ig DAB 7	Merck 8052
n-Amylalkohol	Merck 975
HCl rein, ca. 25%ig, DAB 6	Merck 312
Petroleumbenzin, Siedebereich 50–70 °C	Merck 910
Thymolblau	Merck 8176
NaOH 0,1 n Titrisol	Merck 9959

Berechnung. Aus dem Verbrauch der Natronlauge ergeben sich die in 25 ml Petrolaetherphase enthaltenen Äquivalente Fettsäuren. Die Menge Fettsäuren in Gramm errechnet sich daraus unter Zugrundelegung eines mittleren Molekulargewichts von 265. Entsprechend der Testanordnung handelt es sich bei diesem Wert um die Hälfte der in dem eingesetzten Volumen Stuhlverdünnung (10–20 ml) enthaltenen Menge Fettsäuren. Die Rückrechnung der eingangs gewählten Stuhlverdünnung (1:3 bis 1:4) und die Multiplikation mit dem Stuhlgewicht führen zu der Tagesmenge ausgeschiedener Fettsäuren.

Ergebnisse. Bei konstanter Zufuhr von Nahrungsfett unter 100 g täglich liegt die Ausscheidungsmenge unter 7 g. Die mitteleuropäische Normalkost ist fettreicher, so daß 10 g Fettsäuren als obere Grenze der Normalausscheidung angenommen werden.
Steatorrhoe ist ein unspezifisches Symptom und ein empfindlicher Parameter für alle Formen globaler Malassimilation; zur Differentialdiagnose s. Tab. 2.1. Die Messung der Stuhlfettausscheidung ist gut geeignet, den Erfolg spezifischer Therapiemaßnahmen zu kontrollieren. Die Anwendung der Methode ist nur durch die Beschaffenheit des Untersuchungsmaterials limitiert.

2.9.2.5 Triolein-Atemtest

Grundlagen und Prinzip. Es handelt sich um eine Untersuchung der Fettverwertung mit Hilfe der Messung der Abatmung von CO_2, welches aus Nahrungsfett im Organismus als Stoffwechselendprodukt frei wird. Für diese Untersuchung erhält der Patient peroral ^{14}C-Triolein, zusammen mit einer Standard-Fettmahlzeit. Aus dem markierten Substrat wird in Abhängigkeit von enteraler Verdauung und Resorption metabolisch $^{14}CO_2$ gebildet und mit der Ausatmungsluft eliminiert. Deren höchste im Verlauf einer 6stündigen Untersuchungszeit erreichte $^{14}CO_2$-Konzentrationen dienen als Kriterium für die enterale Fettverwertung.

Durchführung der Untersuchung. Nach Überprüfung etwaiger Kontraindikationen erhält der nüchterne Patient morgens 5 μCi ^{14}C-Triolein, uniform markiert in den Carboxylgruppen der Fettsäuren (Amersham-Buchler, 3300 Braunschweig, Postfach 11 20, Kieselweg 1). Das radioaktive Substrat wird gut gemischt mit einer Standardfettmahlzeit verabreicht: 30 ml Lipomul (Lipomul oral, Fa. Upjohn Comp.); Lipomul ist eine Maisölemulsion, vorwiegend mit Phosphoglyceriden als Emulgatoren, frei von Kohlenhydraten, enthält 71 Gew.-% Fett); dazu 5 g Trioctanoin [Tricaprylin pract., Fluka]. In den folgenden 6 h soll der Patient nichts essen und nur schluckweise Wasser trinken sowie körperliche Ruhe einhalten. Atemluftproben werden stündlich entnommen. Dabei bläst der Patient zweckmäßigerweise einen Luftballon auf. Er muß dazu „endexspiratorische" Luft, also nicht Totraumluft, verwenden. Diese Technik muß mit dem Patienten mehrmals geübt werden, damit Fehler vermieden werden. Aus dem Ballon wird die Luft anschließend ohne Verzug mit Hilfe einer Schlauchverbindung und einer Glaskapillare (z. B. 50-µl-Kapillarblutpipette) durch ein Szintillationszählgläschen geleitet, welches 1 mmol Hyaminhydroxyd enthält (ICN Pharmaceuticals; 1 mmol entspricht 1 ml der 1molaren Lösung in Methanol) sowie 2 Tropfen 1%iges Phenolphthalein in abs. Alkohol. Das Hyamin, eine organische Base, absorbiert eine äquivalente Menge CO_2 aus der Atemluft bis zu seiner Neutralisation mit Farbumschlag des Indikators von Rot nach Farblos.

Reagenzien	
Hyaminhydroxyd 1 M	ICN Pharmaceuticals, Inc. Cleveland, Ohio, Cat. No. 802387
Phenolphthalein 1% in absol. Alkohol	Merck 7227
Instagel Szintillationsflüssigkeit	Packart Instr. International Zürich, Renggstr. 8; Cat. No. 6002173
Trioctanoin (Tricaprylin pract.)	Fluka, Buchs, St. Gallen, Schweiz (91040)
Lipomul oral	Upjohn Comp. Kalamazoo, Michigan 49001, USA
$U^{14}C$-Triolein	Amersham-Buchler, Braunschweig

Die Probe wird im Betazähler nach Zugabe eines Szintillators gezählt (z. B. Instagel, Packart).

Berechnung. Die Differenz gegen einen Leerwert ergibt die in 1 mmol ausgeatmetem CO_2 enthaltene ^{14}C-Aktivität. Für die Auswertung wird diese Größe geteilt durch die bei Testbeginn applizierte Menge ^{14}C in cpm, dividiert durch 100. Es resultiert ein Prozentwert. Multiplikation mit dem Faktor 9 sowie mit dem Körpergewicht in Kilogramm führt zu dem prozentualen Anteil ^{14}C, welcher von dem Patienten in einer Stunde exhaliert wird; dabei ist die peroral applizierte Dosis 100%. Es wird vorausgesetzt, daß die durchschnittliche CO_2-Abatmung/kg KG 9 mmol/h bei körperlicher Ruhe ist. Die Dimension des errechneten Werts ist *Dosis-% pro Stunde*. Verwertet wird der Mittelwert der beiden höchsten aufeinanderfolgenden ^{14}C-Zählwerte, welche im Verlauf der 6stündigen Untersuchungszeit erreicht werden.

$$\frac{\text{Dosis \%}}{\text{h}} = \frac{\frac{\text{cpm}_1 + \text{cpm}_2}{2} \cdot 100 \cdot 9\,\text{mmol/h/kg} \cdot \text{KG}}{\text{cpm}_{\text{ad}}}$$

(cpm_1; cpm_2: höchste aufeinanderfolgende Zählraten
cpm_{ad}: applizierte ^{14}C-Dosis)

Ergebnisse. Die untere Normwertgrenze für die $^{14}CO_2$-Exhalation ist 3,43 Dosis-% pro Stunde. Werte darunter sprechen für eine Fettmangelverdauung ohne Differenzierung zwischen den möglichen Ursachen. Gemessen an der Stuhlfettausscheidung hat der Test eine hohe Sensitivität (mehr als 95%) und Spezifität (mehr als 93%).

Wenn die Untersuchung als Zweiphasentest durchgeführt wird, kann zwischen pankreatogener und extrapankreatischer Störung der Fettaufnahme unterschieden werden: Es wird ein Test in der beschriebenen Weise, ein zweiter unter gleichzeitiger Gabe von Pankreatin p.o. durchgeführt. Kommt es bei der Zweituntersuchung zu einer Steigerung der Fettverwertung mit erhöhter $^{14}CO_2$-Abatmung, so kann das Ergebnis als Ausdruck einer exokrinen Pankreasinsuffizienz interpretiert werden.
Atemtests mit anderen Triglyceriden, analog durchgeführt, weisen eine weniger gute Übereinstimmung der Resultate mit denen der Fettbestimmung im Stuhl auf.

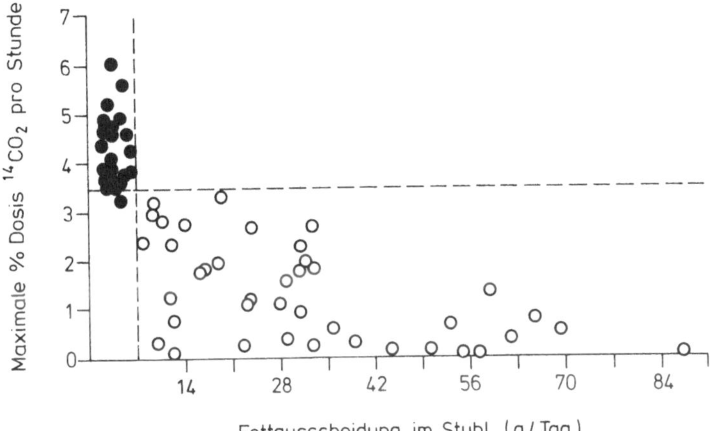

Abb. 2.9. Beziehung zwischen der Stuhlfettausscheidung und der maximalen $^{14}CO_2$-Abatmung im ^{14}C-Triolein-Atemtest bei Normalpersonen und bei Patienten mit Steatorrhoe (○). (Aus Newcomer AD, Hofman AF, DiMagno EP, Thomas PJ, Carlson GL (1979) Triolein breath test. Gastroenterology 76: 6)
Gestrichelt: Grenzen der Normalbereiche

Fehlerquellen. Störungsmöglichkeiten liegen in einer verzögerten Magenentleerung, in Stoffwechselstörungen wie entgleistem Diabetes mellitus, anderen Endokrinopathien, in hochgradigen Fettstoffwechselstörungen, Adipositas und fortgeschrittenen Lebererkrankungen. Durch sie kann die Verteilung und Metabolisierung des verabreichten Triglycerids verändert sein. Bei Übergewichtigen insbesondere kann die Abatmung von $^{14}CO_2$ verzögert verlaufen. In diesen Fällen sollte auf den Test verzichtet werden.

Die Strahlenbelastung ist schwierig abzuschätzen. Angaben schwanken zwischen weniger als 1 und bis 180 mrem, ein Bereich, welcher auch für andere Atemtests bei der Applikation von 5 μCi ^{14}C gelten darf. Vergleichend werden die Belastungen durch eine Abdomenübersichts-Röntgenaufnahme mit 562 mrem, eine BWS-Aufnahme mit 690 mrem und eine LWS-Aufnahme a.-p. mit 792 mrem angegeben. Dasjenige Gewebe, welches von der ^{14}C-Exposition wesentlich betroffen ist, ist das Fettgewebe; es ist wenig strahlensensibel.
Es wurde bereits ein Triglycerid-Atemtest (Octanoin) unter Verwendung des nichtradioaktiven Isotops ^{13}C beschrieben. Die Bestimmung von ^{13}C ist vor-

läufig nur wenigen Zentren möglich, so daß die Methode nicht allgemein anwendbar ist.

Indikationen und diagnostische Aussagen des Trioleinatemtests stimmen mit denen der quantitativen Stuhlfettanalyse überein.

2.10 Hyperoxalurie bei Malassimilationssyndrom

2.10.1 Grundlagen

Bei Störungen der Fettabsorption unterschiedlicher Ursache wird im Urin vermehrt Oxalsäure ausgeschieden. Es treten dabei gehäuft Harnsteine auf. Die Oxalsäure ist enteralen Ursprungs und wird überwiegend im Kolon resorbiert. Ein Anteil von weniger als 0,2 mmol pro Tag stammt aus dem endogenen Stoffwechsel. Die wahrscheinlichste Erklärung für die vermehrte Absorption von Oxalsäure bei Malassimilation sind die bei solchen Zuständen erhöhten Mengen nichtresorbierter Fettsäuren im Darmlumen, welche Kalzium binden. Dieses Kalzium führt daher nicht, wie beim Gesunden, zur Präzipitation von Oxalsäure alimentären Ursprungs in nichtresorbierbarer Form. Demzufolge beobachtet man eine Kongruenz zwischen dem Ausmaß der Steatorrhoe und der Oxalurie. Möglicherweise können auch die erhöhten Mengen von Gallensäuren bzw. von hydroxylierten Fettsäuren, welche bei Malassimilationssyndrom im Koloninhalt auftreten, die Permeabilität der Kolonschleimhaut für Oxalsäure steigern.
Die Oxalatausscheidung in den Urin kann quantitativ bestimmt werden. Die diagnostische Treffsicherheit der Untersuchung für das Malassimilationssyndrom reicht an die der Fettbestimmung im Stuhl heran, doch ist die Methodik nicht ohne Schwierigkeit.

2.10.2 Untersuchungsverfahren

Die Ausscheidung von Oxalsäure kann durch Applikation von ^{14}C-Oxalat per os und die Messung der im Urin erscheinenden ^{14}C-Aktivität bestimmt werden.
Die meisten Untersuchungen werden aber ohne Verwendung radioaktiver Isotopen durchgeführt. Die Oxalsäure im Harn wird dabei quantitativ bestimmt. Eines der Verfahren benutzt den enzymatischen Umsatz zu CO_2 durch Oxalatdecarboxylase.

Neben dieser Methode von Hallson und Rose wurde u.a. über Bestimmungen auf nichtenzymatischem Wege nach Hodgkinson und Williams in der Literatur mehrfach berichtet. Bei dieser Methode wird Oxalat im Urin mit Kalziumsulfat niedergeschlagen, durch Kochen mit verdünnter Schwefelsäure und metallischem Zink zu Glykolsäure reduziert und mit Chromotropsäure kolorimetrisch bestimmt. Wir konnten mit dieser Methode keine reproduzierbaren Ergebnisse und Eichkurven erhalten.

2.10.2.1 Bestimmung von Oxalat im Urin mit Oxalatdecarboxylase

Prinzip der Methode. Es wird in einem Aliquod aus 24-h-Sammelurin Oxalsäure enzymatisch durch Oxalatdecarboxylase zu CO_2 umgesetzt. Dieses geht in dem abgeschlossenen Reaktionsraum aus dem sauren Inkubat über in eine Vorlage mit alkalischer Carbonat-Bicarbonat-Lösung, in welcher die pH-Verschiebung gemessen wird. Die Menge umgesetzter Oxalsäure ergibt sich anhand einer Eichkurve mit bekannten Mengen Oxalat (Schema 2.8).

2.10.2.2 Oxalatbelastungstest

Der Patient erhält 3 Tage lang je 2mal 300 mg Natriumoxalat in 200 ml Wasser zusätzlich zu einer Standardkost mit täglich 50 g Fett und 1000 mg Kalzium. Am 3. Tag wird der 24-h-Urin gesammelt, um die Oxalsäure zu messen.

Schema 2.8. *Analysenverfahren*

24-h-Urin (gesammelt auf 10 ml konz. HCl)
20 ml-Aliquod des Sammelurins mit Filterpapier filtrieren, mit NaOH auf pH 3,5–4,5 einstellen
zur Entfernung von CO_2 mit O_2 durchströmen
Doppelbestimmungen für jeden Wert

In 50 ml-Weithalskolben 4,0 ml Urin	
+ 2,0 ml Citratpuffer	Citratpuffer pH 4,0 40,5 g Trikaliumcitrat · 1 H_2O 49,8 g Zitronensäure · 1 H_2O 10,0 g Borsäure Aq. dest. auf 1000 ml; pH-Kontrolle vor Gebrauch mit O_2 durchströmen
+ Enzym	Oxalatdecarboxylase, Sigma od. Boehringer Mannheim

Einstellen eines offenen Röhrchens in den Enzymansatz mit

3 ml Carbonat-Bicarbonat-Lösung pH ca. 10	4,8 g Na_2CO_3 6,7 g $NaHCO_3$ Aq. dest. ad 100 ml } Stammlösung davon zum Gebrauch 1 ml (!) auf 1000 ml Aq. dest., CO_2-frei durch Passage über Anionenaustauschersäule mit Amberlite IRA 400 (Das Röhrchen wird zuvor mit der gleichen Lösung gespült, dann getrocknet)

Weithalskolben mit dem Ansatz verschließen durch Stopfen mit Bohrung zur Begasung: 500 ml Sauerstoff in 1 min durchströmen lassen. Kolben verschließen.
Inkubation 18 h bei 37 °C
pH-Messung nach Abkühlung auf Raumtemperatur im Einstellröhrchen
Berechnung mittels Standardwerten

Eichkurve: Standardlösung entsprechend 50 µg Oxalsäureanhydrid/ml eingewogen
damit Testansätze mit 0, 100 u. 200 µg
Leerwert: Urinprobe wie oben, jedoch ohne Enzym

Gerät: pH-Meter mit Anzeige auf zwei Dezimalstellen genau.

Reagenzien

Trikaliumcitrat · 1 H_2O	Merck 4956, Fluka 60153
Zitronensäure · 1 H_2O	Merck 244, Fluka 27490
Borsäure	Merck 165, Fluka 15660
Sauerstoff	Linde AG, Technische Gase
Oxalatdecarboxylase	Sigma Laboratories, Kingston upon Thames, Surrey
	Boehringer Mannheim 479586
Na_2CO_3	Merck 6392
$NaHCO_3$	Merck 6329
Amberlite IRA 400	Rohm & Haas (Serva) 40000
Oxalsäuredihydrat	Fluka, Buchs 75700
Di-Natriumoxalat	Merck 6557, Fluka 71800

2.10.2.3 Ergebnisse

Nach Oxalatbelastung beträgt die Oxalsäureausscheidung bei Personen mit Steatorrhoe über 0,44 mmol/Tag. Die Sensitivität der Untersuchung bezüglich Steatorrhoe wird mit 100% angegeben, die Spezifität mit 87%.

Hyperoxalurie wird beobachtet bei exokriner Pankreasinsuffizienz, Spruesyndrom, pathologischem bakteriellen Dünndarmüberwuchs, Kurzdarmsyndrom, jejunoilealer Bypassoperation, ausgedehnten entzündlichen Darmerkrankungen, aber auch bei Übergewichtigen (Abb. 2.10 u. 2.11).

Milde Hyperoxalurie konnte mit der ^{14}C-Oxalatmethode auch gehäuft bei Patienten mit idiopathischer Nephrolithiasis und kalziumhaltigen Steinen im Harn nachgewiesen werden. Es ließ sich zeigen, daß die Oxalsäure ihren Ursprung ebenfalls im oberen Dünndarm hatte, auch ohne daß organische Erkrankungen in diesem Bereich auf anderem Wege zu objektivieren waren.

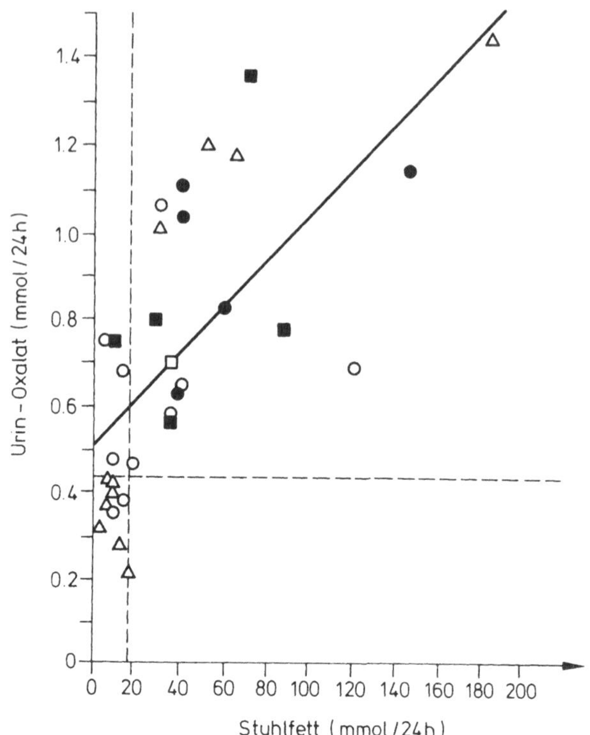

Abb. 2.10. Beziehung zwischen der Urin-Oxalat-Ausscheidung unter Oxalatbelastung p.o. und der Stuhlfettausscheidung (aus Caspary WF, Toenissen J (1978) Enterale Hyperoxalurie. Intestinale Oxalsäureresorption bei gastroenterologischen Erkrankungen. Klin Wochenschr 56: 607)
Patienten: ○ Crohn-Erkrankung; exokrine Pankreasinsuffizienz; Sprue; △ verschiedene.
Gestrichelt: Grenzen der Normalbereiche

2.11 Vitamin-B_{12}-Absorption

2.11.1 Physiologie

Vitamin B_{12} wird aus tierischen Nahrungsbestandteilen unter Mitwirkung proteolytischer Aktivitäten des Magens und des Pankreas

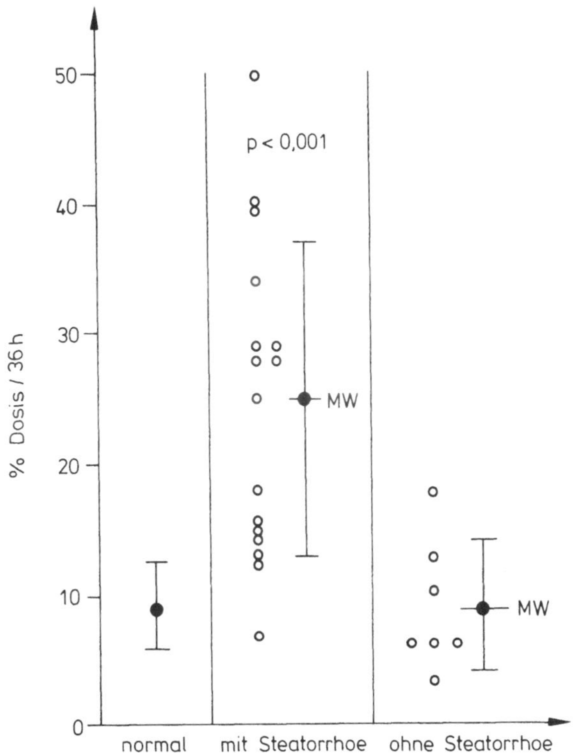

Abb. 2.11. Oxalsäureresorption bei Patienten mit exokriner Pankreasinsuffizienz (*MW* Mittelwerte; Standardabweichung). Messung mittels ^{14}C-Oxalat (aus Rampton DS, Kasidas GP, Rose GA, Sarner M (1979) Oxalate loading test: A screening test for steatorrhoea. Gut 20: 1089)

freigesetzt. Trypsin ist außerdem beteiligt an der Freisetzung von Vitamin B_{12} aus seinen Bindungen an körpereigene Glykoproteine (R-binders), die Bestandteile der physiologischen Sekrete des Gastrointestinaltrakts sind, insbesondere des Mundspeichels. Zur Resorption von Vitamin B_{12} wesentlich ist seine Bindung an Intrinsic factor, ein Glykoprotein aus den Parietalzellen des Magens, ohne dessen Vorhandensein es zum manifesten Vitamin-B_{12}-Mangel kommt. In geringem Ausmaß kann das Vitamin passiv auch im Jejunum aufgenommen werden. Der weitaus größte Anteil der Resorption erfolgt

jedoch aktiv mit Hilfe entsprechender Bindungsstellen der Zellmembranen in der Schleimhaut des Ileums. Dabei wird der Intrinsic factor nicht mitresorbiert. Um die Aufnahme konkurrieren intestinale Bakterien, welche Vitamin B_{12} ebenfalls binden können.
Von der Darmschleimhautzelle erfolgt der weitere Transport zur Leber mit Hilfe eines Proteins, Transcobalamin II. Es ist die funktionell wesentliche Transportform auch in die Körperperipherie. Ein zweites Protein, Transcobalamin I, hält zwar die größeren Anteile Vitamin B_{12} im Serum gebunden, jedoch in einer inaktiven Form mit sehr niedrigen Umsatzraten und ohne direkten Effekt auf Vitaminmangelerscheinungen.

2.11.2 Pathophysiologie

Störungen der Vitamin-B_{12}-Aufnahme führen nur dann zu einer klinischen Symptomatik, wenn sie langandauernd und schwer sind. Ursachen von Vitamin-B_{12}-Resorptionsstörungen mit manifester klinischer Symptomatik können sein: Intrinsic-factor-Mangel bei partieller oder totaler Gastrektomie; Morbus Biermer, d.h. chronische Korpusgastritis Typ A mit Antikörpern gegen Belegzellen und/oder Intrinsic factor; tropische Sprue, Funktionsausfall des distalen Ileums infolge chronisch entzündlicher Erkrankungen, operativer Resektion (von mehr als 50 cm des terminalen Ileums); bakterieller Überwuchs des Dünndarms. Daneben sind bei einer Reihe weiterer Erkrankungen Störungen der Vitamin-B_{12}-Resorption möglich, welche aber nur durch den pathologischen Ausfall gezielter Untersuchungen erkennbar sind und sich in der Regel nicht mit klinischen Folgesymptomen manifestieren: exokrine Pankreasinsuffizienz, chronische Alkoholintoxikation (Dünndarmschleimhautschaden), Medikamenteneffekte (PAS, Colchizin, Biguanide, Neomycin), Zollinger-Ellison-Syndrom.

Eine sehr seltene Ursache für die Störung der Vitamin-B_{12}-Aufnahme ist ein hereditärer Defekt des zellständigen Mechanismus der Resorption im unteren Ileum.

Zu den Organmanifestationen eines Vitamin-B_{12}-Mangels neben der megaloblastären Anämie gehören auch Funktionsstörungen des Darmschleimhautepithels, dessen Resorptionsfähigkeit auch für Vitamin B_{12} selbst gestört wird.

2.11.3 Messung der Vitamin-B_{12}-Resorption

2.11.3.1 Schilling-Test

Grundlagen und Prinzip. Mit dem Schilling-Test kann die Vitamin-B_{12}-Resorption quantifiziert werden. Dabei werden Störungen voneinander unterschieden, welche durch Intrinsic-factor-Mangel hervorgerufen werden und solche, die eine andere Ursache haben.
Es wird Vitamin B_{12} per os verabreicht, welches ^{57}Co- und/oder ^{58}Co-markiert ist. Meßgrößen sind die Ausscheidungsraten dieser Substanzen in den Urin über 24 h. Sie entsprechen den enteral resorbierten Mengen, da die Retention im Gewebe durch gleichzeitige Gabe einer Überschußmenge nichtradioaktiven Vitamins B_{12} verhindert wird.
Aufbewahrung und Applikation der Radionuklide sowie die Messungen sind Aufgaben eines Isotopenlabors mit Umgangsgenehmigung und Voraussetzungen für den Strahlenschutz.
Die Untersuchung kann in mehreren Modifikationen durchgeführt werden:

1. Getrennte Untersuchungen für die Resorption von Vitamin B_{12} ohne und mit Intrinsic factor.
2. Simultane Untersuchung der Vitamin-B_{12}-Resorption ohne und mit Intrinsic factor unter Verwendung der beiden Kobaltisotope ^{57}Co und ^{58}Co.

Bei diesen Tests wird – wie beschrieben – die Ausscheidung in den Urin bestimmt.

3. Untersuchung mit dem Ganzkörperzähler.

Durchführung der Untersuchungen mit Messungen der Vitamin-B_{12}-Ausscheidung in den Urin (Schilling-Test).

Die Nuklide werden in „Kapseln zu diagnostischen Zwecken" mit je 1 μg Substanz und jeweils auf der Packung angegebener Radioaktivität geliefert: ^{57}Co- bzw. ^{58}Co-Cyanocobalamin, Best.-No. CT 51P, Fa. Amersham-Buchler, Postfach 1120, in 3300 Braunschweig. Von dort können separat Kapseln für je eine Untersuchung mit Intrinsic factor, 1 U.S.N.F.-Einheit pro Kapsel, bezogen werden.
Der Patient erhält innerhalb von 2 h nach Applikation der Testsubstanz eine i.m.-Injektion mit 1 mg Vitamin B_{12} (z.B. 1 ml Cytobion). Er kann dann auch normal essen. Wesentlich ist die exakte Einhaltung der Urinsammelperiode von 24 h. Liegt ein manifester Vitamin-B_{12}-Mangel vor, d.h. mit megaloblastärer Anämie, so sollte der Patient vor Beginn des Resorptionstests 1 Woche lang mit Vitamin B_{12} vorbehandelt werden (s. oben).
Für die Untersuchung der resorptiven Funktionen des distalen Ileums ist der Schilling-Test mit Intrinsic factor (I.F. vom Schwein oder als Proteinpräparation aus menschlichem Magensaft) angezeigt. Steht überdies zur Frage, ob der Patient eigenen Intrinsic factor sezerniert oder nicht, so ist eine Zweituntersuchung ohne Zugabe eines I.F.-Präparats notwendig. Die beiden Untersuchungen sollten im Abstand von nicht weniger als 4 Tagen erfolgen.

Auswertung. Im Gammazähler werden gezählt: 1) Proben aus Urin vor Untersuchungsbeginn zur Feststellung interferrierender Fremdaktivität, d.h. Restaktivität früherer Untersuchungen; 2) Proben aus dem 24-h-Sammelurin. Die Auswertung besteht in der Berechnung des prozentualen Anteils von markiertem Vitamin B_{12}, welcher von der applizierten Testdosis in 24 h ausgeschieden, d.h. auch resorbiert wurde.

Ergebnisse. Die normale Vitamin-B_{12}-Ausscheidung in den Urin beträgt unter den angegebenen Bedingungen über 10% der applizierten Dosis. Werte unter 4% sind sicher pathologisch. Zwischenwerte erfordern Kontrollen bzw. Verlaufsbeobachtungen.

Fehlerquellen. Sie liegen in der Überschreitung des Verfalldatums des radioaktiven Präparats (Instabilität der Verbindung), in der unvollständigen Sammlung des Urins, auch in der unvollständigen Ausschwemmung des kobaltmarkierten Vitamin B_{12} durch inaktives

Vitamin B_{12} aus dem Organismus, besonders wenn die Gabe der inaktiven Substanz unterlassen wurde. Störungen durch Fremdaktivität und Interferenz verschiedener Organerkrankungen, die gleichzeitig den Vitamin-B_{12}-Umsatz beeinflussen, spielen ebenfalls eine Rolle (s. 2.11.2). Bei eingeschränkter Nierenfunktion ist das Testergebnis nicht sicher verwertbar.

Messung mit dem Ganzkörperzähler. Steht eine entsprechende technische Ausrüstung zur Verfügung, so können Resorption und Umsatz von Vitamin B_{12} statt durch Messungen der Urinausscheidung auch mit Hilfe des Ganzkörperzählers bestimmt werden. Dabei wird zunächst unmittelbar nach peroraler Gabe des Radionuklids ein Ausgangswert gemessen und nach kompletter Magen-Darm-Passage nach 4–10 Tagen die im Organismus retinierte Menge, evtl. auch die Kinetik der folgenden Elimination, registriert.
Bei dieser Technik ist die erforderliche Nukliddosis um 1–2 Größenordnungen geringer als beim Schilling-Test. Die Injektion von nichtradioaktivem Vitamin B_{12} entfällt, und es erübrigt sich die fehlerträchtige Sammlung des 24-h-Urins.

Doppelisotopenmethode des Schilling-Tests. Da die beiden Kobaltisotope ^{57}Co und ^{58}Co gut trennbare Energiespektren besitzen, ist es statt des eingangs beschriebenen Verfahrens nunmehr üblich, die Resorption von Vitamin B_{12} ohne und mit Intrinsic factor gleichzeitig zu untersuchen. Zu diesem Zweck erhält der Patient ^{57}Co-Vitamin B_{12}, welches an Proteine des menschlichen Magensafts (mit I. F.) gebunden wurde. Außerdem erhält er freies Cyanocobalamin, markiert mit ^{58}Co (Präparat: Dicopac, Amersham-Buchler, Braunschweig, Best.-No. CT 31P; die käuflichen Packungen enthalten detaillierte Anweisungen zum Gebrauch). Nach gleichzeitiger Einnahme beider Präparate wird der Test fortgeführt, wie beim einfachen Schilling-Test. Der Patient erhält (s. oben) nichtradioaktives Vitamin B_{12} i.m. und sammelt 24 h lang den Urin, dessen Radioaktivität im Gammacounter gemessen wird. Bei geeigneter Einstellung kann die Aktivität von beiden Kobaltisotopen gleichzeitig und unabhängig erhalten werden.
Die Auswertung der Meßergebnisse ist analog zum Vorgehen beim konventionellen Schilling-Test. Zusätzlich kann die Relation der bei-

den im Harn gemessenen Kobaltaktivitäten zur diagnostischen Auswertung herangezogen werden und gestattet eine Aussage auch dann, wenn das Untersuchungsmaterial Urin nicht zuverlässig vollständig gesammelt wurde: pathologische Befunde infolge Mangels an Intrinsic factor sind kenntlich durch eine Verschiebung des Verhältnisses im Sinne einer verminderten Ausscheidung des frei, d.h. ohne I. F., applizierten Vitamin B_{12}. Darauf hat auch eine Niereninsuffizienz, welche eine wesentliche Einflußgröße für den Schilling-Test ist, keine Auswirkung.

Auswertung. Besteht kein I. F.-Mangel, d.h. bei normaler endogener Sekretion bzw. bei der Untersuchung mit exogenem Intrinsic factor, so zeigt ein normaler Schilling-Test die intakte Funktion der Schleimhaut des unteren Ileums an. Er ist um so mehr pathologisch, je länger eine erkrankte Strecke dieses Darmabschnitts ist. Es läßt sich also die Frage beantworten, ob und in welchem Ausmaß bei Morbus Crohn oder nach Resektionen o.a. eine Vitamin-B_{12}-Resorption noch stattfindet und wie weit eine parenterale Substitutionstherapie erforderlich ist.

Der Schilling-Test wird dagegen kaum noch diejenige Untersuchung sein, mit deren Hilfe eine Erkrankung des unteren Ileums erstmals aufgefunden wird.

Die Häufigkeit pathologischer Befunde im Schilling-Test ist etwa gleich der Häufigkeit pathologischer Glykocholat-Atemtests bei Erkrankungen des terminalen Ileums.
Außerdem ist der Schilling-Test ohne und mit vorausgegangener antibiotischer Therapie ein diagnostisches Hilfsmittel für die Frage, ob pathologische Vitamin-B_{12}-Resorption in einem pathologischen bakteriellen Dünndarmüberwuchs ihre Ursache hat.
Als weitere die Vitamin-B_{12}-Resorption beeinflussende gastrointestinale Faktoren müssen vor allem proteolytische Aktivitäten bedacht werden. Mangelnder enzymatischer Aufschluß der Nahrungsproteine einschließlich zu geringer Abkopplung des Vitamins B_{12} von sog. R-binders (s. oben) in vivo kann auch bei normalem Ausfall des Schilling-Tests eine Vitamin-B_{12}-Mangelresorption verursachen.
Der einfache Schilling-Test ist eine Untersuchung der Vitamin-

B_{12}-Aufnahme ohne Berücksichtigung der möglichen Interferenzen mit Nahrungsproteinen und ihrer Verdauung.

Die Abhängigkeit der Cyanocobalamin-Resorption von tryptischen intestinalen Enzymaktivitäten wird durch einen „protein bound cobalamine resorption test“ geprüft, der aber in die Routinediagnostik nicht eingeführt ist.

2.12 Serum-Vitamin-B_{12}-Spiegel

Die Serumkonzentrationen von Vitamin-B_{12} sind abhängig auch von der enteralen Resorption und werden als Parameter für deren Beurteilung gebraucht. Dabei müssen jedoch die wesentlichen Einflußgrößen und Störfaktoren berücksichtigt werden, welche das Testergebnis mitbestimmen.

2.12.1 Bestimmungsmethoden

Die Bestimmung des Vitamin-B_{12}-Spiegels im Serum ist auf mikrobiologischem Wege möglich. Meßgröße ist das Wachstum von Bakterien, welche als Mangelmutanten Vitamin-B_{12} nicht selbst synthetisieren, sondern dieses aus dem umgebenden Milieu entnehmen müssen. Ihre Proliferation wird durch die Menge verfügbaren Cyanocobalamins exakt limitiert.
Neuere Verfahren sind Radioassays unter Verwendung von Intrinsic factor. In der zu untersuchenden Serumprobe werden zunächst Bindungsproteine denaturiert. In der anschließenden Inkubation mit Intrinsic factor und ^{57}Co-Vitamin-B_{12} konstanter Mengen konkurriert das Vitamin B_{12} der Probe mit dem isotopenmarkierten um die Bindung an I.F. Je höher die Vitamin-B_{12}-Konzentration der Probe, desto geringer ist die gebundene Menge des Radionuklids. Nach der Trennung von freiem und gebundenem Vitamin B_{12} werden die Aktivitäten im Gammacounter gezählt und die Konzentration in der untersuchten Probe anhand von Eichkurven ermittelt. (Test: z. B. Quanta-Count II B12, Firma Biorad, 8000 München 50).

2.12.2 Beurteilung

Obwohl durch Serumspiegelbestimmungen generell ein Vitamin-B_{12}-Mangel erfaßt werden kann, müssen folgende Vorbehalte berücksichtigt werden. Die Präparation reinen Intrinsic factors ohne R-binders für den Radioassay ist schwierig. Außerdem gibt es im Serum Vitamin-B_{12}-ähnliche Substanzen, biologisch inaktiv, welche zwar nicht bei der mikrobiologischen Bestimmung, wohl aber von Radioassays miterfaßt werden, wenn die I.F.-Präparation noch R-binders enthält. Überdies bestehen individuelle Unterschiede in der Verteilung von Serum-Vitamin-B_{12} auf verschiedene Proteine mit Bindungseigenschaften und Transportfunktionen im Blut. Diese Umstände sind wahrscheinlich dafür verantwortlich, daß verschiedene käufliche Tests zu sehr differierenden Ergebnissen der Spiegelbestimmungen führen können. Die Diagnose des Vitamin-B_{12}-Mangels darf sich niemals allein auf niedrige Konzentrationen im Serum stützen, sondern sie erfordert die entsprechende klinische, insbesondere hämatologische Symptomatik. Manche der Zusammenhänge sind bisher nur mangelhaft verstanden.

Erniedrigte Serumspiegel von Vitamin B_{12} werden nicht nur bei Erkrankungen mit gastrisch oder intestinal verursachter Malabsorption gefunden, sondern auch bei Hypothyreose, antikonvulsiver Therapie, unter oralen Kontrazeptiva sowie in der Schwangerschaft.

Erhöhte Vitamin-B_{12}-Spiegel hingegen können Hinweis auf Proteinmangelernährung sein. Außerdem tritt dieser Befund bei malignen hämatologischen Erkrankungen, bei Leberzirrhose und unter der Therapie mit Vitamin B_{12}, Folsäure, Eisen sowie mit Chloralhydrat auf.

2.13 Absorption von Folsäure

2.13.1 Physiologie

Folate sind in der Nahrung vorwiegend als Polyglutamate enthalten. Für die Resorption ist deren Hydrolyse Voraussetzung, bei der die Monoglutamatform entsteht. Die erforderlichen enzymatischen Aktivitäten sind in der Bürstensaummembran sowie im Zytosol der Dünndarmschleimhautzellen enthalten. Die Absorption von Folsäuremonoglutamat ist wahrscheinlich über zwei Mechanismen möglich, einen aktiven und einen passiven. Sie findet im oberen Dünndarm statt.

2.13.2 Pathophysiologie

Folsäuremangelsyndrome treten am häufigsten bei Malnutrition, insbesondere im Zusammenhang mit chronischem Alkoholmißbrauch, auf. Aber auch Dünndarmerkrankungen mit globalen Störungen der Resorption sind als Ursache geläufig, vor allem bei Zottenatrophie im proximalen Dünndarm, d.h. bei der Sprue, weniger bei tropischer Sprue. Folsäuremangelzustände wurden beschrieben bei regionaler Enteritis Crohn, Dünndarmresektionen, Sklerodermie, Amyloidose, diabetischer Enteropathie, Herzinsuffizienz, Morbus Whipple, partieller Gastrektomie, Hyperparathyreoidismus. Bei bakteriellem pathologischen Dünndarmüberwuchs ist Folatmangel selten. Im Zusammenhang mit medikamentöser Therapie kommt er vor unter Salazosulfapyridin und Diphenylhydantoin.

2.13.3 Untersuchungsverfahren

Wichtiger Parameter für die Folatabsorption ist der Folatspiegel im Vollblut bzw. in den Erythrozyten. Das Prinzip der Folatbestimmungen mit mikrobiologischer Technik und neuerdings stattdessen mit Radioassays ist den Prinzipien der Bestimmung von Vitamin B_{12} gleich (s. dort). Im Bindungstest wird Folsäure verwandt, die mit ^{125}J markiert ist, das spezifisch bindende Protein stammt aus Milch (Test: z. B. Quanta Count Folsäure, Fa. Biorad, 8000 München 50, Dachauerstraße).
Vitamin B_{12} und Folsäure können gemeinsam in einem Test bestimmt werden, welcher beide Radioassays in einem Ansatz vereint. Denn die beiden dazu erforderlichen Isotopen, ^{125}J und ^{57}Co, besitzen so verschiedene Energiespektren ihrer Gammastrahlung, daß sie von einem Gammacounter in verschiedenen Kanälen getrennt gezählt werden können (Test: z. B. Quantaphase B_{12}/Folsäure, Fa. Biorad, München).

2.13.4 Auswertung

Niedrige Folatspiegel unter der Norm sprechen für eine mangelnde alimentäre Versorgung oder eine Mangelresorption. Der Folsäuregehalt in den Erythrozyten eignet sich als Kontrollparameter für den Verlauf der Sprue unter Diättherapie. – Über die Normwerte erhöhte Konzentrationen von Folsäure treten als Therapiefolge auf, wenn Vitamin- oder Leberpräparate Folat enthalten.

2.14 Andere wasserlösliche Vitamine

Die Vitamine der B-Gruppe und Ascorbinsäure sind nicht Gegenstand gastroenterologischer Diagnostik, obwohl sie teilweise durch aktive Mechanismen vom Dünndarm resorbiert werden (Vitamin B_1, Ascorbinsäure, wahrscheinlich auch Vitamin B_2).

2.15 Fettlösliche Vitamine

Die Assimilation der Vitamine A, D, E und K ist auf intakte Mechanismen der Fettverwertung angewiesen. Ester des Vitamins A, welche in der Nahrung vorkommen, werden durch pankreatische Hydrolasen gespalten. Die Resorption lipophiler Vitamine geschieht als passive Diffusion durch die Dünndarmschleimhaut. Im wäßrigen Dünndarminhalt müssen sie der Resorption durch Mizellenbildung ebenso zugänglich gemacht werden wie langkettige Fettsäuren und Monoglyceride (s. Fettresorption, S. 95). Entsprechend kommt es zu Störungen der Resorption bei exokriner Pankreasinsuffizienz, Störungen des Gallensäurenstoffwechsels und bei den diffusen Dünndarmschleimhauterkrankungen. – Besondere Aspekte bestehen bei Vitamin K. Die Bakterien des unteren Dünndarms synthetisieren diese Substanzen, und das Ileum kann sie resorbieren.

Für gastroenterologische Diagnostik ist unter den Vitaminen wegen der Übereinstimmungen mit den Mechanismen der übrigen Fettverwertung die Aufnahme von Vitamin A und deren Messung von gewissem Interesse. Der Vitamin-A-Belastungstest stimmt in seinen Aussagen weitgehend mit Resultaten quantitativer Stuhlfettanalysen überein, soweit Störungen durch ausgeprägte Fälle exokriner Pankreasinsuffizienz und Dünndarmschleimhauterkrankungen hervorgerufen werden. Bei Malassimilationssyndromen infolge von Magenresektionen, Leberzirrhose u. a. kommen zahlreiche falsch normale und falsch pathologische Resultate vor. Wegen seiner geringen differentialdiagnostischen Wertigkeit wird der Vitamin-A-Belastungstest derzeit selten ausgeführt (und hier nicht beschrieben).

2.16 Eisenresorption

2.16.1 Grundlagen

Die Eisenaufnahme erfolgt im Duodenum und oberen Jejunum. Die Magensalzsäure spielt eine begrenzte Rolle bei der Lösung des Eisens als zweiwertiges Kation. Eiweißspaltende Enzymaktivitäten tragen zur Verwertung von Nahrungseisen aus der wesentlichen Quelle bei, dem Fleisch. Am raschesten ist die Resorption von Eisen-II-Salzen, insbesondere des Sulfats sowie von Hämeisen und nur gering von Eisen-III-Salzen. Sie ist ein aktiver, regulierter Prozeß, dessen Geschwindigkeit sich nach dem Eisenbedarf des Organismus richtet und bei Eisenmangel um das zwei- bis fünffache des Normalen ansteigen kann. Umgekehrt ist die Eisenresorption herabgesetzt bei Eisenüberladung. Der normale Eisenbedarf ist 0,5–1 mg täglich.

Welcher Schritt auf dem Wege der Eisenaufnahme limitierend und regulierend ist, konnte noch nicht sicher geklärt werden. Eine Rolle können spielen der Transport des Eisens innerhalb der Darmschleimhautzellen, sein Weitertransport mit Hilfe des Transferrins im Serum und der Vorgang des Austausches zum Gewebe, in welchem Ferritin und Hämosiderin die Speicherformen sind.

Gastrointestinale Ursachen für Eisenmangelzustände sind – abgesehen von den Blutungen – Störungen der Resorption. Sie treten häufig auf bei verminderter oder aufgehobener Salzsäuresekretion des Magens, besonders auch nach Magenresektionen, wobei die Passagebeschleunigung eine zusätzliche Rolle spielen kann. Bei diffusen, vornehmlich im oberen Intestinaltrakt lokalisierten Darmschleimhauterkrankungen kann die Eisenresorption eingeschränkt sein.

2.16.2 Untersuchungsverfahren: Eisenbelastungstest

2.16.2.1 Prinzip

Gemessen an Normalwerten, spricht ein geringer Anstieg des Serumeisenspiegels nach oraler Applikation von Eisen-II-Salzen u. a. für eine Resorptionsstörung.

2.16.2.2 Untersuchungsgang

Der Patient erhält nüchtern 200 mg 2wertiges Eisen, z. B. als Sulfat (handelsübliches Präparat). Es wird die Serumeisenkonzentration nach 0, 2, 4 und 6 h gemessen (Methodik: Routinelabor).

2.16.2.3 Auswertung

Bei normaler Dünndarmfunktion und Eisenmangel erfolgt im Laufe von 4 h ein Anstieg der Eisenkonzentration im Serum um mehr als 60% des Ausgangswerts.
Verzögerte Anstiege sind typisch für eine Resorptionsbehinderung. Allerdings spielen andere Einflußgrößen eine sehr wesentliche Rolle: Infekt- und Tumoranämien sind ebenfalls durch einen trägen oder fehlenden Anstieg der Serumeisenwerte im Belastungstest gekennzeichnet. Der Wert der Untersuchung in der Diagnostik von Eisenmangelanämien ist dadurch erheblich eingeschränkt.

Quantitative Aussagen über Eisenaufnahme und -umsatz sind nur mit Hilfe des Ganzkörperzählers nach Gabe von ^{59}Fe möglich. Nachdem der Patient eine Testdosis per os erhalten hat, folgen Messungen der Ganzkörperaktivität sofort anschließend sowie nach kompletter Magen-Darm-Passage des Substrats (Bestimmung des retinierten, d. h. resorbierten Anteils) und anschließend wiederholt über weitere Wochen (Bestimmung der Eliminationskinetik). Durchführung und Auswertung solcher Untersuchungen sind Aufgaben von nuklearmedizinischen Abteilungen mit Spezialausrüstung.

2.16.3 Ferritinbestimmung im Serum

2.16.3.1 Grundlagen

Für den Füllungszustand der Eisenspeicher des Körpers im retikulohistiozytären System ist die Konzentration von Ferritin im Serum ein empfindlicher Parameter. Ferritin ist ein Protein mit hoher Eisenbin-

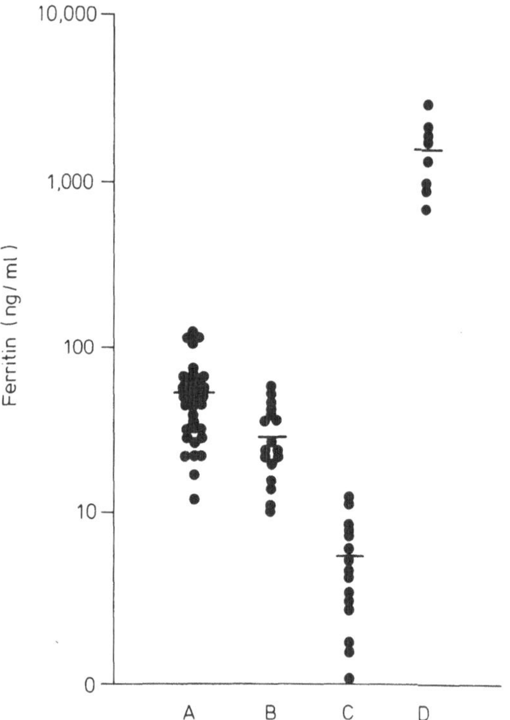

Abb. 2.12. Serumferritin-Konzentrationen bei Gesunden (*A* Männer, *B* Frauen) sowie bei Patienten mit Eisenmangel *(C)* und Eisenüberladung *(D)* (aus: Addison AM, Beamish MR, Hales CN, Hodgkin M, Jacobs A, Llewellin P (1972) An immunoradiometric assay for ferritin in the serum of normal subjects and patients with iron deficiency and iron overload. J Clin Pathol 25: 326)

dungsfähigkeit. Es ist sowohl Speicherform im Gewebe wie Transportform für Eisen im Serum zwischen den Organen des RHS und der Leber. Erhöhte Konzentrationen im Blut zeigen die Eisenüberladung des Organismus an oder die pathologisch gesteigerte Freisetzung von Eisen aus den Speicherorganen bei deren Zerstörung. Ferritinwerte unter der Norm finden sich dagegen bei Eisenmangel jeder Ursache, daher auch bei Resorptionsstörungen (Abb. 2.12).

2.16.3.2 Bestimmungsverfahren

Die Serumkonzentrationen von Ferritin werden mit immunradiometrischen Tests (IRMA) gemessen. Dabei werden radioaktiv jodmarkierte Antikörper verwandt, um das Ferritin des Serums zu binden. Nach Isolierung der Antigen-Antikörperkomplexe wird deren Radioaktivität bestimmt und die Ferritinkonzentration der Probe aus Eichkurven geschlossen.

2.16.3.3 Auswertung

Im Zusammenhang mit gastroenterologischer Diagnostik ist die Bestimmung von Serum-Ferritin, abgesehen von der Feststellung des Eisenmangels, als Verlaufskontrolle bei der Therapie von Dünndarmerkrankungen mit Resorptionsstörungen von Interesse, so bei der Diätbehandlung der Sprue. Die Verbesserung der Eisenresorption drückt sich dabei empfindlich im Anstieg des Ferritins aus.

2.17 Intestinale Bakterienbesiedlung und gastroenterologische Diagnostik

2.17.1 Grundlagen

Beim Gesunden besteht die geringe Bakterienbesiedlung des oberen Gastrointestinaltrakts vorwiegend aus Aerobiern, die mit der Nahrung eingeschleust werden. Im unteren Dünndarm findet sich eine zunehmend reichliche autochtone Flora (10^5–10^8 Keime/ml Darminhalt), vorwiegend nun aus anaeroben Keimen (Bacteroides, Eubakterien, Bifidobakterien, anaeroben Kokken, Clostridien u. a.). Das Kolon ist mit den gleichen Spezies besiedelt, die Dichte ist um zwei bis drei Größenordnungen höher.

Schon die *normale Darmflora* ist vielfach in den Stoffwechsel des Wirtsorganismus integriert. Sie ist ein Stimulus für die histomorphologische und immunologische Reifung der Dünndarmschleimhaut und für die Motilität. Sie ist beteiligt an der Abwehr pathogener Keime, an der Synthese von Vitaminen (Vitamin K, Folsäure, Vitamin B_{12}) sowie an deren Verbrauch (Vitamin B_{12}). Enterale Bakterien bilden die Stuhlfarbstoffe aus Abbauprodukten des Bilirubins. Sie dekonjugieren und hydroxylieren Fettsäuren des Darminhalts. Bakterien bilden Gase vorwiegend aus Kohlenhydraten und aus Eiweißen (Kohlendioxid, Wasserstoff, Stickstoff, Methan, Ammoniak, Phenole, Indole, Skatole u. a.) sowie kurzkettige Fettsäuren als Endprodukte ihres Kohlenhydratstoffwechsels (Essig-, Propion-, Butter-, Milchsäure). Dabei werden mit Hilfe einer im Vergleich zum Makroorganismus anderen Enzymausstattung auch solche Nahrungsbestandteile verdaut, die für den keimfreien menschlichen Darm nicht verwertbar wären (pflanzliche Faserstoffe, Schleimstoffe u. a.).

Außerdem spielen Bakterien im Stoffwechsel verschiedener Medikamente eine Rolle sowie wahrscheinlich auch im Zusammenhang mit dem Auftreten von Kanzerogenen im Darminhalt.

Die *pathologische Darmflora* bei akuten Infektionserkrankungen ist nicht Gegenstand dieses Kapitels.

Die Bakterienflora erlangt jedoch außerdem klinisches Interesse, wenn 1) infolge Mangelverdauung im oberen Intestinaltrakt vermehrt bakteriell metabolisierbare Substrate in die Region der physiologischen Bakterienflora von unterem Ileum und Kolon gelangen und 2) wenn der obere Gastrointestinaltrakt abnorm dicht bakteriell besiedelt wird.

Bei den verschiedenen Formen von Mangelverdauung und Mangelresorption aus pankreatogener, biliärer und intestinaler Ursache erreichen Kohlenhydrate, Eiweiße, Fette, Gallensäuren u. a. in abnorm großen Mengen den Bereich bakterieller Verwertung im Darm. Es resultieren Durchfälle und Meteorismus.

Die Durchfälle entwickeln sich, wenn bei Fettmangelverdauung

Fettsäuren nicht resorbiert und stattdessen bakteriell hydroxyliert werden; Hydroxyfettsäuren verursachen Permeabilitätsstörungen an der Darmschleimhaut mit Einstrom von Wasser und Elektrolyten in das Darmlumen und damit sekretorische Diarrhoe. Bakterieller Umsatz von Kohlenhydraten hat neben Gasbildung die Anreicherung des Dickdarminhalts mit osmotisch aktiven, kurzkettigen Fettsäuren zur Folge (s. oben) und damit osmotische Durchfälle.

Bei der *pathologischen bakteriellen Dünndarmbesiedlung* treten in Ileum und Jejunum in großer Zahl die Keime der Kolonflora auf. Zugrunde liegen anatomische oder funktionelle Anomalien des Gastrointestinaltrakts, auch als Folge chirurgischer Eingriffe, welche zur Bildung blinder Schlingen führen oder von Passagehindernissen wegen mechanischer Obstruktion oder gestörter Motilität, z. B. als Folge von Fisteln, Umgehungsoperationen, Magenresektionen, aber auch als Folge intestinaler Innervationsstörungen (Spätsyndrom des Diabetes mellitus u. a.). Mangelhafte Sekretion von Salzsäure durch den Magen begünstigt die bakterielle Besiedlung. Häufig bleibt aber die Ursache für bakteriellen Dünndarmüberwuchs ungeklärt. – Von klinischem Gewicht sind die Auswirkungen der abnormen Dünndarmbesiedlung in erster Linie auf Fett- und Vitamin-B_{12}-Verwertung.

Die Fettassimilation wird durch die bakterielle Dekonjugation von Gallensäuren beeinträchtigt, welche demzufolge rasch resorbiert werden und zu einer Mizellenbildung mit lipophilen Nahrungsbestandteilen für deren Verdauung und Resorption nicht mehr tauglich sind. Die im Darmlumen verbleibenden Fettsäuren werden zur Mitursache von Durchfall (s. oben). Die Steatorrhoe ist eines der objektivierbaren Symptome bei pathologischem bakteriellen Dünndarmüberwuchs. Zu diesen gehört auch die Vitamin-B_{12}-Fehlverwertung. Cyanocobalamin wird im Darmlumen von Bakterien gebunden und kann nicht resorbiert werden (erkennbar am pathologischen Ausfall des Schilling-Tests).

2.17.2 Nachweisverfahren für pathologischen bakteriellen Dünndarmüberwuchs

Die Untersuchungsmethoden auf das Vorliegen von bakteriellem Dünndarmüberwuchs bedienen sich meistens des Nachweises von Metaboliten, welche nur aus dem bakteriellen Stoffwechsel hervorgehen und die nach der Resorption aus dem Darm vom menschlichen Organismus im Harn oder als Gase mit der Atemluft ausgeschieden werden.

Verschiedene solcher Metabolite wurden auf ihre diagnostische Brauchbarkeit hin untersucht, z. B. Phenole, welche aus Tyrosin entstehen und im Urin erscheinen oder das aus Tryptophan gebildete Indikan, Indoxylsulfat, ebenfalls im Urin nachweisbar. Seine Messung ist relativ einfach, jedoch sind die diagnostischen Aussagemöglichkeiten beschränkt. Denn die Urinausscheidung von Indikan hängt von zu vielen weiteren Faktoren ab, etwa vom Gehalt der Nahrung an Tryptophan und Kohlenhydraten, von der Resorptionsfunktion des Dünndarms und von den intakten Funktionen von Leber und Nieren.
Der unmittelbare mikrobiologische Bakteriennachweis im Dünndarminhalt, welcher die Zählung der Bakterien bzw. ihre Anzüchtung unter anaeroben Bedingungen erfordert, hat nur für wissenschaftliche Fragestellungen Bedeutung erlangt. Während das Untersuchungsmaterial mit röntgenologisch kontrollierter Sonde einfach gewonnen werden kann (endoskopische Entnahme aus dem Duodenum liefert keine verwertbaren Ergebnisse), ist die folgende Aufarbeitung für die Routinediagnostik zu aufwendig und zeitraubend.

2.18 ^{14}C-Atemtests

2.18.1 Grundlagen

Atemtests, welche $^{14}CO_2$ aus dem bakteriellen Metabolismus nachweisen, sind leicht praktikable Verfahren, ein Isotopenlabor mit Betazähler vorausgesetzt. Dem Patienten müssen Substrate per os gegeben werden, aus denen bakteriell Kohlendioxid entsteht. Dieses wird nach seiner enteralen Resorption mit der Atemluft exhaliert und gemessen. Substrate sind Zucker (^{14}C-Xylose) und konjugierte Gallensäuren, ^{14}C-markiert an Glycin. Die $^{14}CO_2$-Menge, welche abgeatmet wird, ist von vielen Faktoren beeinflußt, entsprechend dem Weg von Substraten und CO_2 durch den Organismus. Der wesentlich geschwindigkeitsbestimmende Schritt für die $^{14}CO_2$-Abatmung ist aber die CO_2-Entwicklung im Darm. Der Anteil $^{14}CO_2$ intestinalen Ursprungs am gesamten abgeatmeten CO_2 hängt vom Körpergewicht ab. Denn die Menge endogenen Kohlendioxids, welche der menschliche Organismus bildet, ist eine Funktion des Basalstoffwechsels. Endogenes CO_2 „verdünnt" das $^{14}CO_2$ aus dem Darm. – Andere Faktoren, welche die $^{14}CO_2$-Bildung und Abatmung determinieren können, sind Magenentleerungsgeschwindigkeit, Darmpassage, Intensität des bakteriellen Stoffwechsels, abhängig von Keimzahl, Spezies und Milieu. Weitere mögliche Einflußgrößen sind Absorption, Stoffwechsel der Darmschleimhaut, Lymph- und Bluttransport, Organstoffwechsel, Diffusion in die Lungenalveolen.

2.18.2 Glykocholat-Atemtest

2.18.2.1 Spezielle Grundlagen

Beim Gesunden werden die von der Leber in die Galle sezernierten, mit Glycin und Taurin konjugierten Gallensäuren im Dünndarm zu ca. 20% dekonjugiert und resorbiert und bis auf einen Rest von weiteren 20% im terminalen Ileum in konjugierter Form wieder in das Pfortaderblut aufgenommen. In einem enterohepatischen Kreislauf gelangen also ca. 80% wieder zur Leber zurück. Der Rest geht an das Kolon verloren. Hier erfolgt u.a. die bakterielle Dekonjugation, bei der auch Glycin frei und metabolisiert wird. Kohlendioxid ist ein Endprodukt, wird in die Blutbahn aufgenommen und kann abgeatmet werden.
Im ^{14}C-Glykocholat-Atemtest wird dieses CO_2 ^{14}C-markiert nachgewiesen und in der Ausatemluft gemessen. Es ist vermehrt, wenn kon-

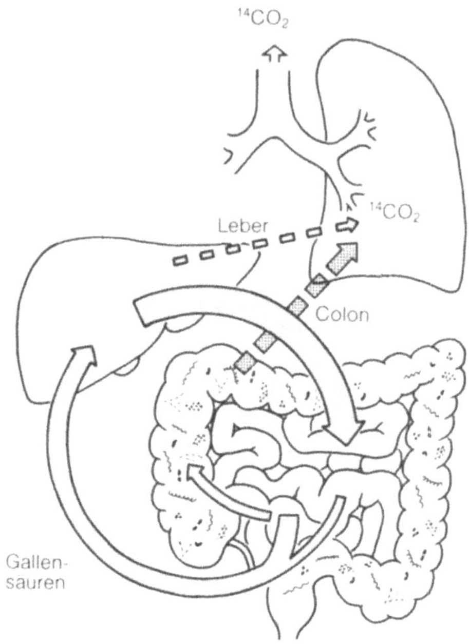

Abb. 2.13 a. ^{14}C-Glykocholat-Atemtest. Enterohepatischer Kreislauf der Gallensäuren und Freisetzung von $^{14}CO_2$ aus ^{14}C-Glykocholat beim Gesunden. Durchgezogene Linien: Weg der Gallensäuren; unterbrochene Linien: Weg des $^{14}CO_2$ aus ^{14}C-Glycocholat (s. Text)

jugierte Gallensäuren in geringerem als dem normalen Ausmaß im Ileum resorbiert werden und stattdessen ins Kolon übertreten. Damit ist ein pathologisches Testresultat ein Indiz für Störungen der Funktion des terminalen Ileums.

Die größere *klinische Bedeutung* des ^{14}C-Glykocholat-Atemtests liegt aber im Nachweis des pathologischen bakteriellen Dünndarmüberwuchses. In diesem Fall findet die abnorme Dekonjugation von Gallensäuren bereits im oberen Dünndarm statt. Schon kurze Zeit nach Testbeginn, wenn das oral applizierte Substrat Duodenum und Jejunum erreicht hat, werden $^{14}CO_2$-Mengen abgeatmet, welche weit über die Normwerte hinaussteigen können (Abb. 2.13 a, b).

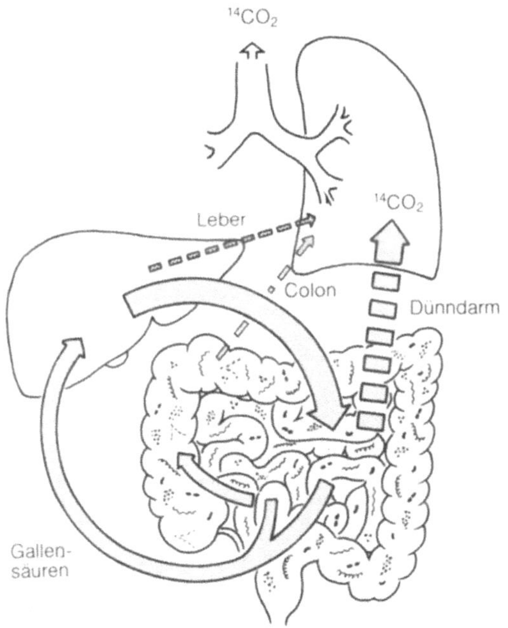

Abb. 2.13 b. $^{14}CO_2$-Bildung aus ^{14}C-Glykocholat bei pathologischem bakteriellem Dünndarmüberwuchs: Gallensäurendekonjugation und CO_2-Bildung aus Cholsäure-^{14}C-Glycin erfolgen bakteriell im Dünndarm. Die normalen Stoffwechselwege mit CO_2-Bildung aus Cholsäure-Glycin treten an Bedeutung zurück. Es wird frühzeitig nach Testbeginn eine gesteigerte $^{14}CO_2$-Abatmung meßbar

2.18.2.2 Durchführung der Untersuchung (Schema 2.9)

Schema 2.9. Untersuchungsgang beim Glykocholat-Atemtest

Der nüchterne Patient erhält morgens per os

5 µCi Glycin-1^{14}C-Cholat	spezifische Aktivität 30–50 Ci/mmol gelöst in Methanol/Äthanol 1:3 (vom Hersteller)
in 50 ml Wasser	

zuvor ein Aliquod (200 µl) der ^{14}C-Glykocholatlösung zum Zählen entnehmen (nach Verdünnung mit Wasser)
Atemproben werden vor Testbeginn sowie nach 1, 2, 3, 4, 6, 8, 12, 24 h entnommen (zusammen 9 Proben, jeweils doppelt zu messen, s. unten)
Frühstück nach 2 h, Mittagessen 5 h nach Testbeginn.

Abnahme der Atemproben
Der Patient bläst einen Luftballon mit „endexspiratorischer" Luft auf. Aus dem Ballon wird die Luft unmittelbar anschließend über einen Schlauch und eine 50 µl-Accupette in ein Szintillationsgläschen geleitet. Dieses enthält

1,00 ml Hyamin-Hydroxyd 1 M	1 ml enthält 1 mmol freie Base in Methanol
0,50 ml absoluter Alkohol	
0,20 ml Phenolphthalein alkalisch, 1%ig	1 g Phenolphthalein gelöst in 100 ml reinstem Äthanol

Einleiten der Ausatemluft bis zum Farbumschlag von Rosa nach Farblos. Es ist dann 1 mmol CO_2 der Ausatemluft als Hyamincarbonat gebunden. Gläschen fest verschließen.
Vor dem Zählen im β-Zähler werden zupipettiert:

6,00 ml Instagel-Szintillator.

Jede Atemprobe wird mit zwei Aktivitätszählungen untersucht, die gemittelt werden. Außerdem werden 100 und 50 µl der dem Patienten applizierten ^{14}C-Glykocholatlösung zur Feststellung der 100%-Dosis gezählt.
Nicht vergessen!

Reagenzien

U^{14}C-Xylose	Amersham-Buchler, Braunschweig CFB 59
Glycin-1^{14}C-Cholat	Amersham-Buchler, Braunschweig
Hyaminhydroxyd 1 M	ICN Pharmaceuticals, Inc., Cleveland, Ohio 802387
Phenolphthalein 1%ig in absolutem Alkohol	Merck 7227
Instagel Szintillations-Flüssigkeit	Packart, Zürich, Renggstr.; Cat. No. 6002173

2.18.2.3 Berechnung

Aus der ^{14}C-Zählung eines Aliquods des applizierten Glycin-1^{14}C-Cholats errechnet sich der 100%-Wert der verabreichten Aktivität. Darauf werden die Aktivitäten der Atemproben bezogen: Es wird jeweils die Aktivität von 1 mmol ausgeatmeten CO_2 bestimmt und als Prozentsatz der verabreichten Dosis berechnet. Die Dimension für das Ergebnis ist Dosis-%/mmol. Dieser Wert kann mit dem Körpergewicht in kg multipliziert werden sowie mit dem Faktor 9 mmol/kg KG/h.

Dadurch wird die höhere „Verdünnung“ von $^{14}CO_2$ durch endogenes CO_2 mit steigendem Grundumsatz bei höherem Körpergewicht berücksichtigt. Durch den konstanten Faktor 9 mmol/kg/h wird – auch entbehrlich – eine Umrechnung der pro mmol CO_2 abgeatmeten $^{14}CO_2$-Menge auf die Einstundenmenge vorgenommen; in körperlicher Ruhe werden pro Stunde und pro Kilogramm Körpergewicht 9 mmol CO_2 abgeatmet.

Die Werte

$$\frac{[\mathrm{cpm}_{\mathrm{Probe}} - \mathrm{cpm}_{\mathrm{Leerwert}}]\,\mathrm{mmol}^{-1}}{\mathrm{cpm}_{\mathrm{applizierte\ Dosis}}} \cdot \mathrm{kg\ KG} \cdot 100 \cdot 9\ \frac{\mathrm{mmol}}{\mathrm{kg\ KG} \cdot \mathrm{h}} = \frac{\%_{\mathrm{Dosis}}}{\mathrm{h}}$$

sind also vom Körpergewicht unabhängig und können mit den Normalwerten von gesunden Bezugspersonen verglichen werden (Abb. 2.14). Pathologisch sind die Meßwerte über dem $(\bar{x} + 2s)$-Bereich.

2.18.2.4 Ergebnisse

Anstieg der $^{14}CO_2$-Exhalation über die Norm bis 30 (60) min nach Testbeginn macht einen pathologischen bakteriellen Dünndarmüberwuchs wahrscheinlich, da das Substrat sich in diesem Zeitraum im Dünndarm befindet. Kommt es erst spät, nach 5 h oder später zum Anstieg über die Normwerte, so ist der Ort der pathologischen Gallensäurendekonjugation im Kolon anzunehmen und verursacht durch mangelhafte Rückresorption konjugierter Gallensäuren im Ileum (Gallensäurenverlustsyndrom). Viele Befunde sind allerdings weniger eindeutig, weil die pathologischen Werte im zeitlichen Zwi-

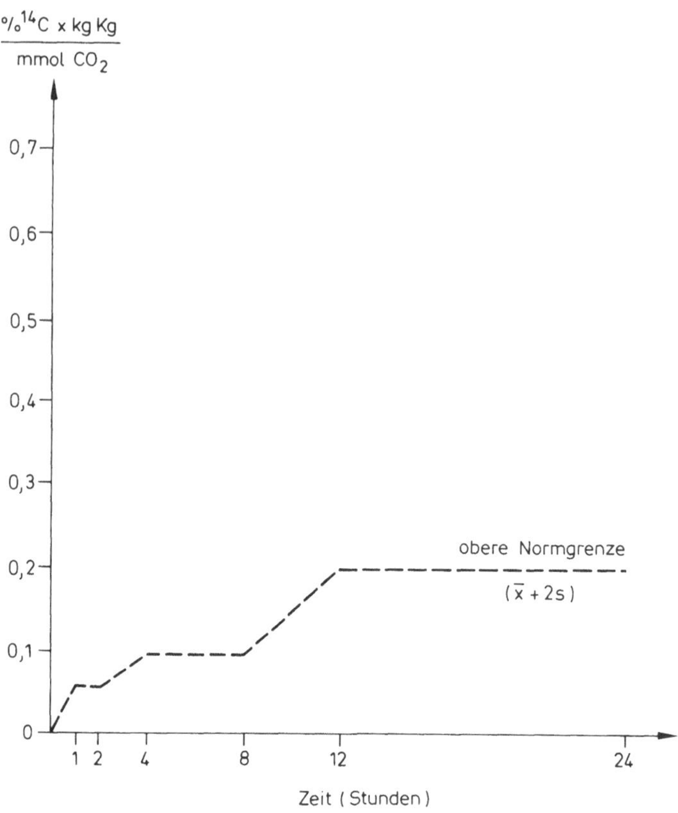

Abb. 2.14. $1^{14}C$-Glykocholsäure-Atemtest. Meßwert ist die ^{14}C-Aktivität pro mmol ausgeatmeten CO_2, ausgedrückt in % der oral applizierten Gesamtaktivität (als $1^{14}C$-Glykocholat), bezogen auf das Körpergewicht. *Gestrichelt:* obere Normgrenze ($\bar{x}+2s$)

schenbereich liegen und somit einer $^{14}CO_2$-Bildung sowohl im Dünndarm wie auch im Dickdarm entsprechen können. Dann muß die Beurteilung mit Vorsicht erfolgen und sich an zusätzlichen, vorwiegend an klinischen Kriterien orientieren bei der Entscheidung, welche Ursache dem Testresultat zugrunde liegt.

Es kann hilfreich sein, dem Patienten mit Untersuchungsbeginn einen Schluck Barium-Kontrastbrei zu applizieren. Durch röntgenologische Kontrollen lassen sich dann die Position des Kontrastmittels und damit des mar-

kierten Substrats im Intestinaltrakt und die $^{14}CO_2$-Konzentration der Atemluft einander zuordnen.
Gallensäurenverlust kann durch quantitative Gallensäurenbestimmung im Stuhl nachgewiesen werden. Durch ein gegenüber den chromatographischen Methoden vereinfachtes Verfahren mit enzymatischer Gallensäurenbestimmung (mit 3-α-OH-Steroiddehydrogenase) ist die Untersuchung auch in nichtspezialisierten Laboratorien möglich.

Die beiden grundsätzlich unterschiedlichen Ursachen für einen pathologischen Testverlauf, bakterieller Dünndarmüberwuchs und Gallensäurenmalabsorption im Ileum, können im Rahmen verschiedener Grunderkrankungen gleichzeitig gegeben sein.

2.18.2.5 Indikationen und Aussagen

Besteht eine typische Symptomatik mit Durchfällen, Meteorismus und womöglich einem Vitamin-B_{12}-Mangel bei Erkrankungen, welche mit erhöhter Keimzahl im Dünndarm einhergehen können, so kann der ^{14}C-Atemtest (Glykocholat-, auch Xyloseatemtest) die Verdachtsdiagnose festigen. Solche Erkrankungen sind:
Achlorhydrie des Magens
„Blinde Schlingen" des Dünndarms
Divertikel, postoperative Zustände mit Anastomosen, enterale Fisteln
Dünndarmstenosen durch Verwachsungen, entzündliche Veränderungen, M. Crohn u. a.
Anus praeter des Dünndarms
Zustand nach Magenresektionen
Tropische Sprue
Sklerodermie
Alkoholschädigung der Dünndarmschleimhaut
Diabetische viszerale Neuropathie
Strahlenenteropathie
Leberzirrhose
Cholangitis
Zustand nach Cholezystektomie
Pankreatitis
Exokrine Pankreasinsuffizienz
Therapie mit Cholestyramin

Bei einem Teil der Patienten mit bakteriellem pathologischem Dünndarmüberwuchs ist ein Grundleiden nicht erkennbar. Überdies sind pathologische Testresultate mit $^{14}CO_2$-Atemtests (Glykocholat-, Xylose-Atemtest) häufig, auch wenn typische klinische Beschwerden nicht bestehen. Es darf dann zwar ein bakterieller Dünndarmüberwuchs angenommen werden. Ein klinischer Wert und Behandlungsbedürftigkeit kommen dem Befund jedoch unter diesen Voraussetzungen nicht zu.

Gegenüber der Bevölkerung gemäßigter Klimazonen haben Tropenbewohner durchschnittlich eine wesentlich dichtere Dünndarmbesiedlung, auch ohne Beschwerden. Es gibt keine feststehende Keimzahl, bei deren Überschreitung sich eine klinische Symptomatik entwickelt. Dies ist vielmehr eine Frage des Grundleidens, anderer Begleitumstände, der Art der Mikroorganismen, der Ausdehnung dichter besiedelter Zonen im Dünndarm, des Nahrungsangebots u.a.

Ein positiver Atemtest muß stets mit Vorsicht interpretiert werden, auch dahingehend, ob der gegebene Hinweis auf einen Dünndarmüberwuchs eine klinische Symptomatik bereits hinreichend erklärt. Es ist erforderlich, die Diagnose auf andere Weise zu stützen. Für die klinische Praxis ist dazu der Therapieversuch mit einem Antibiotikum (Metronidazol, Tetracycline o.a.) häufig am geeignetsten. Verschwindet die Symptomatik, so darf ein Kausalzusammenhang mit dem bakteriellen Dünndarmüberwuchs hergestellt werden.

2.18.2.6 Fehlerquellen

Der Glykocholat-Atemtest ist nicht in allen Fällen von bakteriellem Dünndarmüberwuchs positiv. Angaben über die Sensitivität schwanken zwischen ⅔ und $^{9}/_{10}$. Mögliche Ursache für die eingeschränkte Sensitivität ist in erster Linie, daß die pathologisch vermehrten Keime der Dünndarmflora Gallensäuren teilweise nicht dekonjugieren können. Eine höhere Ausbeute der Diagnostik läßt sich erzielen, wenn auch andere metabolische Fähigkeiten getestet werden: Durch den gleichzeitigen Einsatz des Wasserstoffatemtests kann die diagnostische Sensitivität auf über $^{9}/_{10}$ gesteigert werden. Bei vergleichenden Untersuchungen wird dem ^{14}C-Xylose-Atemtest

eine höhere Sensitivität als dem ^{14}C-Glykocholat-Atemtest bestätigt.
Bei der Diagnose von Funktionseinschränkungen des distalen Ileums ist der Glykocholat-Atemtest etwa ebenso empfindlich wie der Schilling-Test.

2.18.2.7 Kontraindikationen

Der Test darf nicht durchgeführt werden bei Personen, welche nicht strahlenexponiert werden sollen.
Abgesehen davon gilt für alle Atemtests, daß sie eine verständnisvolle Mitarbeit des Patienten voraussetzen. Wo diese nicht garantiert werden kann, ist die Durchführung sinnlos.

2.19 ^{14}C-Xylose-Atemtest

2.19.1 Grundlagen

Xylose, eine Pentose, wird vom Dünndarm nach oraler Gabe teilweise resorbiert. Dabei nimmt die Resorptionskapazität vom oberen Jejunum an nach kaudal ab. Intestinale Bakterien metabolisieren Xylose unter Freisetzung von CO_2. (Über die Anteile verschiedener Stoffwechselwege an der normalen Xyloseverwertung s. Xylose-Test, 2.6.1). Im Falle von pathologischer bakterieller Dünndarmbesiedlung konkurrieren physiologische Resorption und bakterieller Umsatz des Zuckers miteinander, mit dem Ergebnis, daß peroral applizierte, ^{14}C-markierte Xylose rascher und vermehrt zu $^{14}CO_2$ umgesetzt wird als beim Gesunden (Abb. 2.15a u. b).
Bei dem ^{14}C-Xyloseatemtest wird dieser zeitliche Ablauf der Abatmung von $^{14}CO_2$ nach oraler Gabe von ^{14}C-Xylose gemessen. Über-

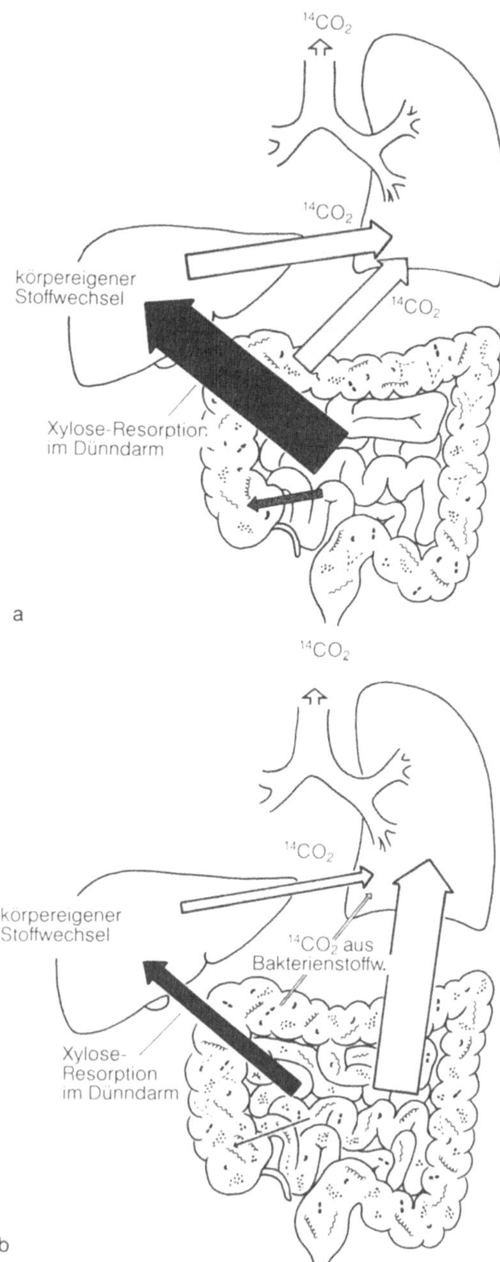
$^{14}CO_2$
$^{14}CO_2$
körpereigener Stoffwechsel
$^{14}CO_2$
Xylose-Resorption im Dünndarm
a
$^{14}CO_2$
$^{14}CO_2$
körpereigener Stoffwechsel
$^{14}CO_2$ aus Bakterienstoffw.
Xylose-Resorption im Dünndarm
b

schreitet die Radioaktivität der Ausatemluft die Normalwerte, so liegt in der Regel ein pathologischer bakterieller Dünndarmüberwuchs vor.

2.19.2 Durchführung der Untersuchung

Der Patient wird nüchtern untersucht und soll während des Tests körperliche Ruhe einhalten.
Es werden 1 g Xylose mit 250 ml Wasser sowie die $U^{14}C$-Xylose (5 oder 10 μCi, Amersham-Buchler, Braunschweig, Best.-No. CFB 59) zusammen appliziert und anschließend weitere 250 ml Wasser gegeben. Während der folgenden 3–5 h bleibt der Patient ohne weitere Nahrungs- und Flüssigkeitszufuhr. Beginnend vor der Xylosegabe und dann in Abständen von 30 min werden Atemproben untersucht. Entnahme- und Zähltechnik sind identisch mit dem Vorgehen beim Glykocholat-Atemtest (s. 2.18.2). Die Meßwerte werden bezogen auf die oral applizierte ^{14}C-Dosis als 100%-Wert. Von jedem Meßergebnis wird der Nullwert abgezogen, die ^{14}C-Aktivität der Probe vor Versuchsbeginn. Die Ergebnisse werden ausgedrückt in Radioaktivität (cpm) pro mmol abgeatmeten Kohlendioxids als Prozentsatz der peroral gegebenen Aktivität. Normalwerte sind in Abb. 2.16 enthalten. (Diese Werte wurden nicht mit dem Körpergewicht korrigiert und sind nicht auf die stündlich abgeatmete CO_2-Menge umgerechnet, wie die Werte in Abb. 2.14 für den Glykocholat-Atemtest.)

◁ **Abb. 2.15 a u. b.** 1 g-^{14}C-Xylose-Atemtest. **a** Normale Verwertung von ^{14}C-Xylose: Das Substrat wird im Dünndarm weitgehend resorbiert. $^{14}CO_2$ in der Ausatemluft entstammt dem körpereigenen Umsatz. Soweit Xylose auch den Dickdarm erreicht, bilden Bakterien weiteres $^{14}CO_2$. **b** ^{14}C-Xyloseumsatz bei pathologischem bakteriellen Dünndarmüberwuchs: Nur ein Bruchteil der Xylose wird resorbiert, der Rest bakteriell metabolisiert. Es entsteht frühzeitig nach Testbeginn eine relativ große Menge $^{14}CO_2$, welche nach enteraler Resorption in der Ausatemluft erscheint. Die normalen Stoffwechselwege, welche zu CO_2-Bildung führen, treten an Bedeutung zurück. Schwarz: Weg der Xylose; Grau: $^{14}CO_2$

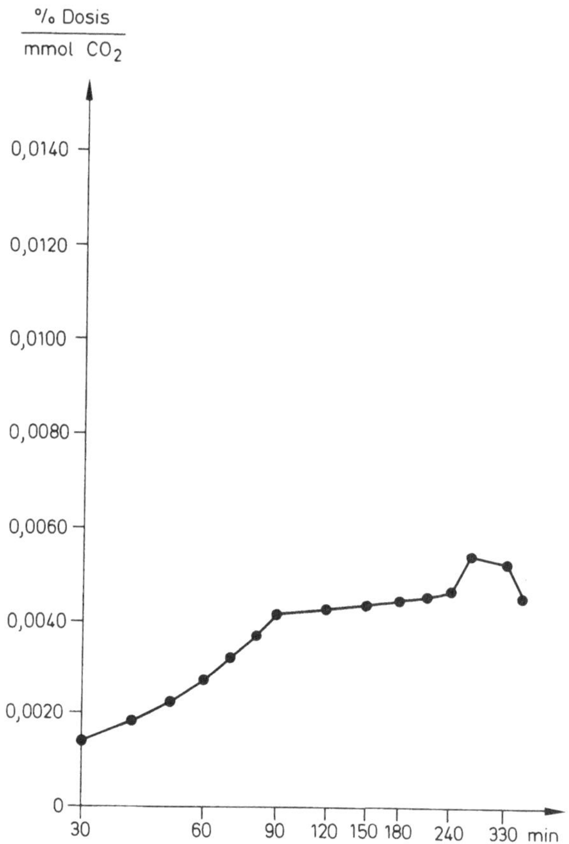

Abb. 2.16. ^{14}C-Xylose-Atemtest: Normalwerte von 8 Kontrollpersonen. Obere Grenze des ($\bar{x}+2s$)-Bereichs für die $^{14}CO_2$-Abatmung. *Abszisse:* Zeit in Minuten nach Testbeginn. *Ordinate:* $^{14}CO_2$-Aktivität pro 1 mmol abgeatmeten CO_2, ausgedrückt als Prozentsatz der p. o. applizierten ^{14}C-Aktivität (Modifiziert nach King CE, Toskes PP, Spivey JC, Lorenz E, Welkos S (1979) Detection of small intestine bacterial overgrowth by means of a ^{14}C-D-xylose breath test. Gastroenterology 77: 75–82)

2.19.3 Auswertung

^{14}C-Aktivitäten in der Ausatemluft über dem Normalbereich sind um so sicherer auf einen bakteriellen Dünndarmüberwuchs zu beziehen, je früher sie auftreten. Liegen normale Passageverhältnisse im Dünndarm vor, so sind Meßwerte bis 60 min nach Testbeginn der Dünndarmphase der Untersuchung zuzuordnen, Werte danach einer Substratverwertung eher im bzw. auch im Kolon um so wahrscheinlicher, je später gemessen wurde. Parallel geht stets die körpereigene Verwertung der Xylose im Anschluß an die Zuckerresorption.

In der Patientengruppe von King et al. hatten 50% der Fälle von mikrobiologisch nachgewiesenem pathologischen bakteriellen Dünndarmüberwuchs nach 30 min und 85% nach spätestens 60 min pathologische Werte der $^{14}CO_2$-Abatmung.

Falsch negative Werte für den ^{14}C-Xyloseatemtest findet man bei verzögerter Magenentleerung. Mit falsch positiven Tests ist bei stark beschleunigtem gastrointestinalen Transit zu rechnen, also vor allem bei gastrojejunalen Anastomosen nach Magenresektionen. In diesen Fällen kann die Dünndarmpassage auf unter 30 min verkürzt sein, so daß das Substrat rasch in den Bereich der Dickdarmflora gelangt.

Derart kurze Transitzeiten wurden allerdings unter Verwendung größerer Zuckermengen beobachtet, 25 g Xylose im Wasserstoffatemtest, statt der 1-g-Menge. Daher sind die Ergebnisse nicht vorbehaltlos übertragbar.

Im Vergleich zum ^{14}C-Glykocholat-Atemtest besitzt der ^{14}C-Xylose-Atemtest nach Angabe seiner Autoren eine höhere Sensitivität und Spezifität. Pathologische Veränderungen am terminalen Ileum, welche den Gallensäureumsatz beeinflussen, sind auf die Resultate des Xylose-Atemtests ohne Auswirkung. Im Vergleich zu dem ^{14}C-Xylose-Atemtest mit 25 g Xylose hat die Verwendung der geringeren Substratmenge von 1 g den Vorteil, daß weniger davon in distale Darmabschnitte gelangt. Damit steigt die Spezifität der Untersuchung als Nachweismethode für den bakteriellen Dünndarmüberwuchs wesentlich an.

Die Originalvorschrift für den ^{14}C-Xylose-Atemtest sieht die Verwendung von 10 μCi ^{14}C pro Untersuchung vor. Im Vergleich werden beim Glykocholatatemtest 5 μCi appliziert. ^{14}C-Xylose ist uniform markiert, ^{14}C-Glykocholat nur an C_1 von Glycin.

2.20 Karzinoembryonales Antigen

2.20.1 Grundlagen

CEA ist ein Glykoprotein, welches in geringen Konzentrationen in normalen Geweben, z.B. in Kolonschleimhaut und im Serum vorkommt. Seine klinische Bedeutung erwächst aus den großen Mengen, die sich in Tumorgeweben finden können, so daß die Konzentrationen im Serum stark ansteigen. CEA-Bestimmungen haben daher Indikationen in der Tumordiagnostik, besonders bei gastrointestinalen Neoplasien.

2.20.2 Untersuchungsverfahren

Der Nachweis von CEA, dessen Konzentrationen sich im Bereich von μg/l Serum bewegen, ist mit immunologischen Methoden möglich. Antikörper gegen CEA, gewonnen von Kaninchen oder Ziege, reagieren dabei mit *unterschiedlichen* Antigenen. Vom CEA im engeren Sinne, welches aus Kolon- und Rektumkarzinomen isoliert werden kann, werden drei Gruppen von CEA-*ähnlichen* Antigenen unterschieden: 1. Antigene, welche sich immunologisch wie diejenigen aus Rektum- und Kolontumoren verhalten, immunologisch also mit diesen identisch sind. Solche Antigene finden sich in Mamma-, Bronchial- und Ovarialtumoren und im normalen Kolon. – 2. Kreuzreagierende Antigene, welche eine partielle immunologische Identität mit CEA aus Dickdarmkarzinomen besitzen. Solche kommen u.a. in normalen Granulozyten, im normalen Serum und in Galle vor; im Serum ist die Konzentration bei Cholestase erhöht. – 3. CEA-Membranvariante aus Lebermetastasen bei

Kolonkarzinom reagiert immunologisch mit CEA-Antikörper, weist aber noch weitere antigene Determinanten auf.
Die Bestimmung von CEA wird mit polyklonalen, teils auch bereits mit monoklonalen Antikörpern durchgeführt. Kommerziell erhältliche Tests sind entweder Radioimmunassays, welche in löslicher Phase auf der Konkurrenz von ^{125}J-markiertem Antigen mit unmarkiertem Antigen der Probe um die Bindungsstellen am Antikörper beruhen. Das andere Prinzip ist der Festphasenassay. Hierbei sind die CEA-Antikörper an einen Träger fixiert. Die Menge der aus der Probe sich daran bindenden Antigene (CEA) wird mit einem zweiten Antikörper bestimmt, welcher radioaktiv jodmarkiert oder enzymgebunden ist (Radioimmunassay oder Enzymimmunassay). – Verschiedene Testsysteme unterscheiden sich außerdem durch die Probenvorbereitung, mit welcher interferrierende andere Proteine eliminiert werden.
Käufliche Testsysteme sind erhältlich z. B. von Firma Hofmann-LaRoche, Basel oder von Abbott Laboratories, North Chicago, Illinois.

2.20.3 Ergebnisse

Abhängig vom verwendeten Testsystem liegen die oberen Grenzen des Normalbereichs für CEA im Serum zwischen 1,5 und 10 µg/l.
Mäßige Spiegelerhöhungen treten bei wenigen Gesunden auf, häufiger bei Rauchern sowie bei entzündlichen Prozessen, vor allem des Gastrointestinaltrakts und bei benignen Tumorleiden.
Eine CEA-Erhöhung besteht am häufigsten und ausgeprägtesten bei Karzinomen des unteren Intestinaltrakts (Kolon). Jedoch sind auch Fälle nicht selten (10–15%), bei denen sich Normalwerte finden. Dies ist ebenfalls häufig bei malignen Tumoren des Magens, des Pankreas, der Mamma, des Bronchialsystems, des Harn- und des weiblichen Genitaltrakts der Fall, bei denen CEA in 45–90% der Fälle erhöht gefunden werden kann.
Die CEA-Bestimmung ist also als Screeningmethode zur Krebserkennung nicht geeignet, weil Spezifität und Sensitivität niedrig sind.

Der prädiktive Wert der Bestimmung ist nur dann befriedigend, wenn bei Patienten, bei denen allgemein-klinische Tumorsymptome bestehen, extrem hohe CEA-Spiegel gefunden werden; sie dürfen als Bestärkung des Malignom verdachts verstanden werden (Werte in der Größenordnung des >5–10 fachen der Norm). Von gleicher hoher Wertigkeit ist die Untersuchung beim Vorliegen gewisser Risikofaktoren, z.B. bei der familiären Polyposis coli. Falls bei einem Tumorleiden hohe CEA-Spiegel meßbar sind, ist die Erkrankung im Durchschnitt mit einer schlechteren Prognose verbunden als bei niedrigen Spiegeln.

Eine eindeutige Indikation stellt die Verlaufsbeobachtung von Tumorleiden unter der Therapie dar, wenn überhaupt erhöhte CEA-Konzentrationen auftreten. So hat sich die Untersuchung vor und nach Operationen vor allem am Intestinaltrakt (Kolon) bewährt als Kriterium für den Erfolg des Eingriffs: Gelang eine vollständige Tumorexstirpation, so sinken erhöhte Spiegel innerhalb von 6 Wochen in den Normbereich ab. Kontrolluntersuchungen in mehrmonatigen Abständen liefern gute Indizien für das Auftreten von Rezidiven: Bei lokalen Rezidiven wird ein eher langsamer Wiederanstieg von CEA in der Größenordnung von 75 ng/ml pro Jahr beobachtet, bei Metastasierung sind raschere Anstiege die Regel, ca. 100 ng/ml in 6 Monaten, besonders ausgeprägt bei Leber- und Knochenbefall. Wieder auftretende pathologische CEA-Werte sind häufig das erste faßbare Symptom. Auch das Tumorwachstum unter nichtoperativer Therapie (Zytostase, lokale Bestrahlung) läßt sich bei erhöhtem CEA nicht selten gut an dessen Stillstand oder Progredienz ablesen.

CEA kann auch in Körpersekreten, Ergüssen u.a. gemessen werden, auch im Gewebe selbst. So finden sich im stimulierten Duodenalsaft bei Pankreaskarzinomen im Mittel höhere CEA-Gehalte als bei chronischer Pankreatitis und bei dieser wiederum höhere Konzentrationen als bei Gesunden. Die Befundbereiche überlappen allerdings so stark, daß im Einzelfall diagnostische Schlüsse nicht gezogen werden können. Nur extrem hohe Werte sind im Sinne einer Karzinomdiagnose zu verwenden. – CEA kann in u.U. hohen Konzentrationen im Tumorgewebe selbst aufzufinden sein.

2.20.4 Fehlerquellen

Bei mehrmaligen Kontrollen der Werte eines Patienten über längere Zeit ist zu beachten, daß die Untersuchung stets mit dem gleichen Testsystem durchgeführt werden sollte. Die Ergebnisse verschiedener Systeme differieren häufig und sind damit nicht vergleichbar (Reagenzien unterschiedlicher Hersteller). Nach Frischzellentherapie können unspezifisch erhöhte CEA-Werte mit dem Radioimmunassay (nicht mit dem Enzymimmunassay) beobachtet werden.

2.21 CA 19-9

Das Zelloberflächenantigen CA 19-9 ist im Serum bei Tumorerkrankungen des Gastrointestinaltraktes häufig erhöht. Es wird radioimmunologisch gemessen (Test-kit von Fa. Isotopen Diagnostik CIS, Dreieich). Hohe Werte finden sich bei ausgedehnten Tumoren sowie speziell beim Pankreaskarzinom; ca. 95% der Fälle weisen Serumspiegel über 37 U/ml auf, Normalpersonen liegen darunter. Extrapankreatische Tumoren zeigen erheblich seltener pathologische Werte, die aber auch bei ca. 20% der Patienten mit chronischer Pankreatitis gefunden werden; bei ihr sind die Werte jedoch selten über 120 U/ml gesteigert, während sie beim Pankreaskarzinom um ein bis zwei Größenordnungen höher liegen können.

Literatur

zu Abschnitt 2.3.1

Dahlqvist A (1964) Method for the assay of the intestinal disaccharidases. Anal Biochem 7: 18–25

Editorial (1981) Diagnosis and treatment of lactose intolerance. Br Med J 283: 1423–1424

Otto HF, Gebbers JO (1977) Die Dünndarmbiopsie. Witzstrock, Baden-Baden Köln New York

Rommel K, Böhmer R (1974) Messung der Disaccharidasen der Dünndarmschleimhaut. In: Englhardt A, Lommel H (Hrsg) Malabsorption, Maldigestion. Verlag Chemie, Weinheim, S 137–141

zu Abschnitt 2.4

Corbett CL, Thomas S, Read NW, Hobson N, Bergman I, Holdsworth CD (1981) Electrochemical detector for breath hydrogen determination: Mea-

surement of small bowel transit time in normal subjects and patients with the irritable bowel syndrome. Gut 22: 836–840
Levitt MD (1980) Intestinal gas production – Recent advances in flatology. N Engl J Med 302: 1474–1475
Levitt MD, Donaldson RM (1970) Use of respiratory hydrogen (H_2) excretion to detect carbohydrate malabsorption. J Lab Clin Med 75: 937–945
Rodes JM, Middleton P, Jewell DP (1979) The lactose hydrogen breath test as a diagnostic test for small bowel bacterial overgrowth. Scand J Gastroenterol 14: 333

zu Abschnitt 2.6
Ducker DA, Hughes CA, Warren I, McNeish AS (1980) Neonatal gut function, measured by the one hour blood D(+)xylose test: Influence of gestational age and size. Gut 21: 133–136
Sladen GE, Kumar PJ (1973) Is the xylose test still a worthwhile investigation? Br Med J 3: 223–225

zu Abschnitt 2.7
Skovbjerg H (1981) Immunoelectrophoretic studies on human small intestinal brush border proteins – The longitudinal distribution of peptidases and disaccharidases. Clin Chim Acta 112: 205–212

zu Abschnitt 2.8
Florent C, L'Hirondel C, Desmazures C, Aymes C, Bernier JJ (1981) Intestinal clearance of α_1-antitrypsin. Gastroenterology 81: 777–780
Rubini ME, Sheehy TW (1961) Exudative enteropathy. A comparative study of $Cr^{51}Cl_2$ and J^{131}PVP. J Lab Clin Med 58: 892

zu Abschnitt 2.9.2.3
van de Kamer JH, Huinink HTB, Weyers HA (1949) Rapid method for the determination of fat in feces. J Biol Chem 177: 347–355
Simco V (1981) Fecal fat microscopy. Am J Gastroenterol 75: 204–209

zu Abschnitt 2.10.2
Caspary WF, Toenissen J (1978) Enterale Hyperoxalurie. Intestinale Oxalsäureresorption bei gastroenterologischen Erkrankungen. Klin Wochenschr 56: 607–615
Hallson PC, Rose GA (1974) A simplified and rapid method for determination of urinary oxalate. Clin Chim Acta 55: 29–39

zu Abschnitt 2.11.3.1
Editorial (1981) Limitations of the Schilling test. Lancet I: 39–40

zu Abschnitt 2.12
England JM, Linnell JC (1980) Problems with the serum vitamin B_{12} assay. Lancet II: 1072–1074

zu Abschnitt 2.13

Lindenbaum J (1979) Aspects of vitamin B_{12} and folate metabolism in malabsorption syndromes. Am J Med 67: 1037

zu Abschnitt 2.16

Heilmann E (1979) Diagnostik des Eisenmangels. Dtsch Med Wochenschr 104: 1364

Kaltwasser JP, Werner E, Becker H (1977) Serumferritin als Kontrollparameter bei oraler Eisentherapie. Dtsch Med Wochenschr 102: 1150

zu Abschnitt 2.17

Caspary WF, Reimold WV (1976) Klinische Bedeutung des ^{14}C-Glykocholat-Atemtests in der gastroenterologischen Diagnostik bei Erkrankungen mit gesteigerter Dekonjugation von Gallensäuren. Dtsch Med Wochenschr 101: 353–360

Gustafsson BE (1982) The physiological importance of the colonic microflora. Scand J Gastroenterol (Suppl) 77: 117–131

King CE, Toskes PP, Spivey JC, Lorenz E, Welkos S (1979) Detection of small intestine bacterial overgrowth by means of a ^{14}C-D-xylose breath test. Gastroenterology 77: 75–82

zu Abschnitt 2.20

National Institute of Health consensus development conference statement (1981) Carcinoembryonic antigen: Its role as a marker in the management of cancer.Cancer Res 41: 2017

Safi, F., Büchler, M., Schenkluhn, B., Beger, H. G. (1984) Diagnostische Bedeutung des Tumormarkers CA 19-9 beim Pankreaskarzinom. DMW 109: 1869–1873

3 Exokrines Pankreas

O. Kuntzen

3.1 Grundlagen

Das Pankreas sezerniert in das Duodenum einen alkalischen, enzymreichen Speichel. Die Bikarbonatsekretion erfolgt vorwiegend durch die Epithelien der Schaltstücke, während die Proteinsekretion im wesentlichen eine Funktion der Acinuszellen in der Drüse ist.
Das *Bikarbonat* wird zum größeren Teile dem Blut entnommen, der Rest entstammt dem Stoffwechsel der sezernierenden Zellen. Die Ausscheidung von Bikarbonat ist an die Sekretion des Wassers gekoppelt, so daß die Bikarbonatmenge mit dem Sekretionsvolumen ansteigt. Bei gesundem Pankreas kann die Bikarbonatkonzentration im Duodenalsaft über 140 mval/l sein. Die Stimulation der Bikarbonat- und Wassersekretion ist hauptsächlich eine Funktion des Sekretins aus der Dünndarmschleimhaut; seine Wirkung wird durch Cholezystokinin gesteigert.
Bis zu 90% der vom Pankreas ausgeschiedenen *Proteine* sind Verdauungsenzyme. Sie dienen dem Abbau großmolekularer Nahrungsbestandteile, d.h. von Kohlenhydraten, Fetten, Eiweißen und Nukleinsäuren. An Nichtenzym-Proteinen im Bauchspeichel sind nennenswert Lactoferrin und CEA, welche diagnostische Bedeutung besitzen können. Außerdem werden kleine Mengen von Serumeiweißen ausgeschieden, u.a. Albumin und Immunglobuline. Die Sekretion der Enzymproteine wird beim Nüchternen nerval durch den N. vagus gesteuert. Bei der Passage von Speisebrei durch den Dünndarm erfolgt die Stimulation hormonal mit Hilfe von Cholecystokinin-Pankreocymin, dessen Wirkung von Sekretin gesteigert wird.

Abhängig von der Art der Stimulation (Zusammensetzung der Nahrung) werden verschiedene Proteine in unterschiedlichen Mengen sezerniert. Das Sekretionsmuster ist auch interindividuell unterschiedlich.

3.1.1 Fettspaltende Enzyme

Lipase. Molekulargewicht ca. 50000, ein Glykoprotein. Elektrophoretisch können zwei Isoenzyme unterschieden werden. Triglyceride werden zu 1,2-Diglyceriden und 2-Monoglyceriden hydrolysiert, unter Freisetzung von Fettsäuren. Freies Glycerin entsteht nur in geringem Maße. Die höchste enzymatische Aktivität entfaltet Pankreaslipase gegenüber Tributyrin als Substrat.

Für die Lipasewirkung ist die Anordnung der Substrate (Neutralfett, Diglyceride) an Grenzflächen zwischen hydrophilen und hydrophoben Phasen wesentlich. Hierdurch wird der enzymatische Umsatz aktiviert, wobei das Ausmaß der Aktivierung von der Ausdehnung der Grenzflächen, d.h. vom Grad der Emulgierung des Substrats abhängt. Zur Emulgierung der Fette in dem wäßrigen Duodenalinhalt bedarf es der Hilfe von Lösungsvermittlern. Es sind Gallensäuren, Seifen, d.h. Salze auch der durch Lipase freigesetzten Fettsäuren, Phospholipide und Proteine.

Um die Absorption der wäßrig gelösten Lipase an die Oberfläche der Fetttröpfchen in Konkurrenz mit den Emulgatoren, insbesondere den Gallensäuren zu ermöglichen, synthetisiert das Pankreas Colipase. Dieses Protein (Molekulargewicht 11000) vermittelt mit Hilfe seiner hydrophoben Funktionen die Bildung eines Enzym-Substratkomplexes und stellt damit einen Aktivator der Lipase dar. Colipase wird als Pro-Colipase unabhängig von Lipase aus dem Pankreas sezerniert und durch Trypsin aktiviert. Die Sekretion wird von Cholecystokinin stimuliert. Da in vivo die Lipase nicht mit Colipase gesättigt ist, wird die Lipaseaktivität durch die Colipasesekretion determiniert. (Im In-vitro-Test mit Gummi-arabicum-Emulsion ist hingegen Colipase zur Aktivierung nicht erforderlich. In neueren optischen Lipasetests wird Colipase im Überschuß eingesetzt. In beiden Fällen wird Colipase als begrenzender Faktor für den Substratumsatz eliminiert.)

Phospholipase. Das Enzym des Pankreas ist eine Phospholipase A II (Molekulargewicht ca. 14000). Es hydrolysiert die Esterbindung in Position C_2 von Phospholipiden. Reaktionsprodukte sind freie Fettsäuren und Lysophosphatide. Das Pankreas sezerniert ein Proenzym, welches durch Trypsin aktiviert wird. Phospholipase wirkt wie Lipase an Grenzflächen zwischen den hydrophoben langkettigen Substraten und dem wäßrigen Milieu des Darmlumens.

Unspezifische Esterase. Eine Carboxylesterhydrolase (Molekulargewicht ca. 70000) welche auf kurzkettige wasserlösliche Fettsäureester wirksam ist.

3.1.2 Nukleinsäurespaltende Enzyme

RNase (Molekulargewicht ca. 14000) findet sich im menschlichen Bauspeichel in geringer Aktivität. Gespalten werden Nukleotidbindungen, an denen 3-Pyrimidinnukleotide beteiligt sind.

DNase (Molekulargewicht ca. 30000) kommt, wenn überhaupt, in sehr geringen Aktivitäten im menschlichen Pankreassaft vor. Substrat ist vor allem doppelsträngige DNS.

3.1.3 Kohlenhydratspaltende Enzyme

Amylase (Molekulargewicht ca. 53000). Das Pankreas sezerniert etwa fünf Isoamylasen, Endoamylasen, welche α-1,4-glukosidische Bindungen von Polysacchariden spalten (α-Amylase, im Vergleich zu β-Amylase, welche beim Menschen nicht vorkommt; sie spaltet Polysaccharidmoleküle schrittweise vom Kettenende her). Die Eigenschaften der Pankreasamylase sind ähnlich denen der Parotisamylase. Substrate sind Stärke und Glykogen, die zu Dextrinen abgebaut werden.
In verschiedenen Getreidesorten kommen Proteine vor, welche die Amylaseisoenzyme mit unterschiedlicher Intensität und Spezifität hemmen.

3.1.4 Proteinasen

Trypsinogen und Trypsin. Die Trypsinogene machen etwa 20% des vom Pankreas sezernierten Proteins aus. Trypsin ist eine sehr spezifische Endopeptidase. Sie spaltet Peptidbindungen, an denen Arginin und Lysin mit ihren Carboxylgruppen beteiligt sind. Im menschlichen Pankreassekret kommen zwei Isoenzyme vor mit weitgehend gleichen kinetischen Eigenschaften (Molekulargewicht 23000 und 25000). Die Sekretion im Pankreas erfolgt in Form von enzymatisch sehr gering aktiven Trypsinogenen, die autokatalytisch durch Abspaltung eines Oktapeptids zu Trypsinen aktiviert werden. Dieser Prozeß verläuft langsam und wird daher im Darmlumen zusätzlich durch Enteropeptidase katalysiert.

Enteropeptidase ist ein Bürstensaumenzym (Molekulargewicht 300000) mit hoher Substratspezifität. Im Gegensatz zu anderen Bürstensaumenzymen wird sie in das Duodenallumen sezerniert. Patienten mit hochgradigem Mangel an Enteropeptidase weisen eine Proteinmaldigestion auf. Bei Kindern mit exokriner Pankreasinsuffizienz ist die Aktivität von Enteropeptidase niedrig und wird durch perorale Substitution von Verdauungsenzymen stimuliert.

Trypsin wird auch autokatalytisch abgebaut. – Der Pankreassaft enthält einen Trypsininhibitor. Er kann selbst tryptisch verdaut werden, so daß seine Wirkung temporär ist.

Chymotrypsinogen und Chymotrypsin. Beim Menschen kommen zwei Isoenzyme, Chymotrypsinogen A und B vor (Molekulargewicht 24000 bzw. 27000); ersteres überwiegt mit ca. 90%. Auch das Proenzym ist enzymatisch nicht ganz inaktiv (wie auch andere pankreatische Zymogene). Chymotrypsin ist eine Endopeptidase nicht sehr ausgesprochener Spezifität. Gespalten werden Peptidbindungen, an denen aromatische Aminosäuren beteiligt sind, aber auch andere mit hydrophoben Seitenketten.

Elastase. Bei Menschen kommen zwei Proelastasen vor, die mit Trypsinogen und Chymotrypsinogen strukturverwandt sind. Die Aktivierung erfolgt ebenso durch Trypsin. Die Endopeptidasen sind auf die wasserunlöslichen Faserproteine des Bindegewebes wirksam, aber auch auf andere Proteine.

Exopeptidasen. Im Pankreas kommen Carboxypeptidasen vor, wahrscheinlich aber keine Aktivitäten von Aminopeptidasen. Carboxypeptidase A spaltet neutrale, saure und aromatische Aminosäuren von Peptidketten ab, Carboxypeptidase B die basischen Lysin und Arginin. Procarboxypeptidase A (Molekulargewicht 40000) wird durch Trypsin aktiviert; Carboxypeptidase A ist wesentlich kleiner (Molekulargewicht 35000).

3.1.5 Nichtenzymatische Proteine

Lactoferrin. Das eisenbindende Protein kommt in verschiedenen Körpersekreten vor, vor allem in der Milch. Es ist auch im Pankreassekret enthalten und entstammt hier den Acinuszellen. Seine Sekretion wird durch Sekretin und Cholecystokinin stimuliert.

Karzinoembryonales Antigen (s. S. 140).

Die diagnostische Bedeutung der vom Pankreas sezernierten Proteine und des Bikarbonats ergibt sich aus zwei pathophysiologischen Mechanismen: 1. Bei Erkrankungen der Bauchspeicheldrüse kommt es häufig zu charakteristischen Veränderungen ihrer Sekretion. Zumeist nimmt sie ab, und zwar in differenzierter Weise. 2. Pankreasenzyme treten in Blut und Urin, auch in verschiedene Körperhöhlenergüsse über. Bei Pankreaserkrankungen sind Ausmaß und Verlauf in gewissem Maße krankheitsspezifisch.

3.2 Untersuchungsverfahren – Messung der exokrinen Pankreasfunktion

3.2.1 Allgemeine Prinzipien

Unter den zur Verfügung stehenden Methoden zur Funktionsprüfung des exokrinen Pankreas können unterschieden werden:

1. Tests, welche unmittelbar Qualität und Quantität des sezernierten Bauchspeichels prüfen; bei ihnen wird ein Duodenalschlauch benötigt (oder das Untersuchungsmaterial wird mittels geeigneter Katheter bei der ERP direkt aus der Papille gewonnen).

Diagnostisch auswertbar ist die *stimulierte* Sekretion, während die *Basalsekretion* großen spontanen Schwankungen unterliegt, so daß sie für die Routinediagnostik nicht von Interesse ist.

Es sind verschiedene Arten von Pankreasstimulation zu diagnostischen Zwecken möglich:

a) durch intravenös injizierte oder infundierte *Hormone,* d.h. Sekretin und Pankreozymin-Cholecystokinin bzw. deren Analogen,
b) durch eine *Testmahlzeit,* d.h. auf „physiologischem" Wege (Lundh-Test), auch durch Galle, isolierte Gabe von Aminosäuren u.a.

2. Tests, bei denen Verdauungsenzyme quantitativ *im Stuhl* bestimmt werden (Chymotrypsin, während Trypsin und andere weniger geeignet sind).

3. Messungen der *Serum-* und *Urinaktivitäten* von Pankreassekretionsenzymen. Sie können eine Aussage über die exokrine Pankreasfunktion liefern, sofern sie ausreichend organspezifisch und empfindlich sind: Lipase im Serum, Trypsin in Serum und Urin, pankreastypische Amylase in Serum und Urin. Andere sind z.Zt. nicht in die Routinediagnostik eingeführt. Erniedrigte Serumspiegel bzw. erniedrigte Mengen in den Harn ausgeschiedener Enzyme finden sich bei exokriner Pankreasinsuffizienz. Erhöhte Aktivitäten können eine Reihe pankreatischer und extrapankreatischer Ursachen haben (s. später).
4. Tests, welche die *in vivo-Verdauungspotenz* pankreatischer Enzyme im Darm bestimmen: Peptid-PABA-Test, Fluoreszeindilaurat-Test.

Welches der genannten Verfahren zur Anwendung kommt, wird meist weniger von der diagnostischen Fragestellung abhängen, als vielmehr von den technischen Möglichkeiten. Mit Hilfe der sondenlosen Methoden lassen sich in Zweifelsfällen allenfalls richtungsweisende Informationen gewinnen. Vor allem eignen sie sich für die Diagnose fortgeschrittener Fälle exkretorischer Pankreasinsuffizienz. Es sind sog. Screeningverfahren zur Auslese eindeutiger Befunde. Eine empfindlichere Diagnostik – auch in Grenzfällen zur Norm – wird mit Hilfe der Sondenuntersuchungen möglich, indem Sekretionsgrößen von Bikarbonat und verschiedener Bauchspeichelenzyme aus Duodenalsaft direkt bestimmt werden können. Dafür ist der Sekretin-Pankreocymin-Test derzeit das bestbewährte Vorgehen. Kliniken, welche über diese Methode verfügen, benötigen Screeningtests in der Regel nicht, sofern sie nicht wissenschaftlich mit deren Ausarbeitung befaßt sind.

3.2.2 Sekretin-Pankreocymin-Test

Die Untersuchung wird in vielen Modifikationen durchgeführt. Variabel sind u.a. die Art der Stimulation, die Technik der Sekretableitung aus dem Duodenum und die Anzahl und Art der Enzymtests im Bauchspeichel. Der wünschenswerten Vereinheitlichung in der Testdurchführung steht die Vielzahl möglicher Unterschiede vor allem bei der technischen Durchführung der Analytik entgegen. Dadurch wurde in der Vergangenheit verhindert, daß Untersuchungsergebnisse verschiedener Kliniken unmittelbar miteinander verglichen werden konnten. Vielmehr mußte jede Arbeitsgruppe für ihre eigenen Testbedingungen auch eigene Maßstäbe zur Beurteilung, d.h. Normwerte, definieren. Erst in jüngerer Zeit ist eine Vereinheitlichung durch Bemühungen des Europäischen Pankreasklubs dadurch vorangekommen, daß die Details der Testdurchführung möglichst weitgehend vorgeschrieben wurden. (s. 3.2.2.5 und 3.2.2.6)

3.2.2.1 Hormonelle Stimulation

Die Stimulation wird mit möglichst reinen Hormonpräparationen durchgeführt. Dafür stehen zur Verfügung:

Sekretin (1) gereinigt aus Schweinedarm
Hersteller Fa. Kabi-Vitrum, Schweden, Deutsche Niederlassung in 8000 München 80, Levelingstr. 18
Fa. Boots, England, Importeur für Deutschland Fa. Paesel, Frankfurt/M.
Ampullen mit je 75 E als Trockensubstanz, die in physiologischer Kochsalzlösung gelöst wird

Sekretin (2) synthetisch hergestellt
Hersteller Fa. Hoechst AG (Secretolin Diagnosticum, Ampullen zu 100 E Trockensubstanz = 27 µg)
Fa. Hoffmann-LaRoche, Basel

Cholecystokinin gereinigt aus Schweinedarm
Hersteller Fa. Kabi-Vitrum, Stockholm, Vertrieb durch Deutsche Kabi-Vitrum GmbH, Levelingstr. 18, 8000 München 80
Fa. Boots, England, Importeur für Deutschland Fa. Paesel, Frankfurt/M.
Ampullen zu je 75 E Trockensubstanz
Im In-vitro-Bioassay ist 1 Crick-Harper-Raper-Einheit von Cholecystokinin (Boots) äquivalent zu $1{,}22 \pm 0{,}12$ Ivy-Hunde-Einheiten Cholecystokinin (Karolinska-Institut/Kabi-Vitrum).

Caerulein (Ceruletid): Synthetisches Cholecystokinin-Oktapeptid
Hersteller Fa. Pharmitalia, 7800 Freiburg, Postfach 480
„Takus" Ampullen zu 5 μg und zu 40 μg.

3.2.2.2 Applikationsmodus der Stimulanzien

Die Sekretionstests werden mit Sekretin und mit Cholecystokinin bzw. Caerulein *kombiniert* durchgeführt, wohl kaum noch mit einem der beiden allein.

Im Anschluß an die *parenterale* Stimulation kann bei derselben Untersuchung zum Vergleich eine Stimulation *enteral* auf physiologischem Wege durchgeführt werden, z. B. mit der intraduodenalen Applikation von *Galle*.

Am besten reproduzierbar sind Meßgrößen unter möglichst *maximaler* Stimulation. Dabei kommt es jedoch leicht zu Unverträglichkeitserscheinungen. Außerdem sind die Kosten für die Hormonpräparate beträchtlich. Daher sind *„submaximale"* Stimuli gebräuchlich, unter welchen die Funktionsreserve des Pankreas in einer für die klinische Diagnostik genügenden Weise meßbar wird.

Die *Dosierung* für die submaximale Stimulation mit Sekretin und mit Cholecystokinin beträgt je 1 E (bis 2 E)/kg KG (und pro Stunde, für Dauerinfusion). Caerulein wird in der Dosis von 75 ng/kg KG/h verwandt; es kann auch höher dosiert werden (z. B. 120 ng/kg/h).

Die zeitliche Anordnung der Stimuli ist variabel. Es werden sowohl Bolusinjektionen verwendet wie die kontinuierliche Infusion, und es werden Sekretin und Cholecystokinin bzw. Caerulein entweder hintereinander oder gleichzeitig appliziert.

Natürliches und synthetisches Sekretin sind qualitativ nicht völlig wirkungsgleich. Dauerinfusionen führen zu einer stärker vermehrten Wasser- und Bikarbonatsekretion unter synthetischem Sekretin als unter natürlichem Sekretin.

Auch zwischen Cholecystokinin und Caerulein bestehen qualitative Wirkungsunterschiede. Wasser- und Bikarbonatsekretion werden durch Caerulein relativ stärker stimuliert als die Proteinsekretion. Dabei unterscheiden sich zusätzlich die Reizantworten bei Bolusapplikation und bei Dauerinfusion.

3.2.2.3 Sondentechnik

Mit der Duodenalsonde soll das Pankreassekret – zwangsläufig zusammen mit Galle und Duodenalsekret – möglichst quantitativ und frei von Magensaft gewonnen werden. Dafür sind *doppellumige* Sonden am gebräuchlichsten, die mehrere Öffnungen sowohl im Bereich des Magens wie des Duodenums haben und die getrennte Ableitung der Sekrete erlauben: Agreen-Lagerlöf-Duodenalsonde (hat an der Spitze eine an einem Faden pendelnde Metallolive; Fa. Willy Rüsch, 7050 Waiblingen, Postfach 1620; Cat.-No. 454800); Balzer-Gastroduodenalsonde (mit an der Sondenspitze fixierter Metallolive; Rüsch Cat.-No. 455400).

Die Salem-Duodenalsonde (Sherwood Medical, 6236 Eschborn, Frankfurter Allee 10–12) ist eine Doppellumensonde. Das zweite Lumen läßt Außenluft zur Spitze des Drainagelumens ein, so daß hier bei Sog ein zu hohes Vakuum verhindert wird, durch welches die Schleimhaut lädiert werden könnte. Gleichzeitig hat die Luft Spülfunktion für den Drainagekanal.

Die Eynard-Doppellumensonde (J. Eynard-Cie., 23 Rue de L'Peron, 75 Paris 6[e]) besitzt ein Zusatzlumen zur Markerinstillation.
Verwendet werden aber auch ein- und dreilumige Sonden. Für Magen und Duodenum können auch getrennte Sonden eingeführt werden.

Um die Separierung vom Magensekret zu sichern, wurden Ballonsonden konstruiert, welche den Magenausgang blockieren sowie solche, mit denen zusätzlich durch einen zweiten Ballon der Abfluß von Duodenalinhalt in das Jejunum verhindert wird (Bartelheimer-Sonde). Diese Ballonsonden haben aber den Nachteil, ihre Position im Laufe der Untersuchung leicht zu verändern, da sie mit der Peristaltik darmabwärts bewegt werden. Außerdem stellt die Dehnung durch Aufblasen des Ballons einen nicht standardisierten Sekretionsreiz dar.

Der einfachste Mechanismus, Sekret abzusaugen, ist das *Saugheberprinzip*. Oft wird eine intermittierend arbeitende elektrische *Vakuumpumpe* verwandt (z.B. Hico-Gastrovac, Fa. Hirtz & Co. Hospitalwerk, 5000 Köln 51, Bonner Str. 180). Man sollte diese Systeme aber auf keinen Fall unbeaufsichtigt lassen. Vielmehr muß großer Wert darauf gelegt werden, den kontinuierlichen Sekretfluß in Gang zu halten, um zu verhindern, daß das Sekretionsvolumen falsch gemessen wird. Vor allem bei zähflüssigem Pankreassaft, wie er bei exokriner Pankreasinsuffizienz in der Regel auftritt, ist diese Gefahr groß. Die Sorgfalt der Sekretgewinnung bestimmt entscheidend die Qualität des Testes.

3.2.2.4 Fehlerquellen

Sammelfehler äußern sich in einer mehr oder weniger weitgehenden Minderung des gemessenen Sekretvolumens gegenüber dem tatsächlichen Wert. Am ehesten auf derartige technisch bedingte Fehler verdächtige Meßergebnisse sind solche mit sehr geringen oder stark schwankenden Sekretvolumina in einzelnen Fraktionen bei Konzentrationen des Bikarbonats und der Enzyme, welche demgegenüber hoch bzw. normal sind. Fälschlich zu hohe Sekretvolumina können allenfalls dadurch auftreten, daß Sekret einer Sammelperiode erst in der darauffolgenden miterfaßt wird, weil es in einem Divertikel oder im Bulbus duodeni, selten auch im Magen sich ansammelt und verzögert abfließt.

Es gibt verschiedene Verfahren, Volumenverluste zu messen und zu korrigieren. Dabei wird eine Markersubstanz kontinuierlich während des Tests in das Duodenum infundiert und zusammen mit dem Duodenalsekret wieder abgesaugt. Aus der wiedergefundenen Menge pro Zeit läßt sich ermessen, welcher Anteil auch des Duodenalsekrets verlorenging. Als Markersubstanzen eignen sich $^{51}CrCl_3$, ^{57}Co-Vitamin-B_{12} sowie als nichtradioaktive Substanz Polyäthylenglykol. Zur Infusion in das Duodenum muß die Sonde mit einem zusätzlichen Lumen ausgerüstet sein bzw. mit einem geeigneten außen angehefteten Zusatzschlauch. Die Schwierigkeit dieser Verfahren liegt – abgesehen von dem erhöhten Aufwand – vor allem in den möglichen Mischungsfehlern. Sekret und Marker können von der ableitenden Sonde unterschiedlich erfaßt werden, und die Wiederfindungsraten des einen sind nicht übereinstimmend mit denen des anderen. Auf diese Weise können sich stark schwankende Sekretionsraten errechnen und Wiederfindungsquoten für den Marker abwechselnd weit unter und über 100%. (Wahrscheinlich darauf ist es zurückzuführen, daß Normalwerte für die Sekretion, welche unter Verwendung der Volumenverlustkorrektur gewonnen wurden, größere Streuungen aufweisen können als solche aus Untersuchungsreihen, bei denen diese Methode nicht verwendet wurde.)

Beimengungen von Magensaft vermindern in unkontrollierbarer Weise die Bikarbonatkonzentration und beschleunigen die spontane Enzyminaktivierung. Durch Magensaft verunreinigter Duodenalsaft ist trüb; seine Kaliumkonzentration ist erhöht, d.h. über 7 mval/l infolge des hohen Kaliumgehalts des Magensafts.

Die Kontamination durch Magensaft ist schwer vermeidbar bei verschiedenen Gastroenteroanastomosen, vor allen Dingen bei Billroth-II-Magen mit Braun-Anastomose. Es gelingt nur in der Minderzahl, die Duodenalsonde in die zuführende Schlinge und in die Papillenregion zu plazieren. Auch der Weg, für das Einführen der Sonde ein Gastroskop zu Hilfe zu nehmen, ist nicht einfach und garantiert keineswegs von vornherein den Erfolg. Die Untersuchung kann aber auch durchgeführt werden, wenn die Sonde in den abführenden Jejunalschenkel zu liegen kommt. Hilfreich ist wiederum die Hemmung der Magensekretion durch Sekretin im Verlauf des Tests.

Medikamente, welche die Pankreassekretion hemmen und vor der Untersuchung abgesetzt werden sollten, sind alle Anticholinergika, einschließlich Pirenzepin.

Voraussetzungen für einen regelrechten Testablauf sind überdies die technisch einwandfreie intravenöse Infusion der Stimulanzien, richtiger zeitlicher Ablauf der fraktionierten Sekretgewinnung und eine korrekte Analytik.

3.2.2.5 Durchführung der Untersuchung

Der nüchterne Patient erhält evtl. zum *Einführen der Sonde* 5–10 mg Valium i.v.; Diazepam ist ohne Einfluß auf die Pankreassekretion. Außerdem kann zur Erleichterung der Magenpassage Metoclopramid (10 mg Paspertin i.v.) gegeben werden. Sonden mit Metallolive werden durch den Mund, ohne Metallolive durch Mund oder Nase eingeführt. Den Weg in den Ösophagus und bis in den Magen findet die Sondenspitze durch Schluckbewegungen des Patienten am besten im Sitzen. Das weitere Einführen geschieht in Linksseitenlage, nach Erreichen des Antrums in Rechtsseitenlage, wodurch die Spitze den Pylorus überwinden soll. Röntgendurchleuchtung sowie die Verwendung eines Metallmandrins erleichtern die Prozedur. Hat die Sondenspitze die Flexura duodenojejunalis erreicht, so sind die Öffnungen zur Ableitung des Sekrets über die unteren zwei Drittel des Duodenums verteilt. Die Öffnungen im Magen liegen im Antrum.

Es ist darauf zu achten, daß die Öffnungen für Duodenum und für Magen an der Sonde einen genügend weiten Abstand voneinander von mindestens 8 cm haben, da die Trennung der Sekrete andernfalls bei kleinen Verschiebungen des Schlauchs im Laufe der folgenden Untersuchung unscharf ist. Ggfs. muß man an der Sonde Öffnungen entsprechend wieder verschließen.

Der Schlauch in seiner endgültigen Position muß möglichst begradigt sein, so daß im Magenfornix keine Schleife besteht. Sie könnte sich später strecken, womit sich die Sondenspitze darmabwärts verlagerte. Die Sonde wird an Mund bzw. Nase mit einem Heftpflasterstreifen befestigt.
Die Untersuchung findet in Rechtsseiten- oder Rückenlage des Patienten statt; auch die sitzende Position ist möglich.
Sekretin und *Cholecystokinin bzw. Caerulein* werden mit Hilfe einer Motorspritze (z. B. Perfusor, Braun, Melsungen; Injektomat Fresenius o. a.) intravenös infundiert. Die lyophilisierten Hormonpräparate werden in den Ampullen mit steriler physiologischer Kochsalzlösung gelöst. Die für den Patienten benötigten Mengen werden in einer gemeinsamen Spritze aufgenommen, das Volumen wird auf die benötigte Ein-Stundenmenge aufgefüllt (je nach Pumpgeschwindigkeit verschieden).
Der Lösung kann zweckmäßig 1 ml einer 20%igen Humanalbuminlösung hinzugefügt werden. Dadurch wird die Absorption der Peptidhormone an den Innenflächen der Plastikspritze und der Schläuche verhindert.
Duodenal- und Magensekret werden getrennt abgeleitet, das Duodenalsekret in eisgekühlte Meßzylinder. Der Magensaftfluß sistiert unter der Sekretinwirkung meistens nach einigen Minuten.

Ausnahmen davon findet man bei Patienten mit Zollinger-Ellison-Syndrom und öfters auch bei anderen Ulcus-duodeni-Trägern.

Wird zur *Ableitung des Duodenalsekrets* das Saugheberprinzip verwendet, so sind 50–60 cm die geeignete Hubhöhe. Mehrfach während der Untersuchung muß jedoch auch manuell mit einer Spritze abgesaugt werden, falls der Sekretfluß sistiert.

Die *Dosierung* von Sekretin und von Caerulein ist beim Vorgehen gemäß *der Empfehlung des Europäischen Pankreasklubs* wie folgt: Nach einer 30minütigen Nüchternphase erhält der Patient eine Bolusinjektion Sekretin (Schweinesekretin Kabi-Vitrum oder synthetisches Sekretin, s. oben), 1 E/kg KG. In der folgenden Stunde wird das Duodenalsekret in Fraktionen zu je 10 min abgeleitet. Es folgt eine zweite Untersuchungsstunde, in welcher eine Dauerinfusion verabreicht wird: 1 E Sekretin/kg KG zusammen mit Caerulein (Takus, Pharmitalia), 75 ng pro Kilogramm und pro Stunde. Die Ableitung des Duodenalsekrets verläuft wie zu Beginn.

Statt Caerulein kann Cholecystokinin verwendet werden; es ist erheblich teurer. Die Dosierung ist 1 E/kg KG/h. Die Sekretionsgrößen sind hierbei vom obigen Schema unterschieden.

Ohne Einbuße an diagnostischer Aussagekraft kann auf die erste Untersuchungsstunde (Bolusinjektion von Sekretin) verzichtet werden. Auch die ursprünglich für das Standardprogramm vorgesehene Markerinfusion zur Kalkulation von Wiederfindungsraten hat sich als entbehrlich erwiesen.
Volumina und *Bikarbonatkonzentrationen* werden in sämtlichen 12 stimulierten Sekretfraktionen gemessen (beim Zweistundentest). Für die Analyse der *Enzymaktivitäten* werden je zwei Fraktionen zusammengefaßt. Die Sekretionsraten der aufeinanderfolgenden Fraktionen zeigen Anstieg und Abfall der Pankreasleistung während der Untersuchung. Für die Beurteilung der Leistungskapazität anhand von Normalwerten werden aber die Sekretionsgrößen aus je einer Untersuchungsstunde zusammengefaßt.

3.2.2.6 Analytik

Die für die Beurteilung der Leistungsfähigkeit des exokrinen Pankreas am häufigsten bestimmten Parameter sind die Konzentration und die in der Zeiteinheit sezernierte Menge Bikarbonat sowie die Mengen von Amylase, Lipase, Trypsin und Chymotrypsin.

Die Messung weiterer Enzyme, welche im Pankreassaft enthalten sind (s. Physiologie, Absch. 3.1) führt nicht zu weitergehenden diagnostischen Schlußfolgerungen, obwohl teils in ähnlicher Weise methodisch gut zugänglich (Elastase, Phospholipase A, Ribonuklease).

Bikarbonat wird titrimetrisch bestimmt. Für die Messung der Enzymaktivitäten stehen meist mehrere Verfahren zur Auswahl, unterschieden durch die Substrate, die physikalisch-chemischen Meßbedingungen und damit durch die technisch-apparativen Voraussetzungen.

Statt der Enzymaktivitäten läßt sich auch die *Proteinkonzentration* im Duodenalsaft diagnostisch verwerten. Sie ist jedoch ein weniger differenzierter Parameter. Die Messung erfolgt mit Standardverfahren analog der Serumeiweißbestimmung (Biuret-Methode).
Die Geschwindigkeiten der *Proteinsekretion*, Syntheserate und Sekretionsrate in einem, können durch die Bestimmung des Einbaus von *75Se-Methionin* gemessen werden. Nach intravenöser Gabe des Nuklids wird die Radioaktivität des Duodenalsafts bestimmt. Der Gewinn an diagnostischer Aussage gegenüber den Routinemethoden ist jedoch nicht ausreichend, um Strahlenbelastung und technischen Aufwand zu rechtfertigen.
Die *Viskosität* des Pankreassafts - bei chronischer Pankreatitis erhöht - kann ebenfalls diagnostisch genutzt werden. Das Meßverfahren hat sich bislang nicht für Zwecke der Routinediagnostik eingeführt.

Während der Stimulation mit Cholecystokinin / Caerulein kommt es zur *Kontraktion der Gallenblase*. Gleichzeitig erschlafft der Sphincter Oddi. Aus Bestimmungen von Bilirubin und Gallensäuren im Duodenalsekret läßt sich die Kinetik der Gallensekretion ablesen. Rückschlüsse auf den Kontraktionsablauf der Gallenblase können jedoch nur grob quantitativen Charakter haben, da die Vorfüllung mit Galle und die Konzentrationen ihrer Inhaltsstoffe außerordentlich schwanken, auch beim gleichen Patienten von Tag zu Tag.

Bestimmung von Bikarbonat
Prinzip der Bestimmung: Zu einer bekannten Menge HCl (2 ml 0,1 N HCl entsprechend 200 µmol) wird die Probe gegeben (1 ml Duodenalsaft) und durch Erhitzen das CO_2 eliminiert. Dabei wird eine dem Bikarbonatgehalt der Probe äquivalente Menge HCl neutralisiert. Der verbleibende HCl-Überschuß wird mit NaOH auf pH 7,4 titriert. Die Differenz zwischen vorgelegter und rücktitrierter HCl ist der Bikarbonatmenge in der Probe äquivalent.
Gerät: Automatische Titriereinrichtung (Autotitrator, Radiometer Kopenhagen, Vertrieb für Deutschland Fa. K. Hillerkus, Krefeld)
Wasserbad 100 °C
Ansatz: Alle Proben werden mit Doppelbestimmungen untersucht. Als Standard läuft parallel ein Ansatz mit einer eingestellten Bikarbonatlösung. Reagenzien s. S. 128)

Reaktionsansatz	*Reagenzien*
2,0 ml Aq. bidest.	durch Kochen CO_2-frei
2,0 ml HCl 0,1 N	0,1 N HCl; exakte Normalität ist auszutitrieren
1,0 ml Probe bzw. Standard	Probe: Duodenalsaft
	Standard: $NaHCO_3$ 100 mval/l 840 mg $NaHCO_3$ in 100 ml Aq. bidest. alkalifrei
	Standard: $NaHCO_3$ 50 mval/l

Unverschlossene Probengläser 10 min im kochenden Wasserbad inkubieren. Kühlen. Mit NaOH auf pH 7,4 titrieren:

0,1 N NaOH, CO_2-frei; die exakte Normalität der NaOH ist auszutitrieren: 2,00 ml der 0,1 N HCl werden im Autotitrator unter Verwendung der 0,1 N NaOH auf pH 7,4 titriert

$$\text{Normalität der NaOH} = \frac{2 \cdot \text{Normalität}_{\text{HCl}}}{\text{Volumen}_{\text{ml verbrauchte NaOH}}}$$

Berechnung:

$$\text{Bikarbonat (mval/l)} = 2 \cdot \text{Normalität}_{\text{HCl}} - \text{Volumen}_{\text{ml NaOH}} \cdot \text{Normalität}_{\text{NaOH}}$$

Die Bikarbonatsekretion ergibt sich als Produkt aus Bikarbonatkonzentration und Sekretvolumen pro Zeit.

Statt HCl kann auch H_2SO_4 0,1 N verwandt werden; HCl ist beim Kochen wenig flüchtig, H_2SO_4 ist nichtflüchtig. – Aus dem Ansatz kann CO_2 außer durch Kochen auch mittels Durchperlen von Stickstoff entfernt werden.

Fehlerquellen: Fehler der Messung werden anhand des Standards offensichtlich: falsch eingestellte Lösungen, zu langes Kochen der Probe (HCl-Verlust), Pipettenfehler.

Bestimmung von Amylase

Prinzip der Bestimmung: Es werden die aus einer wasserlöslichen Stärke durch Amylase freigesetzten Reduktionsäquivalente gemessen. Konzentration der Stärke, Temperatur, Ionenmilieu und Reaktionszeit werden konstant gehalten. Das Ergebnis wird in Internationalen Einheiten pro Probenvolumen ausgedrückt durch Vergleich mit einer Eichkurve, welche unter Verwendung bekannter Konzentrationen von Maltose (reduzierender Zucker) gewonnen wird. Die

Indikatorreaktion zum Nachweis von reduzierenden Gruppen ist der Umsatz von 3,5-Dinitrosalizylsäure zu verschiedenen Aminosalizylsäuren, welcher sich photometrisch verfolgen läßt.
Gerät: Photometer, Wellenlänge 546 nm, Glasküvetten d = 1 cm
Wasserbad 25° ; Wasserbad 100 °C. Reagenzien s. S. 169.

Reaktionsansatz in je 1 Reagenzglas	*Reagenzien*
1 ml Phosphatpuffer	Phosphatpuffer 20 mmol/l; pH 6,9; NaCl 10 mmol/l $Na_2HPO_4 \cdot 2\,H_2O$ 1,97 g KH_2PO_4 1,23 g NaCl 0,58 g mit Aq. dest., ca. 800 ml lösen pH 6,9 mit 0,1 n NaOH einstellen mit Aq. dest. auf 1000 ml auffüllen Haltbarkeit: Monate bei 0–4 °C
1 ml Stärkelösung	1% w/v Stärke Stärke nach Zulkowsky 1,0 g Phosphatpuffer (s. o.) 100,0 ml Haltbarkeit: 1 Woche auf 25 °C temperieren
0,05 ml Probe	Probe: Duodenalsaft 1:200 verd. mit phys. NaCl
oder Standard (1)	Standard (1): Maltose 2,5 mmol/l (exakte Molarität wird anhand des Wassergehalts der benutzten Maltose errechnet) Maltose (mit bekanntem Wassergehalt) 100 mg Phosphatpuffer (s. o.) ad 100 ml
oder Standard (2)	Standard (2): Maltose 5,0 mmol/l (bezügl. Molarität s. o.) Maltose (mit bekanntem Wassergehalt) 200 mg Phosphatpuffer ad 100 ml

Gut mischen, genau 10 min inkubieren im 25 °C-Wasserbad, dann Enzymreaktion stoppen und Indikatorreaktion starten mit

2,0 ml DNSA-Reagenz	3,5-Dinitrosalizylsäure 1% w/v, Natrium-Kalium-Tartrat 30 w/v

3,5-Dinitrosalizylsäure		10 g
Aq. bidest.	ca.	300 ml
NaOH 1 N		400 ml
Na-K-Tartrat		300 g

unter Umrühren erwärmen, bis eine klare Lösung entstanden ist
Aq. bidest. auffüllen auf 1000 ml
Haltbarkeit 6 Monate unter Ausschluß von CO_2 in dunkler Flasche

sofort gut mischen; Glaskugel aufsetzen; 5 min Inkubation in kochendem Wasserbad; abkühlen; innerhalb 1 h Extinktion bei 546 nm gegen Wasser messen in Glasküvette d = 1 cm.
Mit jeder Bestimmung laufen *Blindwerte* a) mit Probe, b) mit Maltosestandards; diese werden nicht bei 25 °C inkubiert, sondern sofort mit Dinitrosalizylsäurereagenz bei 100 °C.
Für die Duodenalsaftproben werden Doppelbestimmungen ausgeführt.
Eichkurve: Eichkurven werden in mehrwöchigen Abständen mit Maltose-Standardverdünnungen erstellt wie folgt:

	Nullwert ml	Maltosestandardverdünnungen ml				
Maltosestandard 2,5 mmol/l (s. o.)	0	0,2	0,4	0,6	0,8	1,0
Phosphatpuffer (s. o.)	1,05	0,85	0,65	0,45	0,25	0,05
Stärkelösung (s. o.)	1,0	1,0	1,0	1,0	1,0	1,0
DNSA-Reagenz (s. o.)	2,0	2,0	2,0	2,0	2,0	2,0
(eingesetzte µmol Maltose pro Ansatz)	0	0,5	1,0	1,5	2,0	2,5
		exakte Werte sind anhand des Wassergehalts der verwendeten Maltose zu errechnen				

Mischen, Glas mit Stopfen verschließen, 5 min in kochendem Wasserbad inkubieren, kühlen, Extinktion bei 546 nm in Glasküvette, d = 1 cm, messen

Die Extinktionswerte $\Delta E_{Maltose} - \Delta E_{Nullwert}$ werden als Abszisse gegen die µmol Maltose auf der Ordinate in einem Koordinatensystem aufgetragen. Die Steigung der Eichkurve ist

$$F = \frac{\mu\text{mol Maltose}}{\Delta E_{Maltose} - \Delta E_{Nullwert}}$$

Berechnung der Amylaseaktivitäten. Die Amylaseaktivitäten werden aus den Extinktionen der Proben und der zugehörigen Blindwerte errechnet mit Hilfe der Steigung F der Eichkurve:

$$\text{Amylaseaktivität (E/ml)} = \frac{(\Delta E_{Probe} - \Delta E_{Blind}) \cdot F \cdot d}{\text{Probenvolumen} \cdot \text{Zeit}_{Inkubat.}} =$$

$$= \frac{(\Delta E_{Probe} - \Delta E_{Blind}) \cdot F \cdot 200}{0{,}05 \cdot 10} \left(\frac{\mu\text{mol}}{\text{ml} \cdot \text{min}}\right)$$

d = Verdünnungsfaktor der Duodenalsaftprobe.

Die Amylasesekretion in Einheiten pro Zeit ergibt sich aus der Multiplikation der Amylaseaktivität mit dem Sekretvolumen/Zeit.
Die Bestimmungen in den Duodenalsaftproben müssen wiederholt werden, wenn die Meßergebnisse bzw. Extinktionen außerhalb des Meßbereichs der Methode liegen, nämlich bei Extinktionen der Proben $>0{,}8$ bzw. bei Extinktionsdifferenzen Probe – Blindwert $>0{,}6$ oder $<0{,}08$.

Bestimmung von Lipase
Prinzip der Bestimmung: Es werden die unter optimalen Bedingungen aus Neutralfett (Olivenöl) durch Lipase freigesetzten Fettsäuren kontinuierlich automatisch mit Natronlauge titriert. Der Laugenverbrauch ist das Maß für die Enzymaktivität. – Das Substrat für die Reaktion ist eine mit Zusatz von Gallensäuresalzen hergestellte Emulsion aus Gummi arabicum, um dessen Partikel ein Film von Olivenöl gebildet wird.

Methode: pH-Stat-Titration mit Autotitrator Radiometer, Kopenhagen. Reagenzien s. S. 169.

Reaktionsansatz in Titrierbecher	*Reagenzien*
2 ml Aq. bidest.	
2,5 ml Gummi-arabicum-Olivenölemulsion	10% Gummi-arabicum-Lösung/Olivenölemulsion 40 g Gummi-arabicum eingerührt in 400 ml kochend heißes Aq. dest. Rühren mit Glasstab bzw. Magnetrührer. Filtration durch Glaswolle. Eiskühlung. Emulgierung mit Ultraturrax o. ä. 1 min lang. Langsame Zugabe von 70 ml Olivenöl über 1 min. Kontinuierliches Emulgieren mit Ultraturrax, weiter 6 min lang bei Eiskühlung[1]
2 ml TRIS 5 mM, pH 9,0	TRIS (hydroxymethyl) aminomethan 0,30 g in ca. 400 ml Aq., mit NaOH 1 N auf pH 9,0 einstellen, mit Aq. auf 500 ml auffüllen
0,15 ml Glykocholat-Taurocholat-Lösg.	8% w/v Natriumtaurocholat-Natriumglykocholat: Natriumtaurocholat BDH 4 g Natriumglykocholat NBC 4 g Aq. dest. auf 100 ml; vorsichtig mischen ohne Schaumbildung

Auf 25 °C temperieren, rühren, mit 0,1 N NaOH auf pH 9,0 bringen, im pH-Staten Nullinie aufzeichnen: Titration mit 0,1 N NaOH (erübrigt sich bei Wiederholungen des gleichen Ansatzes und bei hohen Lipaseaktivitäten im Test).
Start der Reaktion mit

0,02–0,10 ml Probe	Duodenalsaft, ggfs. verdünnt mit phys. NaCl

Ansatz mit NaOH (Autobürette) auf pH 9,0 bringen, automatische Titration starten, Registrieren des Umsatzes 3 min lang[2].

---

1 Die Qualität der Emulsion ist an der mikroskopisch meßbaren Größe der Partikel zu kontrollieren: Sie sollen 2–3 μm Ø groß sein, einige dürfen bis 10 μm sein.

2 Die exakte Normalität der verwendeten 0,1 N NaOH soll mit Hilfe 0,1 N HCl im Autotitrator bestimmt werden: 1000 μl 0,1 N HCl werden mit der 0,1 N NaOH titriert. Bei Verwendung von Titrisol HCl errechnet sich die Normalität der Natronlauge zu

$$\frac{1000 \cdot 0{,}1}{\text{verbrauchte } \mu\text{l NaOH}} \quad (\text{mval/l})$$

Bei Aufzeichnung mit Schreiber soll die registrierte Gerade eine Neigung von 30–60° gegen die Vorschubrichtung des Registrierpapiers haben. In der Reaktionszeit sollen ca. 100–300 μl 0,1 N NaOH verbraucht werden.

Auswertung:

$$\text{Lipaseaktivität (U/ml)} = \frac{\text{Verbrauch NaOH } (\mu\text{eq.})}{\text{Probenvolumen} \cdot \text{Reaktionszeit (ml} \cdot \text{min)}}$$

(Bei der Verwendung von 0,1 N NaOH und der 2,5 ml-Bürette zur automatischen Titration entspricht 1 Skalenteil von Hundert auf der Papierbreite 2,5 μmol NaOH-Verbrauch. Bei der Berechnung ist eine etwaige Verdünnung des Duodenalsafts zurückzurechnen.)

Bestimmung von Trypsin mit TAME als Substrat

Prinzip der Bestimmung. N-α-p-toluensulfonyl-L-argininmethylester TAME ist ein trypsinspezifisches Substrat (Thrombin und Plasmin spalten ebenso, sind aber im Duodenalsaft nicht nennenswert enthalten). Das Spaltprodukt, Toluensulfonyl-L-arginin, absorbiert bei 247 nm stark im Unterschied zum Ester. Der Umsatz kann daher mittels UV-Spektrophotometer verfolgt und unter Verwendung des Extinktionskoeffizienten für den Farbstoff quantifiziert werden. Der Absorptionsgipfel bei 247 nm fällt zu beiden Seiten scharf ab, so daß die Wellenlänge exakt eingehalten werden muß.

Gerät: Ultraviolett-Spektrophotometer (z. B. Zeiss PMW II; Beckman DBGT o. a.); Quarzküvetten; Thermostatisierung bei 25° ; möglichst Schreibereinheit. Reagenzien s. S. 169.

Reaktionsansatz in Quarzküvette	*Reagenzien*
2,6 ml TRIS-Puffer/$CaCl_2$	TRIS 46 mmol/l, pH 8,0; $CaCl_2$ 11,5 mmol/l 2,78 g TRIS in ca. 400 ml Aq. dest. lösen, dazu 12,8 ml $CaCl_2$ 5%ig. w/v Lösung in Aq. dest. mit 1 nHCl pH 8,0 einstellen mit Aq. dest. auf 500,0 ml auffüllen. Bei 0–4° monatelang haltbar
0,3 ml TAME-Lösung 10 mmol/l	TAME N,α-p-Toluensulfonyl-L-argininmethylester 37,9 mg TAME in 10 ml Aq. dest. lösen. Haltbar 2 Wochen bei 0–4 °C

Auf 25 °C temperieren, Reaktion starten mit

0,1-ml-Probe

Extinktionsmessung bei 247 nm (exakt) in einem UV-Spektrophotometer gegen Luft oder gegen Leerwert; Ablesen der Extinktionswerte über 3 min oder Schreiberregistrierung. Die Probe muß ggfs. verdünnt werden, damit die Neigung der registrierten Geraden im Bereich 30–60° zur Papierlaufrichtung ist.

Trypsinaktivität (U/ml) =

$$= \frac{\Delta E \cdot \text{Küvettenvolumen}}{\text{Zeit} \cdot \text{Extinktionskoeff.} \cdot \text{Vol.}_{\text{Probe}} \cdot d} = \frac{\Delta E \cdot 3{,}0}{\Delta t \cdot 0{,}54 \cdot 0{,}1 \cdot 1{,}0}$$

Extinktionskoeffizient 0,54 $cm^2/\mu mol$, d = Schichtdicke der Küvette
Δ t in min.

Trypsinsekretion = Trypsinaktivität/ml · Sekretionsvolumen (ml)/min.

Bestimmung von Trypsin mit BAEE als Substrat

Prinzip der Bestimmung. N-α-Benzoyl-L-argininaethylester ist ein trypsinspezifisches Substrat, dessen Spaltprodukt N-α-Benzoyl-L-arginin bei 256 nm im Unterschied zu dem Ausgangssubstrat ein Absorptionsmaximum besitzt. Es kann daher der enzymatische Umsatz im UV-Spektrophotometer gemessen werden.

Gerät: UV-Spektrophotometer (s. o.), Quarzküvetten, Thermostatisierung, Schreibereinheit. Reagenzien s. S. 169.

Reaktionsansatz	*Reagenzien*
2,6 ml TRIS-Puffer/$CaCl_2$	TRIS 46 mmol/l, pH 8,0; $CaCl_2$ 11,5 mmol/l (Herstellung s. Best. m. TAME als Substrat)
0,3 ml BAEE-Lösung	BAEE N-α-Benzoyl-L-argininaethylester 34,3 mg gelöst in 10 ml Aq. dest. Bei 0–4 °C 2 Wochen haltbar

Auf 25 °C temperieren. Reaktion starten mit

0,1-ml-Probe	Referenzküvette starten mit 0,1 ml Aq. dest.

Extinktionsmessung bei 256 nm (exakt) im UV-Spektrophotometer (Zeiss, Beckman o. a.) gegen Luft oder gegen Leerwert. Ablesen der Extinktionswerte über 3 min oder Schreiberregistrierung. Probe ggfs. verdünnen.

Auswertung:

$$\text{Trypsinaktivität} = \frac{\Delta\ E \cdot \text{Küvettenvolumen}}{\text{Zeit} \cdot \text{Extinktionskoeff.} \cdot \text{Vol.}_{\text{Probe}} \cdot \text{Schichtdicke}}$$

$$(\text{U/ml}) = \frac{\Delta\ E \cdot 3{,}0}{\Delta\ t \cdot 1{,}1 \cdot 0{,}1 \cdot 1{,}0}$$

Extinktionskoeffizient 1,1 $\text{cm}^2/\mu\text{mol}$

Es wurde ein weiteres trypsinspezifisches Substrat angegeben, BAPNA, welches die Aktivitätsbestimmung im optischen Test in analoger Weise gestattet.

Bestimmung von Chymotrypsin (Substrat BTEE)

Prinzip der Bestimmung. N-Benzoyl-L-tyrosyl-aethylester ist ein Substrat, welches spezifisch von Chymotrypsin gespalten wird. Das Reaktionsprodukt, N-Benzoyl-L-tyrosin, besitzt ein optisches Absorp-

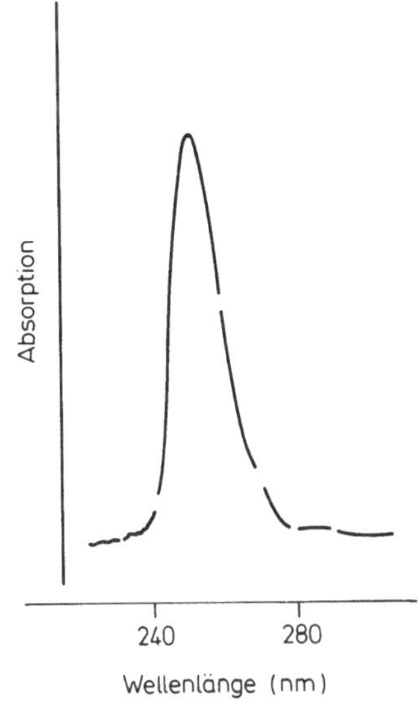

Abb. 3.1. Zur Bestimmung von Chymotrypsin mit BTEE. Differenzspektrum. Meßküvette: BTEE; Vergleichsküvette: Reaktionsprodukte nach enzymatischem Umsatz. Das Reaktionsprodukt hat gegenüber dem Substrat ein scharfes Absorptionsmaximum bei 256 nm. Die Abbildung demonstriert die Notwendigkeit exakter Wellenlängeneinstellung am Photometer für den optischen Test. Analoges gilt für die Messung von Trypsin mit TAME, BAEE o. a.

tionsmaximum bei 256 nm, durch welches es sich vom Substrat unterscheidet. Der enzymatische Umsatz ist daher im optischen Test meßbar und mit Hilfe des Extinktionskoeffizienten zu quantifizieren.

Der Absorptionsgipfel fällt zu beiden Seiten scharf ab, so daß die Wellenlänge exakt eingestellt werden muß, um Fehler zu vermeiden. (Abb. 3.1)

Gerät: Ultraviolett-Spektrophotometer (Zeiss PMW II, Beckman DBGT) mit Schreiber; Quarzküvetten; Thermostatisierung des Küvettenblocks. Reagenzien s. S. 128.

Reaktionsansatz in Quarzküvette	*Reagenzien*
1,5 ml TRIS-Puffer	TRIS 80 mmol/l, pH 7,8; $CaCl_2$ 0,1 mol/l 4,84 g TRIS in 300 ml Aq. dest. 110 ml $CaCl_2$ 5%ig. w/v Lösung in Aq. dest. mit 1 n HCl einstellen auf pH 7,8 mit Aq. dest. auf 500,0 ml auffüllen. Bei 0–4 °C Monate haltbar
1,4 ml BTEE / Methanol	N-Benzoyl-L-tyrosylaethylester 1,07 mmol/l in Methanol 50 ml Aq. bidest. 63 ml Methanol. Darin lösen 16,8 mg BTEE Lösung haltbar bei 0–4 °C für 4 Wochen

temperieren auf 25 °C; Reaktion starten mit

0,1-ml-Probe

Extinktionsmessung bei 256 nm in einem UV-Spektrophotometer gegen Luft oder gegen Leerwert; Ablesen der Extinktionswerte über 3 min oder Schreiberregistrierung. Die Probe muß ggfs. verdünnt werden.

Auswertung:

$$\text{Chymotrypsinaktivität} = \frac{\Delta E \cdot \text{Küvettenvolumen}}{\text{Zeit} \cdot \text{Extinktionskoeff.} \cdot \text{Vol.}_{\text{Probe}} \cdot d}$$

$$\text{U/ml} = \frac{\Delta E \cdot 3{,}0}{\Delta t \cdot 0{,}964 \cdot 0{,}1 \cdot 1{,}0}$$

d = Schichtdicke der Küvette
Extinktionskoeffizient = 0,964 $cm^2/\mu mol$

Reagenzien *(Sekretin-CCK/Caerulein-Test)*

$NaHCO_3$	Merck 6329
NaOH 0,1 N	Merck 9141
H_2SO_4 0,1 N	Merck 9074
$Na_2HPO_4 \cdot 2\ H_2O$	Merck 6580
KH_2PO_4	Merck 4873
NaCl	Merck 6404
Stärke nach Zulkowsky	Merck 1257
Maltose · n H_2O	Merck 5910
3,5-Dinitrosalizylsäure	Merck 10846
NaOH 1 N	Merck 9137
Na-K-Tartrat	Merck 8087
Gummi arabicum	Merck 4282
Olivenöl DAB 8	
TRIS Tris-hydroxymethyl-aminomethan	Merck 8382
Natriumtaurocholat BDH	British Drug House, London N1; No. 43036
Natriumglycocholat NBC	Nutritional Biochemicals Corp., Cleveland, Ohio
TAME N-p-toluensulfonyl-L-argininmethylester	Merck 8334
$CaCl_2$	Merck 2389
BAEE N- -Benzoyl-L-argininmethylester	Serva 14600
Methanol	Merck 6009

3.2.2.7 Normalbefunde

Tabelle 3.1. Normalwerte für die exokrine Pankreasfunktion im Stimulationstest mit Sekretin (1 E/kg KG · h) und Caerulein (75 ng/kg KG · h) (2. Teil der Testvorschrift des Europäischen Pankreasklubs). Ein-Stunden-Dauerinfusion i. v.; log-Normalverteilung; Analysentechnik s. Text.

Angegeben sind die sezernierten Mengen pro 60 min (Summe aus sechs 10 Minutenfraktionen bzw. drei 20 Minutenfraktionen). Oberer und unterer Grenzwert beziehen sich auf 90% zentrale Masse für 58 gesunde Probanden.

	Volumen ml	Bikarbonat mmol/h	Amylase 10^3U/h	Lipase 10^3U/h	Trypsin 10^3U/h	Chymotrypsin 10^3U/h
Oberer Grenzwert	533	46,3	121	385	23,9	14,6
Median	401	31,6	64,6	180	13,1	7,1
Unterer Grenzwert	301	21,6	34,4	83,9	7,2	3,4

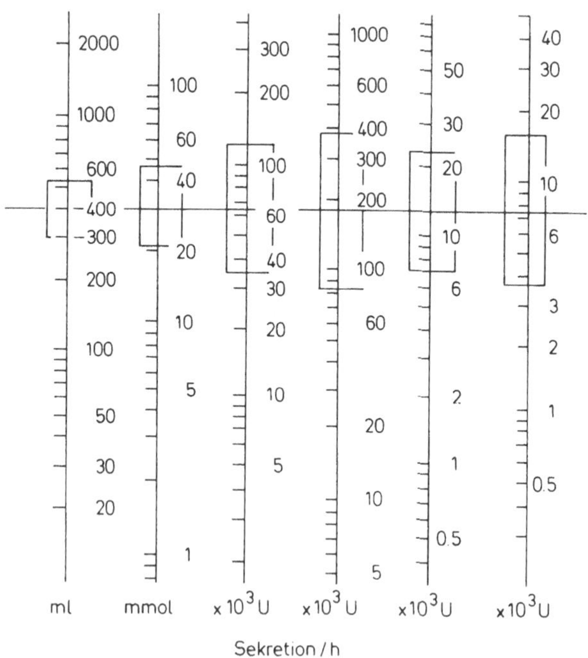

Abb. 3.2.

3.2.2.8 Auswertung von Testergebnissen

Die Auswertung von Testergebnissen erfolgt durch den Vergleich mit Werten von klinisch Gesunden. Zur Ermittlung von Normalbereichen müssen Probanden untersucht werden, welche weder im Übermaß Alkohol trinken (genaue Anamnese) noch Hinweise auf Pankreas- bzw. andersartige Oberbaucherkrankungen geben. Die erforderliche Zahl solcher Normalpersonen ist mindestens 25. Die Meßergebnisse aus ihren Tests werden entsprechend *logarithmischer Normalverteilung* ausgewertet. Dabei werden Mittelwerte und zweifache Standardabweichungen vom Mittelwert für die Logarithmen der Meßwerte berechnet. Die graphische Darstellung erfolgt am übersichtlichsten in einem logarithmischen Koordinatensystem.
Die Sekretionsgrößen für Bikarbonat und Enzyme können auf das Körpergewicht bezogen werden. Ob für verschiedene Lebensalter physiologisch unterschiedliche Normalwerte anzunehmen sind, steht noch nicht widerspruchslos fest; wahrscheinlich ist die Pankreassekretion im hohen Lebensalter gegenüber dem Jugendlichen vermindert.
Unter Krankheitsbedingungen können sowohl Zunahmen der Sekretion als auch Sekretionseinschränkungen beobachtet werden. Die wichtigsten Größen zur Beurteilung der Sekretionsleistung des Pankreas sind die in der Zeiteinheit abgegebenen Mengen Bikarbonat (in mmol) und verschiedener Enzyme (in I. E.). Sie ergeben sich aus den Sekretvolumina in der Zeit und aus den gemessenen Konzentrationen. Die Konzentrationen für sich allein sind hingegen diagnostisch weniger aussagekräftig.

Für Bikarbonat wird allgemein angegeben, daß Werte unter 70 mval/l im Duodenalsaft bei submaximaler Stimulation pathologisch zu werten sind.

Bei ausgeprägten Schäden der gesamten Bauchspeicheldrüse sind mehr oder weniger alle Bestandteile des Pankreassafts, welche aktiv sezerniert werden, von den Veränderungen im Sinne einer Reduktion betroffen – Wasser, Bikarbonat und Enzyme.
Es gibt aber vor allem bei nur mäßig entwickeltem Organschaden Sekretstörungen, welche einzelne Parameter stärker betreffen als andere: *dissoziierte Sekretionsstörungen.* Sie spielen diagnostisch eine

wesentliche Rolle. Am frühesten reagiert in der Regel die Bikarbonatsekretion. Sie ist in den meisten Fällen sich entwickelnder exkretorischer Pankreasinsuffizienz die zuerst deutlich unter die Norm eingeschränkte Größe. Von dieser Regel gibt es allerdings nicht wenige Ausnahmen, in denen Lipase, seltener die tryptischen Enzyme zuerst pathologisch vermindert sind. Amylase wird oft erst im späteren Verlauf fortschreitender Pankreasinsuffizienz unter die Norm reduziert gefunden, den übrigen Enzymen folgend.

In der Literatur finden sich manchmal andere Angaben über diese Reihenfolge. Sie beruhen dann auf anderen Arten der verwendeten Pankreasstimulation.

Einschränkungen der Sekretion kommen bei Erkrankungen vor, welche zu einer mechanischen Abflußbehinderung für das Sekret führen sowie – häufiger – bei solchen Störungen, welche mit Funktionseinschränkung des Pankreasparenchyms einhergehen (Tab. 3.2). Zwar gibt es einige typische Sekretionsstörungen bei verschiedenen Grunderkrankungen. Sie sind aber *nicht krankheitsspezifisch*. Die Pankreassekretionsanalyse ist damit in der Regel nur einer von mehreren Mosaiksteinen, aus welchen die Diagnose aufgebaut wird. Sie ist darüber hinaus besonders gut zur weiteren Verlaufsbeurteilung geeignet.

Komplexer aufgebaute Tests mit verschiedenen Arten der Stimulation – hormonell, intravenös und enteral, etwa durch Galle o.a. – können zu Sekretionsmustern führen, welche sich mit Computerhilfe mit relativ großen Wahrscheinlichkeiten bestimmten pankreatischen und extrapankreatischen Erkrankungen zuordnen lassen. So finden sich typische Befundkonstellationen auch bei Ulcus duodeni, Cholelithiasis, Sprue u.a. Doch führt dieser Weg nicht zur besseren Frühdiagnostik des Pankreaskarzinoms, während für die Erkennung der extrapankreatischen Erkrankungen dieses Zusammenhangs andere diagnostische Wege weit einfacher sind.

Isolierter Mangel einzelner Pankreasenzyme kann angeboren sein, z.B. für Lipase und Colipase. Falls es sich um tryptische Proenzyme handelt, müssen diese seltenen Zustände abgegrenzt werden vom Enteropeptidasemangel des Dünndarms. Es treten dann im Intestinallumen gleichfalls keine oder geringe proteolytische Enzymaktivitäten infolge mangelnder Aktivierung auf.

Der Nachweis erfolgt durch Zusatz gereinigter Enteropeptidase (Sigma Biochemicals) oder durch Zusatz von normalem Duodenalsekret im Küvettentest, welche zur Aktivierung der proteolytischen Enzymaktivitäten führen.

Hohe Volumen-, d.h. Wassersekretion wird bei Leberzirrhose beobachtet. Hohe Sekretionsraten sowohl von Bikarbonat als auch der Enzyme treten in Anfangsstadien chronischer Pankreatitis, insbesondere chronischer Alkoholschädigung auf, in deren weiterem Verlauf die Sekretionsleistung abnimmt und in eine exkretorische Insuffizienz übergeht.
Untersuchungen mit ^{75}Se-Methionin haben gezeigt, daß bei chronischer Pankreatitis, auch wenn noch keine exokrine Insuffizienz vorliegt, die Synthese von Pankreasproteinen beschleunigt ist.

Bei chronischer Niereninsuffizienz wurde eine Zunahme der Trypsinsekretion bei unveränderter Lipasesekretion unter Cholezystokininstimulation beobachtet, die auf die verlangsamte Elimination von endogenem Cholecystokinin zurückgeführt wird.

Verwertbare Parameter der Pankreassekretionsanalyse sind nicht nur Maximalleistung oder die Summe der Sekretionsgrößen aus den Einzelfraktionen, sondern auch der *Verlauf der Sekretion* unter fortgesetzter Stimulation. So können gering ausgeprägte Formen exokriner Pankreasinsuffizienz u. U. daran zuerst erkannt werden, daß mit der Dauer der Untersuchung die Sekretion wieder abnimmt, statt anzusteigen oder doch konstant zu bleiben. Dies zu zeigen, eignen sich Tests um so mehr, je länger sie fortgeführt werden, z. B. mehr als eine Stunde. Aber auch innerhalb von einer Stunde wird ein derartiges Sekretionsverhalten nicht selten schon deutlich.
Im Vergleich zu anderen Untersuchungsverfahren am Pankreas erfaßt der Sekretin-Pankreocymin-Test am empfindlichsten Veränderungen der exokrinen Funktion. Allerdings sind *Ausgangswerte* vor der Erkrankung des Patienten in der Regel nicht bekannt, und die aktuellen Sekretionsgrößen müssen an den statistisch ermittelten Normalbereichen von Gesunden ermessen werden. Für die verschiedenen Parameter liegen oberer und unterer Grenzwert dieses Normbereichs um Faktoren von ca. 1,8 (Volumen) bis ca. 4,6 (Lipase) auseinander. Wenn die individuellen Ausgangswerte eines Patienten vor seiner Erkrankung an der oberen Normgrenze liegen, muß die Se-

kretion um diese Faktoren absinken, um den pathologisch niedrigen Bereich zu erreichen. Das entspricht einer bereits erheblichen Organschädigung. Im Mittel allerdings genügen Minderungen der Sekretion um ein Viertel bis ein Drittel, damit Meßwerte unter der Norm entstehen und eine exokrine Pankreasinsuffizienz diagnostiziert werden kann. So führen vergleichende Untersuchungen zu dem Ergebnis, daß Frühstadien einer chronisch-entzündlichen Pankreasschädigung durch den Sekretionstest mindestens ebenso häufig aufgezeigt werden wie durch das empfindlichste morphologisch-diagnostische Verfahren, die endoskopische Pankreatikographie (ERP). Bei anderslautenden Befunden sind die Details der Testausführung zu beachten.

Nach eigenen Erfahrungen werden geringgradig ausgeprägte Fälle chronisch entzündlicher Pankreasschädigung in jeweils ca. 20% durch den Sekretionstest bzw. durch die ERP nicht diagnostiziert.

In weiter fortgeschrittenen Krankheitsstadien entsprechen sich die Befunde von Pankreatikographie und Funktionstest weitestgehend, und nur vereinzelt gibt es Fälle mit starker Diskrepanz. Auf das Ausmaß feingeweblicher pathologischer Veränderungen darf aus Sekretionsuntersuchungen nur mit Vorbehalt geschlossen werden.
Bei **akuter Pankreatitis** besteht abhängig von der Schwere der Erkrankung passager eine exokrine Pankreasinsuffizienz, welche reversibel ist, falls Pankreasgewebe nicht einschmilzt. Die Erholung dauert wenige Wochen.

Als typisches Sekretionsmuster bei leichteren Pankreasparenchymschäden (ödematöse Pankreatitis) wurde die Einschränkung der Volumen- und Bikarbonatsekretion bei erhöhter Enzymkonzentration beschrieben, welche sich bei geringer Stimulation zeigen läßt (Salzsäure intraduodenal appliziert) und welche bei submaximaler Stimulation einem normalen Sekretionsverhalten weicht.

Bei einer **chronisch rezidivierenden** bzw. bei **chronischer Pankreatitis** erfolgt die Funktionseinbuße schrittweise mit den Schüben, aber sie ist auch ohne klinisch-apparente Attacken progredient. Es entsteht daher in der Regel innerhalb von weniger als 10 Jahren eine funktionell wirksame exkretorische Pankreasinsuffizienz. Sekretionsschwä-

Tabelle 3.2. Differentialdiagnose der exkretorischen Pankreasinsuffizienz

Akute Pankreatitis, akutes Stadium
Restzustand nach Pankreasnekrose
Chronisch rezidivierende und chronische Pankreatitis
Mechanische Abflußbehinderung (Pseudozyste, Pankreas-, Papillenkarzinom)
Mukoviszidose
Shwachman-Syndrom
Hämochromatose
Nach Pankreasresektion, Pankreasgangokklusion
Chronische Niereninsuffizienz
Mangelnde endogene Stimulation
Dünndarmschleimhauterkrankungen (Spruesyndrom)
Verschlußikterus
B-II-Resektion
Kongenitaler Enzymmangel
Lipase, Colipase
Trypsin (DD: Enteropeptidasemangel)

che verschiedener Grade findet sich auch bei Mukoviszidose, bei Pankreaskarzinomen, Hämochromatose, bei extrapankreatischen konsumierenden Erkrankungen, Sprue, nach Magenresektionen, bei Niereninsuffizienz u.a. (s. Tabelle 3.2.).

Beim **Pankreaskarzinom,** welches zumindest teilweise durch Pankreasgangobstruktion zur exokrinen Insuffizienz führt, ist als früheste Sekretionsveränderung die verringerte Enzymsekretion nach Cholecystokininstimulation zu erwarten. Doch kann dieser Befund im Einzelfall mangels Spezifität und Sensitivität nicht zu einer ausreichend sicheren Abgrenzung gegenüber anderen Erkrankungen mit exokriner Pankreasinsuffizienz verwandt werden.

3.2.2.9 Indikationen zur Pankreasfunktionsdiagnostik

1. Verdacht auf eine exokrine Pankreasinsuffizienz als Ursache für ein Malassimilationssyndrom auch mit der Frage, ob eine Substitutionstherapie angezeigt ist.
2. Verdacht auf eine Pankreaserkrankung, welche durch eine exkretorische Insuffizienz verschiedener Grade charakterisiert sein kann. Dabei ist der Sekretionstest Bestandteil der Frühdiagnostik. Ob er für die Klärung fortgeschrittener Stadien erforderlich ist,

muß sich aus der Konstellation der weiteren Befunde des Patienten ergeben.
3. Verlaufskontrolle bei bekannter Pankreaserkrankung.

3.2.2.10 Kontraindikationen für den Pankreasstimulationstest

Für die Untersuchung gibt es keine Kontraindikation, mit Ausnahme der floriden, klinisch symptomatischen Pankreatitis, akut oder als akuter Schub einer chronisch rezidivierenden Verlaufsform. Die akute Entzündung sollte etwa 2- bis 3 Wochen abgeklungen sein, da anderenfalls das klinische Bild verschlechtert werden kann. Auftreten von Oberbauchschmerzen während der hormonellen Stimulation spricht für die Diagnose der Pankreatitis.

3.2.3 Lundh-Test

An verschiedenen klinischen Zentren hat sich der Lundh-Test statt des Sekretin-Pankreocymin-Tests als Hauptuntersuchungsmethode für die exokrine Pankreasfunktion eingeführt.

3.2.3.1 Prinzip

Die Pankreasstimulation erfolgt auf physiologischem Wege, nämlich durch eine flüssige Testmahlzeit. Sie enthält Kohlenhydrate, Fette und Eiweiße. Bei der Passage durch den oberen Gastrointestinaltrakt kommt es zur Stimulation des Sekretflusses auch aus dem Pankreas, hauptsächlich auf humoralem Wege. Der Duodenalinhalt, welcher sowohl die Testmahlzeit wie Mundspeichel, Magensaft, Galle und Bauchspeichel enthält, wird mittels einer Duodenalsonde an der Flexura duodenojejunalis abgeleitet. Seine Trypsinaktivität wird getestet. Sie ist derjenige Parameter, nach welchem zumeist allein der Lundh-Test ausgewertet wird.

3.2.3.2 Durchführung der Untersuchung

Der nüchterne Patient erhält eine einläufige Duodenalsonde, deren Öffnungen im Bereich des duodenojejunalen Übergangs zu liegen kommen (z. B. Camus-Sonde mit Metallolive und Führungsdraht, J. Eynard & Cie, Paris; Fa. W. Rüsch, 7050 Waiblingen). Sie wird unter röntgenologischer Kontrolle plaziert. Der Patient nimmt dann 300 ml der Testmahlzeit folgender Zusammensetzung zu sich:
18 g Sojabohnenöl, 15 g Milchpulver, 40 g Glukose, 15 ml Himbeersirup, mit Wasser auf 300 ml aufgefüllt, homogen verteilt mit Starmix o. ä.
Anschließend wird der Duodenalinhalt 2 Stunden lang am liegenden Patienten kontinuierlich über die Sonde in ein Sammelgefäß abgesogen (Saugheberprinzip, bei Bedarf manuell mit Spritze).

3.2.3.3 Analytik – Trypsintest

Ein optischer Test ist wegen der Beschaffenheit des Untersuchungsmaterials nicht möglich. Daher erfolgt die Messung der Trypsinaktivität titrimetrisch.
Prinzip der Bestimmung. Trypsin spaltet spezifisch Benzoyl-Arginyläthylester (BAEE). Dabei wird Benzoesäure freigesetzt. Die Geschwindigkeit ist das Maß für den enzymatischen Umsatz. Die Messung erfolgt im pH-Staten. Die Benzoesäure wird fortlaufend mit NaOH auf einen konstanten pH-Wert rücktitriert und der Verbrauch an NaOH in der Zeit bestimmt. Daraus errechnet sich die Trypsinaktivität.
Gerät. pH-Stat Autotitrator, Fa. Radiometer Kopenhagen, in Deutschland vertreten durch Fa. K. Hillerkus, Krefeld; Thermostatisierung 20 °C.

Reaktionsansatz in Titrationsbecher	*Reagenzien*
5 ml Substratlösg. BAEE 0,5%ig	Benzoyl-Arginyläthylester (Serva, Heidelberg) 500 mg BAEE in ca. 80 ml Aq. bidest aufnehmen mit NaOH 1 N unter ständigem Rühren auf pH 8,25 einstellen, auf 100 ml auffüllen. Auf 20 °C temperieren

0,5-ml-Probe	Aliquod aus der 2-h-Menge Duodenalinhalt, vor der Analyse homogen durchmischt

Titration mit 0,1 N NaOH auf Endpunkt pH 8,25; Temp. 20 °C

Berechnung:

$$\text{Trypsin} = \frac{\mu\text{mol NaOH}}{\text{Zeit}_{\text{min}} \cdot 0{,}5\ \text{ml}_{\text{Duodenalsaft}}}\ (\text{U/ml})$$

3.2.3.4 Auswertung

Die Beurteilung der Untersuchung erfolgt anhand von Normalwerten von klinisch Gesunden: Mittelwert 19,16 U/ml, untere Grenze der Norm ($\bar{x}$ – 2s) 8,9 U/ml, ermittelt an 40 Kontrollpersonen mit normaler exokriner Pankreasfunktion.

(Eine andere Untersuchung nennt als unteren Grenzwert des Normalbereichs 9,7 U/ml.)

Die Auswertung einer einzigen 2-h-Sammelperiode erbringt ein aussagekräftigeres Resultat als die Messung von vier 30-min-Perioden in Einzelfraktionen.

3.2.3.5 Fehlermöglichkeiten

Fehler können durch eine – grobe – Dislokation der Sonde entstehen. Selten ist die Testmahlzeit nicht verträglich.

3.2.3.6 Ergebnisse

Trypsinkonzentrationen unterhalb der unteren Normgrenze sind Ausdruck einer exokrinen Pankreasinsuffizienz (zu deren Differentialdiagnose s. Tabelle 2.5). Abgesehen von der exkretorischen Pankreasfunktion hängt das Ergebnis des Lundh-Tests davon ab, in welchem Maße die physiologischen Mechanismen der Pankreasstimulation wirksam sind, nervale und vor allem humorale, d. h. hormona-

le. Sie sind Funktionen der Duodenal- bzw. Dünndarmschleimhaut, auch des Magens (HCl-Sekretion). Die Untersuchung führt daher auch zu einem pathologischen Ergebnis bei Dünndarmschleimhauterkrankungen. Nicht geeignet ist sie nach Gastroenteroanastomosen, welche das Duodenum aus dem Speiseweg ausschalten.
Im Vergleich zum Sekretin-Pankreocymin-Test ist der technisch-analytische und der finanzielle Aufwand beim Lundh-Test erheblich geringer. Eine intravenöse Infusion wird nicht benötigt. Die Untersuchungszeit ist länger (gemessen an dem 1-h-Sekretin-Pankreocymin-Test). Eine Verkürzung des Lundh-Tests auf 1 h ist nicht möglich. Direkte Vergleiche zwischen der diagnostischen Aussagekraft von Sekretin-Pankreocymin-Test und Lundh-Test erbrachten unterschiedliche Resultate zugunsten des einen oder des anderen Verfahrens.

3.3 Indirekte Methoden zur Messung der exokrinen Pankreasfunktion

Stuhlgewicht und *Stuhlfettausscheidung* sind unspezifische Parameter für eine Mangelverwertung der Nahrung. Sie können auch zur Diagnostik und zur Verlaufsbeurteilung der exokrinen Pankreasinsuffizienz herangezogen werden, hängen aber ebenso von den Funktionen des Dünndarms ab; auch Erkrankungen des Magens und des Dickdarms können eine Rolle spielen.

3.3.1 Stuhlgewicht

Das tägliche Stuhlgewicht beträgt unter unseren mitteleuropäischen Ernährungsbedingungen mit relativ schlackenarmer Kost bis 200 g. Werte über 300 g sind sicher pathologisch und sprechen für ein Malassimilationssyndrom im weitesten Sinn, ohne auf dessen Ursache einen näheren Hinweis zu geben. Bei exokriner Pankreasinsuffizienz sind die Stühle in ausgeprägten Fällen breiig, fettig, massig. Die Kontrolle des Stuhlgewichts liefert – wo andere Kontrollmöglichkeiten nicht bestehen – einen durchaus brauchbaren Anhalt für den Erkrankungsverlauf, z. B. unter einer Enzymsubstitutionstherapie.

3.3.2 Stuhlfettausscheidung

Die Menge täglich ausgeschiedenen Fetts ist eine Funktion auch der pankreatischen Lipaseaktivität. Sinkt die Lipasesekretion auf ca. $^1/_6$ des unteren Grenzwerts der Norm, so ist mit einer Steatorrhoe zu rechnen. Pathologisch sind Stuhlfettmengen über 10 g pro Tag bei Normalkost. Stuhlfettanalysen ermöglichen ohne nähere Differenzierung die Diagnose eines Malassimilationssyndroms und objektivieren seinen Verlauf. Stuhlfettbestimmungen sind gut geeignet, das erforderliche Maß an Enzymsubstitution zu ermessen, mit welcher eine exokrine Pankreasinsuffizienz zu therapieren ist.
Zur Technik der Stuhlfettbestimmung und zur Auswertung der Ergebnisse s. Kap. Dünndarm, 2.9.

Zur Diagnostik ausgeprägterer Fälle von exkretorischer Pankreasinsuffizienz eignen sich mehrere Verfahren, welche als **Screeningtests** bezeichnet werden: *Fluoreszeindilaurattest, NBT-PABA-Test* und die Bestimmung der *Chymotrypsinaktivität im Stuhl.* Auch die Bestimmung des sekretinstimulierten *Pankreatischen Polypeptids* im Serum erfüllt den gleichen Zweck.
Fluoreszeindilaurattest und NBT-PABA-Test sind in vivo-Untersuchungen der intestinalen Verdauungsleistung sezernierter pankreatischer Enzyme.

Es wird per os ein spezifisches Substrat verabreicht, dessen enzymatische Spaltprodukte enteral resorbiert und renal ausgeschieden werden, so daß die im Urin erscheinenden Mengen ein Maß für die exokrine Pankreasleistung sind.

Bei der Chymotrypsinbestimmung im Stuhl handelt es sich um die Messung der aus dem Pankreas stammenden enzymatischen Aktivität, welche sich über die Darmpassage erhalten hat. An ihr kann die Pankreassekretion abgeschätzt werden.
Der Vorteil dieser Screeningmethoden liegt im Vergleich mit den Sondentests in der einfachen Handhabung für Patienten und Labor. Ihr Nachteil ist die eingeschränkte diagnostische Treffsicherheit bei mäßig ausgeprägter und vor allem bei der geringgradigen exokrinen Pankreasinsuffizienz. Daraus leitet sich auch der Wert der Methoden für die Diagnostik derjenigen Pankreaserkrankungen ab, welche mit einer exokrinen Insuffizienz einhergehen bzw. definitionsgemäß durch eine solche charakterisiert werden.

3.3.3 Fluoreszeindilaurattest

Der Test wird unter dem Warennamen Pankreolauryl-Test (Temmler-Werke Marburg) im Handel angeboten.

3.3.3.1 Grundlagen

Dem Patienten wird ein Substrat peroral gegeben, Fluoreszeindilaurat, welches durch pankreatische Arylesterasen (spalten aromatische Fettsäureester) hydrolysiert werden kann in den aromatischen Alkohol Fluoreszein, ein Diol, sowie in Laurinsäure, n-Dodecansäure, $C_{11}H_{23}COOH$. Fluoreszein wird enteral resorbiert und renal ausgeschieden, teils nach hepatischer Glucuronidierung. Die im Urin nachweisbare Menge ist um so höher, je höher die pankreatische Enzymsekretion ist. Die Untersuchung erfolgt in zwei Abschnitten, einer Test- und einer Vergleichsphase. Einmal erhält der Patient Fluoreszeindilaurat, an einem anderen Tag freies Fluoreszein zur Kontrolle. Es wird das Verhältnis aus den Ergebnissen beider Untersuchungen ausgewertet.

3.3.3.2 Durchführung der Untersuchung

(Dem käuflichen Pankreolauryltest liegt eine ausführliche Arbeitsanleitung bei.) Die Untersuchung beginnt morgens am nüchternen Patienten. Er trinkt zur ausreichenden Diurese 0,5 l schwarzen Tee ohne Zusätze. 30 min später nimmt er ein standardisiertes Frühstück zur Pankreasstimulation ein. Es enthält 20 g Butter, ein Brötchen und 50 g Weißbrot sowie eine Tasse Tee.
Während des Verzehrs wird die Testsubstanz eingenommen: Am 1. Tag zwei „blaue Kapseln“, welche je 0,25 mmol Fluoreszeindilaurat enthalten. – Am 2. Tag eine „rote Kapsel“ mit 0,5 mmol Fluoreszein. – Zwischen dem 1. und dem 2. Untersuchungstag soll wenigstens ein Tag Zwischenzeit liegen.
Nach der Kapseleinnahme soll der Patient 3 h lang weder essen noch trinken, in den folgenden 2 h einen weiteren Liter schwarzen Tee trinken. Anschließend, vom Mittag des Untersuchungstags an, darf er die normalen Mahlzeiten zu sich nehmen. Die Sammlung des Urins erstreckt sich von der Einnahme der Präparate bis zur letzten Blasenentleerung 10 h später. Der Urin kann im Kühl- oder im Gefrierschrank aufbewahrt werden.

3.3.3.3 Analytik

Die Farbstoffmessung im Urin geschieht photometrisch. Fluoreszein hat ein Absorptionsmaximum bei 492 nm. Der zugehörige Extinktionskoeffizient ist $70 \cdot 10^6$ cm^2/mol. Für die Auswertung muß das Uringesamtvolumen exakt festgestellt werden (graduierter Meßzylinder), der Urin muß gut durchmischt werden.
Da Fluoreszein teils als farbloses Glucuronid infolge hepatischer Metabolisierung ausgeschieden wird, ist zu seiner Freisetzung eine alkalische Hydrolyse erforderlich:
0,5 ml Urin werden mit 4,5 ml NaOH 0,1 N im Wasserbad 10 min lang auf 65–70 °C erhitzt; damit wird die Probe 1:10 verdünnt. Die Extinktion dieser Probe wird anschließend photometrisch gegen Wasser (Glasküvette, Schichtdicke 1 cm) gemessen.

3.3.3.4 Berechnung

Die Fluoreszeinkonzentration im Urin errechnet sich zu

$$[\text{Fluoreszein}] = \frac{\text{Extinktion}_{492\,\text{nm}} \cdot \text{Verdünnungsfaktor}}{\text{Extinktionskoeffizient} \cdot \text{Küvettenschichtdicke}}$$

$$\mu\text{mol/ml} = \frac{\Delta\,E \cdot 10}{70\,\text{cm}^2/\mu\text{mol} \cdot 1\,\text{cm}}$$

Die ausgeschiedene Menge Fluoreszein ergibt sich aus der Multiplikation mit dem Urinvolumen.

3.3.3.5 Ergebnisse

Sicher pathologisch ist die Ausscheidung von weniger als 20% Fluoreszein bei der Untersuchung mit Fluoreszeindilaurat, wenn die ausgeschiedene Menge bei der Paralleluntersuchung mit freiem Fluoreszein gleich 100% gesetzt wird. Werte zwischen 20 und 30% gelten als fraglich pathologisch und sollen durch Kontrolle bestätigt werden. Werte über 30% sind normal.

3.3.3.6 Fehlerquellen

Das Testergebnis ist von der enzymatischen Esterspaltung abhängig. Daher darf der Patient keine Pankreasenzympräparate einnehmen. – Bei der optischen Messung interferieren Farbstoffe mit ähnlichem Absorptionsspektrum, insbesondere Flavinkörper, welche aus Vitaminpräparaten stammen können. – Pankreasunabhängige Einflüsse durch den Weg des Fluoreszeins durch den Organismus werden durch die Doppeltestanordnung berücksichtigt und in ihrer Auswirkung auf das Testresultat eliminiert: intestinale Resorption, hepatische Konjugation, renale Elimination. – Fehlermöglichkeiten in der Testdurchführung liegen in der Nichteinhaltung des exakt vorgeschriebenen Untersuchungsgangs, dabei vor allem in der unvollständigen Sammlung des Urins.
Unklar ist, ob es eine pankreasunabhängige Spaltung von Fluoreszeindilaurat im Intestinaltrakt gibt; nach Pankreatektomie wurde

noch 5 Tage nach Absetzen oraler Enzymsubstitution eine Fluoreszeinausscheidung in den Urin nachgewiesen.

3.3.3.7 Auswertung

Die Treffsicherheit der diagnostischen Aussage ist gut bei ausgeprägter exokriner Pankreasinsuffizienz. Zahlenangaben zur Sensitivität liegen zwischen 70–80 und über 90%. Bei geringer Funktionseinschränkung des Pankreas sind falsch normale Testergebnisse häufig. Ein normales Resultat schließt also eine Pankreaserkrankung nicht aus, und in Zweifelsfällen läßt sich nur ein pathologischer Befund diagnostisch verwerten. Allerdings werden auch bei Pankreasgesunden mit normalem Sekretin-Pankreocymin-Test als Vergleichsparameter pathologische Ergebnisse im Pankreolauryltest in bis 15% der untersuchten Fälle gefunden, entsprechend einer Spezifität von 85%.

Statt der Ausscheidung von Fluoreszein im Urin kann auch die maximale Fluoreszeinkonzentration im Serum gemessen und als Parameter für die Beurteilung der Untersuchung herangezogen werden. Die höchsten Meßwerte treten 4–5 h nach der peroralen Gabe von Fluoreszeindilaurat auf. Die Abgrenzung ausgeprägter Fälle von exokriner Pankreasinsuffizienz gegenüber normalen Befunden ist eindeutig. Der methodische Vorteil liegt im Fortfall der Zweituntersuchung (mit freiem Fluoreszein) und des Urinsammelns als Fehlerquelle. Vergleichsuntersuchungen und Erfahrungen aus größeren Patientengruppen stehen aber noch aus.

3.3.4 NBT-PABA-Test (Bentiromid-Test)

3.3.4.1 Grundlagen

N-Benzoyl-L-tyrosyl-p-aminobenzoesäure wird enzymatisch durch pankreatisches Chymotrypsin gespalten, wobei Paraaminobenzoesäure frei wird. Außerdem ist eine Peptidhydrolase der Dünndarmschleimhaut mit geringer Aktivität imstande, PABA aus dem Substrat abzuspalten.

PABA ist für den Makroorganismus untoxisch. Während NBT-PABA nur zu einem geringen, wechselnden Anteil aus dem Intestinaltrakt in die Blutbahn aufgenommen wird, um in der Leber metabolisiert zu werden, wird PABA in der Regel vollständig resorbiert. p-Aminobenzoesäure wird, teils hepatisch konjugiert, schließlich renal in den Urin ausgeschieden. Die im Harn erscheinende Menge PABA nach oraler Applikation von NBT-PABA ist also überwiegend abhängig von der Chymotrypsinaktivität im Intestinum und somit von der exkretorischen Pankreasfunktion. Sie ist aber nicht nur bei exokriner Pankreasinsuffizienz erniedrigt sondern auch bei intestinalen Erkrankungen mit Malabsorption, bei fortgeschrittener Leberinsuffizienz sowie bei höhergradiger Niereninsuffizienz.
Für die Funktionsdiagnostik des exokrinen Pankreas wird entweder die Ausscheidung von Paraaminobenzoesäure im Urin auf die Menge oral applizierter Peptid-PABA bezogen (Einphasenuntersuchung) oder aber mit dem Ergebnis einer Zweituntersuchung verglichen, bei welcher die Urin-PABA-Menge nach Gabe von unveresterter p-Aminobenzoesäure per os bestimmt wird (Zweiphasenuntersuchung).
Im Vergleich zu diesen Tests ergeben sich praktische Vorteile, wenn die p-Aminobenzoesäure nicht im Urin, sondern im Blut gemessen wird.

3.3.4.2 Durchführung der Untersuchung als Einphasenuntersuchung

Das Testsubstrat ist als Reinsubstanz käuflich (Serva, Heidelberg; Hoffmann-La Roche, Basel; Fluka, Buchs, Schweiz): Der Test ist konfektioniert im Handel als „PFT Roche"; zugehörig ist der Reagenziensatz zur PABA-Bestimmung „PABA-Test Roche" (Hoffmann-LaRoche Diagnostika). Der Testablauf wird variabel angegeben. Der Patient erhält nach Abgabe des Morgenurins die abgewogene Menge (s. u.) NBT-PABA nüchtern per os zusammen mit einem die Pankreassekretion stimulierenden Frühstück. Dazu eignen sich 150–200 ml Lundh-Mahlzeit (s. Lundh-Test Kap. 3.2.3), aber auch andere, z. B. 300 ml Spontafix-Formelnahrung. Wahrscheinlich ist diese Stimulation entbehrlich. – Zu Beginn und im Laufe der Unter-

suchung werden zusammen wenigstens 1,5 l Flüssigkeit angeboten. Der Urin wird über den Testzeitraum vollständig gesammelt, dann werden Volumen und PABA-Konzentration bestimmt.
Die *Menge NBT-PABA* kann pro Untersuchung 5–10 mg/kg KG oder konstant 1 g oder 2 g sein, oder auch nur 150 mg ohne Verlust an diagnostischer Aussagekraft; diese Feststellung wird aber bezweifelt.
Die *Testzeit* nach der Einnahme des Substrats beträgt 6 h. Untersuchungen über eine Dauer bis zu 9 h erbrachten keine Verbesserung der Aussage.
Die Auswertung erfolgt, indem die im Meßzeitraum ausgeschiedene Menge PABA als Prozentsatz der per os gegebenen Menge NBT-PABA errechnet wird.

Analytik

Bestimmung von p-Aminobenzoesäure (PABA) im Urin
(modifizierte Methode von Bratton u. Marshall nach Bornschein, Goldmann u. Dressler)

Reaktionsansatz in Eppendorf Reaktionsgefäß mit Deckel	*Reagenzien*
200 µl Urin 1:10	Sammelurin, gut durchmischt; Aliquod zentrifugiert, 1:10 verdünnt mit Aq. dest.
bzw.	
200 µl Standardlösung 1:10	Standardlösung 0,5 mmol/l p-Aminobenzoesäure 79,56 mg PABA-Na-Salz pro Liter Aq. dest. verdünnt 1:10 mit Aq. dest.
+ 10 µl konz. HCl	HCl 37%ig p. A.

60 min Inkubation in Thermostatblock bei 95 °C bzw. in kochendem Wasserbad; Deckel verschlossen. – Dann 15 min Kühlung auf Eis, dann

+ 20 µl Na-Nitritlösung	1 g Na-Nitrit krist. pro Liter Aq. dest.
+ 50 µl Aq. dest.	

10 min Reaktionszeit, danach

+ 20 µl Ammoniumamidosulfonatlösung	20 g Ammoniumamidosulfonat pro Liter Aq. dest.

5 min Reaktionszeit, dann

+ 100 μl NED-Lösung + 600 μl Aq. dest.	1 g N-[naphthyl-(1)] -äthylendiammoniumdichlorid p. A. pro Liter Aq. dest.

Photometrieren: 1-cm-Küvette, Wellenlänge 546 nm
Leerwert: 200 μl Urinverdünnung wie oben, gleicher Arbeitsgang, am Schluß Aq. dest. statt NED-Lösung
Eichkurve: mit je 200 μl Verdünnung des Standards (s. o.), so daß 0–20 nmol PABA pro Ansatz enthalten sind; die PABA-Stammlösung 0,5 mmol/l enthält 100 nmol/200 μl

---

Berechnung: Die Steigung F der Eichkurve (Abszisse: nmol PABA/Ansatz; Ordinate: $\Delta E_{PABA} - \Delta E_{Null}$) gibt den Wert $\frac{\Delta E}{\text{nmol PABA}}$ an. Daraus kann die Menge PABA in der Urinprobe unter Berücksichtigung der Verdünnung und des Urinvolumens errechnet werden.

Reagenzien

N-Benzoyl-L-tyrosin-4-aminobenzoesäure p. A.	Serva 14785
p-Aminobenzoesäure	Merck 822312, Serva 12400
HCl rauchend 37%ig z. A.	Merck 317
Natriumnitrit krist.	Merck 822285
Ammoniumamidosulfonat	Merck 1220
N-(Naphthyl-(1))-aethylen-diammoniumdichlorid NED	Merck 6237
4-Dimethylamino-zimt-aldehyd	Merck 822034; Serva 20210; Fluka 39421

% PABA-Ausscheidung im Urin in 8 h nach peroraler Gabe von NBT-PABA	Verhältnis zwischen der Urin-PABA-Ausscheidung nach NBT-PABA und nach PABA per os

Ergebnisse. Die Normwerte hängen von den Testbedingungen ab. Bei Verwendung von 1 g Peptid-PABA und 6-h-Sammelperiode für den Urin beträgt der untere Grenzwert der Norm um 50%. Werte darunter gelten als pathologisch und weisen auf eine exkretorische Pankreasinsuffizienz hin.
In 9 h werden vom Gesunden wenigstens 55% der applizierten Menge PABA in den Urin ausgeschieden ($\bar{x}$ – 2s). Als Grenzbereich gelten 55–58%. Pathologische Werte können mit einer Zweituntersu-

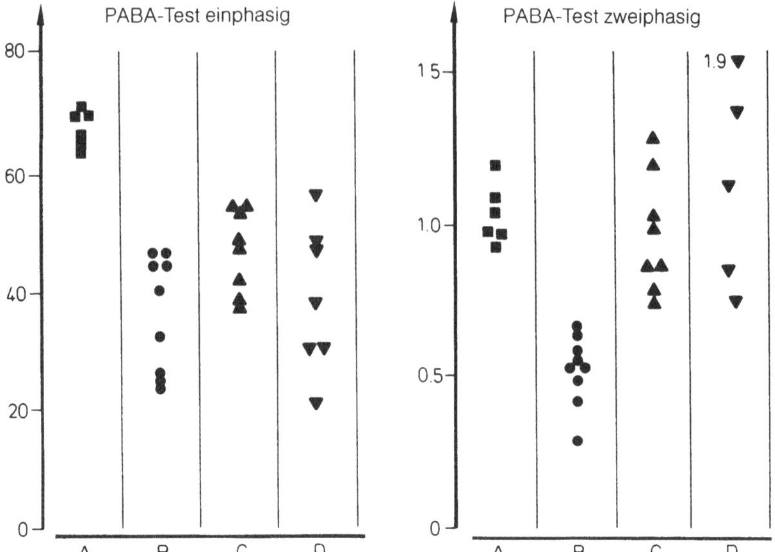

Abb. 3.3. Vergleich der Ergebnisse des Peptid-PABA-Tests als Einphasen- und als Zweiphasenuntersuchung (s. Text; aus: Mitchell CJ, Humphrey CS, Bullen AW, Kelleher J, Losowsky MS (1979) Improved diagnostic accuracy of a modified oral pancreatic function test. Scand J Gastroenterol. 14: 737). Patienten: (*A*) 6 Normalpersonen; (*B*) chronische Pankreatitis, n = 9; (*C*) enterale Erkrankungen mit Malassimilation, n = 8; (*D*) verschiedene Leberparenchymerkrankungen, n = 7.
Die einfache Bestimmung von PABA im Urin als Prozentsatz der oral verabreichten Menge NBT-PABA führt nicht zur Trennung der Resultate bei den untersuchten Patienten mit Pankreas-, Darm- und Lebererkrankungen, bei denen sämtlich erniedrigte Werte gefunden werden. Dagegen gestattet der Quotient aus den Resultaten der Untersuchungen mit NBT-PABA und mit freier PABA p.o. die Abgrenzung der Patientengruppe mit exokriner Pankreasinsuffizienz

chung kontrolliert werden, bei welcher der Patient gleichzeitig mit dem Substrat 1 g Pankreatin (Pankreon Granulat) erhält; auf diese Weise ist eine Mangelresorption für PABA auszuschließen, welche eine extrapankreatische Ursache für ein pathologisches Testresultat sein kann.

Eine andere Testanordnung als *Zweiphasenuntersuchung* ist dem Modus des Pankreolauryl-Tests analog: Der Patient erhält an 2 verschiedenen Tagen mit wenigstens 1 Tag Zwischenzeit, einmal NBT-PABA, einmal freie PABA in äquivalenten Mengen per os. Pankreasstimulation, Diurese und Urinsammelperiode werden identisch gehandhabt. Das Testergebnis ist dann nicht auch abhängig von Dünndarm-, Leber- und Nierenfunktion, indem die Differenz der PABA-Ausscheidung an den beiden Untersuchungstagen ausgewertet wird. Nach Gabe von 2 g NBT-PABA im Vergleich mit der entsprechenden Menge von 680 mg freier PABA wurden Verhältnisse der im Urin in 8 h erscheinenden Menge PABA

$$\frac{\text{Urin-PABA}_{\text{NBT-PABA per os}}}{\text{Urin-PABA}_{\text{freie PABA per os}}}$$

bei Pankreasgesunden zwischen 0,75 und 1,9 gefunden, darin eingeschlossen Patienten mit Dünndarmschleimhauterkrankungen und mit Leberinsuffizienz. Dagegen hatten Patienten mit exokriner Pankreasinsuffizienz erniedrigte Werte bis 0,25 (Abb. 3.3.).

3.3.4.3 Fehlerquellen

Fehlermöglichkeiten liegen in der ungenügenden Pankreasstimulation, in der unvollständigen Sammlung des Urins und in der möglichen Interferenz mit verschiedenen Medikamenten. Der Patient darf keine Pankreasenzympräparate einnehmen. Bei eingeschränkter Pankreasfunktion können auch die Aziditätsverhältnisse im oberen Dünndarm ausschlaggebend für das Testresultat sein. Im mehr sauren Milieu ist Chymotrypsin weniger aktiv als im alkalischen. Daher kann die PABA-Ausscheidung durch Gabe von Antazida vermehrt werden. Außerdem beeinflussen die Metaboliten verschiedener aromatischer Verbindungen, z. B. von Pharmaka, den optischen Test im Urin. Denn die Nachweismethode für PABA erfaßt sämtliche aromatischen Amine. Vor allem Sulfonamide und Sulfonylharnstoffe müssen vor der Untersuchung abgesetzt werden, da sie bzw. ihre Abbauprodukte im Urin andernfalls mitbestimmt würden.
Nach Pankreatektomie findet sich eine Restausscheidung PABA im Urin. Sie kann mit der Resorption kleinerer Mengen Peptid-PABA im Dünndarm und Umsatz in der Leber sowie mit der geringen pankreasunabhängigen Substratspaltung durch Dünndarmschleimhaut erklärt werden.

3.3.4.4 Auswertung

Die Sensitivität des Peptid-PABA-Tests ist 80–90% in der Diagnostik der ausgeprägten exkretorischen Pankreasinsuffizienz. Bei geringen Pankreasfunktionsstörungen sind falsch normale Testergebnisse häufig. Bei Normalpersonen werden pathologische Ergebnisse in etwa 15% erhoben.

Im Vergleich zum Pankreolauryltest liegen Sensitivität und Spezifität (bei der Durchführung mit Vergleichstest mit freier PABA) des NBT-PABA-Tests in der gleichen Größenordnung. Die diagnostische Ausbeute kann verbessert werden durch die Kombination von Pankreolauryl- und NBT-PABA-Test, die sich beide in einem Untersuchungsgang durchführen lassen.

3.3.5 NBT-PABA-Test mit Bestimmung von PABA im Blutserum

Wesentliche Nachteile des Urin-Peptid-PABA-Tests können vermieden werden durch die Messung von PABA nicht in einem Sammelurin sondern im Serum. Dabei entfallen die mehrstündige Einhaltung eines Trinkschemas und die quantitative Sammlung des Urins, welche einer ambulanten Anwendung der Untersuchung wesentlich im Wege stehen. Außerdem wird der Einfluß von Medikamenten auf die Messung eliminiert, welche mit der Bestimmungsmethode für PABA im Urin interferieren.

3.3.5.1 Durchführung der Untersuchung

Dem morgens nüchternen Patienten wird eine Blutprobe entnommen (5 ml). Er erhält anschließend 150 mg NBT-PABA per os (s. 3.3.4.2) zusammen mit einer Reizmahlzeit; als solche ist in der Erstmitteilung Aletemil-Nestlé gewählt (40 g). Nach 60 min wird eine zweite Blutprobe entnommen. PABA wird in den beiden Proben bestimmt.

3.3.5.2 Analytik

Zur Bestimmung wird Serum mit Trichloressigsäure enteiweißt (1 ml TCA/1 ml Serum; gleichbedeutend mit einer Probenverdünnung 1:2). Es wird dann Paraaminobenzoesäure ohne weiteren Verdünnungsschritt in der gleichen Weise bestimmt wie für Urin auf S. 186 angegeben. Als Leerwert dient die Serum-Nüchternprobe. Die Auswertung erfolgt unter Zuhilfenahme der Eichkurve anhand der Differenz Meßwert minus Leerwert; die eingangs getroffene Verdünnung der Probe ist zu berücksichtigen.

3.3.5.3 Ergebnisse

Beim Gesunden liegen die PABA-Konzentrationen in der Serumprobe 60 min nach Substratapplikation über 2 nmol/ml. Werte darunter sprechen für eine exokrine Pankreasinsuffizienz.

Bei Normalpersonen steigt die PABA-Konzentration nach Testbeginn über ca. 90 min an, um nach Überschreiten eines Maximalwerts im Verlauf mehrerer Stunden wieder abzufallen. Bei Patienten mit Pankreasinsuffizienz beginnt der Konzentrationsanstieg im Blut deutlich erst 1 h nach Testbeginn, so daß die Messung zum Zeitpunkt 60 min nach Untersuchungsbeginn die bestmögliche Abgrenzung zwischen normalen und pathologischen Resultaten gestattet.

Mit der Messung interferierende Medikamente (s. S. 189) müssen nur während des Untersuchungszeitraums abgesetzt werden. Sensitivität und Spezifität des Tests dürften zumindest die Größenordnung der Untersuchung mit Urin-PABA erreichen; vergleichende Angaben und Gegenüberstellungen zu den Ergebnissen von Sondentests, d.h. zum Sekretin-Pankreocymin-/Caeruleintest liegen noch nicht vor.

3.3.6 Bestimmung von p-Aminobenzoesäure im Urin mit DACA

Für die Bestimmung von PABA im Urin – nicht im Serum – eignet sich auch eine einfache Farbreaktion mit 4-Dimethylamino-zimt-aldehyd (s. S. 187) $(CH_3)_2$-N-C_6H_4-$(CH)_2$-CHO:

Testansatz: In Reagenzglas mit Stopfen

1 ml Urin	Sammelurin, je nach Durchführungsschema des NBT-PABA-Tests
+ 2 ml HCl 1,5 N	

15 min in kochendes Wasserbad einstellen zur Hydrolyse von PABA-Konjugaten

0,2 ml Hydrolysat	
+ 10 ml DACA 0,1%ig	Lösung in Äthanol/Wasser 1:1

30 min stehenlassen
Extinktionsmessung bei 550 nm gegen die 0,1%ige DACA-Lösung

Standard: p-Acetaminobenzoesäure-Na-Salz, äquivalent mit 200 µg PABA/ml; (die Lösung kann zur besseren Haltbarkeit zu 0,1% mit NaN_3 versetzt werden).

Berechnung: $[PABA]_{Urin} = \frac{\Delta E_{Probe}}{\Delta E_{Standard}} \cdot 200\ (\mu g/ml)$

Mit Hilfe des Urinvolumens sind die Menge PABA pro Zeit und der Prozentsatz der verabreichten Menge zu ermitteln.
Das rotgefärbte Reaktionsprodukt der Indikatorreaktion ist
$(CH_3)_2N$-C_6H_4-$(CH)_3$ = N-C_6H_4-COOH
Die Farbintensität ist pH-abhängig, im Sauren stabil. Ein Testkit der Fa. Eisai Co. Ltd., Tokio enthält daher zur Sicherheit eine Pufferlösung zur Mischung mit dem Äthanol, s. o. ad pH 1,5

Der Vorteil dieser Bestimmungsmethode im Vergleich zu den üblichen Verfahren, modifiziert nach Bratton und Marshall, liegt in dem geringeren Aufwand auch an Zeit bei Bestimmungen von PABA im Urin.

3.3.7 Chymotrypsinbestimmung im Stuhl

3.3.7.1 Grundlagen

Bis zu 50% der vom Pankreas sezernierten Chymotrypsinaktivität können im Stuhl gefunden werden. Der Rest wird vorzugsweise bakteriell abgebaut. Chymotrypsinkonzentration und -menge im Stuhl sind ein Maß für die exokrine Pankreasleistung. Nach Pankreatektomie ist die Chymotrypsinrestaktivität unter 2% der Ausgangswerte. Somit kommen andere Quellen für die Enzymaktivität im Stuhl nicht nennenswert in Betracht, die Untersuchung ist pankreasspezifisch.

3.3.7.2 Durchführung der Untersuchung

Für die Messung eignen sich unausgewählt entnommene Proben nicht weniger als Proben aus homogenisiertem Stuhl. Die benötigte Menge ist ca. 1 g. Die Chymotrypsinaktivität erhält sich im Ausgangsmaterial einige Tage lang auch bei Zimmertemperatur, so daß Proben schadlos mit der Post versandt werden können.
Die quantitative Bestimmung der Chymotrypsinaktivität in einem verdünnten Homogenat der Stuhlprobe kann auf zweierlei Wegen erfolgen. Bei der *titrimetrischen Messung* der Enzymaktivität mit dem pH-Staten werden die aus einem chymotrypsinspezifischen Substrat mit der Spaltung freigesetzten Säureäquivalente fortlaufend registriert. Die zur Konstanterhaltung der Wasserstoffionenkonzentration im Reaktionsansatz erforderlichen, kontinuierlich zugepumpten Mengen Natronlauge liefern das Maß für die Berechnung der Umsatzgeschwindigkeit.

Bei diesem Verfahren reagiert Chymotrypsin aus der Stuhlprobe, trotzdem es teilweise partikelgebunden in der Stuhlaufschwemmung vorliegt. – Die Methode erfordert mit dem pH-Staten eine geeignete apparative Ausstattung.

Bei der Chymotrypsinbestimmung mit einem *optischen Test* wird ein chromogenes Substrat angeboten, aus dem der enzymatische Umsatz p-Nitroanilin freisetzt. Die Zunahme seiner Konzentration mit

Fortdauer der Reaktion kann photometrisch bestimmt werden. Die Enzymaktivität errechnet sich aus den Meßwerten mit Hilfe eines Extinktionskoeffizienten.

Voraussetzung für dieses Verfahren ist die vorherige Freisetzung von partikelgebundenem Chymotrypsin, womit das Enzym wäßrig gelöst und das Untersuchungsgut – nach Abzentrifugation der partikulären Stuhlbestandteile – ohne optische Trübung ist. Für die Solubilisation des Enzyms wird ein Solvens benötigt, Lauryl-trimethylammoniumchlorid. Die anschließende kinetische Enzymmessung erfordert apparativ nur ein übliches Photometer.

3.3.7.3 Titrimetrische Chymotrypsinbestimmung (pH-Stat-Methode)

Aus dem Stuhlpartikel wird ein Homogenat hergestellt – durch einfaches Rühren mit dem Glasstab (oder mittels Potter-Elvehjem-Homogenisator oder Ultraturrax ohne Unterschiede in der Ausbeute). Dabei wird die zuvor eingewogene Probe 1:10 mit physiologischer Kochsalzlösung verdünnt. – Grobe Partikel der Aufschwemmung werden durch Passage über einen Filter aus zwei Lagen chirurgischer Gaze entfernt. Der Durchlauf wird ohne weitere Reinigung zum Test verwendet.

Die Chymotrypsinaktivität ist zum großen Teil, jedoch stark variabel, partikelgebunden, so daß mit weiteren Filtrations- oder Zentrifugationsschritten wesentliche Anteile der Gesamtaktivität entfernt würden.

Im Anschluß an Homogenisation und Filtration (auch nach etwaigem Wiederauftauen von eingefrorenen Proben) soll die Aufschwemmung etwa 30 min lang stehengelassen werden, um sich zu stabilisieren. Dann erfolgt der Enzymtest.
Prinzip der Enzymaktivitätsbestimmung: Nachweisreaktion ist die enzymatische Spaltung eines chymotrypsinspezifischen Substrats, N-Azethyltyrosinäthylester (ATEE), aus welchem Essigsäure freigesetzt wird. Im pH-Staten wird die Säure automatisch fortlaufend mit NaOH auf einen konstantgehaltenen pH-Wert titriert. Der Verbrauch an NaOH pro Zeit ist der Enzymaktivität proportional. Das pH-Optimum der Reaktion liegt bei 9,0.

Gerät: pH-Stat (Fa. Radiometer Kopenhagen, Vertrieb durch K. Hillerkus, Krefeld). – Wasserbad 95 °C bzw. elektrischer Heizblock.

Testansatz in Titrierbecher	*Reagenzien*
2,5 ml Substratlösung	0,036 mol/l ATEE; 50% v/v Methanol; 0,005 mol/l TRIS: 9,04 g ATEE/l Substratlösung 500 ml Methanol 500 ml Aq. dest. mit 0,30 g TRIS
0,05-1,0 ml Stuhlsuspension	Stuhlprobe 1:10 in physiolog. NaCl-Lösg., filtriert (s. Text) Menge je nach Chymotrypsinaktivität
ad 6,5 ml Puffer	0,005 mol/l TRIS; 0,5 mol/l NaCl; 0,005 mol/l $CaCl_2$: 0,61 g TRIS 29,22 g NaCl 0,74 g $CaCl_2 \cdot 2\ H_2O$ Aq. dest. ad 1000 ml; pH 9,0 mit NaOH einstellen
auf pH 9,0 einstellen pH-Stat-Messung des Substratumsatzes	

Eichkurve: Ansatz wie oben; statt der Stuhlsuspension werden je 100 µl Verdünnung einer Chymotrypsin-Stammlösung verwandt: 100 mg krist. Chymotrypsin in 0,05 mol/l $CaCl_2$/0,005 mol/l HCl

Herstellung der Stammlösung Chymotrypsin:

0,074 g $CaCl_2 \cdot 2\ H_2O$
0,5 ml 1 N HCl
100 mg Chymotrypsin krist.
mit Aq. bidest. auf 100,0 ml auffüllen

Verdünnungen der Stammlösung zur Erstellung der Eichkurve:

Stammlösung	HCl 0,005 N	enthaltenes Chymotrypsin µg/100 µl
2 ml	98 ml	2
3 ml	97 ml	3
4 ml	96 ml	4
5 ml	95 ml	5

3.3.7.4 Berechnung

Anhand der Eichkurve wird unter Berücksichtigung der Stuhlprobenverdünnung der Gehalt des Stuhls an Chymotrypsin in µg/g ermittelt.

Die Eichkurve wird mit Hilfe von kristallinem Chymotrypsin aus Rinderpankreas erstellt. Für die Berechnung der Stuhlenzymaktivität wird vorausgesetzt, daß dessen spezifische Aktivität mit dem menschlichen übereinstimmt.

3.3.7.5 Ergebnisse

Die untere Grenze der Norm ist 120 µg Chymotrypsin pro Gramm Stuhl (oder 7,5 mg/24 h). Werte darunter sprechen für eine exokrine Pankreasinsuffizienz. Normalwerte in mehreren unabhängigen Proben eines Patienten schließen eine höhergradige exokrine Pankreasinsuffizienz aus.

Reagenzien *(Chymotrypsin im Stuhl)*

ATEE N-acetyl-tyrosin-aethylaether	Merck 83
Methanol	Merck 6009
TRIS	Merck 8382
NaCl	Merck 6404
$CaCl_2 \cdot 2\,H_2O$	Merck 2382
HCl 1 N	Merck 9057
Chymotrypsin krist.	Serva 17160

3.3.7.6 Chymotrypsinbestimmung im Stuhl mit optischem Test

Reagenzien für die Bestimmung sind gebrauchsfertig im Handel (Monotest Chymotrypsin Best.-No. 718211, dazu Solvens, Best.-No. 718238 Fa. Boehringer, Mannheim) zusammen mit ausführlichen Hinweisen zur Anwendung. (Auf die Angabe von Details des Testablaufs wird daher hier verzichtet.)
Die benötigte Stuhlmenge, 100 mg oder mehr, wird im Zentrifugenbecher mit der 100fachen Menge Solvens homogenisiert, Lauryl-trimethylammoniumchlorid 0,7% in 0,5 mol/l NaCl, 0,1 mol/l $CaCl_2$

(Potter-Elvehjem-Homogenisator). Anschließend wird der Ansatz zentrifugiert (wegen der starken Verdünnung nicht obligat) und die Enzymaktivität im Überstand gemessen (innerhalb von höchstens 3 h).

Prinzip der Enzymaktivitätsbestimmung: Aus dem substituierten Tetrapeptid Succ-Ala-Ala-Pro-Phe-pNA wird durch Chymotrypsin pNA abgespaltet. Dieses ist in alkalischer Lösung gelb. Seine Konzentrationszunahme mit der Zeit wird photometrisch gemessen bei 405 nm

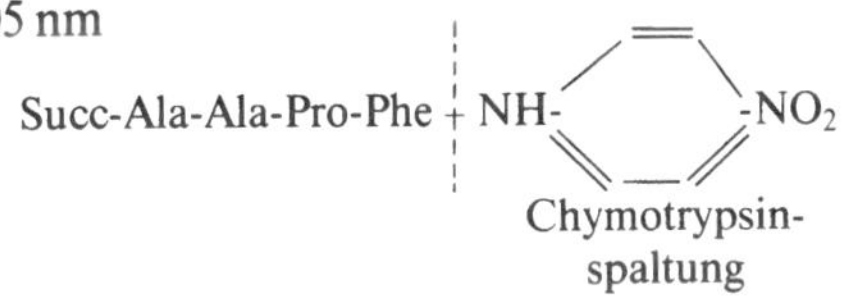

Succ-Ala-Ala-Pro-Phe ⁞ NH-C_6H_4-NO_2

Chymotrypsin-spaltung

(Succ Succinat; pNA p-Nitroanilin).

Der Reaktionsansatz enthält das Substrat 0,48 mmol/l sowie TRIS 95 mmol/l, pH 9,0; NaCl 262 mmol/l, $CaCl_2$ 24 mmol/l, Solvens 0,3‰. Die Methode ist automatisierbar. Der Enzymumsatz des verwandten Substrats ist etwa um den Faktor 5 langsamer als der Umsatz von ATEE im titrimetrischen Test.

Ergebnisse: Die untere Grenze des Normalbereichs wird vorläufig mit 3 U/g Stuhl angegeben; Werte darunter sprechen für eine exokrine Pankreasinsuffizienz.

3.3.7.7 Fehlerquellen

Die Chymotrypsinkonzentration im Stuhl kann unabhängig von der Pankreasfunktion bei großen Stuhlvolumina (über 300 g täglich bei Diarrhoe) erniedrigt sein infolge des Verdünnungseffekts. Andere extrapankreatische Ursachen sind Mangelernährung und Kachexie, die eine reduzierte Proteinsynthese zur Folge haben können; Sprue und Billroth-II-Resektion, vermutlich wegen der verminderten endogenen Pankreasstimulation wie bei komplettem Verschlußikterus.

Fälschlich zu hohe Werte werden bei Patienten gemessen, welche Enzympräparate zur Substitution einnehmen; diese müssen rechtzeitig, nämlich 4 Tage vor der Untersuchung, abgesetzt werden.

3.3.7.8 Auswertung

Die Sensitivität der Methode ist bei Nachweis der fortgeschrittenen exokrinen Pankreasinsuffizienz hoch, im Bereich um 90%. Geringere Grade pankreatischer Funktionseinschränkung werden weniger zuverlässig erfaßt. – Die Spezifität der Chymotrypsinbestimmung im Stuhl als diagnostisches Kriterium für die Abgrenzung normaler von pathologisch eingeschränkter Pankreasfunktion ist ca. 85–90%, d.h. 10–15% der Untersuchungen an Pankreasgesunden erbringen ein pathologisches Resultat. – Damit ist die diagnostische Wertigkeit des Tests in der gleichen Größenordnung wie die des Pankreolauryl- und des Peptid-PABA-Tests. Welches der drei Verfahren zur Anwendung kommt, hängt von den technischen Möglichkeiten ab. Durch die Stabilität der Proben beim Postversand an eine geeignete Untersuchungsstelle ist die Stuhlchymotrypsinmethode überall praktikabel.

3.3.8 Lactoferrin im Duodenalsaft (s. auch S. 148)

Bei der Differentialdiagnose von Pankreaserkrankungen können Bestimmungen des Lactoferrins im Duodenalsaft nützlich sein, da bei der chronischen Pankreatitis charakteristische Veränderungen der Sekretion gefunden werden.

3.3.8.1 Bestimmungsverfahren

Lactoferrin kann radioimmunologisch, jedoch auch durch quantitative Immunpräzipitation gemessen werden. Für die Bestimmung mit Hilfe der radialen Immundiffusion (Ouchterlóny) wird Duodenalsaft durch eine Alkoholfällung eingeengt:
1 ml Duodenalsaft (gewonnen beim Sekretin-Pankreocymin-/Caerulein-Test) wird mit 9 ml absolutem Alkohol – gekühlt auf −15 °C – gemischt, 30 min weiter gekühlt, dann in der Kühlzentrifuge zentrifugiert. Der Überstand wird verworfen, das Sediment in 0,1 ml physiologischer Kochsalzlösung aufgenommen.

Die quantitative Bestimmung wird mit LC-Partigenplatten Lactoferrin (Behring-Werke Marburg) durchgeführt. Jeder Wert erfordert Doppeltests, die Standardisierung erfolgt mit dem Standardserum der Behring-Werke, mit welchem eine Eichkurve erstellt wird. Die Präzipitate im Gel nach beendeter Diffusion können mit einem Eiweißfarbstoff angefärbt werden. Die Berechnung erfolgt aus den Durchmessern der Präzipitationsringe.

3.3.8.2 Ergebnisse und Auswertung

Normale Lactoferrinkonzentrationen im Duodenalsaft unter Stimulation mit Sekretin und Cholecystokinin/Caerulein betragen nicht über 1 µg/ml. Bei chronischer Pankreatitis, insbesondere bei der kalzifizierenden Form sind die Lactoferrinkonzentrationen bis zum 5fachen der oberen Normgrenze erhöht. Dadurch können auch wenig fortgeschrittene Fälle der Erkrankung erkannt und abgegrenzt werden u.a. gegen das Karzinom.

Die Differenzierung gegenüber Normalbefunden und gegenüber Erkrankungen anderer Art gelingt noch deutlicher, wenn der Lactoferringehalt des Duodenalsafts (Pankreassafts) auf die Enzymkonzentrationen bezogen wird, anstatt auf die Wassersekretion, die sich bei fortschreitender Pankreasinsuffizienz vergleichsweise weniger verändert.

Zahlenmäßig hängen die gefundenen Verhältnisse µg Lactoferrin/ Einheiten Enzym vom Enzym und seiner Bestimmungsmethode ab.

Normalwerte und pathologische Werte solcher Relationen unterscheiden sich um Faktoren um 20 und höher bei der exokrinen Pankreasinsuffizienz auf dem Boden der chronischen (rezidivierenden) Pankreatitis.

3.3.9 Pankreatisches Polypeptid (Abb. 3.4)

PP ist ein Peptidhormon (36 Aminosäuren), welches auch beim Menschen von der Bauchspeicheldrüse an das Blut abgegeben wird. Seine Freisetzung wird durch die Nahrungspassage des Gastrointestinaltrakts stimuliert, wobei

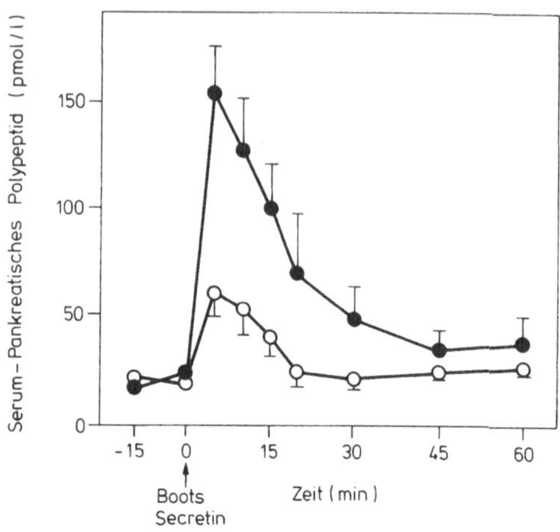

Abb. 3.4. Pankreatisches Polypeptid nüchtern und nach Bolusgabe von Sekretin (2 E/kg KG i.v.; Sekretin Boots) bei 33 Kontrollpersonen (•) und bei 50 Patienten mit chronischer Pankreatitis (○) ($\bar{x}$ ± S.E.M.)-Bereiche (aus: Stern AI, Hansky J (1981) Secretin stimulated pancreatic polypeptide. A test for chronic pancreatitis. Aust NZ J Med 11: 351–354)

der obere Dünndarm die Hauptrolle spielt. Wahrscheinlich sind in den Mechanismus der Freisetzung andere gastrointestinale Hormone als Mediatoren eingeschaltet, und auch vagale Funktionen müssen beteiligt sein. Experimentell lassen sich Anstiege von Plasma-PP erreichen durch pharmakologische bzw. physiologische Dosen von Pentagastrin, Bombesin, Caerulein und Sekretin, dessen Effekt von Atropin gehemmt wird.

Die physiologische Bedeutung vom PP ist noch nicht gesichert. Es wirkt hemmend auf die Sekretion von Bauchspeichel und Galle und könnte ein Prinzip sein, durch welches pankreatische und biliäre Sekretion bei Abschluß des Verdauungsprozesses wieder zum Stillstand gebracht werden.

Klinische Bedeutung von Bestimmungen des PP im Blut erwächst aus der Tatsache, daß zwischen den Konzentrationen nach intravenöser Stimulation mit Sekretin und der exkretorischen Pankreasfunktion eine Kongruenz besteht. PP-Bestimmungen, welche radioimmunologisch erfolgen, können daher als indirekte, nichtinvasive Prüfung der sekretorischen Kapazität der Bauchspeicheldrüse bei Parenchymerkrankungen, d.h. vor allem bei chronischer Pankreatitis, dienen. Die Sensitivität liegt um 90% bei exokriner Pankreasinsuffizienz mittleren und schweren Grades; bei gering ausgeprägten Fällen ist die diagnostische Aussage unsicher.

3.3.10 Diabetes mellitus und exokrines Pankreas

3.3.10.1 Grundlagen

Gestörte Glukosetoleranz oder Diabetes mellitus sind mit Erkrankungen des exokrinen Pankreas häufig verbunden. Bei der akuten Pankreatitis spricht das Auftreten von Hyperglykämien und Glukosurie für einen schweren Verlauf. Heilt die akute Pankreatitis aus, so normalisiert sich die Zuckerstoffwechselstörung häufig mit der klinischen Besserung. – Bei der chronischen Pankreatitis ist mit dem Auftreten von Diabetes mellitus in ca. einem Drittel der Fälle, mit Störungen der Glukosetoleranz in einem weiteren Drittel zu rechnen. Beim Pankreaskarzinom treten Störungen der Glukoseverwertung bis zum manifesten Diabetes mellitus bei ein bis zwei Fünftel der Fälle auf und setzen dabei meist kurzfristig ein.
Zugrunde liegt ein Insulinmangel, welcher direkt meßbar ist. Die Stoffwechseleinstellung der Patienten gestaltet sich oft schwierig, weil gleichzeitig die pankreatische Glukagonsekretion gestört sein kann.

3.3.10.2 Diagnostik

Die Diagnose der Zuckerstoffwechselstörung erfolgt mit Hilfe der Blutzuckernüchternwerte, postprandialer sowie durch orale Glukosebelastung provozierter Blutzuckerwerte.
Blutzuckernüchternwerte können auch bei manifestem Diabetes melitus normal sein. Sie sind ein unsicheres Kriterium.
Postprandiale Blutzuckerwerte, 1–2 h nach der Mahlzeit entnommen, welche ca. 50 g Kohlenhydrate enthalten soll, sind der für die Diabetesdiagnostik am häufigsten verwendete Parameter. Für die Erkennung des manifesten Diabetes mellitus ist demgegenüber der Glukosebelastungstest von geringerem Wert; sein Einsatzbereich ist vor allem der Nachweis gestörter Glukosetoleranz.

3.3.10.3 Methodik des oralen Glukosetoleranztestes

Der Patient erhält 3 Tage lang eine kohlenhydratreiche Kost, d.h. mindestens 250 g Kohlenhydrate täglich. Vor der Untersuchung liegt eine 10 bis 14stündige Fastenperiode (Nachtruhe). Der Test wird bei körperlicher Ruhe durchgeführt. Medikamente, welche den Kohlenhydratstoffwechsel beeinflussen, müssen 3 Tage zuvor abgesetzt worden sein.
Es wird Glukose (100 g) oder – wegen der besseren Verträglichkeit – eine äquivalente Menge eines Oligosaccharidgemischs (Dextro-O.G.T.) als ca. 25%ige Lösung in Wasser innerhalb von 5 min per os gegeben. Blutzuckerproben werden entnommen nüchtern sowie nach 30, 60, 90 und 120 min und nach Standardverfahren gemessen; es soll die wahre Glukose bestimmt werden.

Dieser Modus des oralen Glukosebelastungstests entspricht dem bislang geübten Vorgehen. Die Empfehlung der WHO 1980 sieht die Verwendung von nur 75 g Kohlenhydrat per os als Belastung vor.
Für Blutzuckeruntersuchungen allgemein ist in Europa die Entnahme von Kapillarblut üblich. Die im Venenvollblut oder im venösen Blutplasma bestimmten Werte weichen etwas ab.

3.3.10.4 Ergebnisse und Auswertung

Normalwerte sowie stimulierte Glukosewerte bei gestörter Glukosetoleranz und bei Diabetes mellitus sind in Tabelle 3.3. aufgeführt. Für die Diagnose des Diabetes mellitus sind – insbesondere bei fehlenden anamnestischen und klinischen Hinweisen auf die Erkrankung – mehrfache Bestätigungen pathologisch hoher Blutglukosewerte zu fordern. Das Blutzuckerverhalten im oralen Blutzuckerbelastungstest unterliegt großen intraindividuellen Schwankungen. Der wesentlichste Meßwert ist der Blutglukosewert 2 h nach Untersuchungsbeginn, über dessen Bedeutung für die Feststellung einer verminderten Glukosetoleranz Einigkeit unter verschiedenen Experten besteht. Demgegenüber läßt sich die diagnostische Signifikanz anderer Maßzahlen des Tests noch nicht endgültig einschätzen. – Ob zur Beurteilung des Glukosestoffwechsels die Maßstäbe der WHO-

Tabelle 3.3. Kriterien zur Beurteilung von Blutzuckerkonzentrationen für die Diagnosen gestörte Glukosetoleranz und Diabetes mellitus.

	Nach WHO-Empfehlung 1980			Bisher	
Untersuchungs-material	Kapillar-blut	Venen-vollblut	venöses Plasma	Kapillar-blut	venöses Plasma
Normalwerte	< 100		< 110	< 100	< 115
Gestörte Glukosetoleranz					
2 h nach 75 g Glukose bzw. Oligosacchariden	> 140				
2 h nach 100 g Glukose bzw. Oligosacchariden				> 140	
Diabetes mellitus					
nüchtern	> 120	> 120	> 140	> 130	
postprandial (n. 1–2 h)			> 200	> 160 – 180[a]	
2 h nach 75 g Glukose bzw. Oligosacchariden[b]	> 200	> 180	> 200		

[a] ggfs. mit Glukosurie
[b] bei Kindern 1,75 g Kohlenhydrate/kg Körpergewicht

Expertenkommission 1980 oder die bisher gültigen auch in Deutschland angewandt werden sollen, ist noch umstritten; hierzu sei auf die Literatur verwiesen.

3.3.11 Bestimmung der Elektrolytkonzentration im Hautschweiß

3.3.11.1 Grundlagen

Die Mukoviszidose ist weit überwiegend eine Erkrankung des Kindes. Bei jugendlichen Erwachsenen kommen aber sowohl Erkrankungsfälle vor, die im Kindesalter begannen wie auch Erstmanifestationen. Sie treten hauptsächlich als chronische Pankreatitis mit exokriner Insuffizienz sowie als chronische Bronchitis in Erscheinung.
Das diagnostische Hauptkriterium ist die abnorme, hohe Elektrolytkonzentration im Hautschweiß. Mit seiner Hilfe kann auch in höheren Lebensaltern die Diagnose gestellt werden. In Zweifelsfällen mit diagnostisch nicht eindeutigen Grenzbefunden kann zusätzlich die Veränderung der Schweißchloridkonzentrationen unter Kortikoidmedikation beurteilt werden. Sie nimmt bei Gesunden deutlich ab, während sie bei CF-Patienten nur gering supprimierbar ist (Fludrocortison-Suppressionstest).
Das Verfahren, Hautschweiß für Elektrolytbestimmungen zu gewinnen, ist die Pilocarpin-Iontophorese.

3.3.11.2 Pilocarpin-Iontophorese

Prinzip der Untersuchung. Die Schweißdrüsen der Haut der Unterarme werden in einem umschriebenen Bezirk durch Pilocarpin stimuliert. Pilocarpin, ein Kation, wird dazu mit Hilfe eines Gleichstroms in die Haut eingebracht und zwar aus einem unter der Anode eines Elektrodenpaares aufgelegten Läppchen, getränkt mit dem Medikament.
Der sich anschließend bildende Schweiß wird unter Luftabschluß in ein Filterpapier aufgesogen, gewogen, in Wasser definiert verdünnt und analysiert auf die Konzentrationen von Na, K und Cl; letzteres gestattet am besten die Abgrenzung normaler von pathologischen Befunden.

Gerät

Waage mit Meßbereich im Milligramm- bis Grammbereich (Analysenwaage); Gleichstromquelle für 0–5 mA mit Amperemeter (an Reizstromgeräten für die physikalische Therapie vorhanden oder: Gerät Jontogalvano, Fa. Jontocomed, 75 Karlsruhe 41); Hautelektroden aus Kupferblech ca. 4 × 4 cm, mit Kabel und Gummiband zum Anwickeln (EKG-Zubehör); Parafilm; Heftpflaster; Pinzette; Plastikschälchen mit Deckel 6 cm ∅ (Fachhandel); Filterpapier-Rundfilter 5,5 cm ∅ (Schleicher & Schüll); Pilocarpinlösung 0,5%ig (Pilocarpin-HCl) in brauner Flasche gekühlt einige Wochen haltbar (wird von Klinikapotheken hergestellt).

Durchführung der Untersuchung

Es werden stets Doppeluntersuchungen, an beiden Unterarmen nacheinander, durchgeführt. Die Haut an der Volarseite wird mit Wasser gereinigt. Die Anode wird distal, die Kathode 2–3 QF proximal am gleichen Arm aufgesetzt, darunter je ein Zellstoffläppchen, unter der Anode mit 3–4 ml Pilocarpinlösung getränkt, unter der Kathode mit der gleichen Menge physiologischer Kochsalzlösung.

Es ist wichtig, daß die Metallelektroden die Haut nirgends direkt berühren, da es sonst zu Verbrennungen kommt. – Wenn Zweifel an der Polung bestehen: Elektroden in eine verdünnte Kochsalzlösung eintauchen. Gleichstrom einschalten: An der Kathode entwickeln sich zuerst Gasblasen (Wasserstoff).

Anwickeln der Elektroden, so daß ein gleichmäßiger Kontakt besteht. Allmähliches Einschalten des Stroms in mehreren Schritten bis zur Stromstärke 3–5 mA. (Der Patient kann dabei ein etwas unangenehmes Brennen empfinden.) Strom 5 min eingeschaltet lassen, langsam auf Null zurückschalten. Elektroden abnehmen, Haut mit Aq. dest. abspülen, abtrocknen.
Auf die Stelle der Anode zwei Plättchen Filterpapier auflegen, zuvor im Plastikschälchen mit Deckel auf Milligramm eingewogen.

(Das Filterpapier soll nur mit Pinzette, nicht mit den bloßen Fingern angefaßt werden, welche Hautschweiß tragen.)

Filterpapier auf der Haut mit Parafilm bzw. Plastikfolie abdecken, rundum mit Heftpflaster abschließen. Nach 30 min Filterpapier im gleichen Plastikschälchen erneut auswiegen: Gewichtsdifferenz gleich Menge Hautschweiß. – Es wird dann der Schweiß im Schälchen mit Aq. bidest. verdünnt: 5 ml pro 100 mg Schweiß. Einige Stunden stehen lassen. Dann Bestimmung von Natrium, Kalium und Chlorid mit Standardmethoden. Leerwert aus der Elution von Filterpapier allein, ohne Schweiß; es sollten aus dem Papier keine Elektrolyte in Lösung gehen.

Berechnung:

$$[\text{Elektrolyt}]_{\text{Schweiß}} = \frac{[\text{Elektrolyt}]_{\text{Verdg.}} \cdot (\text{Vol}_{\text{Schweiß}} + \text{Vol}_{\text{Wasser}})}{\text{Vol}_{\text{Schweiß}}}$$

Fludrocortison-Suppressionstest: Der Patient erhält an 2 Tagen je 5 mg (!) Fludrocortison (Astonin-H o.a.). An den beiden folgenden Tagen wird die Pilocarpiniontophorese wiederholt.

Ergebnisse und Bewertung

Normalbefunde sind altersabhängig.

Normalwerte (in mmol/l)

	<17 J.	17–21 J.	>21 J.	Eltern v. CF	CF
Cl^-	7–52	8–53	9–72	15–72	77–174
Na^+	7–53	12–55	12–86	18–86	72–175
K^+	6–26	7–20	6–25	6–26	10–37

(CF = zystische Fibrose).

Bei Vorhandensein von klinischen Symptomen, welche die Erkrankung charakterisieren, rezidivierenden Atemwegsinfektionen oder Malassimilationssyndrom oder bei positiver Familienanamnese bedeutet bei Kindern der Befund der Schweißchloridkonzentration von über 60 mmol/l die sichere Diagnose einer zystischen Fibrose. Werte zwischen 45 und 60 mmol/l sind verdächtig und müssen kontrolliert werden.

Bei Erwachsenen können auch ohne Erkrankung Chloridkonzentrationen im stimulierten Hautschweiß von über 60 mmol/l auftreten. Die geringste Anzahl falsch positiver und falsch negativer Befunde ergibt sich unter Verwendung eines Limits von 73 mmol/l; Sensitivität und Spezifität liegen dann um $\geqslant 96\%$.

Für den Fludrocortison-Suppressionstest ist die Schweißchloridkonzentration von 64 mval/l derjenige Wert, welcher am besten zwischen CF-Patienten und anderen bzw. Gesunden trennt: Werte darüber bedeuten mit einer Wahrscheinlichkeit von etwa 98,5% die Diagnose Mukoviszidose, Werte darunter schließen mit etwa gleich großer Wahrscheinlichkeit die Erkrankung aus.
In keinem Falle besteht zwischen den Elektrolytkonzentrationen im Schweiß und dem Schweregrad der Erkrankung eine regelhafte Beziehung.

Als Screeningtest zum Nachweis der erhöhten Chloridkonzentration ist ein Agarplattentest verfügbar, mit welchem bei Kindern eine Vordiagnose aus dem spontanen, nichtstimulierten Fingerschweiß möglich ist. – Auch der Nachweis erniedrigter Trypsinaktivitäten im Stuhl und erhöhter Trypsinspiegel im Serum bei Kleinkindern spricht für die Diagnose.

3.3.12 Pankreasenzyme in Blut, Urin und Körperhöhlenergüssen

3.3.12.1 Einführung

Amylase, Lipase und auch Trypsin können routinemäßig in Blut, Urin und anderen Körperflüssigkeiten gemessen werden.

Für andere pankreatische Enzyme, z. B. Carboxypeptidase A und Phospholipase A, existieren zwar Nachweisverfahren. Die klinische Anwendung ist aber noch nicht fortgeschritten.

Die Messung der Enzymkonzentrationen geschieht entweder kinetisch, wobei die katalytische Enzymaktivität bestimmt wird, oder immunologisch. Dabei werden die Konzentrationen der Enzymproteine als Antigene mit Hilfe spezifischer Antikörper ermittelt.

Aktivitätsnachweise der Amylase gehörten zu den ersten in die Klinik eingeführten Enzymtests. Bemühungen, darüber hinaus noch weitere Pankreasenzyme für die Diagnostik zu nutzen, resultierten vor allem aus dem Mangel an Organspezifität, welcher der Amylase anhaftet. Der Amylasenachweis ist aus methodischen Gründen aber nach wie vor die klinisch am häufigsten verwendete Untersuchung im Zusammenhang mit Pankreaserkrankungen. Die Einführung optischer bzw. turbidimetrischer Tests hat die Messung der Lipase in ähnlicher Weise verbreitet.

3.3.12.2 Physiologie und Pathophysiologie

Zwischen Pankreassekret und Blutserum besteht für die Verdauungsenzyme beim Gesunden ein Konzentrationsgradient in der Größenordnung von 10^2 bis 10^3. Die Enzymaktivitäten im Serum spiegeln ein Fließgleichgewicht wider zwischen Mechanismen, welche zur Erhöhung und solchen, die zur Elimination der Enzymproteine aus dem Blut führen oder sie inaktivieren. Für die Vermehrung der Aktivitäten ist – klinisch nicht unwesentlich – die intakte Synthese der Enzymproteine im Pankreas erforderlich. Ihr Übertritt ins Blut ist auf mehreren Wegen möglich. Schon am intakten Pankreas des Gesunden ist die Trennung von zellulären und extrazellulären Sekreträumen und dem Interstitium nicht vollständig. Von hier gibt es sowohl Verbindungen zu den Kapillaren des Blutgefäßsystems wie den Weg der Lymphdrainage, auf denen Spuren von Bauchspeichel in das Blut gelangen.

Pankreasenzymaktivitäten werden aber nicht aus dem Darmlumen wieder aufgenommen und vom Pankreas erneut sezerniert (enteropankreatischer Kreislauf).

Unter pathologischen Bedingungen sind am häufigsten *Entzündungen* des Pankreas die Ursache für **„Enzymentgleisungen“**, d.h. erhöhte Aktivitäten der Sekretionsenzyme im Serum. Der entzündliche Prozeß führt zur Auflockerung der feingeweblichen Grenze zwischen Drüsenlumen und Ausführungsgängen für das Sekret auf der einen und dem Interstitium, den Lymph- und Bluträumen auf der anderen Seite. So können die Enzymaktivitäten im Serum in der Größenordnung des Hundertfachen über die Norm ansteigen.
Daneben ist der mechanisch bedingte *Sekretstau* der zweite Mechanismus, welcher im Pankreasgewebe zum Speichelödem und zum Kurzschluß mit Lymph- und Blutbahn führt. Es können entzündliche Narben, Tumoren, Konkremente u.a. zugrunde liegen.

Wie diagnostisch verwertbare Enzymaktivitätssteigerungen nur zustandekommen können, wenn das Pankreas funktionsfähig ist, sind umgekehrt hohe Enzymentgleisungen zu erwarten bei Erkrankungen, die ein bislang nicht vorgeschädigtes Organ treffen. Eine akute Episode einer chronisch rezidivierenden Pankreatitis in einem schon weitgehend narbig veränderten Pankreas führt dagegen zu relativ gering vermehrten Enzymaktivitäten. Dies ist aber auch bei der akuten Pankreasnekrose der Fall, bei welcher in kurzer Zeit das aktive Drüsengewebe verschwunden ist. Die Höhe der Enzymaktivität im Serum ist daher nicht oder doch nur mit erheblichen Einschränkungen als Gradmesser für die Schwere des Krankheitsgeschehens an der Bauchspeicheldrüse anzusehen. Bei akuter Pankreatitis sind klinische Parameter für die Beurteilung von erheblich größerem Wert.

Für langdauernd vermehrte Pankreasenzymaktivitäten im Serum stellen *Pankreaspseudozysten* eine häufigere Ursache dar. Da diese Zysten keine oder eine nur unvollständige epitheliale Auskleidung besitzen, kann der Inhalt – Bauchspeichel – in das umliegende Bindegewebe versickern und auf dem Lymphweg die Blutbahn erreichen.

Der Enzymübertritt aus entzündlich verändertem Pankreasgewebe in die Blutbahn, auch bei Abflußbehinderungen, ist u. U. deutlicher erkennbar, wenn die Pankreassekretion stimuliert wird. Es ist daher in verschiedenen Modifikationen der *Pankreasevokationstest* gebräuchlich.

Dabei werden Amylase, Lipase, auch Trypsin im Verlauf der Pankreasstimulation mit Sekretin, Cholecystokinin bzw. Caerulein, auch mit Lundh-Mahlzeit, oder Prostigmin-Morphin im Serum gemessen. Deutliche Enzymanstiege über die Normgrenzen innerhalb von 1–4 h sprechen für die Pankreaserkrankung.

Die Wertigkeit der Evokationstests wird sehr unterschiedlich beurteilt. Nur ein positives Resultat der Untersuchung – Anstieg der Enzymaktivität deutlich in den pathologischen Bereich – gestattet eine diagnostische Aussage. Hingegen spricht das Ausbleiben einer Reaktion nicht gegen eine Pankreaserkrankung.

Die verschiedenen Pankreasenzyme verhalten sich dabei nicht gleichwertig; die größte Sensitivität und Spezifität scheint der Trypsinevokationstest zu besitzen (s. unten).

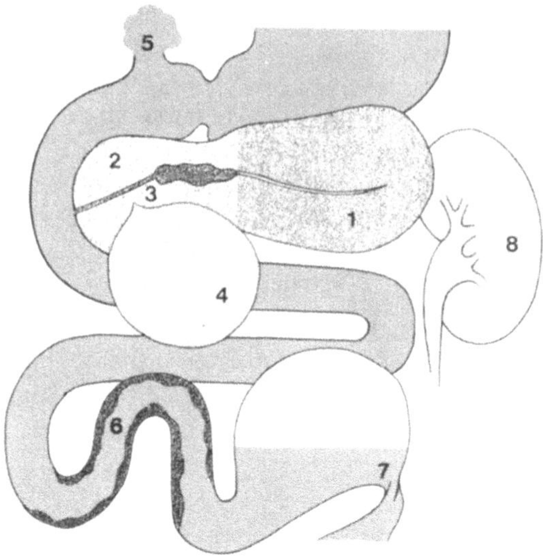

Abb. 3.5 Pankreatische und extrapankreatische Erkrankungen mit pathologisch erhöhten Pankreasenzymaktivitäten in Serum und Urin. *1* Akute Pankreatitis; *2* chronische Pankreatitis; *3* Obstruktion der Speichelabflußwege (Tumor, Entzündung); *4* Pseudozyste; *5* Magen-Darm-Porforation; *6* fortgeschrittene ischämische oder entzündliche Darmwandläsion; *7* Ileus *8* Niereninsuffizienz

Neben den pankreatischen gibt es eine größere Anzahl von **extrapankreatischen Ursachen** für pathologisch veränderte Aktivitäten der Pankreasenzyme im Serum. Dabei ist die Entscheidung, welche Erkrankung dem Laborbefund führend zugrunde liegt, häufig schwer. Denn es handelt sich oft um Zustände, die auch unmittelbare Komplikation einer Pankreaserkrankung sein können, insbesondere einer akuten Pankreatitis. Andererseits kann es sich um Erkrankungen handeln, welche ihrerseits eine Pankreatitis als Komplikation auslösen können. So beobachtet man pathologische Pankreasenzymmuster im Serum bei perforierten Ulzera von Magen und Darm, bei Ileus, ausgedehnten Entzündungen von Dünn- und Dickdarm und hochgradigen intestinalen Durchblutungsstörungen. Hier kommt es entweder durch die pathologisch durchlässige Darmschleimhaut oder über das Peritoneum zur Resorption und zum

Übertritt der Enzyme in Lymph- und Blutbahn; doch handelt es sich noch um ursprünglich aus dem Pankreas sezernierte Enzyme des Darmlumens (Abb. 3.5).
Von klinischer Bedeutung sind daneben Erkrankungen, bei denen im Blut **Isoenzyme** auftreten, die aus anderen Organen stammen. Diagnostisch wesentlich sind die Isoenzyme der Amylase, welche in den Kopfspeicheldrüsen Gl. parotis, submandibularis, sublingualis gebildet werden, im Epithel der Tuba uterina, in manchen Tumoren, insbesondere Bronchialkarzinomen sowie auch in der Leber.
Die Enzymaktivitäten im Blut hängen teilweise vom Vorhandensein und von der Kapazität physiologischer *Inhibitoren* ab. Sie spielen für sämtliche Proteasen eine Rolle. Proteaseninhibitoren gehören zu den normalen Plasmaeiweißen. Ihre wechselnde Konzentration verhindert, daß tryptische Enzyme mit Hilfe ihrer enzymatischen Aktivität kinetisch im Serum gemessen werden können. Vielmehr können Trypsin u. a. nur immunologisch quantitativ nachgewiesen werden.
Wie für alle Serumproteine, so ist auch für Enzyme die Geschwindigkeit ihrer *Elimination* ein wesentlicher Faktor, welcher die Konzentration im Blut beeinflußt. Für Pankreasenzyme ist die Niere ein wichtiger Ort, an welchem die Klärung erfolgt; auch die Leber ist beteiligt. In der Niere werden die relativ kleinmolekularen Eiweißkörper glomerulär filtriert und teilweise tubulär rückresorbiert. Im Endharn erscheint derjenige Anteil, welcher der Inaktivierung durch die Tubulusepithelien entgeht.

Lipase erscheint überhaupt nicht im Urin, während Amylase und Trypsin in meßbaren Mengen ausgeschieden und diagnostisch genutzt werden.

Die Routinediagnostik bedient sich zumeist unmittelbar der gemessenen *Enzymaktivitäten des Urins* (das sind Konzentrationen in Einheiten/Volumen oder in µg Protein/Volumen) als Parameter für die Beurteilung. Dabei bleibt jedoch der sehr variable Einfluß des Urinvolumens pro Zeit unberücksichtigt. Vorteilhafter ist es, die in der Zeiteinheit ausgeschiedene *Enzymmenge* als Produkt aus Urinmenge und Enzymaktivität bzw. -konzentration zu messen. Für damit erhaltene Werte sind normale und pathologische Bereiche besser voneinander abzugrenzen. Es eignen sich Urinsammelperioden von 2 h

ebenso wie von 24 h ohne Einschränkung der Aussagemöglichkeit, soweit nur die Zeiträume exakt eingehalten werden.
Die in den Urin ausgeschiedenen Mengen Enzymprotein stehen in einem definierten Verhältnis zum ausgeschiedenen Kreatinin. Die *Clearance des Proteins* läßt sich als Prozentsatz der Kreatininclearance ausdrücken wie folgt:

$$\frac{\text{Protein}_{\text{Urin}}}{\text{Protein}_{\text{Serum}}} \cdot \frac{\text{Kreatinin}_{\text{Serum}}}{\text{Kreatinin}_{\text{Urin}}} \cdot 100 = \frac{C_{\text{Protein}}}{C_{\text{Kreatinin}}} \quad \%$$

Die Berechnung dieser Größe erfordert die Kenntnis lediglich der Protein-(Enzym-)- und der Kreatininkonzentrationen in Serum und Urin für den Zeitpunkt der Untersuchung, nicht eine Urinmenge.
Diese relative Enzymclearance hängt vom Funktionszustand der Niere, speziell des Tubulusapparats ab. Bei chronischer Niereninsuffizienz ist das Verhältnis der Clearancegrößen meist unverändert gegenüber der Norm, so daß es mit dem Abfall der Kreatininclearance auch zum Abfall der Proteinclearance und mit dem Anstieg des Serumkreatinins auch zum Anstieg der Serumenzymaktivitäten kommt.

Folglich sind bei Niereninsuffizienz häufig Lipase, Amylase und Trypsin im Serum über die Norm erhöht. In der Regel geht diese Steigerung aber nicht über das Doppelte der oberen Normgrenze hinaus.

Bei verschiedenen akuten Allgemeinerkrankungen, in deren Folge es auch zur renalen tubulären Schädigung kommt, kann sich die relative Proteinclearance jedoch über die Norm erhöhen, da eine geringere Proteinrückresorption stattfindet als beim Gesunden. Die Enzymausscheidung in den Urin steigt relativ an. Dies kann bei Zuständen geschehen, die ohne Erhöhung der Serumenzyme einhergehen wie auch solchen mit pathologisch hohen Aktivitäten im Blut. Während primär angenommen wurde, daß dieses Phänomen spezifisch für die akute Pankreatitis sei, fanden sich in der Folge etliche andere Erkrankungen mit einer gleichsinnigen Symptomatik: Relative Erhöhungen der Proteinclearance treten auf bei „chirurgischem" akuten Abdomen anderer Genese, nach Bauchoperationen, bei ausgedehnten Verbrennungen, Stoffwechselkomata, insbesondere diabetischer Ketoazidose, u. a. Andererseits sind keineswegs alle Fälle von akuter Pankreatitis durch eine Vermehrung der renalen Proteinclearance gekennzeichnet.

Naturgemäß lassen sich Clearancegrößen nur für diejenigen Enzyme ermitteln, die in den Urin ausgeschieden werden, in dieser Weise jedoch nicht für Lipase.

Bei der Elimination von Enzymen aus dem Blut durch die Leber wird nur ein geringer Teil unverändert in die Galle ausgeschieden. Der weit wesentlichere Prozeß ist der Abbau der Eiweißkörper und der folgende Neuaufbau lebereigener Proteine.

Körperhöhlenergüsse. Enzymaktivität aus dem Pankreas kann in Aszites, Pleuraergüssen und auch in Perikardergüssen auftreten, wenn diese sich als Nachbarschaftsreaktion in der Folge einer Pankreaserkrankung entwickeln. Der enzymhaltige basale, meist linksseitige Pleuraerguß ist ebenso ein wertvoller diagnostischer Hinweis auf eine Pankreaserkrankung wie der oft nur kleine enzymhaltige Aszites, z. B. bei akuter Pankreatitis. Er läßt sich manchmal nur in Knie-Ellenbogen-Lage des Patienten punktieren. Bei chronischer Pankreatitis und Neoplasien kommt es andererseits – selten – auch zum voluminösen Aszites, auf dessen Genese die Enzymaktivitäten ein wesentlicher Hinweis sind. Dazu muß man an die Durchführung der Untersuchung denken. Differentialdiagnostisch kommen auch Magen- und Darmläsionen, d. h. Ulkusperforation, Traumen, mesenteriale Durchblutungsstörungen, entzündliche oder tumorbedingte Darmperforationen u. a. in Frage, wenn im Aszites Pankreasenzyme nachgewiesen werden können. Ein enzymatisch aktives Pleuraexsudat kann auch die Folge einer Perforation sein, einer Pankreaspseudozyste oder des Ösophagus (Boerhaave-Syndrom).

3.3.13 Einzelne Enzyme und Bestimmungsverfahren

3.3.13.1 Amylase

Normalbereich und Veränderungen bei Pankreatitis. Für akute Pankreaserkrankungen ist die Serumamylase ein sehr empfindlicher Parameter. Bei der Beurteilung der Meßwerte ist zu berücksichtigen,

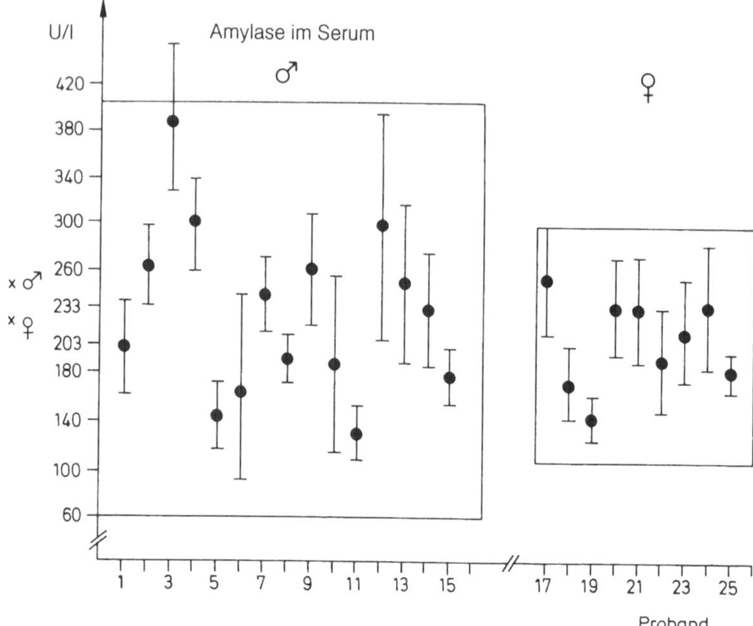

Abb. 3.6a. Intraindividuelle Variation (x ± s) der Amylaseaktivität im Serum über 1 Jahr bei 16 Männern und 9 Frauen ohne klinische Krankheitszeichen (Bestimmungen einmal monatlich morgens nüchtern aus Venenblut). (*Durchgezogene Linie:* 2-s-Bereiche der Gruppen) (aus Koch, CD, Rommel K (1981) Diagnostische Wertigkeit der individuellen Langzeitvariation der Amylaseaktivität im Serum und Urin. Z Gastroenterol 19:293)

daß die normalen Amylaseaktivitäten im Serum (und im Urin) verschiedener Individuen erheblich verschieden sein können, sich intraindividuell jedoch langfristig in engen Grenzen bewegen (Abb. 3.6a u. b). Es hat jeder Patient seinen eigenen, individuellen Normbereich. Dieser ist zwar bei Erstuntersuchungen nicht bekannt. Bei Verlaufsbeobachtungen kann er jedoch berücksichtigt werden. *Kinder* haben im Vorschulalter niedrigere Werte als später, unterschieden um Faktoren 4–5 (Abb. 3.7).

Der Normalbereich für die Amylasekonzentrationen im Serum ist zudem unter verschiedenen *ethnischen Gruppen* unterschiedlich. Bei Asiaten und Einwohnern Westindiens wurden die oberen Grenzen

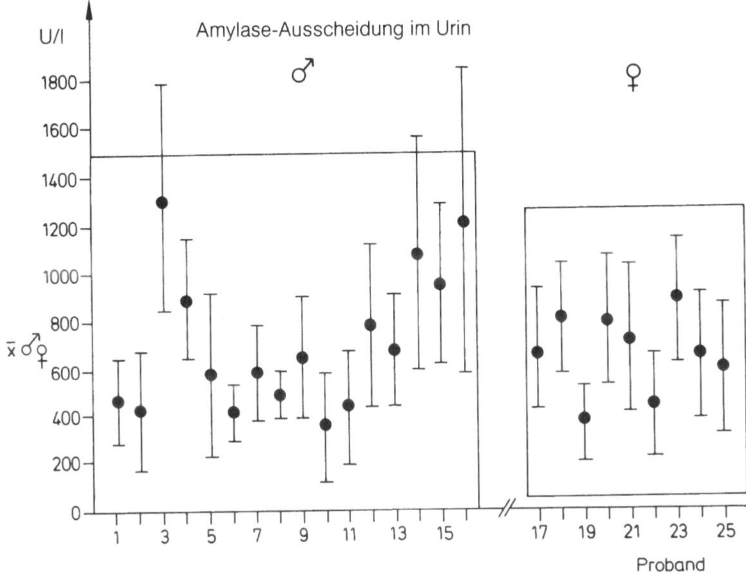

Abb. 3.6 b. Jährliche intraindividuelle Variation (x ± s) der in den Urin täglich ausgeschiedenen Mengen Amylase bei den gleichen Probanden wie in Abb. 3.6 a (Bestimmungen einmal monatlich im 24-h-Sammelurin; Methode Phadebas). (*Durchgezogene Linie:* 2-s-Bereiche der Gruppen Männer bzw. Frauen) (aus: Koch CD, Rommel K (1981) Diagnostische Wertigkeit der individuellen Langzeitvariation der Amylaseaktivität im Serum und Urin. Z Gastroenterol 19:293)

der Norm doppelt so hoch gemessen wie bei Europäern (Engländern). (Für Angehörige anderer Völker liegen kaum Vergleichsangaben vor.)

Die *biologische Halbwertszeit* der Serumamylase beträgt ca. 2–3 h.

Dies kann nicht selten bei kurzzeitigen pankreatitischen Schüben, etwa anläßlich eines passageren Steinverschlusses der Papille beobachtet und nachgerechnet werden.

Daher können pathologisch hohe Amylaseaktivitäten u. U. nur kurzfristig nachweisbar sein. Schwere Pankreaserkrankungen sind aber, wie erwähnt, nicht regelmäßig durch eine Hyperamylasämie gekennzeichnet, sondern weisen teils nur geringe oder gar keine Norm-

E/l
Pankreastypische Amylase im Serum
160
140
120
100
80
60
40
20
0
0,8 – 3,9
4 – 10
0,9 – 1,9
2 – 4,9
5 – 7,9
8 – 10,9
11 – 13
Monate
Jahre
Lebensalter

a

E/l
Speicheldrüsentypische Amylase im Serum
260
240
220
200
180
160
140
120
100
80
60
40
20
0
x
0,8 – 3,9
4 – 10
0,9 – 1,9
2 – 4,9
5 – 7,9
8 – 13
Monate
Jahre
Lebensalter

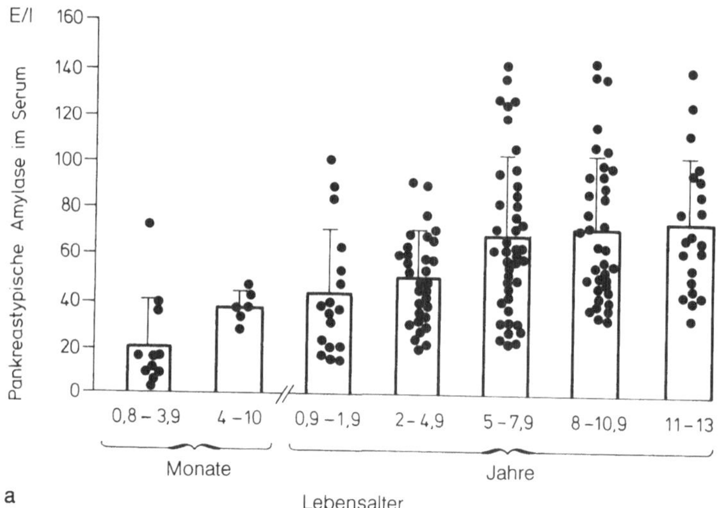

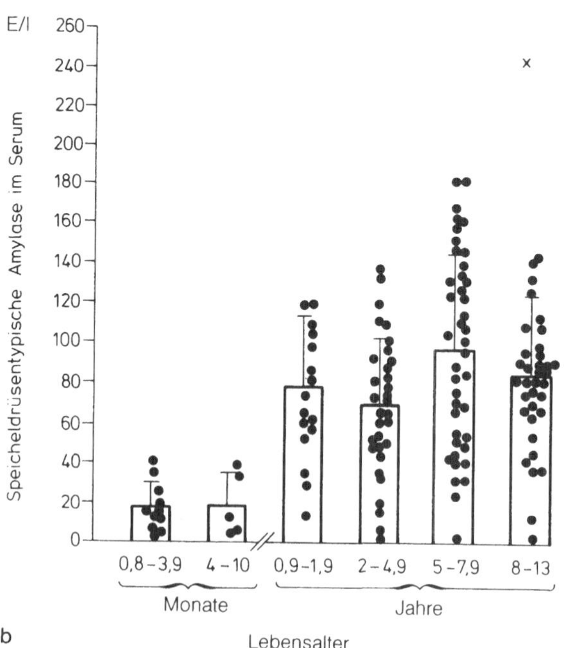

b

abweichungen auf. Die höchsten Werte werden bei mittelschwerer Verlaufsform von Pankreatitis beobachtet, insbesondere wenn sie sich an einer zuvor nicht funktionsbeeinträchtigten Drüse abspielt.
Die Normalisierung pathologisch erhöhter Serumamylasewerte wird in der Regel als Kriterium für die Ausheilung der Pankreatitis verstanden. Bei erhöhten Werten, die über mehr als 2 Wochen persistieren, ist neben chronischen Formen von Pankreatitis vor allem an die Entwicklung von Pseudozysten zu denken. Feingewebliche entzündliche Veränderungen an der Bauchspeicheldrüse, auch die sonographisch o.a. nachweisbare Organschwellung, sind nach akuter Pankreatitis meist erheblich länger vorhanden als die Enzymentgleisung. Diese ist also ein ungeeignetes Maß, um Entscheidungen über Prognose und vor allem über die Therapie der Erkrankung zu fällen. Man muß sich vielmehr auch hier an klinischen Befunden orientieren.

„Isoenzyme" – Pankreas- und Parotistyp. Die Serumamylase hat verschiedene Quellen. Mittels elektrophoretischer und chromatographischer Techniken sowie kinetisch kann zwischen pankreastypischer (P-Typ) und kopfspeicheldrüsentypischer (S-Typ) Amylase unterschieden werden, die diagnostisch bedeutsam sind.

Von beiden Typen sind je 3–4 „Isoenzyme" abtrennbar. Die beste Differenzierung wird mit Hilfe der isoelektrischen Fokussierung erreicht, aber auch Elektrophoresen auf Acetatzellulose, Polyacrylamidgel u.a. sowie Säulenchromatographie erlauben die weitergehende Auftrennung.

Pankreastypische Amylase verschwindet aus dem Serum nach totaler Pankreatektomie. Sie ist demzufolge organspezifisch.
S-typische Amylase ist dagegen verschiedener Herkunft. Soweit be-

◁ **Abb. 3.7 a u. b.** Altersabhängigkeit der Aktivitäten der Amylaseisoenzyme im Serum (aus: O'Donnell MD, Miller NJ (1980) Plasma pancreatic and salivary type amylase and immunoreactive trypsin concentrations: Variations with age and reference ranges for children. Clin Chim Acta 104: 265)
Angegeben sind die Meßwerte von hospitalisierten Kindern, bei welchen keine Erkrankungen oder medikamentöse Therapien mit Einfluß auf Amylaseaktivitäten bestanden. *Säulen:* Mittelwerte; Standardabweichung

kannt, kann sie neben den Kopfspeicheldrüsen auch in Leber, Tubenschleimhaut und Tumorgewebe (Bronchialkarzinom u.a.) gebildet werden.

Die Isoenzyme sowohl der Parotis- wie der Pankreasamylase leiten sich her aus je einer genetisch determinierten eigenen Form durch Änderungen der Glykosidierung und durch Deamidierungen. Wahrscheinlich entstehen auch die besonderen Formen von Amylase im Serum, welche bei Lebererkrankungen und Lebertumoren auftreten, durch ähnliche Abwandlungen der Grundmoleküle, ebenso bei Erkrankungen der weiblichen Genitalorgane.
In *Pankreaspseudozysten* läßt sich eine Verschiebung pankreatischer Isoenzyme beobachten. Die Hauptkomponente vermindert sich mit der Alterung des Zysteninhalts, die beiden anderen elektrophoretisch abtrennbaren Isoenzyme vermehren sich. Dieses veränderte Spektrum von Amylasen läßt sich auch im Serum nachweisen und bei verfügbarer Technik diagnostisch nutzen. Die „Alterung" besteht wahrscheinlich in vergleichbaren chemischen Umstrukturierungen des Moleküls wie bei den normalerweise aufzufindenden Isoenzymen; denn sie führt demgegenüber nicht zu neuen Amylasespezies.
Außer in der elektrophoretischen Mobilität und im chromatographischen Verhalten unterscheiden sich die Amylasen auch in *enzymkinetischen* Eigenschaften: S-typische Amylase hat eine höhere Substratspezifität zu Stärke im Vergleich zu P-typischer Amylase und eine niedrigere zu Glykogen. S-typische Amylase führt zur Bildung niedrigmolekularer Kohlenhydrate bis zu Trisacchariden als kleinsten Spaltprodukten. Bei der Wirkung von P-typischer Amylase entsteht auch Glukose.
Von besonderer diagnostischer Bedeutung in diesem Zusammenhang sind *Amylasehemmkörper* aus Getreide, darunter ein nahezu spezifisch auf S-Amylase wirksamer aus Weizen, welcher eine Differenzierung einer Amylasegesamtaktivität in S-typische und P-typische gestattet (s. S.228).

Die Amylaseaktivität in Serum und Urin des Gesunden stammt leicht überwiegend aus den extrapankreatischen Quellen und gehört zu diesem Teil dem S-Typ an. Der Rest ist P-Amylase. Mit den routinemäßig einzusetzenden Bestimmungsverfahren für die Gesamtaktivität ist diagnostisch nur die Steigerung über die obere Normgrenze zugänglich, nicht eine Verminderung unter den unteren Grenzwert des Normalbereichs. Ob eine Hyperamylasämie pankreatogenen Ursprungs ist oder nicht, muß aus dem übrigen Laborstatus und aus klinischen Kriterien geschlossen werden. Vielfach bietet die Bestimmung der organspezifischen Serumlipase eine gute Entscheidungshilfe, die auf das Pankreas hinweist. Mit der Bestimmung von Amylaseisoenzymen ist nicht nur eine Differenzierung der Hyperamylasämie möglich, sondern es lassen sich auch pathologisch niedrige Aktivitäten bestimmen und zuordnen; dies ist bei der exokrinen Pankreasinsuffizienz von Interesse, welche mit erniedrigter P-Amylase im Serum (und im Urin) einhergehen kann.

Makroamylase. Eine seltenere Besonderheit stellt der Befund der Makroamylasämie dar. Es wird – zumeist neben den üblichen Isoenzymen normalen Molekulargewichts – Amylase von mehrfach über die Norm erhöhtem Molekulargewicht gefunden. Die Ursachen sind verschieden.
Meist liegt eine Bindung von Amylase an IgA oder an andere γ-Globuline vor; ob es sich dabei um Autoantikörper handelt, welche gegen Amylase gerichtet sind, ist fraglich. Es wurden auch Komplexbildungen mit anderen Glykoproteinen oder Polysacchariden im Serum angenommen bzw. nachgewiesen.
Die Makroamylasämie hat für sich selbst keinen Krankheitswert. Sie wurde in Begleitung verschiedenster anderer Grunderkrankungen beobachtet und muß als eine Ursache sonst nicht zu erklärender Hyperamylasämie bedacht werden. Andererseits findet man Makroamylase häufiger bei Patienten mit normaler Amylasegesamtaktivität im Serum als mit Hyperamylasämie.
Die Diagnose läßt sich am sichersten durch Chromatographie an Molekularsiebsäulen stellen. Makroamylase wird hier schneller eluiert als die normalerweise auftretenden Isoenzyme kleineren Molekulargewichts (s. S. 230). – Makroamylase wird nicht in den Urin ausgeschieden. Dies kann als differentialdiagnostischer Hinweis dienen. Die naheliegende Annahme hat sich jedoch nicht bestätigt, daß Makroamylasämie regelmäßig durch eine unter der Norm liegende Amylaseclearance charakterisiert sein müsse. – Serumlipase ist bei Makroamylasämie normal.

Ursachen für Hyperamylasämie (s. Tabelle 3.4 und Abb. 3.8)

Renale Ausscheidung von Amylase. S- und P-typische Amylase (Molekulargewicht ca. 40000) werden in den Urin ausgeschieden. Die Clearance der Serum-Gesamtamylase beträgt beim Gesunden 1,1–4,1% der Kreatininclearance. Mit dem Ansteigen von Serumamylase in den pathologischen Bereich kommt es parallel auch zur vermehrten Ausscheidung von Urinamylasen.

Tabelle 3.4. Ursachen für Hyperamylasämie und -urie

	Serum-amylase	Urin-amylase	S-Typ. Amylase	P-Typ. Amylase	Lipase i.S.	Trypsin
Akute Pankreatitis	+	+		+	+	+
Akuter Schub chron. rezidivierender Pankreatitis	+	+		+	+	+
Chron. Pankreatitis	+	+		+	+	+
Pankreaskarzinom	+	+		+	+	+
Pankreaspseudozyste	+	+		+	+	+
Gallenwegserkrankungen entzündl. Mitreaktion des Pankreas Steinverschluß der Papille	+	+		+	+	+
Opiatwirkung	+	+		+	+	+
Ulkusperforation Magen, Duodenum, Dünndarfm	+	+		+	+	+
Akute Enteritis	+	+		+	+	+
Mesenteriale Durchblutungsstörung	+	+		+	+	+
Ileus	+	+		+	+	+
Niereninsuffizienz	+		+	+	+	+
Chron. Alkoholismus	+	(+)	+			
Akute Alkoholintoxikation	+	(+)	+			

Tabelle 3.4.

	Serum-amylase	Urin-amylase	S-Typ. Amylase	P-Typ. Amylase	Lipase i.S.	Trypsin
Sialadenitis (Parotitis)	+	+	+			
Neoplasien (Bronchialkarzinom u.a.)	+	(+)	+			
Ovarialtumoren	+	(+)	+			
Makroamylasämie	+		+	+		
Komplexbildung von Hydroxyäthylstärke mit Amylase (Infusionstherapie)	+		+	+		
Unklare Ursachen	(+)	(+)	+	(+)		
Ethnisch bedingte „Hyperamylasämie“ (s. Text)	+		+	(+)		
Artefizielle Hyperamylasurie		+	+			

In keinem Falle ist die Hyperamylasämie obligat mit der Diagnose verbunden. Einzelheiten und Zusammenhänge s. Text

Die Clearance der P-typischen Amylase ist etwa doppelt so hoch wie die der S-typischen Amylase. Dies ist ein Grund dafür, daß bei der Pankreatitis die Clearance der Gesamtamylase in Relation zur Kreatininclearance ansteigen kann, sobald sich die Konzentration von P-Amylase im Serum erhöht. Es ist allerdings der weit weniger bedeutsame Mechanismus im Vergleich zu der *renalen Funktionsstörung*. Die verminderte tubuläre Rückresorption von Amylase ist die wesentliche Ursache für die Verschiebung des Quotienten Amylase-/Kreatininclearance bei schwerer akuter Pankreatitis und anderen Erkrankungen (s. S. 212). Die Amylaseclearance kann auf 30–40% ansteigen. Bei verschiedenen Methoden, das Enzym zu messen, können die Werte um einiges voneinander abweichen.

Amylaseaktivitätsbestimmung – Einführung. Die Schwierigkeiten, Amylaseaktivitäten zu bestimmen, liegen in der Beschaffenheit des natürlichen Substrats: Stärke ist ein Gemisch von wechselnden, nicht exakt definierbaren Anteilen unterschiedlich großer verzweigter und nichtverzweigter Polysaccharidmoleküle, Amylopektin und Amylose.

Mit der Zusammensetzung ändern sich Wasserlöslichkeit, Enzym-Substrataffinität und Umsatzgeschwindigkeit durch Amylase auch während des enzymatischen Abbaues. Stärkepräparationen aus natürlichen Quellen wechseln in diesen Eigenschaften je nach Ausgangsmaterial und auch bei gleicher Herkunft von Charge zu Charge, so daß die Standardisierung schwierig ist.

Stärkepräparationen, welche sich für Amylasetests eignen, sind solche mit etwa definiertem Molekulargewicht und möglichst hoher Wasserlöslichkeit: Stärke nach Lintner, Stärke nach Zulkowski. Angesichts der Heterogenität von Substrat und Produkt des enzymatischen Umsatzes ist die Auffindung geeigneter *Meßgrößen* ein Problem gewesen. Es eignen sich u.a. der von Stärke mit Jod gebildete Farbkomplex, welcher mit fortschreitendem Stärkeabbau verschwindet (amyloklastische Methode); außerdem die Titration der mit der Polysaccharidspaltung freigesetzten reduzierenden Aldehydgruppen (saccharogene Methode). Chromogene Methoden messen Farbstoffe, welche aus synthetisch hergestellten Einschlußverbindungen mit Stärke bzw. Polysacchariden geringerer Kettenlängen durch Amylase freigesetzt werden.

Bei allen genannten Verfahren handelt es sich um Endpunktbestimmungen. Das Reaktionsprodukt wird gemessen, nachdem die Amylasereaktion abgestoppt wurde. Die kontinuierliche Registrierung des enzymatischen Umsatzes ist nicht möglich.

Im Gegensatz dazu ist die fortlaufende photometrische Aufzeichnung der Amylasereaktion bei Verwendung kurzkettiger, löslicher Substrate und von enzymatischen Hilfsreaktionen in zusammengesetzten optischen Tests möglich geworden. Sie haben zunehmend in die Diagnostik Eingang gefunden.

Kurzkettige Substrate werden von Amylase in vergleichsweise geringer Geschwindigkeit gespalten, so daß z.B. Normalwerte für Gesunde erheblich niedriger liegen als solche, die mit größermolekularen Substraten ermittelt werden. Synthetisch hergestellte Substrate sind andererseits ungleich besser standardisierbar.

Amyloklastische Methode. Es wird der Abbau der Stärke gemessen, d.h. das Verschwinden des Substrats. Indikatorreaktion ist die Jod-Stärke-Reaktion.

Die von Stärke mit Jod gebildete Komplexverbindung ist in ihrer Farbintensität abhängig vom Anteil der Amylose an der Stärke; Amylose bildet die Einschlußverbindung, die um so farbintensiver ist, je höhermolekular das Polysaccharid ist. Auch Temperatur, pH und Proteinkonzentration beeinflussen die Färbung. Reproduzierbare Ergebnisse erhält man nur, wenn alle diese Parameter konstant gehalten werden. Es ist nicht möglich, die Meßergebnisse direkt in internationalen Einheiten auszudrücken.

Das Verfahren ist fast nur noch von historischem Interesse (Methode nach Wohlgemuth).
Saccharogene, reduktometrische Methoden. Die Bestimmung der durch Amylaseabbau in der Zeiteinheit freigesetzten reduzierenden Aldehydgruppen, z.B. mit Dinitrosalizylsäure, stellt die quantitative Messung eines Reaktionsprodukts in mol dar und gestattet damit die Festlegung von Internationalen Enzymeinheiten; 1 IE entspricht der Freisetzung von 1 μmol reduzierender Gruppen pro Minute bei 37 °C und optimalen Reaktionsbedingungen mit Substratsättigung.

Vorläufer der Angabe von Amylaseaktivitäten in internationalen Einheiten war die Somogyi-Einheit. Es wurden die freigesetzten reduzierenden Gruppen als Milligramm Glukoseäquivalente pro 30 min ausgedrückt. Somogyi-Einheit und Internationale Einheit lassen sich ineinander umrechnen unter Berücksichtigung des Molekulargewichts der Glukose (180 mg/mmol), der Reaktionszeit und eines Temperaturfaktors von 0,865; mit diesem wird berücksichtigt, daß nach Somogyi bei 40 °C gemessen wird, für Internationale Einheiten bei 37 °C:

$$\mathrm{IE}\left[\frac{\mu\mathrm{mol}}{\mathrm{min}}\right] = \text{Somogyi-Einh.}\left[\frac{\mathrm{mg}_{\mathrm{Glukose}}}{30\,\mathrm{min}}\right]\cdot\frac{10^3\cdot 0{,}865}{180\,\frac{\mathrm{mg}}{\mathrm{mmol}}\cdot 30\,\mathrm{min}}$$

Als *Normalbereiche* gelten für Serum von Europäern
95–285 Internationale Einheiten pro Liter
60–180 Somogyi-Einheiten pro 100 ml.

Da saccharogene Methoden als Substrat Stärke verwenden, bestehen die damit verbundenen Probleme der Standardisierung, d. h. der Heterogenität des Substrats, der mit dem fortschreitenden enzymatischen Umsatz sich ändernden Enzym-Substrat-Wechselwirkung, des Einflusses von Fremdprotein u. a., wie oben ausgeführt.

Chromogene Methoden. Als Substrate werden Stärkepolymerisate verwendet, in welchen Farbstoffe chemisch eingeschlossen sind (z. B. Cibachron-Blau). Mit dem enzymatischen Stärkeabbau werden die Farbstoffe fortlaufend freigesetzt und meßbar.

Die Meßergebnisse können dadurch in internationalen Einheiten ausgedrückt werden, daß Vergleichsmessungen identischer Enzymaktivitäten sowohl mit der chromogenen wie mit der saccharogenen, reduktometrischen Methode durchgeführt werden und eine Eichkurve erstellt wird. Sie setzt die Meßergebnisse beider Methoden in Beziehung.
Käufliche derartige Tests sind u. a. Amylochrome Roche (Substrat ist Amylose-Cibachron-Blau 3G-A; Normalwerte für Serum sind <310 IE/l, für Urin <1500 IE/l analog den Werten der reduktometrischen Messung); Phadebas-Amylasetest (das farbstoffhaltige Substrat ist wasserunlöslich, der freigesetzte Farbstoff löslich; nach Beendigung der Reaktion kann die wasserunlösliche Phase aus dem Ansatz abzentrifugiert und der Farbstoff photometrisch im Überstand bestimmt werden. – Die käuflichen Reagenzien können einfach auch zu einer Halbmikromethode verwendet werden, deren Materialverbrauch reduziert ist).
Ein analoges Prinzip liegt auch einem im Handel erhältlichen *Teststreifen* für die Schnellbestimmung von Urinamylase zugrunde (Rapignost Amylase, Behring-Werke AG, Marburg): Auf eine Auftragszone des Streifens wird eine definierte Menge Urin pipettiert. Dieser diffundiert durch eine benachbarte Reaktionszone, welche das chromogene Substrat enthält, in eine Nachweiszone. Diese Zone, primär weiß, wird durch den aus der Reaktionszone herausgelösten Farbstoff verfärbt. Die Farbintensität ist der Amylaseaktivität der Urinprobe proportional.

Zusammengesetzte optische Tests für Amylase. Neuere wasserlösliche Substrate sind synthetische Maltoside oder definierte Gemische von Maltosiden. Durch Amylase werden daraus Bruchstücke abgespalten, deren Bildung fortlaufend durch enzymatische Hilfs- und Indikatorreaktionen im optischen Test nachgewiesen werden. Die *Indikatorreaktionen* sind

1. der Umsatz von NAD zu $NADH + H^+$ bei der Oxydation von Glukose-6-phosphat, welches über mehrere enzymatische Zwischen-

reaktionen gebildet wird. Es wird die Extinktionszunahme photometrisch gemessen, welche mit dem Anstieg der Konzentration von NADH im Testansatz verbunden ist;
2. die Freisetzung von p-Nitrophenol durch α-Glukosidase aus kurzkettigen Spaltprodukten des Amylaseumsatzes, vor allem aus p-Nitrophenyl-maltotriosid. Hierzu werden Maltoside mit Kettenlängen bis G7 (7 Glukoseeinheiten) als Substrate verwandt, welche am Ende mit p-Nitrophenol verknüpft sind. Freies p-Nitrophenol kann photometriert werden.
Diese Reaktionen sind standardisierbar. Sie lassen sich auch in Analyseautomaten einsetzen. Die Ergebnisse werden in Internationalen Enzymeinheiten ausgedrückt (µmol Reaktionsprodukt pro Minute). Die Normalwerte richten sich nach der Beschaffenheit des Substrats und liegen niedriger als bei der Verwendung von Stärke. Die folgenden Testsysteme werden z. Zt. verwendet: (G_x: Kettenlänge der Oligosaccharide in Glukoseeinheiten)

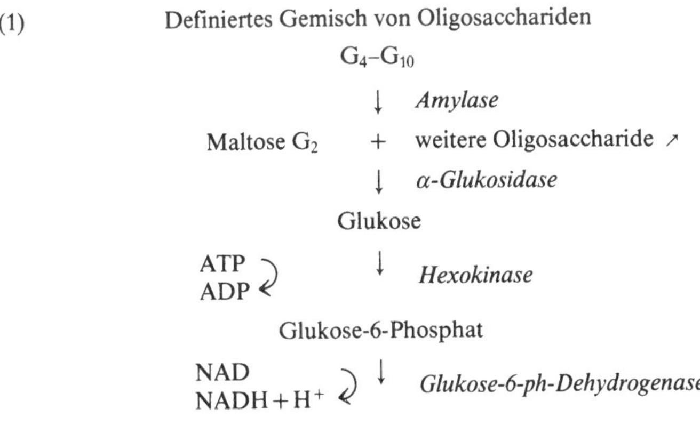

Indikatorreaktion: Reduktion von NAD

Hilfsenzyme (im Überschuß):	α-Glukosidase	EC 3.2.1.20
	Hexokinase	EC 2.7.1.1
	G-6-PDH	EC 1.1.1.49

Die Amylasereaktion ist in diesem Ansatz erst dann der geschwindigkeitsbestimmende Umsatz, wenn die im Untersuchungsmaterial (Serum, Urin) vorhandene Glukose abgebaut wurde.

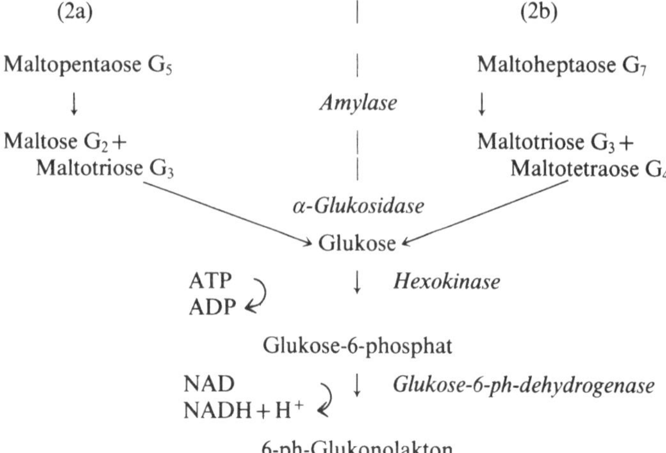

Indikatorreaktion: Reduktion von NAD
Hilfsenzyme (im Überschuß): wie bei (1)
In diesen Testsystemen ist das Substrat exakt definiert. Glukose im Untersuchungsmaterial (Serum, evtl. Urin) muß in einer Initialphase umgesetzt werden, bevor die Amylaseaktivität geschwindigkeitsbestimmend für den photometrisch gemessenen Gesamtumsatz wird.

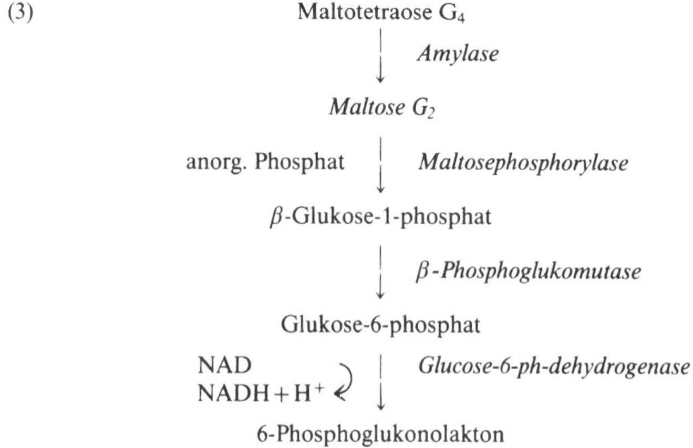

Meßreaktion: Reduktion von NAD.
Hilfsenzyme (im Überschuß): Maltosephosphorylase (EC 2.4.1.8); β-Phosphoglukomutase (EC 2.7.5.1); G-6-PDH (EC 1.1.1.49)
Substrat und Zwischenprodukte des Umsatzes sind exakt definiert; Glukose interferiert nicht mit der Reaktion. Bei Bestimmungen der Urinamylase kann aber die α-Glukosidaseaktivität des Harns stören, welche Substrat und Zwischenprodukte zu Glukose abbaut.
Käufliche Reagenzien: α-Amylase INGOMAT Boehringer Ingelheim; EnzAmyl K, Goedecke AG Berlin, Freiburg; Monamyl neu, Biomed München: Normalwerte (Messung bei 25 °C) im Serum 3–34 IE/l, im Urin 8–130 IE/l bzw. 6–105 IE/24 h (Angaben des Herstellers).

(4) p-Nitrophenyl-maltoside G_5, G_6, G_7 (verschieden, je nach Hersteller)

↓ *Amylase*

p-Nitrophenyl-maltoside $< G_5$ (G_6, G_7)

↓ *α-Glukosidase*

p-Nitrophenol + Maltoside + Glukose

Photometrische Indikatorreaktion: Freisetzung von p-Nitrophenol
Hilfsenzym: α-Glukosidase (EC 3.2.1.20). – Substrat bzw. Substratgemisch genau definiert, Zwischenprodukte weniger. Glukose interferiert nicht mit der Testreaktion.

Käufliche Reagenziensätze
Testomar α-Amylase, Behring-Werke Marburg: Substrat G_5-pNP + G_6-pNP

Normalwerte IE/l	25 °C	30 °C	37 °C
Serum	10–53	14–69	22–100
Urin	<290	<350	<500

α-Amylase PNP Boehringer Mannheim (Substrat G_7-pNP)

Normalwerte IE/l	25 °C
Serum	<100
Urin	<500

Bestimmung von Amylaseisoenzymen mittels Amylaseinhibitor aus Weizen

Grundlage. Eines der aus Weizenkeimlingen isolierten Proteine mit inhibitorischen Eigenschaften gegenüber Amylasen zeigt eine ausgesprochene Selektivität: S-typische Amylase wird mit einer etwa 100fach größeren Affinität gebunden als P-typische Amylase. Mit der Bindung ist die Hemmung der enzymatischen Aktivität gekoppelt. Darauf basiert die kinetische Differenzierung der Amylaseisoenzyme. Sie ist wertvoll bei der differentialdiagnostischen Klärung von Hyperamylasämien und -urien. Außerdem erlaubt sie in gewissem Maße eine Diagnostik der exkretorischen Pankreasinsuffizienz.

Testprinzip (eine genaue Testanleitung ist den käuflichen Reagenzien beigegeben).
Im Untersuchungsgut wird die Amylaseaktivität gemessen ohne und mit einer konstanten Menge zugesetztem Inhibitor. Daraus ist eine Beurteilung bereits ohne Verwendung einer Eichkurve möglich: Aus dem Vergleich der enzymatischen Gesamtaktivität mit der unter Inhibition verbleibenden Restaktivität (= P-typische Amylase) läßt sich auf den Anteil S-typischer Amylase schließen.
Für quantitative Aussagen ist eine *Eichkurve* erforderlich. Da die Inhibitorkonzentration mit jeder Charge des käuflichen Reagens wechselt, muß die Eichkurve jeweils neu erstellt werden. Abhängig von der in den Test eingesetzten Menge Inhibitor wird die enthaltene P-typische Amylase (!) mehr oder weniger mitgehemmt. Denn sie besitzt zwar eine weit geringere, jedoch eine kinetisch wirksame Affinität zum Inhibitorprotein, während die S-typische Amylaseaktivität bei den üblicherweise gewählten Versuchsbedingungen vollständig unterdrückt wird. Diese Untersuchungsbedingungen beinhalten, daß die Amylase-Gesamtaktivität der Probe einen vorgegebenen Meßbereich nicht überschreitet. Andernfalls wird die Kapazität des Hemmkörpers überschritten. Proben mit hohen Amylasekonzentrationen müssen also entsprechend verdünnt werden.
Die Eichkurve (Abb. 3.8) wird erstellt mit Hilfe von Testgemischen S- und P-typischer Amylasen in verschiedenen, bekannten Mischungsverhältnissen und von etwa konstanter enzymatischer Gesamtaktivität. Diese Präparationen werden mit und ohne Inhibitor getestet. Es

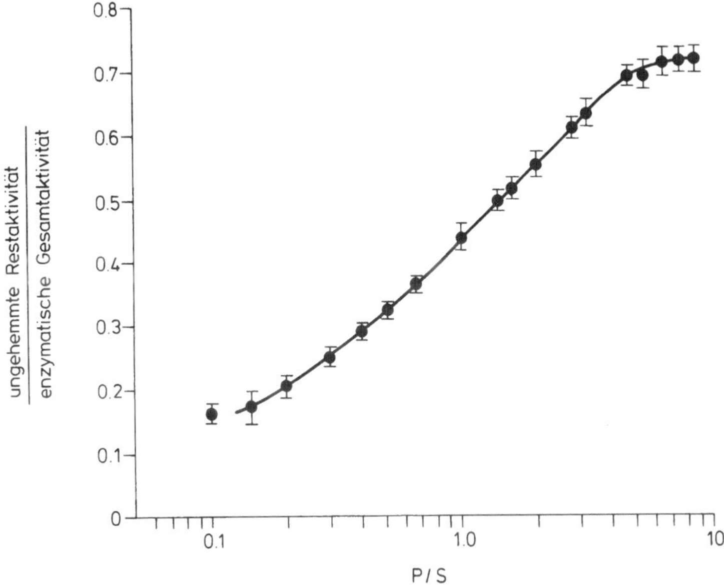

Abb. 3.8. Eichkurve für die Ermittlung des Verhältnisses P/S aus den Meßwerten Amylasegesamtaktivität und Restaktivität nach Zusatz von Amylaseinhibitor. Für die Erstellung der Eichkurve werden Mischungen bekannter Relation P/S verwandt, s. Text (aus O'Donnell MD et al.; Clin Chem 23, 560–6, 1977)

werden dann graphisch im halblogarithmischen Netz gegeneinander aufgetragen die eingesetzten Relationen P-/S-typischer Amylase und die zugehörigen, ermittelten Werte für das Verhältnis nichtgehemmte Restaktivität/enzymatische Gesamtaktivität.

Bei der Bestimmung der Isoenzyme in einer unbekannten Probe wird zunächst die Amylase-Gesamtaktivität gemessen, die Probe verdünnt und dann in dieser Verdünnung die Relation $\text{Amylase}_{\text{gesamt}}/\text{Amylase}_{\text{Restaktivität}}$ ermittelt. Das Verhältnis P-/S-typischer Amylase wird anhand dessen schließlich der Eichkurve entnommen, womit die Einzelaktivitäten zu errechnen sind (Verdünnung berücksichtigen):

$$\text{Pankreasamylase} = \frac{\text{Amylase}_{\text{gesamt}} \cdot P/S}{1 + P/S}$$

$$\text{Speicheldrüsentyp. Amylase} = \frac{\text{Amylase}_{\text{gesamt}}}{1 + P/S}$$

Hemmkörper und Standardseren sind käuflich: Phadebas Isoamylasen, Pharmacia Uppsala.

Auswertung:

Normalwerte im Serum	$\bar{x}$	$\bar{x}-2s$	$\bar{x}+2s$
Gesamtamylase	150	96	324
Pankreastyp	85	36	198
Speicheldrüsentyp	77	24	246

Angaben in IE/l

Die Bestimmung mit der kinetischen Methode hat Unschärfen bei extremen Verhältnissen S-/P-typischer Amylase, so daß sehr kleine Aktivitäten des einen Isoenzyms neben relativ großen des anderen nur qualitativ festgestellt werden können. Möglichkeiten einer Fehlinterpretation ergeben sich bei Makroamylasämie; sie muß getrennt gesucht werden. An der Bildung von Makroamylasekomplexen können sowohl S- wie P-typische Amylase beteiligt sein.
Erniedrigte Werte von P-typischer Amylase in Serum und Urin sprechen für eine exokrine Pankreasinsuffizienz. Bei akutem Schub einer chronischen Pankreatitis kann die Diagnose nicht gestellt werden, während eine Hyperamylasämie mit P-typischer Amylase besteht; diese ist Ausdruck des floride entzündlichen Pankreasprozesses. Unklare Hyperamylasämien können mit Hilfe der Isoenzymbestimmung dem Pankreas oder extrapankreatischen Quellen zugeordnet werden.

Bestimmung von Makroamylase im Serum

Prinzip. Makroamylase kann von den kleinermolekularen Amylasefraktionen des Serums u.a. durch Ausschlußchromatographie an Gelen mit Molekularsiebeffekt getrennt werden. Im folgenden ist ein Vorgehen in Anlehnung an Friedhandler et al. wiedergegeben. Dabei wird die Serumprobe an Sephadex G-100 chromatographiert. Im Durchlauf wird ein Proteinabsorptionsspektrum aufgezeichnet, Fraktionen des Eluats werden auf Amylaseaktivität getestet.

Gerät. Chromatographiesäule ca. 20·0,8 (–1,0) cm; Fraktionssammler mit Tropfenzähler (z. B. LKB 2070 Ultrorack II); günstig ist ein Uvicord mit Punktschreiber (8300 Uvicord II; Recorder Type LKB 6520–8).

Präparation der Säule: Füllung ca. 12 cm hoch mit Sephadex G-100, aufgenommen in TRIS-NaCl 50 mmol/l, pH 7,2 (Herstellung s. u.). Die Sephadexfüllung wird oben abgedeckt mit einem Filterpapierplättchen (Schleicher & Schüll, Dassel, No. 598L), so daß das Sephadex beim Aufbringen der Probe nicht aufgewirbelt wird. Die Säule ist mehrfach verwendbar.
Chromatographie: Es werden 200 µl Serum auf die Säule aufgetragen. Ist die Probe in das Sephadex aufgenommen, werden noch zweimal je 200 µl Elutionspuffer (s. u.) aufgetragen. Die Säule wird schließlich mit einigen Millilitern Puffer überschichtet, dann die Elution begonnen. Der Säulendurchlauf bzw. das Eluat wird durch die Meßzelle des Uvicords (oder direkt in die Sammelgläschen) geleitet. Fraktionsgröße 15 Tropfen, Durchlaufgeschwindigkeit ca. 3 Tropfen pro Minute. Das Chromatogramm ist nach ca. 24 Fraktionen vollständig.
Steht kein Uvicord zur Verfügung, so können die Fraktionen im UV-Spektrophotometer auf Absorption bei 278 nm getestet werden (Quarzküvette); daraus ergibt sich ein Proteinabsorptionsspektrum analog der Uvicord-Registrierung.
Die Fraktionen werden auf *Amylaseaktivität* getestet. Dazu eignet sich prinzipiell jede eingeführte Methode; entsprechend der Verdünnung müssen die Inkubationszeiten genügend lang gewählt werden. Da keine Absolutwerte der Amylasekonzentration benötigt werden, kann auch die amyloklastische Methode (Jod-Stärke-Abbau) als billiges Verfahren Anwendung finden:

Jede Fraktion (15 Trpf.)

inkubieren mit

200 µl Stärke-Puffer-Lösung	Stärke (0,1% w/v) TRIS (50 mmol/l; pH 7,2)
	aus
	0,5 ml Stärke-Stammlösung
	    100 mg Amylose
	    (Stärke nach Lintner; Serva)
	    lösen bei 80 °C in
	    2 ml DMSO (Dimethylsulfoxid)
	+ 24,5 ml TRIS-NaCl (= Elutionspuffer)
	    6,05 g TRIS
	    8,50 g NaCl
	    0,20 g Na-Azid
	    in 1000 ml Aq. dest; pH eingestellt auf 7,2

37 °C Wasserbad-Inkubation
Inkubationszeit je nach Serumamylaseaktivität:
< 150 E/l 30 min; 150–400 E/l 25 min; 400–1000 E/l 20 min; > 1000 E/l 10 min.

Stop der Amylasereaktion und Färbung:

+ 1,7 ml Jod-Essigsäurelösung	Jod-Essigsäurelösung aus 20 ml Jod-Stammlösung 4 g Kaliumjodid 50 ml Aq. bidest. 100 mg Jod rühren, bis die Kristalle gelöst sind, dann mit Aq. bidest. ad 100 ml + 10 ml Eisessig + 170 ml Aq. bidest.

photometrieren bei 578 nm; dabei wird mit der 1. Fraktion E = 0,600 eingestellt.
Auftragen der ΔE-Werte auf log-Papier (Registrierpapier des Uvicords) in Zuordnung zu den Fraktionen und zu dem Proteinabsorptionsspektrum.
Wie aus dem Beispiel in Abb. 3.9. ersichtlich ist, erhält man mit den Extinktionswerten Maßzahlen für die Konzentration des nicht abgebauten Jod-Stärke-Komplexes, somit reziproke Werte der Amylaseaktivität. Da der Substratumsatz hier eine Reaktion 1. Ordnung ist, verhalten sich die Extinktionswerte, aufgetragen im halblogarithmischen Netz, umgekehrt und linear proportional zu den Enzymaktivitäten.
In den ersten Fraktionen sind Glykoproteine enthalten, die eine positive Reaktion mit Jod zeigen. Die Extinktion dieser Proben liegt daher einiges über der Extinktion des Durchlaufs, soweit keine Makroamylase erscheint.

Ergebnisse. Bei der Chromatographie von Seren ohne Makroamylase findet sich die Hauptaktivität der Amylase zwischen dem Globulin- und dem Albumingipfel des Proteinchromatogramms. Liegt eine Makroamylasämie vor, so wird eine unterschiedlich große Fraktion der enzymatischen Gesamtaktivität bereits mit den zuerst erscheinenden Proteinen eluiert; es sind diejenigen mit dem größten Molekulargewicht.

Eine orientierende **Schnellbestimmung** von Makroamylase ist durch Fällung der Makromoleküle mit Polyäthylenglykol (PEG) möglich:
0,2 ml Serum werden mit 0,2 ml 24%igem PEG 6000 in einem Tischzentrifugenröhrchen (Eppendorf-Reaktionsgefäß o. a.) gemischt. Inkubation des Ansatzes 10 min bei 37 °C im Wasserbad. Zentrifugation bei 5000 g 10 min lang. Amylasetest im Überstand. Vergleich mit einer gleichartig verdünnten Probe ohne PEG: Bei Makroamylasämie werden 73% oder mehr der Gesamtaktivi-

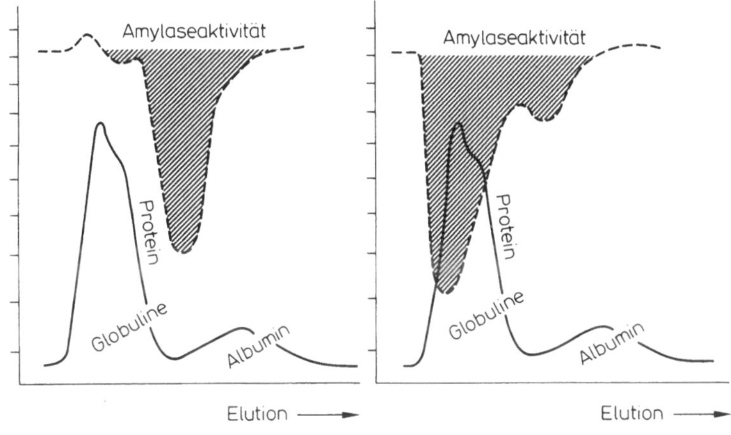

Normalserum
Die Amylaseaktivität ordnet sich den mittel- und kleinmolekularen Serumeiweißfraktionen zu

Serum mit Makroamylase
Mit dem Erscheinen der ersten, d. h. größtmolekularen Serumeiweiße im Eluat findet sich auch Amylaseaktivität

Abb. 3.9. Chromatographische Diagnostik der Makroamylasämie. Ausschlußchromatographie (an Sephadex G-100) von Blutserum mit Aufzeichnung der Proteinkonzentration und der Amylaseaktivität im Eluat

tät des Enzyms durch PEG ausgefällt. In Seren ohne Makroamylase sind höchstens 52% der Amylase präzipitierbar.
Es wurde auch ein Verfahren zur Identifikation von Makroamylase mittels HPLC (Hochdruckflüssigkeitschromatographie) beschrieben.

Reagenzien (Makroamylasechromatografie)

Amylose/Stärke n. Lintner	Serval 35362
Dimethylsulfoxyd DMSO	Merck 2951
TRIS	Merck 8382
NaCl	Merck 6404
Natrium azid	Merck 822335
KJ	Merck 5040
Jod	Merck 4763
Eisessig	Merck 60
Polyaethylenglycol PEG 6000	Merck 807491

3.3.13.2 Lipase im Serum

Grundlagen. Pankreaslipase (Triacylglycerolacylhydrolase EC 3.1.1.3.) hydrolysiert langkettige Fettsäureester, vorwiegend des Glycerins, in mizellarer Lösung bzw. in Emulsion. Es werden aber auch andere Ester mit verschiedener Struktur und Löslichkeit gespalten, wenn auch mit teils erheblich geringerer Aktivität.

Lipase im Serum stammt vorwiegend aus dem Pankreas, vielleicht auch aus Schleimhautdrüsen des Rachens. Im Serum treten zwei Isoenzyme auf. Aktivitätserhöhungen über die Norm sind fast ausschließlich durch Pankreaslipase bedingt: Analog zu den Verhältnissen bei der pankreasspezifischen Isoamylase und bei Serumtrypsin sind die Ursachen sowohl Erkrankungen des Pankreas wie aber auch extrapankreatische Geschehen, gastrointestinal oder renal lokalisiert. Lipaseerhöhungen gehen meist parallel mit Hyperamylasämie und der Steigerung der Serumtrypsinaktivität (s. Tabelle 3.4.), jedoch kommen auch Ausnahmen vor mit isolierter oder betonter Steigerung einer dieser Enzymaktivitäten. Die Niere ist auch für Lipase der Ort, an welchem die Inaktivierung zu wesentlichen Teilen erfolgt. Es findet aber keine Ausscheidung enzymatisch aktiver Lipase in den Urin statt.

Prinzipien der Lipasebestimmung. Bei der Messung der Enzymaktivitäten in vitro müssen Emulsionen oder mizellare wäßrige Lösungen möglichst konstanter, definierter Struktur hergestellt werden. Für den Nachweis des enzymatischen Umsatzes sind titrimetrische und photometrische Methoden gebräuchlich.

Im Serum kommen sog. **unspezifische Esterhydrolasen** vor, deren Substratspezifität sich teilweise mit der der Pankreaslipase überschneidet. Sie wirken jedoch mit größerer Aktivität auf kurzkettige Ester einwertiger Alkohole in wäßriger Lösung und nur gering auf größermolekulare Substrate. Sie sind auch wirksam auf verschiedene Substrate, welche vor allem in optischen Tests zum In-vitro-Nachweis von Pankreaslipaseaktivität erprobt wurden und interferieren hier mit diesem Enzym. Esterhydrolasen kommen im Pankreas vor ebenso wie Lipase. Sie sind bei den gleichen pathologischen Bedingungen erhöht, wie diese bei Pankreatitis u.a. Daneben finden sich pathologische Werte auch bei anderen Erkrankungen, besonders der Leber, in der sie ebenfalls gebildet werden. Tests, bei welchen Esterhydrolasen mitreagieren, sind also nicht pankreasspezifisch.

Nur im Postheparinplasma ist außerdem **Lipoproteinlipase** enthalten, welche ebenfalls auf Substrate der Pankreaslipase wirksam ist. Lipoproteinlipase ist jedoch hemmbar durch Substanzen, welche auf Pankreaslipase nicht wirksam sind und auch dadurch von dieser zu unterscheiden (Protaminsulfat, hohe Kochsalzkonzentrationen, Natriumpyrophosphat).

Titrimetrische Lipasebestimmung. Standardverfahren für die Messung der Lipaseaktivität ist die Titration der aus dem Substrat (langkettige Triglyceride) pro Zeiteinheit freigesetzten Fettsäuren. Das Meßergebnis wird in Internationalen Einheiten ausgedrückt: 1 IE entspricht der Freisetzung von 1 μmol Säureäquivalente pro Minute unter Standardbedingungen.
Die Endpunkttitration, bei der nach einer Inkubationszeit (bis zu Stunden) die freigesetzten Fettsäuren im Ansatz gemessen werden, wurde ersetzt durch die *pH-Stat-Methode*. Hierbei wird in dem Testansatz die zur Konstanterhaltung des pH-Werts erforderliche Menge Lauge (NaOH) kontinuierlich automatisch zugepumpt. Ihre Menge pro Zeit wird registriert.

Bei der *Methode von Rick* (1969) ist das Substrat eine mit dem Ultraturrax o. ä. hergestellte Olivenölemulsion mit Gummi arabicum, um dessen Partikel außen ein Fettfilm entsteht. Die Testbedingungen sind so gewählt, daß weder die Mitwirkung zusätzlicher chemischer Emulgatoren (Gallensäuren o. a.) noch von Colipase erforderlich ist.

Die Schwierigkeit der titrimetrischen Lipasebestimmung liegt in dem beträchtlichen apparativen Aufwand; es ist ein pH-Stat mit Registriereinheit erforderlich. Die Messungen lassen sich nicht automatisieren und sind zeitaufwendig. Außerdem sind die Substratpräparationen von begrenzter Stabilität.
Außer Olivenöl ist Triolein, ein künstliches Substrat, für Pankreaslipase nahezu spezifisch. Andere Substrate besitzen derzeit kaum praktische Bedeutung.

Photometrische Lipasebestimmung

Bei der Verwendung von Fluoreszeinestern als Substrat für Lipase kann das freie Fluoreszein fluoreszenzoptisch als Reaktionsprodukt nachgewiesen werden. Analog wurden auch andere Farbstoffe, welche mit Fettsäuren Ester bilden, auf ihre Eignung hin untersucht, ohne sich durchzusetzen.

Bei der Lipasespaltung von Triolein zu freier Ölsäure und Ölsäuredi- und -monoglycerid nimmt die Trübung des Reaktionsansatzes linear mit dem Abbau des Substrats ab. Auf der Trübungsmessung (Turbidimetrie) beruht der gebräuchlichste, auch automatisierbare photometrische Test. (Monotest Lipase, Boehringer Mannheim, Best.-No. 159697).

Der Ansatz enthält Desoxycholsäure hoher Konzentration zur Stabilisierung des Substrats als mizellare Lösung. Außerdem ist zur Aktivierung des Enzyms Colipase enthalten. Diese Anordnung bewirkt die Spezifität der Untersuchung für Pankreaslipase: Im Unterschied zu anderen Esterhydrolasen und auch zu Lipoproteinlipasen tritt Pankreaslipase mit Hilfe der Colipase zu dem von Gallensäuren abgeschirmten Substrat in Beziehung und bewirkt dessen enzymatischen Abbau.
Bei einem anderen käuflichen Test (Lipastrat-K, Goedecke Labordiagnostica) wird zur Turbidimetrie eine Olivenölemulsion mit Natriumdesoxycholat in Äthanol-Methanol-Pufferlösung verwendet.

Die **Standardisierung** erfolgt an der titrimetrischen Methode (nach Rick). Das Meßergebnis kann in Enzymeinheiten angegeben werden durch Verwendung eines Umrechnungsfaktors, welcher an einem Lipasepräparat ermittelt wird, dessen Aktivität aus der titrimetrischen Messung bekannt ist.

Normale Serumlipaseaktivitäten sind unter 170 E/l bei 25 °C; Werte über 190 E/l sind pathologisch.
Für die Bestimmung von Konzentrationen des Lipase*proteins* ist ein Enzymimmuntest (ELISA, Testkit Enzygnost Lipase, Behringwerke, Marburg) verfügbar.

3.3.13.3 Trypsin in Serum und Urin

Grundlagen. Trypsin im Serum und im Urin stammt aus dem Pankreas und ist ein für dieses Organ spezifischer Parameter. Nach Pankreatektomie fehlt Trypsin im Serum. Bei ausgeprägter exokriner Pankreasinsuffizienz ist es im Mittel vermindert (Abb. 3.10). Bei akuter Pankreatitis, akuten Schüben chronischer Pankreatitis sowie bei Säuglingen mit zystischer Fibrose sind die Meßwerte erhöht, desgleichen bei verschiedenen extrapankreatischen Erkrankungen im Abdomen und bei Niereninsuffizienz. Prinzipiell bestehen enge Paralle-

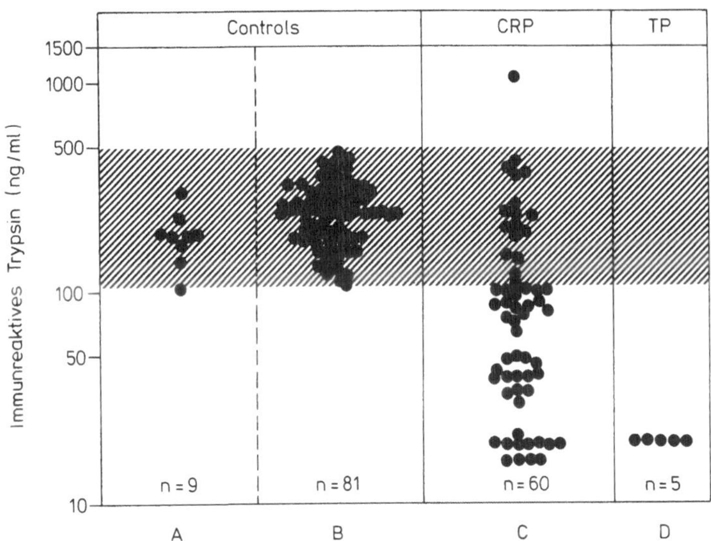

Abb. 3.10. Serum-Trypsinkonzentrationen bei Normalpersonen, Patienten mit chronischer Pankreatitis und nach Pankreatektomie (aus Koop H, Lankisch PG, Stöckmann F, Arnold R (1980) Trypsin radioimmunoassay in the diagnosis of chronic pancreatitis. Digestion 20:151)
A Gesunde Kontrollpersonen; *B* pankreasgesunde Patienten; *C* chronisch rezidivierende Pankreatitiden; *D* Pankreatektomie

len zum Verhalten der Amylase, speziell des pankreastypischen Isoenzyms, und der Lipase (vgl. Tabelle 3.4.). Im gleichen Sinne steht die Trypsinausscheidung über die Niere in den Urin in einem definierten Verhältnis zur Kreatininausscheidung. Verschiebungen des Verhältnisses von Trypsin- zu Kreatininclearance finden sich bei den gleichen Zuständen, bei welchen pathologische Werte auch der relativen Amylaseclearance gefunden werden (s. S. 212).

Ausnahme ist das Pankreaskarzinom, für welches Erhöhungen der relativen Trypsinclearance - bei zunächst kleinen Fallzahlen - mit solcher Regelmäßigkeit beobachtet wurden, daß die Untersuchung von differentialdiagnostischem Wert bei der Abgrenzung zur chronischen Pankreatitis sein könnte (Abb. 3.11.).

Indikationen für die Trypsinbestimmung. Für die Routinediagnostik von Pankreaserkrankungen sind wegen der besseren Praktikabilität

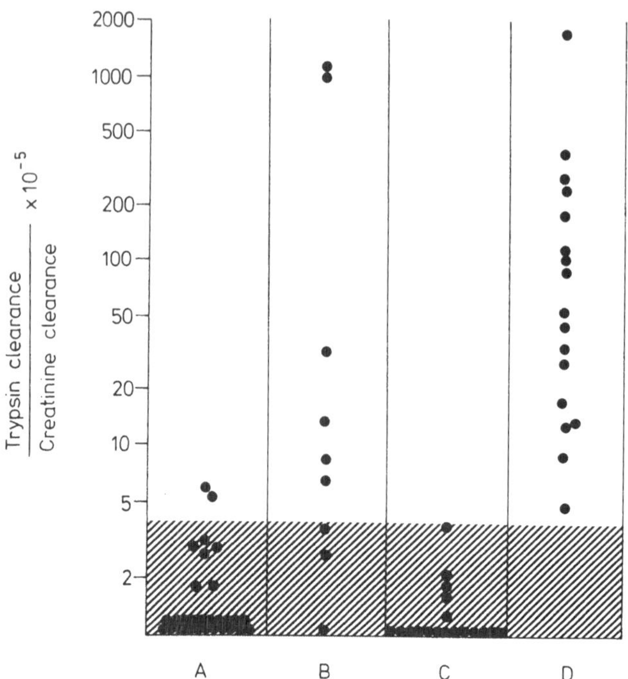

Abb. 3.11. Trypsin-Kreatininclearance bei entzündlichen Pankreaserkrankungen und Pankreaskarzinom (aus Lake-Bakaar G, McKavanagh S, Summerfield JA (1979) Urinary immunoreactive trypsin excretion: A non-invasive screening test for pancreatic cancer. Lancet II: 878)
A Normale Kontrollen; *B* akute Pankreatitis; *C* chronische Pankreatitis; *D* Pankreaskarzinom.
Schattiert: ($\bar{x}$ + 2 s)-Bereich für Normalpersonen

der Meßmethoden Untersuchungen von Amylase und Lipase den Trypsinbestimmungen überlegen. Indikationen für Trypsinbestimmungen können bei der Diagnostik der exokrinen Pankreasinsuffizienz gesehen werden. Erniedrigte Werte in Serum und Urin können im Sinne einer Screeninguntersuchung als Hinweis auf eine fortgeschrittene Erkrankung bei chronischer Pankreatitis interpretiert werden. Die Sensitivität der Bestimmung als diagnostisches Kriterium ist aber nicht sehr hoch, sie hängt vom Grad der exokrinen Pankreasinsuffizienz ab und ist vergleichbar mit der pankreastypischen Amylase; vgl. untenstehende Ergebnisse (Basalwerte).

Von höherer Wertigkeit auch gegenüber den Untersuchungen mit Amylase und Lipase wird der **Trypsin-Evokationstest** für die Diagnostik der Pankreatitis angesehen.
Nach Bolusgabe von 1 IE Sekretin/kg KG über 2 min werden die Trypsinkonzentrationen im Serum in Abständen von 15 min 1 h lang gemessen.

Ergebnisse:

	Trypsin ng/ml	
	basal	nach Sekretin
Gesunde	229 ± 22	278 ± 34
leichte	273 ± 50	1055 ± 200
mittelschwere	239 ± 39	648 ± 144
schwere Pankreasinsuffizienz	182 ± 45	429 ± 116

Bei ca. ⅔ der Patienten mit leichter und mittelschwerer exokriner Pankreasinsuffizienz bei chronischer Pankreatitis ist mit einem Anstieg von Serumtrypsin über 500 ng/ml zu rechnen, bei höhergradiger Pankreasinsuffizienz seltener; es sei denn, die exokrine Insuffizienz ist durch eine mechanische Abflußbehinderung hervorgerufen. Im letzteren Falle steigt die Serumtrypsinkonzentration besonders deutlich an.

Demgegenüber reagiert Serumamylase seltener mit einem Anstieg in den pathologischen Bereich. Der Unterschied wird auf die verschiedenen Molekulargewichte zurückgeführt: Amylase als größeres Molekül (MG 54000) sollte die feingeweblichen Strukturen weniger leicht permeieren als Trypsin (MG 22000).
Die Bestimmung von Serumtrypsin kann bei der Diagnose des Enteropeptidasemangels der Dünndarmschleimhaut behilflich sein, bei welchem isoliert niedrige Aktivitäten tryptischer Enzyme im Duodenalsaft gemessen werden. Trypsin im Serum ist dann normal.

Trypsinbestimmungen im Blut wurden erfolgreich als Screeningmethode für die Mukoviszidose bei Neugeborenen verwandt, deren Trypsinspiegel zunächst erhöht ist und erst später in einen pathologisch niedrigen Bereich absinkt. (Ob ein Neugeborenen-Screening auf zystische Fibrose sinnvoll ist, wird allerdings bezweifelt). Bei älteren Kindern mit dieser Erkrankung wurden pathologische Werte im Serum häufiger für Trypsin als für Pankreasamylase gefunden.

Bestimmungsmethode. Im Gegensatz zu Amylase und Lipase können tryptische Enzyme im Serum nicht enzymkinetisch bestimmt werden. Wegen der verschiedenen Proteinaseninhibitoren im Blut, welche die enzymatische Aktivität hemmen, ist man vielmehr auf die *radioimmunologische* Messung der Enzymproteinkonzentration angewiesen. Sie ist den hierzu speziell ausgerüsteten Laboratorien vorbehalten.

Beim Trypsin-Radioimmunassay (RIA-gnost Trypsin) der Behring-Werke, Marburg, wird Kaninchenantikörper gegen humanes Trypsin sowie mit ^{131}Jod markiertes Trypsin vom Menschen verwendet. Damit werden Trypsine und Trypsinogene erfaßt, jedoch mit unterschiedlichen Ausbeuten, je nach dem, ob die Enzymproteine gebunden sind von α_2-Makroglobulin, α_1-Antitrypsin oder Inter-α-Antitrypsin, den Proteinaseninhibitoren des menschlichen Bluts.
Andere käufliche Tests sind Trypsin-RIA IDW, Isotopendienst West, 6072 Dreieich, Postfach 102025; dieser stimmt überein mit Trypsik kit CIS, Sorin Biomedica, Saluggia, Vercelli, Italien.

4. Über die Wertigkeit von gastroenterologischen Labor- und Funktionsuntersuchungen bei Erkrankungen mit chronischer Diarrhoe und Malassimilation

O.Kuntzen

4.1 Chronische Pankreatitis

Außerhalb akuter Schübe werden im Blutserum die Aktivitäten von Amylase (pankreastypisches Isoenzym), Lipase und Trypsin je nach Grad der Pankreasinsuffizienz normal bis erniedrigt gefunden. Es kommen aber auch Verläufe mit langanhaltend erhöhten Werten vor, ohne daß klinische Beschwerden parallel gehen. Die Mengen der im Urin eliminierten Amylase und Trypsin verhalten sich entsprechend.

Im akuten Schub sind die Serumaktivitäten pankreatischer Enzyme bei noch intakter oder weniger beeinträchtigter Pankreassekretion erhöht; sie sind dagegen unverändert gegenüber der Norm oder bleibend erniedrigt bei mehr oder weniger ausgeprägter exokriner Pankreasinsuffizienz. Die Enzymdiagnostik ist hier also ein weniger verläßliches diagnostisches Kriterium für die entzündliche Aktivität und für den Funktionszustand des Pankreas.

Bei Alkoholikern im akuten Intoxikationsstadium wird eine Hyperamylasämie häufig fälschlich mit der Diagnose einer Pankreatitis verbunden. Die Hyperamylasämie ist meist vom Speicheldrüsentyp, wie die Differenzierung der Isoenzyme zeigt. Pankreatische Enzyme sind dann nicht erhöht (pankreastypische Isoamylase, Lipase, Trypsin). Die Diagnose einer Pankreatitis darf sich also – wie stets – nicht nur an dem einen Laborparameter orientieren.

Pankreasfunktionstests zeigen den Grad der Ausbildung einer exokrinen Pankreasinsuffizienz im Ablauf einer chronischen Pankreatitis an. Indem die exokrine Pankreasinsuffizienz definitionsgemäß ein Merkmal chronisch rezidivierender und chronischer Pankreatitis ist, stellt der Nachweis der Sekretionsschwäche einen wichtigen Parameter in der Diagnostik wiederkehrender Pankreatitiden dar. Frühstadien alkoholischer Pankreasschäden sind dabei allerdings zunächst durch eine Zunahme der Enzymsekretion charakterisiert. In jedem Falle – auch bei eingeschränkter Pankreassekretion – ist die Proteinsynthese beschleunigt, wie man an Einbauraten von ^{75}Se-Methionin zeigen kann; diese Untersuchung ist jedoch keine Routinemethode. – Spezifität und Sensitivität der Sekretionsanalysen sind am größten beim Sekretin-Pankreocymin/Caerulein-Test, ähnlich beim Lundh-Test. Demgegenüber eingeschränkt sind sie bei den Screeningverfahren, Chymotrypsinbestimmung im Stuhl, Pankreolauryltest, Peptid-PABA-Test und Messung der Stuhlfettausscheidung. Der einfache mikroskopische Nachweis von unverdauten Fetttropfen, Muskelfasern und Stärke im Stuhl ist weder spezifisch noch ausreichend empfindlich, um für eine mehr als grobe Diagnostik fruchtbar zu sein.

Bei chronischer Pankreatitis ist die Sekretion von Pankreatischem Polypeptid nach intravenöser Sekretinstimulation vermindert. Wo die radioimmunologische Bestimmung von PP im Serum zur Verfügung steht, kann diese Untersuchung die Sondentests ersetzen, leichte Fälle ausgenommen; die Sensitivität liegt bei mittlerer und schwerer exokriner Pankreasinsuffizienz bei ca. 90%.

Pankreatogener Diabetes mellitus oder gestörte Glukosetoleranz bestehen bei einem großen Teil (bis ⅔) der Patienten mit fortgeschrittener chronischer Pankreatitis. Ein Merkmal, welches die chronisch kalzifizierende Pankreatitis von anderen Formen unterscheidet, ist die Vermehrung von Laktoferrin im Pankreassaft, welches im Duodenalsaft oder – falls erhältlich – im Bauchspeichel gemessen werden kann.

Untersuchungen auf bakteriellen Überwuchs des Dünndarms zeigen bei chronischer alkoholischer Pankreatitis häufig ein positives Resultat (^{14}C-Glykocholat-Atemtest, ^{14}C-Xylose-Atemtest, Wasserstoffatemtests). Pathologischer bakterieller Überwuchs ist eine Folge der alkoholischen Schädigung des Dünndarms. In diesem Zusammenhang kann der Xylosetest pathologisch ausfallen; die Xylose wird vor der Resorption bakteriell abgebaut. Bei höhergradiger exokriner Pankreasinsuffizienz ist der Schilling-Test (mit Intrinsic

factor) pathologisch. Vitamin-B_{12}-Spiegel im Serum können bei ausgeprägtem bakteriellem Überwuchs erniedrigt sein. Die Serum-Folsäurespiegel sind normal. Serum-Kalzium und -Phosphor können mangels Vitamin D-Resorption niedrig sein. – Dünndarmbiopsien zeigen keine spezifischen morphologischen Veränderungen. Der Gordon-Test ist bei unkomplizierten Fällen normal. – Die Oxalatausscheidung in den Urin findet sich bei Steatorrhoe erhöht. Ein pathologischer Schweißtest (vermehrte Konzentration von Elektrolyten im Schweiß) ist ein Hinweis darauf, daß der chronischen Pankreatitis eine zystische Fibrose zugrunde liegen kann. Die Untersuchung sollte auch bei älteren Patienten durchgeführt werden, wenn eine der häufigen Ursachen für die chronische Pankreatitis nicht gegeben ist, insbesondere chronischer Alkoholmißbrauch.
Für die Diagnose der chronischen Pankreatitis wichtige Untersuchungen sind außer den Funktionstests der röntgenologische Nachweis von Pankreasverkalkungen, Nachweis der Destruktionen am Pankreas durch Sonographie, Computertomogramm, ERP.

4.2 Pankreaspseudozysten

Besonderheiten sind die oft langdauernden Erhöhungen der pankreasspezifischen Enzyme in Serum und Urin. Isoenzymanalysen (elektrophoretisch o.a.) zeigen eine Verschiebung des Musters der pankreatischen Isoamylasen im Zysteninhalt im Sinne einer „Alterung“. Dieses veränderte Spektrum kann mit entsprechender Technik auch im Serum nachgewiesen werden. – Pankreassekretionstests können normal ausfallen oder pathologisch, je nach Lokalisation der Zyste und insbesondere je nach ihrer Beziehung zu den ableitenden Gangsystemen der Bauchspeicheldrüse, die komprimiert werden können. – Sonstige klinisch-chemische Untersuchungen verhalten sich wie bei der chronischen Pankreatitis.
Die wichtigsten weiterführenden diagnostischen Maßnahmen sind morphologische Darstellungen, vor allem durch das Sonogramm.

4.3 Pankreaskarzinom

Die Aktivität pankreasspezifischer Enzyme in Serum und Urin ist abhängig von der Tumorlokalisation, der Beziehung zu den Abflußwegen, vom Grad der Ausprägung einer etwa vorbestehenden chronischen Pankreatitis mit oder ohne exokrine Pankreasinsuffizienz. Es kommen daher erhöhte, normale oder erniedrigte Werte vor. Für Pankreasfunktionstests gilt Analoges. Im Pankreassekret (endoskopisch gewonnen) können bei Pankreaskarzinomen in Abgrenzung zur chronischen Pankreatitis erhöhte Konzentrationen von Albumin sowie von IgA und IgG gefunden werden. Im Pankreassekret kann es gelingen, zytologisch Tumorzellen nachzuweisen. Enzym- und Bikarbonatsekretion sind abhängig von der Tumorlokalisation, von der Obstruktion des Gangsystems, chronisch-entzündlichen Veränderungen, auch vom Grad einer allgemeinen Kachexie. – Häufiger besteht ein kurzfristig auftretender Diabetes mellitus. – In einem Teil der Fälle können CEA sowie pankreasspezifisches Antigen im Serum stark über die Norm erhöht gefunden werden. Diese Parameter gestatten aber keine sichere Abgrenzung insbesondere zur chronischen Pankreatitis.
Weiterführende diagnostische Methoden sind Sonographie, Computertomogramm, ERP, Feinnadelpunktion, seltener die röntgenologische Magenbreipassage und die abdominelle Aortographie.

4.4 Gastrinom

Etwa 7% der Patienten mit Zollinger-Ellison-Syndrom haben rezidivierende Durchfälle. (Zur spezifischen Diagnostik – Gastrinbestimmungen, Magensaft – s. Kap. 1) – Über die Ergebnisse von Pankreasfunktionstests bei der Erkrankung gibt es keine systematischen Untersuchungen. Tests der Fettverdauung können eine Steatorrhoe aufzeigen (Lipaseinaktivierung, mangelnde Mizellenbildung durch saures Darmmilieu). Aus dem gleichen Grund kann die Vitamin-B_{12}-Resorption gehemmt sein und der Schilling-Test mit Intrinsic-Faktor pathologisch ausfallen.

4.5 Verner-Morrison-Syndrom

Bei Stuhlvolumina bis zu 8 l und mehr täglich sind die labordiagnostischen Hauptmerkmale Folgen der Hypovolämie sowie der Hypokaliämie. Die Kaliumausscheidung im Stuhl ist relativ leicht meßbar; sie kann mehrere 100 mmol täglich betragen. – Einzelbeobachtungen über die exokrine Pankreasfunktion erbrachten Normalbefunde. Beweisend für die Diagnose ist letztlich nur der Befund eines Tumors mit endokriner Aktivität (VIP), nach dessen Exstirpation die Symptomatik verschwindet.

4.6 Mukoviszidose

Etwa ⅘ der betroffenen Kinder haben eine höhergradige exokrine *Pankreasinsuffizienz*. Bei Patienten, die klinisch vorwiegend eine extraintestinale Symptomatik haben, kann die pankreatische Enzymsekretion intakt und nur die Volumen- und Bikarbonatsekretion eingeschränkt sein. Die Viskosität des Pankreassekrets ist erhöht. – Klinik und weitere Funktionsdiagnostik zeigen das mehr oder weniger ausgeprägte Bild einer pankreatogenen Malassimilation, wie bei der chronischen Pankreatitis. Der Mangel an pankreatischen Enzymen ist schon beim Neugeborenen im Stuhl nachzuweisen, worauf entsprechende Schnelltests beruhen. Die Serum-Trypsinspiegel sind beim Neugeborenen mit zystischer Fibrose erhöht, sinken aber bald unter die Norm ab. Im Serum wurden bei einer Mehrzahl von Kranken erhöhte Konzentrationen von Laktoferrin nachgewiesen. Diagnostisch am wichtigsten ist der Schweißtest mit Pilocarpin-Iontophorese. Er ist fast ausnahmslos pathologisch.

4.7 Leberzirrhose

Erhöhungen pankreatischer Enzyme im Serum können zwar Ausdruck einer Miterkrankung des Pankreas sein. Hyperamylasämien bei sonst normalen Pankreasbefunden sind aber durch speicheldrüsentypische Amylase bedingt. Diese Konstellation ist vor allem bei Alkoholikern häufig. – Pankreasfunktionstests liefern typischerweise den Befund vermehrter Wasser- und Bikarbonatsekretion, falls nicht ein höhergradiger Pankreasparenchymschaden vorliegt. Diese Veränderungen können nur mit der direkten Untersuchungstechnik, d.h. mit dem Sekretin-Pankreozymin-Test nachgewiesen werden. – Bei fortgeschrittenen Lebererkrankungen kann eine Steatorrhoe meßbar werden, zumindest teilweise auf der Grundlage der verminderten Gallensäurensekretion. – Atemtests zeigen gehäuft einen pathologischen bakteriellen Dünndarmüberwuchs bei alkoholischer Dünndarmschädigung. Dieser Faktor ist als mögliche Mitursache von Durchfällen in Betracht zu ziehen. Der Xylose-Resorptionstest kann durch den bakteriellen Dünndarmüberwuchs pathologisch ausfallen. Der Test ist bei eingeschränkter Leberfunktion aber auch beeinträchtigt durch verminderte Metabolisierung und mithin vermehrte Ausscheidung der Xylose im Urin. – Kalzium- und Phosphathaushalt können gestört sein durch die eingeschränkte Vitamin D-Aufnahme, eine Folge der reduzierten Gallensäurensekretion, wie auch durch die verminderte hepatische Hydroxylierung des Vitamins D bei fortgeschrittener Erkrankung. – In der Dünndarmschleimhaut kann sich – auf der Grundlage von Alkoholismus und Kachexie – eine Verminderung der Aktivität mehr oder weniger aller

Enzyme, Disaccharidasen u.a. finden. Es handelt sich meist nicht um klinisch faßbare Veränderungen.
Bei Metastasenleber können, insbesondere wenn eine ausgeprägte Cholestase besteht, in gleicher Weise Störungen der Resorption von Fetten und lipophilen Nahrungsmittelbestandteilen gefunden werden, wie auch bei länger bestehender Gallengangsokklusion verschiedener anderer Ursache. Sogenannte Tumormarker sind dann unter Umständen positiv, insbesondere CEA.
Diejenigen Untersuchungsverfahren, welche zur Diagnose führen, sind Laparoskopie, weniger eindeutig Sonographie und Computertomographie.

4.8 Intestinale Durchblutungsstörungen

Arteriosklerotisch bedingte Gefäßstenosen im Mesenterialbereich verursachen vor allem Schmerzen, die nahrungsabhängig auftreten und zur Mangelernährung führen können, weil die Patienten aus Angst vor den Schmerzen die Nahrungsaufnahme vermeiden. – Relativ häufiger sind *nicht-arteriosklerotische* intestinale Gefäßerkrankungen auch von Malassimilationssymptomen begleitet infolge der Funktionsstörungen der Dünndarmschleimhaut. Es können morphologisch Zottenatrophien (Dünndarmbiopsie) sowie selten spezifische Schleimhautinfiltrate (Amyloid) vorkommen. Weitere pathogenetische Mechanismen sind intestinal-muskuläre oder neurogene Motilitätsstörungen, welche den bakteriellen pathologischen Dünndarmüberwuchs begünstigen (Steatorrhoe, Vitamin-B_{12}-Mangelresorption). Teilweise wird ein Proteinverlustsyndrom nachweisbar (Gordon-Test). – Solche Erkrankungen sind systemischer Lupus erythematodes, Dermatomyositis, Panarteriitis nodosa, rheumatoide Polyarthritis und allergische Vaskulitis Schönlein-Henoch sowie primäre und sekundäre Amyloidose. Die Diagnose der Erkrankungen geht in der Regel aus Untersuchungen hervor, welche nicht primär auf den Darmtrakt gerichtet sind. Die Amyloidose kann häufig an

Biopsien aus der Rektumschleimhaut nachgewiesen werden; Dünndarmschleimhaut ist weniger gut geeignet. – Das Pankreas kann an den Grunderkrankungen beteiligt sein, so daß eine exkretorische Pankreasinsuffizienz nachzuweisen ist (Sekretionstests). Sie kann ebenso zur Steatorrhoe führen wie die Dünndarmschleimhautbeteiligung an der Grunderkrankung.
Nach dem oben Gesagten folgt, daß die möglichen Befundmuster am Gastrointestinaltrakt sehr variabel sein können, abhängig auch von der Ausdehnung und dem Grad der Mangeldurchblutung.

4.9 Strahlenenteritis

Spätschäden an Dick- und Dünndarm durch ionisierende Strahlen sind in erster Linie eine Konsequenz von Durchblutungsstörungen der Darmwand, deren versorgende Gefäße am empfindlichsten auf die Noxe reagieren. Durchfälle und Malassimilation entstehen bei funktioneller Beeinträchtigung entsprechend ausgedehnter Bereiche von Dünndarmschleimhaut, durch Stenosen und Fisteln, die zu Passagestörungen und zum bakteriellen Dünndarmüberwuchs Anlaß geben. Demzufolge kommen vor: Steatorrhoe, Mangelresorption vor allem fettlöslicher Vitamine, Störungen der Aufnahme von Vitamin B_{12}, der Gallensäuren, manchmal auch der Kohlenhydratassimilation. Enteraler Proteinverlust kann nachweisbar sein. – Art und Ausmaß der Störungen sind von der Lokalisation der Strahlenschädigung entscheidend abhängig.

4.10 Intestinale Malignome

Zu den Durchfalls- und Malassimilationssyndromen führen maligne Erkrankungen vor allem dann, wenn sie entweder zu einer diffusen Infiltration der Wand von Jejunum bzw. Ileum oder zu einer Infiltra-

tion mesenterialer Lymphknoten führen, so daß die Lymphdrainage gestört ist. Davon abzugrenzen sind die stenosierenden Prozesse, bei denen die Nahrungspassage mechanisch behindert ist, wobei häufig Phasen miteinander abwechseln, in denen eine Stase vorhanden ist und in denen nach - auch bakterieller - Verflüssigung des gestauten Darminhalts Durchfall auftritt. - Zur ersten Gruppe von Erkrankungen gehören maligne Lymphome, meist Lymphosarkome oder Retikulumzellsarkome, die sich auch als Spätkomplikationen der Sprue entwickeln können. Bei der „Schwerkettenkrankheit" proliferieren monoklonale B-Lymphozyten in der Wand des Dünndarms, welche ein Paraprotein bilden, das immunologisch identifizierbar ist. - Während die genannten Erkrankungen primär vom Dünndarm ausgehen können, ist dies beim Morbus Hodgkin seltener.
Die klinische intestinale Symptomatologie hängt von der Ausdehnung des Befalls ab. Es kann sich ein ausgeprägtes Malassimilationssyndrom entwickeln mit Steatorrhoe und der weiteren gesamten Symptomatik einer Glutenenteropathie. Entsprechend fallen die Laboruntersuchungen aus. Die Histologie von Dünndarmbiopsien kann eine weitgehende Zottenatrophie aufzeigen, deren Ursache, wie erwähnt, auch eine vorbestehende Sprue sein kann. Häufig sind die malignen Veränderungen in weiter distal gelegenen Dünndarmabschnitten lokalisiert, so daß sie sich dem bioptischen Nachweis aus der Saugbiopsie mit üblicher Technik zunächst entziehen. Die Diagnostik erfordert dann zusätzlich Röntgenuntersuchungen, das sind Dünndarmpassage, Lymphangiographie, abdominelle Computertomographie sowie Laparoskopie bzw. Laparotomie.

4.11 Mastozytose

Bei generalisierter Mastozytose (Mastzellinfiltrationen in Haut, Lymphknoten, Knochenmark, parenchymatösen Organen) kommt es anfallsweise zu einem histaminbedingten Flush mit Pruritus, Tachykardien, Asthma, Kopfschmerzen sowie unter Umständen mit

Nausea, Vomitus, Bauchschmerzen und Diarrhoe. Selten ist ein wohl durch intestinale Motilitätsstörungen bedingtes, voll ausgebildetes Malassimilationssyndrom. Die Diagnose ergibt sich aus den histologisch nachweisbaren Mastzellinfiltrationen, auch in der Dünndarmschleimhaut.

4.12 Karzinoidsyndrom

Die klinische Symptomatik entspricht der Lokalisation des Tumors, u.a. in Dünn- oder Dickdarm. Bei Lebermetastasen kann es zur Flush-Symptomatik kommen, auch verbunden mit Diarrhoe. Die Diagnose ergibt sich aus den erhöhten Ausscheidungsraten von 5-OH-Indol-Essigsäure; geringer erhöhte Werte finden sich auch bei Morbus Whipple, unbehandelter Glutenenteropathie und tropischer Sprue.

4.13 Intestinale Lymphangiektasie

Die Störung ist entweder Bestandteil einer generalisierten, kongenitalen Erkrankung der Lymphwege – wahrscheinlich hereditär – oder sie entwickelt sich sekundär auf der Grundlage verschiedener anderer Erkrankungen: chronische Rechtsherzinsuffizienz, entzündliche oder neoplastische Veränderungen der intestinalen Lymphbahnen bzw. Lymphknoten, retroperitoneale Fibrose. Neben peripheren, oft asymmetrischen Ödemen können intestinale Symptome Hauptmerkmal der Erkrankung sein, mit Durchfällen, Fettstühlen, den Zeichen eines meist mild ausgeprägten Malassimilationssyndroms. Wesentliches Merkmal ist aber der enterale Proteinverlust. Laboruntersuchungen zeigen Hypalbuminämie, Immunglobulinmangel, Lymphopenie, manchmal Steatorrhoe; letztere wird wahrscheinlich verursacht durch eine Fetttransportstörung in den Epithelien der Lymphwege. Diagnostisch wichtig ist die Dünndarmbiopsie, denn in der Schleimhaut, deren Zotten lupenmikroskopisch verplumpt sein können, findet sich mikroskopisch die Ektasie der initialen Lymphkapillaren.

4.14 Medikamentenbedingte Diarrhoe

Wenn der mögliche Zusammenhang überhaupt bedacht wird, und wenn die vom Patienten eingenommenen Medikamente bekannt sind, ist die Diagnose medikamentenbedingter Durchfälle nicht schwierig: bei Digitalispräparaten, insbesondere bei Meproscillaridin (Clift), Cholestyramin, magnesiumhaltigen Antazida, Antibiotika, Colchizin. Weniger geläufig ist, daß auch Diuretika als Ursache chronischer Durchfälle bedacht werden müssen: Saluretika (Hygroton u.a.) und Spironolactone (Aldactone, Osyrol). Etliche „Verdauungspräparate", auch Lebertherapeutika, enthalten Laxanzien und/oder Gallensäuren; dabei sind Durchfälle ebenso möglich wie unter der Therapie mit Chenodesoxycholsäure zur Auflösung von Gallensteinen (bei der Behandlung mit Urso-Desoxycholsäure kommt es nicht zu Durchfällen).

Laxanzienabusus wird häufig vom Patienten nicht zugegeben und stellt ein diagnostisches Problem dar. Die klinischen Folgen chronischen Laxanziengebrauchs können verstärkte chronische Obstipation, Elektrolytverschiebungen schwersten Ausmaßes sein: Hypokaliämie, Hyponatriämie, Azidose. In der Folge entwickeln sich Hyperaldosteronismus, Hyperreninämie mit Ödemneigung, Proteinverlustsyndrom. – Exzessiver Laxanzienabusus, teilweise mit Diuretikamißbrauch findet sich häufig bei Anorexia nervosa. – Auf die Diagnose führt das klinische Bild. Laxanzien vom Anthrazentyp

(Cascara sagrada, Folia sennae, Aloe, Cortex frangulae, Rhizoma rhei) verursachen die Melanosis coli. Phenolphthaleinhaltige Laxanzien lassen sich im Stuhl erkennen (Alkalizusatz verursacht eine Rotfärbung). – Bisaccodyl kann nur gaschromatographisch aus Stuhlproben nachgewiesen werden.

4.15 Durchfälle und Malassimilation bei Erkrankungen des Magens

Abgesehen von entzündlichen oder neoplastischen Stenosen und mit Ausnahme des Zollinger-Ellison-Syndroms, dessen Ursache extragastral ist, gibt es keine globalen Malassimilationssyndrome bzw. chronischen Diarrhoen bei primären Magenerkrankungen. Bei der perniziösen Anämie ist die isolierte Störung der Vitamin-B_{12}-Resorption an niedrigen Serumspiegeln von Vitamin B_{12} sowie an dem pathologischen Ausfall des Schilling-Tests (ohne Intrinsic factor) erkennbar. Der Test unter Zusatz von Intrinsic factor verläuft normal. Es wird empfohlen, diese Gegenprobe erst *nach* Beginn einer Vitamin-B_{12}-Substitutionstherapie durchzuführen, da zuvor der enterale Resorptionsvorgang als Folge des Vitaminmangels auch bei Anwesenheit von Intrinsic factor gestört sein kann.

Nach Magenoperationen sind chronische Durchfälle und Malassimilation nicht selten. Nach Vagotomie wird die Ursache im möglichen bakteriellen Überwuchs durch innervationsbedingte Motilitätsstörungen gesehen. In den meisten Fällen wird allerdings eine unmittelbare Ursache für Durchfälle nach Vagotomie nicht faßbar. Nach Magenresektionen mit Wegfall der Speisepassage durch das Duodenum kommt der Faktor der pankreocibalen Asynchronie hinzu, d.h. der nicht zeitgerechten Stimulation von Gallen- und Pankreassekretion in Abhängigkeit von der Speisenpassage. Nicht selten ist nach Magenresektionen die Entwicklung einer mäßigen exokrinen Pankreasinsuffizienz. Außerdem kann es in der Nachbarschaft der Magen-Dünndarm-Stenose zu atrophischen Veränderungen der

Jejunalschleimhaut kommen. Zuvor nicht manifester Laktasemangel kann infolge der Operation zur klinisch relevanten Milchzuckerintoleranz führen. Eine präoperativ noch latente Sprue kann sich gleichermaßen infolge des operativen Eingriffs manifestieren.
Daher können Untersuchungen der exokrinen Pankreasfunktion pathologisch ausfallen; bei der Bewertung ist aber die technische Schwierigkeit der Gewinnung des Duodenalsekrets zu berücksichtigen, welches leicht durch Magensaft kontaminiert und teils neutralisiert werden kann. – Tests, welche einen bakteriellen Dünndarmüberwuchs anzeigen oder durch ihn beeinflußt werden, können pathologisch ausfallen: ^{14}C-Glykocholat- und ^{14}C-Xylose-Atemtest, Wasserstoffatemtest mit verschiedenen Substraten, insbesondere Disacchariden sowie der Xylosetest. Die Fettresorption kann gestört, die meßbare Stuhlfettausscheidung erhöht sein. Damit ist auch die Vitamin-D-Aufnahme vermindert und infolgedessen auch diejenige von Kalzium und Phosphor. – Dünndarmbiopsien müssen tief aus dem Jejunum entnommen werden, damit nicht „unspezifische" Zottenveränderungen, die durch Anastomosennähe entstehen, fälschlich einer Sprue zugeordnet werden.
Nach totaler Gastrektomie ist durch Mangel an Intrinsic factor die Vitamin-B_{12}-Resorption gestört. Es kann ein enterales Eiweißverlustsyndrom auftreten, indiziert durch pathologischen Gordon-Test oder hohe enterale α_1-Antitrypsin-Clearance. – Häufig ist die Aufnahme von Eisen in den Organismus aus organischen Nahrungsbestandteilen nach Magenresektion vermindert – wesentlichste Ursache für eine Eisenmangelanämie.

4.16 Pathologischer bakterieller Dünndarmüberwuchs

Häufig ist der Nachweis vermehrter Gallensäurendekonjugation im Glykocholat-Atemtest oder pathologischer Xyloseverwertung durch den ^{14}C-Xylose-Atemtest der einzige Hinweis, ohne daß eine klini-

sche Symptomatik in Erscheinung tritt. In ausgeprägten Fällen besteht Steatorrhoe mit Vermehrung der täglichen Fettausscheidung im Stuhl sowie verminderter Vitamin-B_{12}-Resorption; daher kann sich eine hyperchrome Anämie entwickeln. Der Schilling-Test ist pathologisch, und zwar mit und ohne Intrinsic factor. Die Vitamin-B_{12}-Spiegel im Serum können erniedrigt sein, der Folsäurespiegel hingegen ist normal. – Der Nachweis des bakteriellen Dünndarmüberwuchses erfolgt direkt durch Entnahme von Nüchternsekret mit Hilfe einer Sonde, aus dem die Bakterien unter anaeroben Bedingungen kultiviert und gezählt werden müssen. Dieses Verfahren ist aufwendig, vielfach nicht verfügbar und überdies nicht erfolgreich dann, wenn andere als die durch die Sonde erreichten Teile des Dünndarms bakteriell überwachsen sind. Daher genügt bei typischer Symptomatik, insbesondere in Verbindung mit einer faßbaren Ursache für bakteriellen Dünndarmüberwuchs, auch ein positiver Atemtest, um eine antibiotische Therapie zu rechtfertigen. Sind auch Atemtests nicht durchführbar, so darf man bei gegebener klinischer Konstellation auch ohne diese einen bakteriellen Überwuchs unterstellen, der nicht selten ist.
Verglichen mit dem ^{14}C-Atemtest, bei welchem die Abatmung von $^{14}CO_2$ nach bakteriellem Umsatz ^{14}C-markierter Substrate gemessen wird, sind Wasserstoff-Atemtests weniger empfindlich. Zu beachten ist stets auch die Schwierigkeit, bakteriellen Dünndarmüberwuchs diagnostisch gegenüber den Effekten abzugrenzen, welche die physiologische Kolonflora hervorruft. Als Substrat für den Wasserstoff-Atemtest zum Nachweis pathologischer bakterieller Dünndarmbesiedlung eignet sich Laktulose.

4.17 Disacharidasenmangel (Laktase, Saccharase, Isomaltase, Trehalase)

Der Mangel an Dünndarmschleimhautenzymen zur Kohlenhydratverwertung wird durch Methoden des klinisch-chemischen Labors am sichersten erfaßt. Alle Disaccharidasemangelzustände kommen auch bei Erwachsenen vor. Hinweise sind saurer Stuhl (pH-Papier) und positive Zuckerreduktionsproben im Stuhl (Clini-Test). Am direktesten ist der Weg der Messung der Enzymaktivitäten in Homogenaten der Dünndarmschleimhaut, welche nach blinder oder endoskopisch ausgeführter Biopsie hergestellt werden. Dabei ist zu beachten, daß pathologische Veränderungen der Enzymaktivitäten oft nicht gleichmäßig über die Duodenal- und Jejunalschleimhaut verteilt sind, welche der Biopsie am leichtesten zugänglich sind. Es müssen daher stets mehrere Schleimhautproben untersucht werden. – Nichtinvasive Verfahren sind Disaccharid-Belastungstests mit Messung der Blutzuckerkonzentrationen nach oraler Applikation einer Testdosis. Sie sind aber wenig sensitiv und wenig spezifisch und zeigen nur die ausgeprägteren Fälle an. Für die Diagnostik ebenso bei Kleinkindern wie bei Erwachsenen haben sich Wasserstoff-Atemtests bewährt, die unter Verwendung des fraglichen Disaccharids als Substrat durchgeführt werden. Bei entsprechendem Enzymmangel werden Laktose bzw. Saccharose oder Trehalose nicht enteral resorbiert, sondern bakteriell im unteren Intestinaltrakt metabolisiert, wobei Wasserstoff gebildet und abgeatmet meßbar wird. Zum Nachweis von Glukose-Galaktose-Malabsorption werden die Monosaccharide analog verwendet. Klinisch ausgeprägte Fälle werden hinreichend sicher angezeigt.

4.18 Glutenenteropathie

Ausgeprägte Fälle sind das klassische Beispiel für die komplexen Störungen von Verdauung und Resorption durch den weitgehenden Ausfall der Dünndarmschleimhautfunktion. Begleitende Einschränkungen der Pankreas- und Gallensekretion sind sekundär und funktionell nicht schwerwiegend. Die Atrophie der Duodenalschleimhaut hat die verminderte endogene nahrungsinduzierte hormonelle Pankreasstimulation zur Folge (pathologischer Lundh-Test, pathologische indirekte Pankreasfunktionsproben). Die zur Diagnose wichtigste Untersuchung ist die Dünndarmschleimhautbiopsie. Lupen- und Mikroskopbetrachtungen zeigen die Atrophie der Zotten. Sie ist im oberen Jejunum am ausgeprägtesten, so daß Biopsien von dieser Stelle die beste Aussagemöglichkeit gewährleisten. – Die Aktivität sämtlicher digestiver Schleimhautenzyme ist reduziert. Quantitative Stuhlfettuntersuchungen objektivieren die mehr oder weniger ausgeprägte und nur selten fehlende Steatorrhoe. Die Aufnahme fett- und auch wasserlöslicher Vitamine ist eingeschränkt. Serumspiegel von Vitamin A, Folsäure und Vitamin B_{12} sind vermindert, die Vitamin K-abhängigen Gerinnungsfaktoren sind reduziert (Faktoren II, -V, -VII, -IX, -X), die Resorption von Kalzium und Phosphat ist infolge eines Vitamin-D-Mangels herabgesetzt. Klinisch finden sich die entsprechenden Symptome. Selten auftretende neurologische Komplikationen, periphere und auch zentralnervöse, werden u.a. auf die mangelnde Resorption von B-Vitaminen zurückgeführt. – Die Anämie bei Sprue hat verschiedene Ursachen. Sie kann mikro- und makrozytär sein. In der Regel bestehen ein Eisenmangel und eine Hyposiderinämie. Serumferritin ist ein dafür empfindlicher Parameter – gut geeignet, den Erfolg der Therapie im Frühstadium der klinischen Besserung anzuzeigen. Die Folsäureresorption ist erniedrigt. Bei Beteiligung des unteren Ileums an der Schleimhautatrophie ist auch die Aufnahme von Vitamin-B_{12} gestört, und der Schilling-Test fällt pathologisch aus, sowohl mit als auch ohne Intrinsic factor. Drastisch unter der Norm liegende Ergebnisse können bei Resorptionstests gefunden werden, wie dem Xylosetest. Erniedrigte Serumspiegel von Albuminen, weniger der Globuline sind Folge nicht nur der gestörten Verwertung der Nahrungsproteine, sondern auch einer pathologischen enteralen Proteinsekretion mit Proteinverlustsyndrom. Diese läßt sich durch den Gordon-Test objektivieren oder auch durch die Messung der intestinalen Proteinclearance, z.B. für α_1-Antitrypsin. – Im Serum ist der Cholesterinspiegel erniedrigt. Infolge chronischer Durchfälle kann sich eine Azidose mit niedrigem Serumbikarbonat entwickeln. Erniedrigt sind auch Natrium, Kalium, Chlorid, Magnesium, Zink u.a. – Es kann eine Steigerung der 5-OH-Indol-Essigsäure- und der Indikanausscheidung in den Urin nachweisbar sein, die auf einen gestörten Tryptophan-Stoffwechsel zurückgeführt werden, wahrscheinlich verursacht durch den Mangel an Vitamin B_6. – Bakterieller Überwuchs des Dünndarms gehört

nicht zu den typischen Befunden bei der Sprue. – Entsprechend der Steatorrhoe wird vermehrt Oxalsäure in den Urin ausgeschieden. – Bei hochgradiger Kachexie kann es auch zu Störungen der Hypophysen- und Nebennierenrindensekretion kommen, so daß die Ausscheidung von Metaboliten der Steroidhormone in den Urin erniedrigt gefunden wird. – Untersuchungen der HLA-Konstellation zeigen bei Sprue eine Häufung der Typen HLA-A_1 und B_8.
Die pathologischen Schleimhautveränderungen können entweder fleckförmig nur das proximale Jejunum oder großflächig den gesamten Dünndarm betreffen. Damit varriiert das individuelle Muster der Symptome stark. Im Laufe einer erfolgreichen diätetischen Therapie der Erkrankung normalisieren sich mit der Restitution des Schleimhautreliefs auch die Funktionen und die Ergebnisse der Funktionsproben. Bei einer Reihe weiterer Erkrankungen findet sich gleichfalls eine mehr oder weniger ausgeprägte Atrophie der Dünndarmschleimhaut, verbunden mit Symptomen, die denen der Sprue gleichartig sind. Untersuchungsverfahren und Ergebnisse sind demzufolge ähnlich oder identisch. Dabei handelt es sich um

4.19 Kollagensprue

Diese Erkrankung mit schlechter Prognose spricht nicht auf glutenfreie Kost an. Neben der Zottenatrophie entwickelt sich fortschreitend eine Verdickung der Lamina propria mucosae durch massive Kollagenablagerungen, die histologisch diagnostiziert werden.

4.20 Dermatitis herpetiformis Duhring

Genügend ausgedehnte Suche nach einer Beteiligung des Dünndarms soll bei gesicherter Grunderkrankung fast stets ein positives

Resultat erbringen. In den meisten Fällen ist die Zottenatrophie gering. Nur selten besteht dadurch eine klinische Symptomatik. Jedoch kommen auch hochgradige Veränderungen vor.

4.21 Tropische Sprue

Diese bei uns seltene Erkrankung tritt im Zusammenhang mit Aufenthalten in bestimmten tropischen Regionen auf, persistiert aber oder entwickelt sich erst nach der Rückkehr des Patienten. Die Dünndarmbiopsie zeigt eine meist nicht vollständige Zottenatrophie. Unter den Symptomen der Malassimilation ist im Vergleich mit der Glutenenteropathie relativ früh ein Vitamin-B_{12}-Mangel ein diagnostischer Hinweis. Die Erkrankung ist nicht durch glutenfreie Kost, jedoch durch antibiotische Therapie mit Tetrazyklinen beeinflußbar.

4.22 Intestinale Ischämie

Dieses Syndrom wird gesondert besprochen (3.4.8 S. 190). Mesenteriale, arterielle Durchblutungsstörungen können in seltenen Fällen auch zu hochgradiger Zottenatrophie führen, die nicht glutenabhängig ist. Die sekundär sich entwickelnden Symptome können denen der Sprue gleichen.

4.23 Totale parenterale Ernährung

Zottenatrophien mäßigen Grades können bei Patienten unter langzeitiger vollständiger parenteraler Ernährung beobachtet werden. Entsprechend sind die Aktivitäten der Schleimhautenzyme reduziert. Bei wiedereinsetzender diätetischer Belastung sind die Veränderungen reversibel.

4.24 Morbus Whipple

Für die Diagnostik sind histologische Befunde entscheidend, sowohl von Dünndarmschleimhaut wie auch von extraintestinalen Geweben, z. B. aus Lymphknoten. Die Dünndarmschleimhaut weist verkürzte, verbreiterte Zotten auf. Subepithelial liegen Makrophagen, in denen Mukoproteine gespeichert werden. Diese werden durch Perjodsäure (Schiff-Reagenz) angefärbt. Auch Lymphknoten und andere Gewebe enthalten diese Makrophagen. An den gleichen Stellen sind überdies extrazellulär stäbchenförmige Bakterien darstellbar, die durch die Makrophagen aufgenommen und lysiert werden. Bei Morbus Whipple kann sich ein Malassimilations-Syndrom aller Ausprägungsgrade entwickeln, dessen diagnostische Kennzeichen denen der Sprue gleich sind. Durch den Befall mesenterialer Lymphknoten kann die intestinale Lymphdrainage blockiert und ein Proteinverlust in das Darmlumen besonders ausgeprägt sein. Für die Diagnose sind in Abgrenzung zur Sprue Fieber und die extraintestinalen Krankheitsmanifestationen zu beachten.

4.25 A-β-Lipoproteinämie

Diese im Kleinstkindesalter beginnende Erkrankung mit Wachstumshemmung, Gedeihstörung, Steatorrhoe und Diarrhoen sowie zunehmenden neurologischen Symptomen wird aus Dünndarmschleimhautbiopsien und aus dem Lipidstatus im Serum diagnostiziert: Die normal gestalteten Dünndarmzotten enthalten auch im Nüchternzustand Fetttropfen in den Epithelzellen. Im Serum sind als Ausdruck der Fetttransportstörung Cholesterin und Triglyceride sehr niedrig, β-Lipoprotein wenig oder nicht nachweisbar, so daß Chylomikronen und VLDL sowie die sich davon ableitenden LDL weitgehend bzw. vollständig fehlen. Es ist eine mäßige Steatorrhoe meßbar, verbunden mit einer verringerten Aufnahme fettlöslicher Vitamine.

4.26 Tangier disease

Diese Speicherkrankheit bei Mangel an HDL kann mit Diarrhoen einhergehen. Die Diagnose erfolgt durch den Nachweis von Makrophagen in verschiedenen Geweben, unter anderem in der Kolon- und Rektumschleimhaut sowie durch die Analyse der Serumlipide.

4.27 Morbus Crohn

Laboruntersuchungen weisen neben den allgemeinen Entzündungszeichen vor allem die Veränderungen infolge der Mangelresorption und des Eiweißverlustes nach. – Pankreasfunktionstests können bei fortgeschrittenem konsumierendem Prozeß infolge des Proteinmangels pathologisch ausfallen. Die Stuhlfettausscheidung ist in wechselndem Maße vermehrt. Ursächlich liegt weit eher ein Gallensäureverlust-Syndrom bei Beteiligung des terminalen Ileums oder auch als Folge von bakteriellem Dünndarmüberwuchs zugrunde, seltener bei ausgedehntem Dünndarmbefall eine kritisch verringerte Resorptionsfläche. Zwischen diesen Möglichkeiten wird bei quantitativen Stuhlfettbestimmungen oder durch den Triolein-Atemtest, welche pathologisch ausfallen können, nicht unterschieden. Stenosen und Fisteln im Dünndarmbereich sind mögliche Grundlagen für pathologischen bakteriellen Dünndarmüberwuchs bei Morbus Crohn, so daß Glykocholat- und Xylose-Atemtest und Laktulose-Wasserstoff-Atemtest abnorm verlaufen können. Durchfälle und gestörte Vitamin B_{12}-Resorption können wie die Steatorrhoe in diesem Umstand eine Mitursache haben. – In der Dünndarmschleimhaut sind die Enzymaktivitäten nicht selten sämtlich vermindert, auch in solchen Dünndarmabschnitten, die nicht spezifisch in die Grundkrankheiten einbezogen sind. Laktasemangel kann sich klinisch vorzeitig manifestieren. Die Disacharidintoleranzen können mit Wasserstoff-Atemtests verifiziert werden.

Ein pathologischer Schilling-Test bei Morbus Crohn kann seine Ursache nicht nur in der unmittelbaren Beteiligung des unteren Dünndarms an der Grunderkrankung haben, sondern im bakteriellen Dünndarmüberwuchs. In jedem Falle sind die Tests ohne und mit Intrinsic factor pathologisch. Analoges gilt für den Xylosetest; er fällt weit häufiger pathologisch aus, und zwar deshalb, weil Xylose vorzeitig bakteriell im Dünndarm abgebaut wird, als auf Grund einer Beteiligung des oberen Dünndarms an der Crohn-Erkrankung, welche selten ist. – Im Serum können Vitamin B_{12}, Folsäure, aber auch die fettlöslichen Vitamine verändert gefunden werden, daher auch Kalzium und Phosphor (Vitamin-D-Mangelzeichen). Niedrige Serumeisenwerte sind Ausdruck sowohl der Resorptionsstörung wie des Eisenverlustes bei chronischen Blutungen wie auch des allgemeinen, ausgedehnten Entzündungsgeschehens. – Untersuchungen zum enteralen Proteinverlust zeigen bei regionaler Enteritis häufig ein pathologisches Resultat durch die entzündliche Exsudation in das Darmlumen. – Vermehrt ist die Oxalatausscheidung in den Urin. – Im Serum können die CEA-Spiegel mäßig erhöht sein.

Die wegweisenden Untersuchungen zur Auffindung der Diagnose sind überdies Röntgendarstellungen des Darmlumens und die endoskopische Aufsicht auf die erkrankten Schleimhautareale, einschließlich histologischer Verfahren.

4.28 Lambliasis

Die chronische Infektion mit Giardia intestinalis verläuft symptomlos oder mit wechselnden abdominellen Beschwerden, auch mit Diarrhoen und Malabsorption. Die Diagnose wird durch den mikroskopischen Nachweis der Zysten im Stuhl oder der Erreger im Duodenal- bzw. Dünndarmaspirat gestellt – auch durch Immunelektrophorese im Stuhl gegen Antikörper vom Kaninchen gegen Lamblien – Pankreasfunktionstests verlaufen normal. Es kommen Steatorrhoe vor sowie die Mangelverwertung verschiedener Vitamine, neben den fettlöslichen auch Vitamin B_{12} und Folsäure. Mit der Erkrankung kann auch ein enterales Eiweißverlust-Syndrom verbunden sein. Die Dünndarmschleimhautmorphologie ist nur wenig entzündlich verändert. Manchmal werden die Erreger aber auch durch die histologische Untersuchung gefunden. Die Enzyme der Dünndarmschleimhaut weisen normale Aktivitäten auf. Bakterieller pathologischer Dünndarmüberwuchs ist kein typischer Befund bei Lambliasis. Wichtig ist aber, daß die Erkrankung eine Komplikation verschiedener Immunglobulinmangelzustände sein kann. Die Verknüpfung mit IgA-Mangel ist am häufigsten.

4.29 Wurmerkrankungen

Spulwurmbefall (Ascaris lumbricoides). Dieser kann mit Durchfall einhergehen. Die Diagnose wird durch den Nachweis der Eier im Stuhl erbracht.

Strongyloidiasis. Die Erkrankung kann bei Beteiligung des Intestinaltrakts asymptomatisch verlaufen, aber auch heftige Diarrhoen, teils blutig sowie Steatorrhoe hervorrufen. Die Diagnose erfolgt durch die Untersuchung von Stuhlproben auf Larven, weit besser noch durch den Nachweis von Larven im Duodenalsekret.

Ankylostomiasis. Die Symptomatik variiert von Beschwerdefreiheit bis zu Diarrhoen und Obstipation. Hauptmerkmal ist die Eisenmangelanämie durch chronische intestinale Blutungen. Der Erkrankungsnachweis geschieht durch die Mikroskopie von Stuhlproben, welche die Eier enthalten.

Diphyllobotrium latum. Der Befall mit Fischbandwurm kann klinisch asymtomatisch bleiben oder eine Vitamin-B_{12}-Mangelanämie verursachen. Die Diagnose wird durch den Nachweis von Proglottiden oder von Eiern im Stuhl ermöglicht. Infektionen kommen auch außerhalb des östlichen Ostseebereichs vor, in dem jedoch die meisten Fälle zu beobachten sind.

Taenia soleum. Nur gelegentlich bestehen abdominelle Beschwerden und Diarrhoen, die mit Verstopfung abwechseln. Im Stuhl sind die Eier nachweisbar.

Taenia saginata. Neben Allgemeinbeschwerden kommen Diarrhoen vor. Die Diagnose ergibt sich aus dem Nachweis von Proglottiden und Eiern im Stuhl.

4.30 Hyperthyreose

Häufiger Stuhlgang bis zu Durchfällen findet sich bei einem Großteil der Patienten. Die Diagnose wird aus den Hormonanalysen gestellt. Gastroenterologische Funktionsuntersuchungen können eine bis mäßige Steatorrhoe nachweisen. Sekretionsstudien am Pankreas und Messungen von Enzymaktivitäten am Dünndarm erbringen keine charakteristischen Befunde.

4.31 Villöses Adenom des Rektums und des Kolons

Chronische Durchfälle können durch die endokrine Aktivität, nämlich durch die Prostaglandinsekretion intestinaler Adenome, meist vom villösen Typ und meist im Rektum lokalisiert, hervorgerufen sein. Die klinische Diagnose resultiert daraus, daß die Symptomatik mit der Abtragung des Tumors verschwindet.

4.32 Juvenile Polypose

Bei dieser seltenen Erkrankung mit entzündlichen Polypen in Dünn- und Dickdarm können langdauernd Durchfälle mit intestinalen Protein- und Blutverlusten auftreten, von denen jüngere Individuen betroffen sind. Endoskopie und Röntgenuntersuchungen führen zur Diagnose.

4.33 Cronkhite-Canada-Syndrom

Mit einer mehr oder weniger über den ganzen Intestinaltrakt verteilten Polypose (entzündliche Polypen) sind Hautpigmentierungen, Nagelveränderungen und Haarausfall kombiniert. Die Erkrankung tritt im späteren Lebensalter auf. Intestinale Symptome sind chronische Diarrhoen, verbunden mit Eiweiß-, Elektrolyt- und Blutverlusten sowie mit Symptomen von Malasimilation. Die Diagnose setzt sich aus den allgemein-klinischen und den morphologischen Befunden an Dünn- und Dickdarm zusammen.

4.34 Morbus Menetrier

Diese Erkrankung ist eine von mehreren Formen des gastralen Proteinverlustsyndroms bei hypertrophischer Gastropathie. Mit den Riesenfalten der Schleimhaut des Magens und einem teils ausgeprägten Proteinverlust ist eine Anazidität (oder Hypazidität) kombiniert. Davon abgegrenzt werden Erkrankungen mit normaler oder „erhöhter" Säuresekretion, teils auch ohne Proteinverlust, bei denen man Riesenfalten findet, histologisch eine folveoläre Hyperplasie. Die klinische Symptomatik besteht u.a. in chronischen Durchfällen und Gewichtsverlust. Hauptsächliches diagnostisches Kriterium ist das veränderte Magenschleimhautrelief neben dem Nachweis des enteralen Proteinverlustes.

5 Diagnostik chronischer Durchfallserkrankungen

O. Kuntzen

Welche Maßnahmen zur diagnostischen Klärung chronischer Diarrhoen einzuschlagen sind, wird wesentlich durch die *Anamnese* bestimmt.

Bei *blutigen* chronischen Durchfällen, d.h. bei Beimengungen von rotem Blut zum Stuhl wird stets die *morphologische* Diagnostik Priorität haben: Endoskopie und Röntgendarstellungen von Dick- und Dünndarm.

Sind chronische Durchfälle *unblutig* und läßt sich ausschließen, daß *Laxanzien* die Ursache dafür sind, so führen die folgenden Untersuchungen in den meisten Fällen zur Diagnose. Die Reihenfolge ist dabei vor allem von äußeren, organisatorischen Gegebenheiten abhängig:

1. Dünndarmbiopsie, entweder als Blindbiopsie oder endoskopisch mit Hilfe eines Gastroduodenoskops. Das gewonnene Material kann sowohl zytologisch, histologisch als auch enzymologisch aufgearbeitet werden.
2. Mikroskopie von Stuhlproben zur Diagnostik von Protozoen- und Wurmerkrankungen.
3. Atemtests zur Diagnostik des bakteriellen Dünndarmüberwuchses. Pathologische bakterielle Dünndarmbesiedlung läßt sich bei einer großen Zahl von Patienten mit chronischen Durchfallserkrankungen verschiedenster Ursache nachweisen. Dabei ist die Bedeutung dieses Umstands für die Entstehung der Durchfälle im Einzelfall zu klären.
4. Bakteriologische und serologische Untersuchungen zum Nachweis von erregerbedingten Durchfallserkrankungen, u.a. Yersinien- und Campylobacterinfektion.

5. Endoskopie und/oder Röntgendiagnostik des Dick- und Dünndarms.

Mit diesen Untersuchungen – im Zusammenhang mit der Anamnese – werden nur einige seltenere Krankheitszustände nicht erfaßt, welche einer chronischen Diarrhoe ursächlich zugrunde liegen können:

Erkrankungen des exokrinen Pankreas (nur bei gezieltem Verdacht u.a. Röntgenleeraufnahme des Oberbauchs, Sonographie, ERP, Funktionstests); chronische Lebererkrankungen, endokrine Erkrankungen; immunologische Erkrankungen, z.B. Hypogamma-Globulinämie als Ursache einer Lambliasis; Erkrankungen des Retroperitoneums.

Von diesen abgesehen, liefern die genannten Schritte eines Untersuchungsprogramms bei chronischem Durchfall die folgenden Diagnosen.

5.1 Anamnese

Medikamentenbedingte Diarrhoe: Laxanzien, Digitalis, Antibiotika u.a.

Strahlenschaden: Vorausgehende abdominelle Strahlentherapie.

Allergische Enteritis: Abhängigkeit von bestimmten Nahrungsmitteln.

Diabetische Enteropathie: Langzeitdiabetes.

Alkoholische Enteropathie: Chronischer Alkoholmißbrauch.

Laktasemangel: Milchunverträglichkeit.

Blind-loop-Syndrom: u.a. vorausgehende Magen-Darm-Operationen.

Parasitosen: Parasitenausscheidung im Stuhl.

Irritabler Darm: Tagesrhythmus, Abhängigkeit von psychischen Belastungen. Stuhlqualität, Schmerzcharakter.

5.2 Dünndarmschleimhautbiopsien

Histologie: Erkrankungen mit pathologisch-anatomischen Schleimhautveränderungen.

Ausstrichpräparat: Lambliennachweis, Nachweis massiver bakterieller Besiedlung.

Disaccharidasenaktivitäten im Schleimhauthomogenat: Erkrankungen mit Disaccharidasenmangel, isoliert oder global.

5.3 Mikroskopische Stuhluntersuchungen

Protozoenerkrankungen, Wurmerkrankungen.

5.4 „Atemtests" ($^{14}CO_2$; Wasserstoff)

^{14}C-Glykocholat-Atemtest und H_2-Atemtest mit Laktulose: Bakterieller pathologischer Dünndarmüberwuchs.

5.5 Endoskopische und Röntgenuntersuchungen

Chronisch entzündliche Darmerkrankungen, Malignome des Gastrointestinaltrakts, benigne Neubildungen, Divertikel u.a.

Literatur

zu Abschnitt 3

Desnuelle P, Figarella C (1979) Biochemistry. In: Howat HT, 025les H (eds) The exocrine pancreas. Saunders, London Philadelphia Toronto,

zu Abschnitt 3.3

Ammann R (1969) Enzymdiagnostik der Pankreaserkrankungen. Schweiz Med Wochenschr 99: 504

Bornschein W, Goldmann FL, Dressler J (1978) Diagnostik der exokrinen Pankreasinsuffizienz mit einem synthetischen chymotrypsinspezifischen Peptid. Klin Wochenschr 56: 197–205

Lankisch PG (1982) Exocrine pancreatic function test. Gut 23: 777–798

Meyer-Bertenrath JG (1979) Klinisch-chemische Untersuchungen Fluorescein-Dilaurat (Pancreolauryl-Test, PLT). In: Domschke W, Koch H (Hrsg) Diagnostik in der Gastroenterologie. Thieme, Stuttgart, S 316

Wolf C, Ehrig C, Brunner H (1981) Paraaminobenzoesäurespiegel im Serum nach Gabe von N-Benzoyl-L-tyrosyl-Paraaminobenzoesäure als Suchtest der exkretorischen Pankreasfunktion. Schweiz Med Wochenschr 111: 343–347

zu Abschnitt 3.3.8

Multigner L, Figarella C, Sarles H (1981) Diagnosis of chronic pancreatitis by measurement of lactoferrin in duodenal juice. Gut 22: 350–354

zu Abschnitt 3.3.9

Stern I, Roberts-Thomson IC, Hansky J (1982) Correlation between pancreatic polypeptide response to secretin and ERCP findings in chronic pancreatitis. Gut 23: 235–238

zu Abschnitt 3.3.10

Haslbeck M (1981) Diagnostische Probleme bei Diabetes mellitus. Internist 22: 187

zu Abschnitt 3.3.11.2

Hodson ME, Bedon I, Power R, Duncan FR, Bamber M, Batten KC (1983) Sweat tests to diagnose cystic fibrosis in adults. Br Med J 286: 1381–1383

zu Abschnitt 3.3.13.1

Berk JE, Simon D, Fridhandler L (1981) Inhibitor test for amylase isoenzymes. Am J Gastroenterol 75: 128–131

Bohner J, Stein W, Dilger J (1980) Makroamylasämie. Klin Wochenschr 58: 403–407

zu Abschnitt 3.3.13.2

Ziegenhorn J, Neumann U, Knitsch KW, Zwez W (1979) Determination of serum lipase. Clin Chem 25: 1067

zu Abschnitt 3.3.13.3

Koop A, Lankisch PG, Arnold R (1980) Bedeutung des Trypsin-Radioimmunassay in der Pankreasdiagnostik. Dtsch Med Wochenschr 105: 846–847

Malfartheiner P, Bieger W, Trischler G, Ditschuneit H (1982) Diagnostische Bedeutung des pankreatischen Serumenzymmusters nach Stimulation mit Sekretion bei chronischer Pankreatitis. Dtsch Med Wochenschr 107: 828

6 Leber

M. Liersch

6.1 Allgemeine Grundlagen

6.1.1 Bemerkungen zu Physiologie und Pathophysiologie

Die Leber ist die größte Drüse des Menschen (ca. 1,5 kg) und bildet als *exokrine Drüse* die *Galle* und scheidet diese über das Gallengangsystem in den Darm aus. Wichtiger Bestandteil der Galle sind die *Gallensäuren,* die in der Leber aus Cholesterin gebildet werden und im Darm die Verdauung und Aufnahme der Fette und der fettlöslichen Stoffe ermöglichen. Mit der Galle werden auch *Phospholipide, Cholesterin* (in Form von Mizellen) sowie der *Gallenfarbstoff Bilirubin* in den Darm sezerniert. Ein gewisser Anteil der Steroide (ca. 1 g/Tag) und der Gallenpigmente wird anschließend mit den Fäzes ausgeschieden. Die Sekretion dieser Stoffe bedeutet also zugleich ihre Elimination aus dem Körper. Die Elimination von weiteren, für den Körper überflüssigen oder giftigen Stoffen ist eine wichtige Funktion der Leber, diese Funktion der *Entgiftung* kann von der Leber besonders deshalb wahrgenommen werden, weil sie gleichsam zwischen das Aufnahmeorgan Darm und den übrigen Körper geschaltet ist. Das gesamte Blut des Magen-Darm-Kanals wird über die Pfortader dem Lebergewebe zugeführt. Das Mengenverhältnis von venösem Blut aus dem Darm, welches von der Leber für den Körper aufbereitet werden muß, zu arteriellem Blut beträgt bei der gesunden Leber ca. 3:1. Die Entgiftungsfunktion beruht aber nicht nur auf der biliären Sekretion von Fremdstoffen (z. B. Medikamente), sondern auch auf der chemischen Veränderung (Biotransformation) dieser Stoffe durch den Leberstoffwechsel. Hierbei werden meist wenig wasserlösliche Stoffe durch Reaktionen im Zytoplasma und am glatten endoplasmatischen Retikulum in wasserlösliche Verbindungen umgewandelt, die dann anschließend wieder ins Blut abgegeben und mit dem Urin durch die Nieren ausgeschieden werden können. Die Leber ist aber zugleich auch das *wichtigste Stoffwechselorgan* des Körpers: d.h. ihr intermediärer Zellstoffwechsel geschieht nicht nur zur Erhaltung der Leberzelle und ihrer Funktion, sondern auch zur Versorgung des übrigen Körpers und seiner Organe mit wichtigen Stoffen, deren konstante Anwesenheit im Blut von der Leber reguliert wird (z. B. Glukose, Aminosäuren, Plasmaeiweiße, Gerinnungsfaktoren usw.).

Störungen der genannten Leberfunktionen können deshalb eine Veränderungen des inneren Milieus (also der Zusammensetzung des Blutes des Körpers) bewirken. Nichteliminierte Stoffe kumulieren im Serum (Gallensäuren, Cholesterin und Gallenfarbstoffe bei der Cholestase, NH_4, Medikamente u. a.), nicht mehr produzierte Stoffe fehlen (Albumin, Gerinnungsfaktoren, selten Glukose usw.). Die Funktionsdiagnostik der Leber besteht deshalb im wesentlichen in einer Analyse des Serums und gelegentlich der sezernierten Galle, um Veränderungen in diesen Flüssigkeiten festzustellen, die Rückschlüsse auf die gestörten Leberfunktionen zulassen. Klinisch von geringerer Bedeutung sind Funktionstests, bei denen die Leber mit bestimmten Stoffen belastet und ihre Fähigkeit, z. B. zur Aufnahme und Elimination oder zum Metabolismus, gemessen wird. Solche Funktionstests kommen dann zur Anwendung, wenn geringe Abweichungen der Leberfunktion vorliegen, die das innere Milieu noch kaum verändert haben, oder wenn das Ausmaß des Funktionsverlustes bzw. das Ausmaß der noch zur Verfügung stehenden Leberzellfunktion quantitativ bestimmt werden soll. Bei einer Leberzellschädigung können freigesetzte Zellproteine (z. B. Aminotransferasen) im Serum nachgewiesen werden.

6.2 Biliäre Sekretion und Entgiftung – Grundlagen

6.2.1 Gallebildung

Von der Leber werden täglich ca. 700–1200 ml Galle produziert. Die Osmolalität der Gallenflüssigkeit beträgt ca. 300 mosmol/kg und entspricht damit der Osmolalität des Serums. Der pH-Wert liegt zwischen pH 6,5 und 8,6.
Die Konzentrationen der Kationen entsprechen dem Serum, während die Anionen (Cl^-, HCO_3^-), bedingt durch den Gehalt der Galle an Gallensäuren in geringerer Konzentration vorliegen. Die Konzentrationen in der Galle (Leber-Galle!) von Lipiden, Bilirubin und Gallensäuren zeigt die Tabelle 6.1.
Über die Gallensäurenzusammensetzung s. Tab. 6.5. In der Gallenblase wird die Galle durch Absorption von Wasser und anorganischen Ionen konzentriert, die Konzentrationen der organischen Bestandteile steigen auf ca. das 5- bis 10fache an. Die Galle ist eine wäßrige Lösung, in der das schlecht wasserlösliche Cholesterin durch Aggregatbildung mit Lecithin und Gallensäuren (Mizelle) in Lösung gehalten wird. Der Eiweißgehalt der Galle ist mit 30–300 mg/dl sehr niedrig, der Hauptbestandteil ist Albumin. Gallensäuren und andere organische Anionen (Bilirubin, Phenolphthaleinderivate, z. B. Bromsulphalein, Cyanin-Farbstoffe, Ampicillin, Penicillin, einige Sulfonamide u. a.) werden in der Galle gegenüber dem Serum stark konzentriert, d. h. sie werden von der Leberzelle an der Membran der Gallekapillaren aktiv sezerniert.
Merkmale der aktiven Sekretion sind die Sättigung des Transportmechanismus mit maximaler Reaktionsgeschwindigkeit und die Ver-

Tabelle 6.1. Lipidgehalt der menschlichen Galle (Leber-Galle)

Gallensäuren	140–2200 mg/dl
Lecithin	140– 800 mg/dl
Cholesterin	100– 320 mg/dl
Bilirubin	12– 70 mg/dl

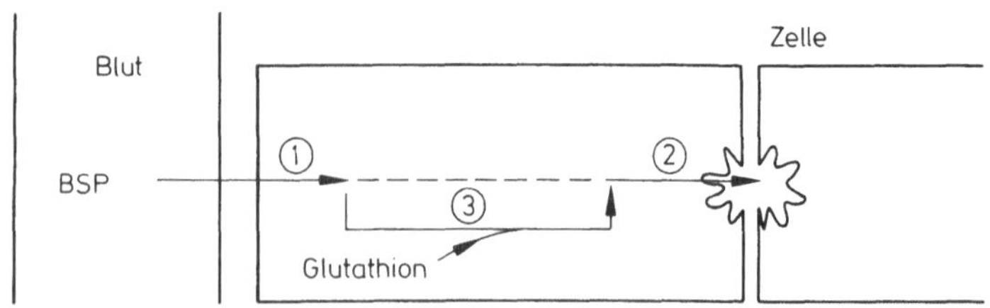

Abb. 6.1. Schema der BSP-Sekretion

drängung durch ähnliche Stoffe (Kompetition) vom Reaktionsort. Es gibt sicher mehrere Transportsysteme der Leberzelle: für Gallensäuren, organische Anionen (BSP, Rö.-Kontrastmittel, Bilirubin), organische Kationen und andere Verbindungen, wie z. B. herzwirksame Glykoside. Durch experimentelle Studien konnte gezeigt werden, daß folgende Prozesse bei der biliären Sekretion von Bedeutung sind (Abb. 6.1) – am Beispiel des Bromsulphaleins (BSP).

- Die Aufnahme eines Stoffes durch die Leberzelle aus den Sinusoiden (1)
- Die biliäre Sekretion an der Membran der Gallekapillare (2).
- Die chemische Modifikation (z. B. Konjugation) im Stoffwechsel (3).

Aufnahme und Sekretion durch die Leberzelle scheinen dabei „carrier"-vermittelte Vorgänge mit einer nach Sättigung eintretenden maximalen Reaktionsgeschwindigkeit zu sein. Die Aufnahme eines Stoffes aus dem Blut ist sehr viel rascher als die Sekretion in die Galle. Eine Dissoziation dieser beiden Leberzellfunktionen ist möglich: beim Dubin-Johnson-Syndrom oder nach Gabe bestimmter Steroide (17-α-alkyliertes Testosteron) ist die Aufnahme von BSP aus dem Blut normal, während die Sekretion in die Galle stark herabgesetzt ist. Die Konjugation der aufgenommenen Verbindungen vor ihrer biliären Exkretion ist für manche Stoffe fakultativ (Gallensäuren, BSP), für Bilirubin praktisch obligat (Glukuronidbildung), Indozyaningrün (ICG) wird unverändert ausgeschieden. Beim Crigler-Najjar-Syndrom fehlt die Fähigkeit zur Glukuronidbildung mit Bilirubin (Mangel an Bilirubin-UDP-Glukuronyltransferase) mit der Folge eines Ikterus.

Der Mechanismus der Gallesekretion beruht überwiegend auf dem aktiven Transport von Gallensäuren, dem durch den entstehenden osmotischen Gradienten Wasser und Elektrolyte folgen. Der Galle-fluß ist über weite Bereiche der Gallensäuresekretion proportional (gallensäureabhängige Gallebildung). Bei komplettem Fehlen von Gallensäuren wird aber weiterhin eine bestimmte Menge an Galle gebildet: gallensäureunabhängige Gallesekretion. Diese Flüssigkeitssekretion ist eine Folge der aktiven Natriumsekretion. Das Epithel der Gallengänge verändert die produzierte Gallenflüssigkeit in geringem Maße. Die Gallengangsepithelien können einen gewissen Teil der Galle (H_2O und Elektrolyte) resorbieren, bedeutsamer ist die Sekretion einer viel Bikarbonat enthaltenden Flüssigkeit unter dem Einfluß von Sekretin. Eine Steigerung der Gallesekretion (Cholerese, Mechanismus ähnlich der Gallebildung bei der Gallensäuresekretion) wird durch folgende Verbindungen bewirkt: Phenolrot, Dehydrocholsäure, BSP, Kontrastmittel u. Theophyllin, Hydrocortison und Phenobarbital steigern die gallensäureunabhängige Gallebildung durch andere als osmotische Mechanismen. Die gallensäureunabhängige Sekretion wird gehemmt durch herzwirksame Glykoside, Etacrynsäure, sowie hohe Dosen von Östrogen und 17-α-alkylierten Steroiden. Der Druck im Gallengangsystem kann bis 30 cm Wasser steigen (Mitteldruck in den extrahepatischen Gängen 10–15 cm Wassersäule).

6.2.2 Entgiftung (hepatische Biotransformation)

Viele Substanzen, die von der Leber biliär sezerniert werden, unterliegen der Konjugation. Gallensäuren werden mit Taurin und Glyzin konjugiert, Bilirubin und Röntgenkontrastmittel mit Glukuronsäure, BSP mit Glutathion. Die mit der Galle in den Darm ausgeschiedenen Stoffe werden z.T. im Darm resorbiert und mit dem Pfortaderblut wiederum der Leber zugeführt (enterohepatischer Kreislauf). Die Konjugation bedeutet eine bessere Wasserlöslichkeit für die biliäre Exkretion der oft lipophilen Substanzen, die im Plasma an Albumin gebunden vorliegen.

Die Aufnahme von organischen Anionen in die Zelle und ihre Bindung erfolgt durch spezielle, Anionen bindende Proteine: Y-Protein

(Ligandin) und Z-Protein. Die Substanzen werden polarer gemacht, indem polare Gruppen durch Oxydation oder Reduktion eingeführt oder durch Hydrolyse freigelegt werden (mikrosomale Biotransformation, Phase I). Die polaren Gruppen werden dann noch häufig mit Glukuronsäure, Sulfat oder Aminosäuren konjugiert, und damit wird die Polarität weiter erhöht (Phase II). Die Leber ist das wichtigste Organ des Körpers für diese Reaktionen. In geringerem Maße konnten ähnliche Reaktionen auch in Darm, Niere und Haut festgestellt werden.
Die Strukturen der Leberzelle, an denen diese Reaktionen ablaufen, sind das Schlauchsystem des glatten endoplasmatischen Retikulums (abgekürzt SER, „Mikrosomen" des Biochemikers), zuweilen in Zusammenarbeit mit Enzymen des Zytoplasmas. Die gebildeten polaren Substanzen können entweder biliär sezerniert oder zurück in das Blut abgegeben werden. Bislang ist nicht klar, welche Eigenschaften einer Substanz für ihr weiteres Schicksal entscheidend sind. Evtl. spielt das Molekulargewicht eine Rolle. Die Abgabe der neugebildeten Stoffe ins Blut erfolgt wahrscheinlich über das Kanalsystem des SER, welches mit dem interstitiellen Raum in Verbindung steht. Das Enzymsystem der Mikrosomen läßt sich durch eine Vielzahl von Arzneimitteln und chemischen Substanzen vermehren und in der Aktivität erhöhen (Induktion). Die bekanntesten solcher Stoffe sind Phenobarbital, Diphenylhydantoin, Rifampicin und als chemische Substanz aus der Umwelt z.B. das DDT. Bei langdauernder Therapie mit solchen Stoffen (Epilepsiebehandlung) muß mit einem veränderten Metabolismus von Medikamenten und körpereigenen Stoffen gerechnet werden.

6.2.3 Cholestase

Das vollständige oder partielle Sistieren des Galleflusses mit Retention der üblicherweise mit der Galle sezernierten Verbindungen in Leber (Gallepigment) und Serum wird als Cholestase bezeichnet. Der Gehalt des Serums an Bilirubin, Cholesterin, Gallensäuren und Phospholipiden ist in Abhängigkeit von Stärke und Dauer der Cho-

lestase erhöht. Durch die Gelbfärbung von Haut und Skleren ist die ausgeprägte Cholestase sofort mit dem Auge erkennbar.
Ein Sistieren des Galleflusses ist möglich als Folge einer mechanischen Verlegung der Gallengänge *(Verschlußikterus)* oder aber als Folge einer zellulären Funktionseinschränkung *(hepatozellulärer Ikterus)*. Die Funktionseinschränkung kann dabei ziemlich isoliert die Gallesekretion betreffen oder Ausdruck einer allgemeinen Leberzellschädigung sein. Beispiele der allgemeinen Leberzellschädigung bieten die Virushepatitis, die Alkoholhepatitis, die hypoxische Leberschädigung usw. Isolierte Störungen der Gallesekretion werden gelegentlich durch Medikamente verursacht (Östrogene, Chlorpromacin, 17-α-alkyliertes Testosteron usw.).

Funktionsdiagnostik
Die Funktionsdiagnostik der Störungen der *Gallesekretion* beruht auf der Bestimmung der retinierten Stoffe im Serum (s. dort) und dem begleitenden Aktivitätsanstieg der Serumenzyme. Zur Messung der Sekretion gallegängiger Stoffe werden die Anionen Bromsulphalein (BSP) und Indozyaningrün (ICG) verwendet. Der BSP (bzw. ICG)-Test stellt heute aber keine Routinemethode mehr dar, sondern wird bei speziellen Fragestellungen durchgeführt (z. B. Dubin-Johnson-Syndrom).

6.2.4 Bromsulphaleintest

Prinzip. Das Bromsulphalein (BSP) wird i. v. appliziert, dann werden die Blutspiegel gemessen. BSP wird im Blut an Albumin und an α_1-Lipoprotein gebunden. Während der Leberpassage wird der Farbstoff von der Leberzelle aufgenommen, dann an Gluthathion gekoppelt und in die Gallekapillaren sezerniert. Die Aufnahme zeigt eine Sättigungskinetik, andere Anionen (Bilirubin, ICG) wirken kompetitiv.
Die Konjugation mit Glutathion in der Leberzelle erfolgt im Zytosol. In geringerem Umfang gelangt unkonjugiertes BSP in die Galle. Aus dem Gesagten ergibt sich, daß zahlreiche Faktoren die BSP-Elimination beeinflussen können.

- Veränderte Leberdurchblutung
- Zellschädigung
- Kompetition durch andere Anionen
- Konjugationsschwäche
- Störungen der aktiven biliären Sekretion (hepatozellulär oder Obstruktion).

Nach Injektion des Farbstoffs zeigt sich die in Abb. 6.2 dargestellte Plasmaschwundkurve. Der BSG-Gehalt nach 60 min wird als Maß für die Leberfunktion bestimmt.

Durchführung: Aufklärung über selten mögliche *anaphylaktische Reaktion* (Schock!) ist notwendig. Nach Blutentnahme von 5 ml werden dem nüchternen Pat. 5 mg BSP/kg Körpergewicht langsam (Minuten) i.v. injiziert. Zur Herstellung der Plasmaschwundkurve werden etwa alle 5 bis 10 Min. ca. 3 bis 5 ml Blut aus dem anderen Arm entnommen. Zur Bestimmung der BSP-Rentention reicht die Entnahme nach 60 Min. Nach Zentrifugation (3000 U/min) werden vom überstehenden Serum 1 ml mit der gleichen Menge 0,2 n NaOH alkalisiert. Die Extinktion wird bei 578 nm gegen den Leerwert (Serum vor BSP-Injektion) in üblichen Photometern gemessen. (d = 1 cm)

BSP mg/100 ml = 2,6 × ΔE.

Normal: bis 0,2 mg/100 ml = 2,4 μMol nach 60 Min.

Fehlerquellen: Störungen in der Aussage ergeben sich bei Hyperbilirubinämie (über 3 mg% ist der Test nicht durchzuführen) und durch einige Pharmaka (17-α-alkylierte androgene Steroide, Oestrogene, Rifampicin, Kontrastmittel). Ein falsch negatives Ergebnis (eine Leberschädigung nicht anzeigend) kann nach Phenobarbital und anderen enzyminduzierenden Stoffen auftreten. Adipöse Pat. zeigen eine etwas höhere BSP-Retention, Pat. mit Hypalbuminämie können falsch negative Resultate zeigen.

Wertigkeit: Ein pathologischer Ausfall der BSP-Retention erlaubt nur die Aussage, daß eine Lebererkrankung besteht, z. B.
- Hepatitis
- toxische, z. B. alkoholische Leberschädigung
- Cirrhose

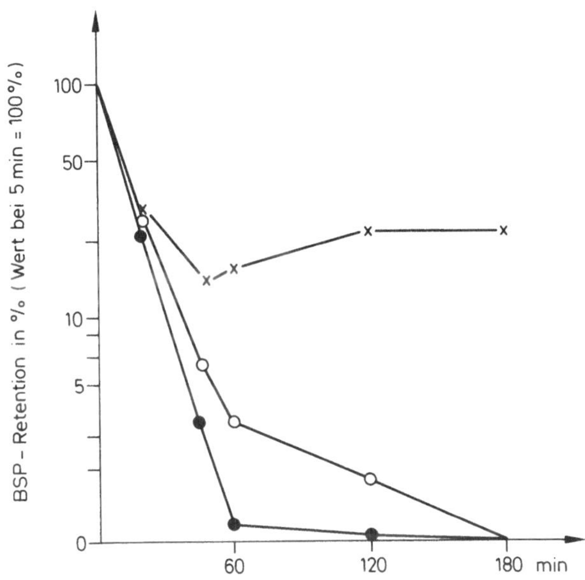

Abb. 6.2. Plasmaschwundkurve von BSP. Gesunde Kontrollperson (●——●). Patient mit Lebermetastasen (○——○). Patient mit Dubin-Johnson-Syndrom (×——×) [9]

- Rotor-Syndrom, Dubin-Johnson-Syndrom
- verminderte Leberdurchblutung
- inkompletter und kompletter Gallengangsverschluß

Weitergehende, insbesondere differentialdiagnostische Aussagen erlaubt der Test nicht. Aus diesem Grund (und der Gefahr der anaphylaktischen Reaktion) hat die früher sehr oft durchgeführte Untersuchung praktisch keine Bedeutung mehr. Eine Besonderheit ist das Dubin-Johnson-Syndrom, bei dem nach initialem Abfall des BSP ein späterer Wiederanstieg zwischen 45 und 90 min durch konjugiertes BSP im Plasma zu messen ist (Abb. 6.2). Beim Rotor-Syndrom ist – im Unterschied zum Dubin-Johnson-Syndrom – die Gallenblase mittels Röntgenkontrastmittel darstellbar, und es fehlt der Wiederanstieg des konjugierten BSP beim BSP-Test im Serum!

6.2.5 Indozyanin-(ICG)-Test

Prinzip. Indozyaningrün ist ein Farbstoff, der ähnlich wie BSP von der Leber fast ausschließlich biliär sezerniert wird.

Eine Konjugation erfolgt im Gegensatz zu BSP in der Leber nicht, auch sind bisher keine anaphylaktischen Reaktionen bekannt geworden. Nach intravenöser Injektion wird die Eliminationsrate aus dem Plasma bestimmt. Nebenwirkungen treten bei den benutzten ICG-Dosen nicht auf.

Durchführung. Nach Entnahme von 5 ml Blut wird ICG dem nüchternen Patienten in einer Menge von 0,5 mg/kg KG rasch injiziert. Gelegentlich ist eine Dosierung von 5 mg/kg KG als aussagekräftiger angesehen worden; manche Autoren bevorzugen die Durchführung des Tests mit beiden angegebenen Dosen. In Abständen von 2 bis 3 min werden ca. 4 Blutproben vom anderen Arm entnommen und die Extinktion der Seren direkt oder nach Verdünnung gegen den Leerwert bei 800 nm gemessen. Die gemessenen Werte werden auf semilogarithmischem Papier gegen die Zeit aufgetragen (Abb. 6.3).

Die Halbwertszeit ($T_{1/2}$) kann leicht aus dem Kurvenverlauf ermittelt werden, aus ihr folgt die Eliminationskonstante

$$K = \frac{\ln 2}{T_{1/2}} = \frac{0{,}693}{T_{1/2}}$$

bzw. die prozentuale Eliminationsrate $= K \cdot 100$.

Ergebnisse. Normal sind Werte von $28 \pm 3\%$/min (bei Kindern: 22%) und eine Halbwertszeit von ca. 3,5 min bei der niedrigen ICG-Dosis. Bei leichter Störung der Leberfunktion ist die Gabe von 5 mg/kg KG ICG aussagekräftiger (Normalwert: $23 \pm 2\%$/min). Bei einer Hyperbilirubinämie von mehr als 3 mg% ist der Test nicht durchführbar. Falsch hohe Eliminationsraten entstehen nach Medikation mit enzyminduzierenden Pharmaka (Phenobarbital u. a.).

Wertigkeit. Die Wertigkeit des ICG-Testes entspricht derjenigen des BSP-Testes. Der ICG-Test ist aber vorzuziehen, da die Substanz

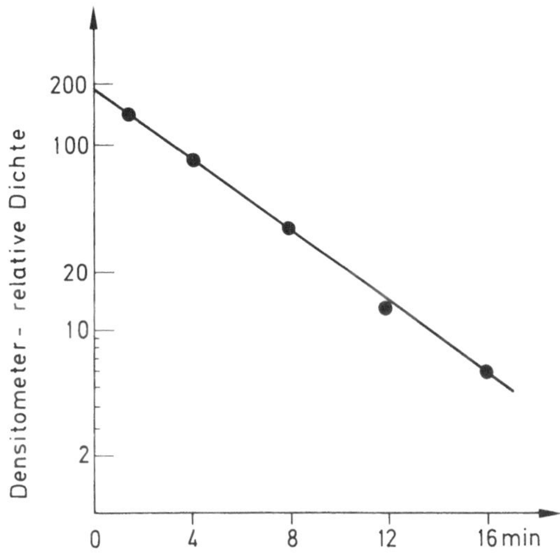

Abb. 6.3. Plasmaschwundkurve von ICG nach Injektion von 5 mg/kg KG (Messung durch Ohr-Densitometrie) [22]

praktisch zu 100% biliär sezerniert wird, schwere Nebenwirkungen bislang nicht aufgetreten sind und die Bestimmung einfach ist. In Übereinstimmung mit dem BSP-Test zeigen Patienten mit Rotor-Syndrom sowie ein Teil der Patienten mit Morbus Gilbert (Meulengracht) eine reduzierte Clearance. Ein späterer Wiederanstieg der ICG-Spiegel beim Dubin-Johnson-Syndrom wird beim ICG-Test nicht gefunden (vergleiche: BSP-Test).

6.2.6 Tests zur hepatischen Biotransformation (mikrosomale Hydroxylierung)

Die mikrosomale Biotransformation ist durch einzelne Funktionstests nicht exakt zu bestimmen, da sich diese Zellaktivitäten bei Leberkrankheiten nicht alle gleichsinnig verändern und erst bei sehr massiver Zellschädigung der Leber deutlich eingeschränkt sind. Bei der Cholestase dagegen sind diese Aktivitäten kaum vermindert.

Hierauf wird bei der Erwähnung der entsprechenden Tests noch einmal hingewiesen. Wichtig ist, daß eine solche Einschränkung der mikrosomalen Biotransformation möglich ist und daß bei einer schweren Lebererkrankung daran gedacht wird.

Prinzip. Es werden Substrate (Medikamente) zugeführt, deren Verschwinden im Plasma (Antipyrin) oder deren Abbau durch Bestimmung der Ausscheidung von Abbauprodukten (CO_2 bei Aminopyrin) gemessen wird. Beide Stoffe werden kaum an Plasmaeiweiß gebunden, verteilen sich im gesamten Flüssigkeitsraum des Körpers und werden fast ausschließlich durch die hepatischen Enzymsysteme des glatten endoplasmatischen Retikulums metabolisiert. So ist ihr Verschwinden aus dem Körper von der Aktivität dieser Enzyme allein abhängig und ein gutes Maß für deren Aktivität. Die Bestimmung ist insgesamt einfach und ohne Nebenwirkungen.

6.2.6.1 Aminopyrintest

Eine geringe Menge ^{14}C-Aminopyrin (2 μCi 4-dimethyl-^{14}C-aminoantipyrin, ohne Zusatz nichtmarkierter Substanz) wird oral appliziert. Die Ausscheidung von $^{14}CO_2$ nach 2 h in der Atemluft wird gemessen (zur Technik des Atemtests s. Kap. 2.18). Normal ist eine $^{14}CO_2$-Ausscheidung von 7 (5–10)% der applizierten Dosis in 2 h. Vorbehandlung mit induzierenden Medikamenten (z. B. antikonvulsive Therapie) erhöht die Ausscheidung stark. Bei Cholestase ist der Aminopyrin-Atemtest normal, während die $^{14}CO_2$-Ausscheidung bei Leberzirrhose, Fettleber und malignen Leberprozessen vermindert ist (2–4%) (Abb. 6.4).

6.2.6.2 Antipyrintest

Beim nüchternen Patienten werden 10 ml Blut entnommen und oral 15 mg/kg KG Antipyrin verabreicht. Zur Bestimmung der Antipyrinhalbwertszeit werden zum Zeitpunkt 2, 4, 6, 8, 10 und 24 h nach Einnahme des Antipyrins je 10 ml Blut entnommen. Das Antipyrin

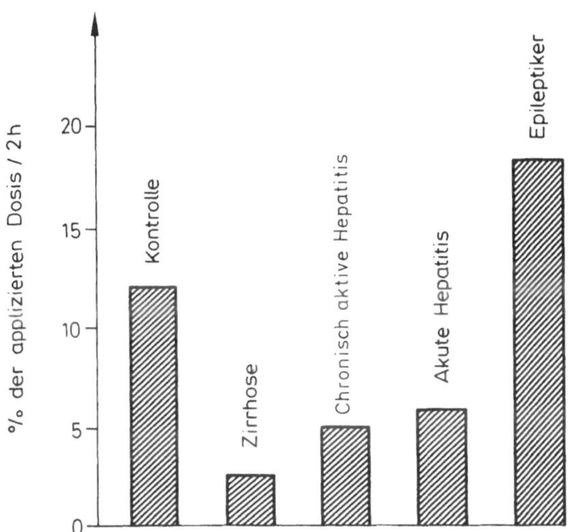

Abb. 6.4. ^{14}C-Aminopyrin-Test bei gesunden Kontrollpersonen, Epileptikern unter Langzeitbehandlung mit Antikonvulsiva und Patienten mit Lebererkrankungen [18]

im Plasma wird z.B. gaschromatographisch bestimmt (Speziallabor).

Normalwerte für Erwachsene $T_{1/2} = 12{,}5 \pm 5$ h. Eine Verlängerung der Halbwertszeit zeigt eine verminderte Funktion der mikrosomalen Enzyme an.

Beurteilung. Beide Tests ergeben ein Maß für die Aktivität der mikrosomalen Biotransformation, die bei Leberschädigung vermindert ist. Als Besonderheit zu erwähnen ist, daß der Aminopyrin-Atemtest bei der benignen Cholestase normal ist. Bei Cholestase infolge einer malignen Erkrankung der Leber ist er dagegen meist erniedrigt. Beide Tests reagieren stark auf die Vorbehandlung mit induzierenden Medikamenten und z.B. Alkohol. Eine genaue Medikamentenanamnese ist zur Beurteilung unerläßlich. Andererseits kann ein Hinweis auf Medikamentenabusus gewonnen werden. Eine Einschränkung ergibt sich aus der Tatsache, daß aus dem Ergebnis der Untersuchung mit einer Substanz (Aminopyrin oder Antipyrin) nicht auf den Metabolismus anderer Pharmaka geschlossen werden kann. Die mikrosomalen Enzymsysteme sind so zahlreich, daß eine gleichartige Veränderung nicht zu erwarten ist, und auch nie demonstriert werden konnte. Gelegentlich bestehen sogar normale Aktivitäten bei schwerer Leberschädigung. Die Korrelation mit anderen Leberfunktionstesten ist mäßig. In der klinischen Praxis haben sich die Tests nicht durchgesetzt, sie sind fast ausschließlich von wissenschaftlichem Interesse, z. B. zur Bestimmung der Interaktion von Arzneimitteln beim Arzneimittelmetabolismus. Die Tests sind zur Verlaufsbeobachtung bei chronischen Leberkrankheiten geeignet.

6.3 Haem- und Porphyrinstoffwechsel

6.3.1 Physiologie – Pathophysiologie

Das Molekül Haem ist wichtiger Bestandteil des Hämoglobins, des Myoglobins und der Zytochrome. Das Haem besteht aus einem Porphyrinring mit einem Fe-Ion im Zentrum. Freie Porphyrine kommen im Organismus nur in geringsten Mengen vor; das krankhaft bedingte Auftreten größerer Mengen Porphyrine bzw. ihrer Vorstufen im Serum, Stuhl und Urin wird als Porphyrie bezeichnet. Haem wird in jeder Zelle des Organismus aus den Molekülen Glyzin und Succinyl-CoA gebildet, erstes Zwischenprodukt ist Delta-Aminolävulinsäure (ALA). Aus Porphobilinogen entsteht durch Kondensation von 4 Molekülen das Ringsystem der Porphyrine [Uroporphyrinogen (I–III)] und über weitere Zwischenprodukte das Haem (s. Abb. 6.5). Obwohl – wie oben erwähnt – alle Zellen im Organismus Haem bilden, sind nur die mengenmäßig bedeutsamen Produktionen in Leber und Knochenmark für die Porphyrien wichtig. Ätiologische Ursache der Porphyrien sind hereditäre oder erworbene Enzymdefekte mit Anstieg der Substrate vor dem defekten Enzym. Porphyrine haben eine rote Farbe und fluoreszieren. Sie werden durch Lichtabsorption (400 nm) in einen „angeregten" Zustand überführt. Bei Rückkehr des Moleküls in den Normalzustand wird

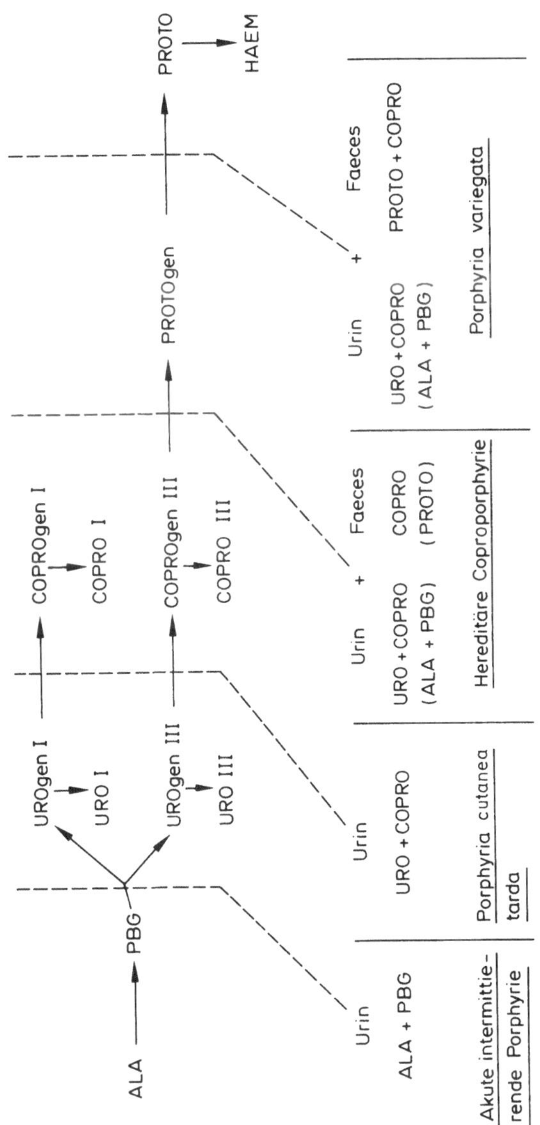

Abb. 6.5. Schema über die Lokalisation der Enzymdefekte und über die Ausscheidungsprodukte bei den hereditären hepatischen Porphyrien. ALA δ-Aminolävulinsäure; PBG Porphobilinogen; URO Uroporphyrin; COPRO Coproporphyrin; PROTO Protoporphyrin (9).

Licht der Wellenlänge 600 nm abgegeben. Über die Freisetzung aktiver Metaboliten wird eine Schädigung umgebender Gewebe, z.B. Erythrozyten, Kapillaren verursacht, so daß Erythem, Ödem, Blasenbildung und Ulzerationen der Haut sowie Hämolyse entstehen. Porphobilinogen, die Vorform der Porphyrine, ist farblos, nicht fluoreszierend und verursacht keine Photosensibilisierung. Endogene (Geschlechtshormone) und exogene Stoffe (z.B. Phenobarbital, Alkohol), welche zu einer Enzyminduktion von Zytochrom P450 bzw. einem beschleunigten Enzymumsatz führen, können über eine erhöhte Haemproduktion zur vermehrten Porphyrinbildung und klinischen Beschwerden führen. Für die Pathogenese der Erkrankung sind aber evtl. nicht nur die pathologisch erhöhten Porphyrinspiegel, sondern auch der Enzymdefekt als solcher (Substratmangel nach dem betreffenden Enzymschritt) wichtig.

Die verschiedenen Formen der Porphyrie mit verursachendem Enzymdefekt und Profil der ausgeschiedenen Stoffe zeigt die Abb. 6.5.

Bei der Intoxikation mit Blei und Hexachlorbenzol werden ALA und Porphyrine ausgeschieden, Porphobilinogen ist im allgemeinen normal.

6.3.2 Tests (Suchtest)

6.3.2.1 Watson-Schwarz-Test

Zunächst sei auf die Purpurfarbe hingewiesen, die porphyrinhaltiger Urin bei längerer Lichtexposition annehmen kann. Leberbiopsiezylinder fluoreszieren im UV-Licht.

Der Test beruht auf einer Reaktion von Porphobilinogen mit dem Ehrlich-Aldehyd-Reagenz (20 g p-Dimethylaminobenzaldehyd mit Salzsäure 6M auf 1000 ml gelöst). Es entsteht ein roter Farbstoff, der nach Mischen mit Chloroform in der wäßrigen Phase bleibt.

3 ml Urin werden mit 3 ml Ehrlich-Reagenz versetzt und geschüttelt. Nach Zugabe von 6 ml gesättigtem Na-Azetat (pH soll zwischen 4 und 5 liegen) und Ausschütteln mit Chloroform befindet sich der rote Farbstoff in der oberen, wäßrigen Phase.

6.3.2.2 Hoesch-Test

1 ml von Ehrlichs-Reagenz werden mit 1–2 Tropfen frischem Urin versetzt. Der Test gilt als positiv, wenn sofort eine leuchtend hellrote Farbe an der Oberfläche oder im Röhrchen auftritt.

Beurteilung. Der Test ist positiv bei fast allen Patienten mit akuten Attacken einer hepatischen Porphyrie, und er ist relativ spezifisch für Porphobilinogen. Die Empfindlichkeit des Tests ist zu gering, um ein Screening von Patienten zu gestatten, die keine akuten Krankheitszeichen haben.
Bei Verdacht auf Vorliegen einer Porphyrie und bei positivem Ausfall der Such-Tests sind zur exakten Diagnostik Spezialuntersuchungen zur quantitativen Bestimmung der einzelnen o. g. Substanzen erforderlich. Untersuchungen in Speziallabors einiger Universitätskliniken (z. B. Prof. Doss, Universität Marburg):
Normalwerte: δ-Aminolävulinsäure: 2–49 µmol/24 h. (Ausscheidung im Urin) Porphobilinogen: 0,5–7,5 µmol/24 h. Porphyrine (Gesamt) bis 120 µmol/24 h.

6.4 Bilirubinstoffwechsel

6.4.1 Physiologie – Pathophysiologie

Bilirubin ist das Hauptabbauprodukt des Haems im Säugetierorganismus. Bilirubinproduktion und Bilirubinelimination aus der Blutbahn sind im Gleichgewicht, die Bilirubinkonzentration ist niedrig (0,3–1 mg/dl). Das im Körper produzierte Bilirubin stammt zu 70–80% aus dem Hämoglobin, zu 20–30% aus der Leber (besonders aus dem Zytochrom P450) und aus der Zerstörung unreifer Erythrozyten. Der Abbau des Haems zu Bilirubin geschieht bei der Zerstörung alter Erythrozyten in den Zellen des RES (Milz, Leber usw.).

Freies Hämoglobin wird dagegen im wesentlichen von den Leberparenchymzellen aufgenommen und zu Bilirubin abgebaut. Die Geschwindigkeit der Produktion von Bilirubin aus Haem übersteigt im allgemeinen die Haemfreisetzung und die Bilirubinaufnahme, daher findet man selten eine Hämoglobinämie und häufig eine unkonjugierte Hyperbilirubinämie bei Hämolyse. Die tägliche Bilirubinproduktion liegt bei 250–350 mg. Der Haemabbau in Zellen des RES wird katalysiert durch die Haemoxygenase, dabei wird der Porphyrinring unter Freisetzung des Eisens und eines Moleküls CO gesprengt. Das Reaktionsprodukt ist das Biliverdin, das zu Bilirubin reduziert wird. Bilirubin wird im Blut an Albumin gebunden transportiert. Das konjugierte Bilirubin ist im Vergleich zum unkonjugierten Bilirubin weniger fest an Albumin gebunden und zu etwa 5% in wäßriger Lösung vorhanden. Diese Fraktion ist dialysierbar und wird durch die Glomeruli filtriert. Bilirubin, welches im Urin erscheint, ist somit konjugiertes Bilirubin und weist auf eine Störung der Leberfunktion hin. Darüber hinaus tritt bei anhaltendem, insbesondere aber abnehmendem Ikterus kovalent an Albumin gebundenes Bilirubin in Erscheinung, welches zwischen 8–9% des Gesamtbilirubins umfassen kann. Diese Fraktion ist nicht nierengängig, hat eine längere Halbwertszeit und wird mit dem „Gesamtbilirubin" erfaßt. Bilirubin wird durch einen „carrier-vermittelten Prozeß" von der Leber rasch aufgenommen und im Zytosol der Zelle an besondere Proteine (Y-Protein = Ligandin = Glutathoin-S-Transferase B und das sog. Z-Protein) gebunden. Die genannten Proteine binden auch andere Substanzen: z.B. Karzinogene, Farbstoff, jodhaltige Röntgenkontrastmittel und langkettige Fettsäuren. Bilirubin wird ausschließlich an den Membranen des endoplasmatischen Retikulums mit Glukuronsäure konjugiert (Enzym: UDP-Glukuronyl-Transferase). Unter den zahlreichen Enzymen mit Glukuronyl-Transferase-Aktivität gibt es ein spezifisches Enzym für die Konjugation des Bilirubins.

Konjugiertes Bilirubin wird mit der Galle in den Darm ausgeschieden. Dort erfolgt eine enzymatische Umwandlung durch Bakterienenzyme in Urobilinogen und Sterkobilinogen, welche durch weitere Oxydation zu Urobilin und Sterkobilin weitergeführt wird. Ein kleiner Anteil dieser Substanzen wird intestinal rückresorbiert (enterohepatischer Kreislauf).

6.4.2 Störungen des Bilirubinstoffwechsels

Eine Störung des Bilirubinstoffwechsels mit Erhöhung des Serum-Bilirubingehalts kann durch mehrere Mechanismen hervorgerufen werden:

- Überproduktion von Bilirubin
- Verringerte Aufnahme durch die Leber
- Verringerte Konjugation in der Leber
- Verringerte Exkretion des Bilirubins in die Galle.

Bei den Mechanismen 1, 2, 3 findet man überwiegend unkonjugiertes Bilirubin im Blut, beim Mechanismus 4 überwiegend konjugiertes Bilirubin. Die Unterscheidung zwischen diesen beiden Formen kann sehr schnell durch den Urintest erhalten werden, da nur konjugiertes Bilirubin renal ausgeschieden wird. Andererseits schließt das Fehlen einer Bilirubinurie einen leichten cholestatischen Ikterus nicht aus, weil kovalent an Albumin gebundenes Bilirubin nicht nierengängig ist.

6.4.3 Bilirubinbestimmung

Prinzip. Bilirubin bildet nach Reaktion mit diazotierter Sulfanilsäure einen Azo-Farbstoff, dessen Extinktion gegen einen Leerwert gemessen wird (van den Bergh-Reaktion). Die direkte Bestimmung des gelben Bilirubins ist nicht praktikabel.
Es reagiert praktisch nur das wasserlösliche konjugierte Bilirubin (sog. „direktes Bilirubin"). Das Gesamtbilirubin (konjugiertes, unkonjugiertes und kovalent an Albumin gebundenes Bilirubin) erhält man durch Zusatz von sog. Akzeleratoren zur Reaktion (z.B. Methylalkohol, Coffein, Benzoat).
Durch diese Substanzen wird das Bilirubin vom Albumin gelöst (Methanol) bzw. verdrängt (Coffein, Natriumbenzoat). Die Differenz beider Werte ergibt das indirekte (unkonjugierte) Bilirubin.

Durchführung. Die Bestimmung erfolgt im Routinelabor. Es existieren Testkombinationen verschiedener Firmen. 100–200 µl Serum werden benötigt. Messung bei 578 nm.

Untersuchungsergebnisse-Normalwert

Gesamtbilirubin	: bis 1,0 mg/dl
direktes Bilirubin	: bis 0,3 mg/dl.

Die Begriffe „direkt reagierendes“ und „indirekt reagierendes“ Bilirubin bedeuten nur eine unterschiedliche Reaktionsgeschwindigkeit!

Je nach Methode werden deshalb etwas unterschiedliche Werte erhalten. Das Serum sollte vor Lichtexposition geschützt werden. Lipämisches Serum stört die Bestimmung.

Beurteilung. Eine Erhöhung der Bilirubinkonzentration im Serum wird gefunden bei einer Vielzahl von Leber- und Gallenwegserkrankungen. Die „Gelbsucht“ kann durch die Verfärbung der Haut und der Skleren oder auch durch eine Dunkelfärbung des Urins auffallen. Der sog. Sklerenikterus wird klinisch oft zuerst festgestellt, da das Elastin in den Skleren eine besondere Affinität zum Bilirubin hat. Ein Sklerenikterus kann mit dem Auge festgestellt werden, wenn der Bilirubingehalt ca. 2,5 mg/dl übersteigt. Bei tiefem Ikterus kann die Haut eine grünliche Färbung annehmen, dies liegt an der Umwandlung von Bilirubin zu Biliverdin. Unter dem Einfluß von Licht der Wellenlänge 450 nm wird Bilirubin zu wasserlöslichen, farblosen Verbindungen gespalten, die von der Leber ausgeschieden werden können. Die Farbe des bilirubinhaltigen Urins ist dunkelgelb bis braun und von anderen Urinverfärbungen, z.B. nach Medikamenten, oder bei Porphyrie oder Hämoglobinurie zu unterscheiden.

6.4.4 Ikterus

6.4.4.1 Unkonjugierte Hyperbilirubinämie

Eine Überproduktion an Bilirubin entsteht fast ausschließlich durch eine intra- oder extravasale *Hämolyse.* Das Serumbilirubin steigt nur mäßig an ($<$ 10 mg/dl). Das konjugierte Bilirubin kann ebenfalls gering erhöht sein, da die Bildung der Glukuronide in der Leber in diesem Fall ihre Exkretionsrate übersteigt. Die Erhöhung der Retikulozytenzahl und evtl. der LDH, der Abfall des Haptoglobins sowie das Fehlen von klinischen und laborchemischen Zeichen einer Lebererkrankung weisen auf eine *Hämolyse* hin. Eine erhöhte Produktion von Bilirubin gibt es gelegentlich auch nach größeren Gewebeuntergängen oder Gewebeblutungen. Eine seltene Ursache für die Überproduktion von Bilirubin kann die gesteigerte Zerstörung von Erythrozyten und ihrer Vorstufen im Knochenmark sein (inaktive Erythropoese). Bei Patienten mit Thalassämie oder perniziöser Anämie kann der leichte Ikterus auf diese Weise erklärt werden. Eine Erhöhung des Serumbilirubins durch eine verminderte Aufnahme in die Leber und eine verringerte Glukuronidbildung kann sowohl angeboren sowie auch erworben sein. Der *Neugeborenenikterus* geht auf eine niedrige Aktivität der Glukuronyltransferase zurück.

Beim *Crigler-Najjar-Syndrom I* handelt es sich um eine seltene, autosomal rezessiv vererbte Erkrankung, welche sich postnatal als schwerer Kernikterus fakultativ mit neurologischen Ausfällen entwickelt und meist in den ersten Lebensjahren zum Tode führt. Einzelfälle erreichen die Pubertät. Heterzygote Patienten weisen klinisch keinen oder selten einen geringen Ikterus auf. Dem Ikterus liegt das Fehlen der Glukuronyltransferaseaktivität für Bilirubin zugrunde.

Beim *Crigler-Najjar-Syndrom II,* einer sehr seltenen, schweren, unkonjugierten Hyperbilirubinämie (6–20 mg/dl) zeigt sich die Erkrankung bei der Hälfte der Patienten während des 1. Lebensjahres, bei den übrigen Patienten zwischen dem 20. und 30. Lebensjahr. Die Gallesekretion ist in gleicher Weise wie beim Crigler-Najjar-Syndrom I stark vermindert, enthält aber Bilirubin-Monoglukuronid. Die Glukuronyltransferase-Aktivität der Leber ist stark reduziert. Die Erkrankung bessert sich durch Behandlung mit Phenobarbital.

Der *Morbus Gilbert* (Meulengracht), eine leichte Hyperbilirubinämie (unter 6 mg/dl) mit einer Inzidenz von 3–7% in der Bevölkerung und einer Prädominanz des männlichen Geschlechts wird autosomal dominant vererbt und tritt häufig erst unter fast fettfreier Diät, febrilen Erkrankungen oder Schwangerschaft in Erscheinung. Eine Verminderung der Bilirubin-Clearance mit Reduktion von Ligandin und Z-Proteinen sowie eine Verminderung der Glukuronyl-Transferase-Aktivität können beobachtet werden. Etwa ein Drittel der Patienten weist eine leichte Verminderung der Plasmaclearance für Bromsulphalein und Indozyaningrün auf, bei 60% kann eine leichte kompensierte Hämolyse nachgewiesen werden. Im Lebergewebe wird häufig lipofuscinhaltiges Pigment abgelagert.

6.4.4.2 Konjugierte Hyperbilirubinämie

Ist die Ausscheidung von Bilirubin in die Gallengänge vermindert, sei es durch ein *Versagen der Leberzelle* oder durch einen *Verschluß des Gallengangs,* resultiert eine konjugierte Hyperbilirubinämie. Gleichzeitig erscheint Bilirubin im Urin. Die Unterscheidung zwischen einem hepatozellulären Schaden und einem Gallengangverschluß ist aufgrund des Pigmentstoffwechsels nicht möglich. Während beim hepatozellulären Ikterus das Bilirubin über 50 mg/dl ansteigen kann, bleibt es beim Verschluß meist bei Werten zwischen 30 und 40 mg/dl. Die Abflußstörung in einigen Teilen der Leber oder in einigen Ausführungsgängen führt wegen der großen Kapazität der übrigen Leberanteile nicht zum Ikterus.

Zu den funktionellen konjugierten Hyperbilirubinämien zählen *Dubin-Johnson-* und *Rotor-Syndrom,* bei denen eine Sekretionsstörung von konjugiertem Bilirubin vorliegt.

Das *Dubin-Johnson-Syndrom* ist eine Störung der Ausscheidung organischer Ionen in die Galle, autosomal rezessiv vererbt, welches mit leichtem Ikterus, der Einlagerung eines braunen Pigments in die zentrolobulären Abschnitte des Lebergewebes und einer schwachen bis fehlenden röntgenologischen Darstellung der Gallenblase einhergeht. Die Aufnahme und Speicherungskapazität organischer Ionen ist weitgehend normal, hingegen die biliäre Ausscheidung, besonders konjugierter Substanzen, schwer gestört. Dies erklärt die Beobachtung, daß beim BSP-Test der initiale Schwund des Farbstoffs im Plasma normal verläuft, anschließend aber konjugiertes Bromsulphalein aus der Leber ins Plasma zurückströmt und 60–90 min post injectionem zu einem Plasmaanstieg führt (s. Abb. 6.2). Belastungstests mit Farbstoffen, welche unkonjugiert biliär sezerniert werden, z. B. Indozyaningrün, weisen diesen abnormen Verlauf nicht auf.

Patienten mit einem *Rotor-Syndrom* zeigen einen leichten Ikterus bei unauffälliger Leberbiopsie und normaler röntgenologischer Darstel-

lung der Gallenwege. Dagegen ist die Plasmaclearance für konjugiertes und unkonjugiertes Bilirubin und andere organische Ionen vermindert. Dieser Befund wird auf eine Störung der Aufnahme und Speicherung dieser Substanzen in der Leber zurückgeführt. Die biliäre Sekretion ist nur geringfügig eingeschränkt. Bei Untersuchungen mit Bromsulphalein und Indozyaningrün finden sich 30–40% des Farbstoffs 45 min post injectionem im Plasma, ein Befund, der sonst bei entzündlichen und toxischen Lebererkrankungen beobachtet wird. Dies gilt auch für eine vermehrte Coproporphyrinausscheidung im Urin (Isomer I und II). Diese Störung wird ebenfalls autosomal rezessiv vererbt.
Eine Sonderform des gestörten Bilirubinstoffwechsels mit leichter Hyperbilirubinämie, wovon 50% konjugiertes Bilirubin darstellen, wird vom Rotor-Syndrom abgetrennt. Hier liegt neben einer verminderten Farbstoffspeicherung eine Reduktion der biliären Sekretion vor, ohne daß es zu einem Reflux in das Plasma kommt.
Die Differentialdiagnose des Ikterus erfolgt aus der Anamnese, klinischer Untersuchung sowie Anwendung physikalischer und laborchemischer Untersuchungsverfahren und entspricht den allgemeinen diagnostischen Überlegungen zur Abklärung eines Leberschadens (s. auch Kap. 6.11).

6.5 Leberstoffwechsel

6.5.1 Kohlenhydrate

6.5.1.1 Physiologie

Die Leber ist das zentrale Organ zur Regulation des Kohlenhydratstoffwechsels. Die Leber erhält den überwiegenden Anteil der aufgenommenen Kohlenhydrate durch das Pfortaderblut, sie ist zur Speicherung (Glykogen) und zum Metabolismus der Glukose und

anderer Zucker befähigt und kann aus Vorstufen Glukose neu synthetisieren (Glukoneogenese). Als eine Folge des Leberstoffwechsels schwankt der Glukosespiegel des Blutes nur in engen Grenzen. Bei hohem Angebot an Glukose im Pfortaderblut (über 120 mg%) wird Glukose in Glykogen überführt, während die Glukoseneubildung sistiert. Eine Glykolyse findet in der Leber nur in geringem Ausmaß statt. Im Hungerzustand wird Glukose aus Glykogen gebildet und dem Körper über das Blut zugeführt. Das zentrale Nervensystem, periphere Nerven und Blutzellen benötigen Glukose (ca. 160 g pro Tag). Bei längerem Fasten kann das Gehirn seine Energie auch aus Ketonkörpern gewinnen (der Glukosebedarf des Körpers sinkt auf 40 g pro Tag). Die Vorräte der Leber an Glukose (ca. 60 g Glykogen) reichen nur kurz zur Versorgung des Körpers. Der zweite wichtige Prozeß zur Bereitstellung von Glukose besteht deshalb in der Neubildung (Glukoneogenese) von Glukose aus den Vorstufen Laktat (quantitativ wichtigste Vorstufe), Pyruvat, Alanin und Glyzerin. Während Laktat und Pyruvat zumeist aus der Glukose des Muskels stammen (Cori-Zyklus), stellt der Beitrag von Alanin eine echte Neubildung von Glukose aus dem Körpereiweiß dar.
Fruktose wird ebenfalls überwiegend von der Leber aufgenommen und verstoffwechselt. Mehr als 50% werden zu Laktat abgebaut, der Rest geht in Glykogen über. Bei sehr hoher Fruktosezufuhr (Infusion!) kommt es zu einem ATP-Abfall und zu einer Hyperurikämie, evtl. zu einer Laktaterhöhung im Serum. Galaktose wird fast ausschließlich zu Glukose und Glykogen umgewandelt.

6.5.1.2 Pathophysiologie

Berücksichtigt man die zentrale Rolle der Leber im Kohlenhydratstoffwechsel, so sind Störungen des Kohlenhydratmetabolismus bei Lebererkrankungen zu erwarten. Trotzdem sind ernste Störungen, wie z. B. Hypoglykämien, ausgesprochen selten. Die Erklärung hierfür ist die große Kapazität der Leber, die nur bei weitgehender Zerstörung des Organs (fulminante Hepatitis, Vergiftung der Leber durch Toxine des Knollenblätterpilzes oder durch Tetrachlorkohlenstoff) zur Erhaltung des Blutglukosespiegels nicht mehr fähig ist. Hierbei sind wahrscheinlich Störungen des Glykogenstoffwechsels

und der Glukoneogenese beteiligt. Umgekehrt ist bekannt, daß eine Glukosebelastung bei chronischen Lebererkrankungen häufig (50–100% der Fälle) eine Glukoseintoleranz mit erhöhten Blutglukosewerten zeigt. Der Mechanismus der Glukoseintoleranz ist bis heute nicht vollständig erklärt: Verringerung der Fähigkeit der Leber zur Glykogenspeicherung, veränderte Hormonkonstellationen oder Hormonwirkungen, periphere Insulinresistenz und andere Faktoren sind beteiligt. Am wichtigsten ist wahrscheinlich die mangelnde Fähigkeit der Leber zur Glykogenspeicherung.
Der orale Glukosetoleranztest bei chronischen Lebererkrankungen ist deshalb wenig sinnvoll!

6.5.1.3 Tests zum Kohlenhydratstoffwechsel der Leber

- Bestimmung der Blutglukose nach üblichen Labormethoden, indiziert bei schwerer Leberinsuffizienz zur Feststellung der sonst seltenen Hypoglykämie (Leberkoma bei fulminanter Hepatitis, toxischer Leberschädigung usw.). Normalwerte: 60–100 mg/dl.
- Glukosetoleranztest: keine Bedeutung bei Lebererkrankungen.
- Laktatbestimmung und/oder Säurebasenstatus sind für den Fall einer parenteralen Ernährung bei Leberinsuffizienz indiziert (Gefahr der Azidose), da die Leber Laktat nicht oder nur unzureichend verwerten kann. Normalwerte: $<1{,}78$ mmol/l im venösen Blut.

6.5.1.4 Angeborene Störungen im Kohlenhydratstoffwechsel der Leber

Die angeborenen Stoffwechselerkrankungen der Leber betreffen den Hexose-Phosphat- und Glykogenstoffwechsel. Es handelt sich bei den Erkrankungen um verschiedene Enzymmangelzustände, bei denen sich durch mangelnde Verarbeitung potentiell toxische Substrate anhäufen oder aber bei denen die Glukosebildung vermindert ist (Hypoglykämie). Die Glykogenerkrankungen beruhen letztlich auf einem mangelnden Abbau des Glykogens.

Galaktosämie. Die Galaktosämie ist eine autosomal-rezessive Erbkrankheit mit einer Häufigkeit von 1:70000. Die betroffenen Kinder haben in der Leber eine zu geringe Aktivität an Galaktose-1-Phosphat-Uridyl-Transferase. Folge ist eine Akkumulation von Galaktose-1-Phosphat und Galaktose, wobei besonders Galaktose-1-Phosphat schädigend ist. Die Schädigung äußert sich schon bald nach der Geburt durch Erbrechen, Diarrhoe, Hepatomegalie mit Ikterus, Entwicklungsstörungen. Später treten Oligophrenie und eine Zirrhose auf.

Test. Im Urin sind reduzierende, Nicht-Glukose-Substanzen (Galaktose) vorhanden. Es sind deshalb im Urin Tests auf reduzierende Substanzen (Reduktionsproben, z. B. Clinitest Tabl.) sowie glukosespezifische Tests durchzuführen. Die spezielle Diagnose verlangt die Enzymbestimmung in Erythrozyten, Leukozyten oder Lebergewebe (Speziallabor). Bei homozygoten Kindern fehlt das Enzym völlig, bei heterozygoten zeigen sich mittlere Werte. Der Galaktosebelastungstest ist unnötig und potentiell schädlich.

Hereditäre Fruktose-Intoleranz *(Fruktosämie).* Es fehlt das Enzym Phosphofruktoaldolase. Das klinische Bild ähnelt der Galaktosämie, beginnt aber erst im Säuglingsalter, wenn Fruktose in der Nahrung vorhanden ist. Der Enzymmangel ist nicht auf die Leber beschränkt, sondern auch in Niere und Jejunum beschrieben worden. Das klinische Bild ist leichter als das der Galaktosämie, häufig stehen gastrointestinale Symptome im Vordergrund. Die Entwicklung einer Zirrhose ist selten.

Test. Enzymbestimmung in der Leber und in der Jejunumschleimhaut (Speziallabor).
Fruktosetoleranztest mit 0,25 g/kg KG i. v. (nicht oral!), bei Kindern mit 3 g/m^2 KO, bewirkt eine symptomatische Hypoglykämie, einen Abfall des anorganischen Phosphats im Serum sowie eine Fruktosurie.

Glykogenspeicherkrankheiten. Bei diesen Stoffwechselkrankheiten enthalten die Gewebe Glykogen in abnormer Menge oder Struktur. Da die Spaltung des Makromoleküls unvollständig ist, liegen meist extreme Glykogenanreicherungen vor. Die Speicherung kann je nach Art der Speicherkrankheit Leber, Herz, Skelettmuskel, Niere, Knochen und Gelenke, sowie Gehirn betreffen. Das klinische Bild zeigt sich mit einer Hepatomegalie, Hypoglykämie, mangelnder körperlicher und geistiger Entwicklung der Kinder sowie mit Azidose, Erbrechen und Diarrhoe. In einigen Fällen entwickelt sich eine Zirrhose. Es sind ca. 10 verschiedene Enzymdefekte als Ursache der Glykogenspeicherkrankheiten nachgewiesen worden (für Details s. spezielle Lehrbücher).

Test

- Glukosebestimmung (nüchtern) zeigt eine Hypoglykämie.
- Glukagontest (Injektion von Glukagon 0,7 mg/m^2 KO) zeigt nur einen geringen Glukoseanstieg im Blut (weniger als 35 mg/dl).
- Enzymtests im Biopsiematerial aus Leber oder anderen betroffenen Geweben (Leukozyten, Muskel). – (Speziallabor.)

6.6 Proteinstoffwechsel

6.6.1 Physiologie und Pathophysiologie

Der Leber werden mit dem Pfortaderblut die aus dem Darm resorbierten Nährstoffe zugeführt. Die Aminosäuren werden aufgenommen und metabolisiert, in eigene Zellproteine und in sekretorische Proteine eingebaut und in veränderter Zusammensetzung (relativ hoher Anteil an verzweigtkettigen Aminosäuren) wieder ans Blut abgegeben. Aus dem Stickstoff der Aminosäuren des Bluts sowie aus NH_4, das aus dem im Darm von Bakterien gespaltenen Protein stammt, wird Harnstoff, das Ausscheidungsprodukt des Stickstoffmetabolismus gebildet. Bluteiweiße und Blutaminosäuren werden so von der Leber in der Zusammensetzung und Konzentration reguliert. Bei akuter oder chronischer Lebererkrankung kann der Pro-

tein-Aminosäurestoffewechsel durch verminderte Leberzellfunktion sowie durch veränderte anatomische Bedingungen (portosystemische Shunts) gestört sein.
Der Gesamteiweißgehalt des Menschen beträgt ca. 12 kg (bezogen auf 70 kg Körpergewicht) mit einem „turnover" von ca. 200 g pro Tag. Dabei wird der überwiegende Teil des abgebauten Proteins zur Neusynthese reutilisiert. Die Aufnahme von Aminosäuren mit dem Pfortaderblut beträgt ca. 150 g, neben dem Nahrungsprotein (ca. 90 g) werden 60 g durch abgeschilferte Zellen des Intestinaltrakts und durch sezernierte Enzyme geliefert. Nach enteraler Proteinaufnahme werden von der Leber ca. 50–60% des Aminosäurestickstoffs in Harnstoff umgewandelt, 6% werden in Plasmaproteine eingebaut und 14% werden zur Synthese von Leberzellproteinen verwandt. 20% der resorbierten Aminosäuren gelangen mit dem Blut zu den peripheren Geweben. Der Anteil von verzweigtkettigen Aminosäuren steigt dabei durch die Stoffwechselaktivitäten der Leber im Verhältnis zu ihrem Anteil im Nahrungsprotein stark an (60% vs 20%). Im Hungerzustand gelangen weiterhin Aminosäuren in geringem Ausmaß aus dem Darm über das Pfortaderblut in die Leber (s. oben). Die Harnstoffsynthese sinkt, die Leber gibt keine Aminosäuren an das Blut ab, sondern nimmt jetzt Aminosäuren auf (Alanin zur Glukoneogenese). Die Plasmaproteinsynthese bleibt praktisch unverändert. Die erforderliche Menge an Nahrungseiweiß zur Erhaltung des Gleichgewichts beträgt ca. 0,45 g Protein pro kg Körpergewicht, das entspricht ca. 30 g Protein pro Tag.
Die Proteinsynthese der Leber setzt sich zusammen aus der Produktion der Plasmaproteine (ca. 50%, davon sind 50% Albumin) und der Synthese der Zellgewebsproteine. Die Albuminproduktion beträgt ca. 12 g pro Tag. Bei Lebererkrankungen ist die Synthese des Albumins verändert. Zumeist tritt eine Reduktion der Albuminsynthese ein, die aber durch eine Verminderung der Degradation kompensiert ist. So kommt es nur zu einer relativ geringen Erniedrigung des Albuminspiegels.
Dieser Ausgleich gilt nicht für alle von der Leber produzierten Proteine, z. B. nicht für die Gerinnungsfaktoren. Bei stärkerer Schädigung der Leber kommt es allerdings auch zur deutlichen Verminderung des Serum-Albuminspiegels: Faktoren wie portosystemische Shunts, Verstärkung der Glukagonwirkung gegenüber dem Insulin,

Übertritt des neugebildeten Albumins direkt in Aszites und Vergrößerung des Extrazellulärvolumens tragen zur Albuminerniedrigung bei. Mit Ausnahme der Immunglobuline (und gering des Ferritins) werden alle Globuline fast ausschließlich in der Leber synthetisiert (Lipoproteine auch im Darm). Für die Klinik sind die wichtigen Gerinnungsfaktoren hervorzuheben. Die Halbwertszeiten sind für Serumproteine relativ klein, sie reichen von wenigen Stunden (2–3 h bei Faktor VII) bis zu 5 Tagen (Fibrinogen). Bei schwerer Leberschädigung (akuter Hepatitis, Lebernekrose durch Vergiftungen, Zirrhose usw.) sind die Synthese und der Serumgehalt der Gerinnungsfaktoren deutlich herabgesetzt, so daß ihre Bestimmung einen Rückschluß auf das Ausmaß der Leberzellschädigung erlaubt. Der Fibrinogenspiegel im Blut ist allerdings nur gering beeinflußt, es sei denn, eine disseminierte intravasale Gerinnung tritt zusätzlich auf. Die Synthese besonders der Faktoren II (Prothrombin), VII, IX und X ist Vitamin-K-abhängig. Bei lang anhaltender Cholestase wird Vitamin K vermindert resorbiert, die Erniedrigung der Serumkonzentrationen der genannten Faktoren kann durch parenterale Vitamin-K-Gabe rückgängig gemacht werden.

6.6.2 Untersuchungsmethoden

6.6.2.1 Proteinelektrophorese

Prinzip. Die Elektrophorese beruht auf der Wanderungsgeschwindigkeit von elektrisch geladenen Molekülen im elektrischen Feld. Serumproteine besitzen im neutralen oder gering alkalischen Milieu (pH ~8,5) überwiegend negative Ladungen, sie wandern im elektrischen Feld zur Anode.
Zur elektrophoretischen Trennung werden die Proteine im Puffer aufgenommen, der Trennvorgang erfolgt auf einem geeigneten Träger, meist Zelluloseacetatfolie. Die beiden Enden der Folie werden in die mit Puffer gefüllten Elektrophoresekammern gelegt, durch die auch das elektrische Feld appliziert wird. Nach dem Trennvorgang werden die Proteine mit Farbstoffen (Ponceau-S, Amidoschwarz u. a.) behandelt, der Farbstoff aus dem Träger wieder eluiert.

Nach Transparentierung des Trägers können die gefärbten Proteinbanden densitometrisch gemessen werden.
Die Flächen unter den Kurven geben die relativen Proteinmengen wieder, wobei zu berücksichtigen ist, daß eine exakte Messung nicht vorliegt.

Durchführung. Für die routinemäßige Durchführung der Elektrophorese gibt es komplette Gerätekombinationen, z.B. der Fa. Boskamp. Auf die Vorschriften wird verwiesen. Zur Bestimmung der Konzentrationen der Serumproteine ist noch die Bestimmung des Gesamtproteins im Serum notwendig.
Normalwerte: Albumine 3,5–5 g/100 ml; α-1-Globuline 0,2–0,37 g/100 ml; α-2-Globuline 0,37–0,75 g/100 ml; Betaglobuline 0,7–1,2 g/100 ml, Gammaglobuline 0,9–1,8 g/100 ml.

Beurteilung. Eine deutliche Erniedrigung des Albumingehalts findet man bei chronisch aktiver Lebererkrankung, insbesondere fortgeschrittener Zirrhose, als Maß der eingeschränkten Lebersynthesefunktion. Hypalbuminämien treten sonst bei chronischen, konsumierenden Erkrankungen, insbesondere chronisch entzündlichen Prozessen und bei starken renalen oder intestinalen Eiweißverlusten auf. Bei akuter Hepatitis oder chronisch persistierender Hepatitis ist der Albumingehalt nicht verändert. Bei chronisch aktiver Lebererkrankung, besonders bei Zirrhose mit portosystemischen Shunts erscheint häufig eine breitbasige Vermehrung der Gammaglobuline (bis 40%). Oft werden zur weiteren Differenzierung die quantitativen Immunglobulinbestimmungen benutzt (s. dort). α-2-Globuline sind bei akut entzündlichen und malignen Erkrankungen erhöht. Die Veränderungen in der Proteinzusammensetzung des Serums sind nicht spezifisch und lassen bestimmte Erkrankungen nur vermuten!

6.6.2.2 Quick-Test

Prinzip. Durch die Bestimmung des Quick-Werts wird der sog. exogene Weg der Blutgerinnung gemessen. Im Zitratplasma wird die Gerinnung durch Zusatz von Ca-Thromboplastin ausgelöst, wobei der Gehalt des Serums an Prothrombin aber auch an Faktor V, VII,

X und Fibrinogen die Zeit bis zum Eintritt der Gerinnselbildung bestimmt.

Durchführung. 5–10 Blut werden mit Na-Zitrat (3,8%) im Verhältnis 9:1 entnommen und gut gemischt.
0,1 ml Zitratplasma werden bei 37 °C vorinkubiert, dann werden 0,2 ml ebenfalls temperierte Ca-Thromboplastinlösung hinzugefügt und unter leichtem Mischen die Zeit bis zur Gerinnselbildung gestoppt (z. B. mit dem Koagulometer nach Schmitger und Groß, Fa. Amelung, 4920 Lemgo). Da die Normalzeiten je nach verwendetem Thromboplastinreagenz zwischen 12 und 16 s schwanken, wird der Quick-Wert mittels Eichkurve in % angegeben. Normalwerte: 12–16 s, ~70–100%.

Beurteilung. Fehlermöglichkeiten ergeben sich durch falsche Blutentnahme oder zu langes Stehenlassen des Plasmas. Mit dem Quick-Test können insbesondere die Vitamin-K-abhängigen, in der Leber produzierten Faktoren Prothrombin, VII, IX und X beurteilt werden.
Bei leichter und mittlerer Funktionsstörung der Leber findet man keine oder nur geringe Abweichungen der Thromboplastinzeit (bis ca. 60%). Bei schwerer akuter Hepatitis oder chronisch aggressiver Hepatitis mit Zirrhose zeigt die Erniedrigung der Thromboplastinzeit das Ausmaß der Funktionsminderung an (<50%). Bei Verschlußikterus tritt infolge Mangels an Vitamin K eine Erniedrigung des Quick-Werts auf. Parenterale Gabe von Vitamin K (5–10 mg, nicht intravenös!) läßt den Quick-Wert nach 24–36 h deutlich ansteigen.

Einzelfaktoren. Die Bestimmung der Einzelfaktoren ist im Rahmen der Lebererkrankungen nur selten indiziert. Bei schwerer Leberfunktionsstörung (Hepatitis, Zirrhose) wird zusätzlich ein Absinken (auf 10% oder weniger) von Fibrinogen, der übrigen Faktoren und von Antithrombin III gemessen. Bezüglich der Methodik sei auf die Spezialliteratur verwiesen.

6.6.2.3 Cholinesterase (CHE)

Im Plasma des Menschen wird Cholinesteraseaktivität gefunden, die durch zahlreiche verschiedene Enzyme bedingt wird. Die Enzyme spalten organische Ester kurzkettiger Fettsäuren, sie werden hauptsächlich in der Leber gebildet. Ihre biologische Rolle ist unklar, sie sind in der Klinik wichtig bei der Entgiftung bestimmter Pharmaka. Die Aktivität der Cholinesterase im Serum verhält sich wie z. B. Albumin und Prothrombin, d. h. sie steht in Abhängigkeit von der Lebersyntheseleistung.

Durchführung und Prinzip. Aus dem Substrat Butyrylthiocholinjodid (andere Substrate sind möglich) wird Thiocholinjodid durch die CHE abgespalten, das in einer zweiten Reaktion mit Bithiobisnitrobenzoesäure einen Farbstoff bildet, der gemessen wird. Die Messung erfolgt bei 405 nm, Untersuchung im Routinelabor.

Normalwerte. 2000–7000 E/l (abhängig vom Substrat). Frauen weisen etwas niedrigere Werte auf als Männer. Erniedrigung bei starker Leberfunktionseinschränkung wie bei Zirrhose oder schwerer akuter Erkrankung der Leber. Gegenüber der Bestimmung von Albumin und Prothrombinkomplex wird aber keine zusätzliche Aussage erreicht. Starke Erniedrigungen der Enzymaktivität sind bei Mangelernährung (Eiweißmangel), außerdem durch Einwirkung organischer Phosphate (E 605 und andere Pflanzenschutzmittel) bekannt. Bei Nephrose findet sich ein Aktivitätsanstieg der CHE.

6.6.2.4 Aminosäurenbestimmung

Die Aminosäurespiegel des Serums werden von der Leber reguliert und im Vergleich zum Portalblut, das die Aminosäuren der Nahrung zur Leber transportiert und dementsprechend große Schwankungen aufweist, in Menge und Zusammensetzung relativ konstant gehalten. Bei Lebererkrankungen, insbesondere bei fortgeschrittener Leberinsuffizienz (Zirrhose, Hepatitis) verändert sich das Muster der Serum-Aminosäuren charakteristisch. Während Phenylalanin, Tyrosin, Tryptophan, Methionin, Histidin sowie Glutamat und Aspartat in

höherer Konzentration vorliegen, sind die verzweigtkettigen Aminosäuren Valin, Leucin und Isoleucin in niedrigerer Konzentration vorhanden.
Die Bestimmung dieser Aminosäurezusammensetzung des Serums ist aber an speziell ausgerüstete Laboratorien gebunden und hat für die klinische Medizin kaum Bedeutung.

6.6.2.5 Harnstoffsynthese

Harnstoff wird im Organismus im wesentlichen in der Leber synthetisiert. Quelle der NH_2-Gruppe sind einmal NH_4 aus dem Darm, entstanden durch bakterielle Degradation von Proteinen, sowie die Aminogruppen von Aminosäuren. Veränderungen des Harnstoffgehalts im Serum sind allgemein Folge von Funktionseinschränkungen der Nieren. Bei sehr schwerer Leberinsuffizienz kann der Harnstoffspiegel stark absinken, im übrigen hat die Bestimmung des Harnstoffs für die Erkennung und Behandlung von Leberkrankheiten keine Bedeutung.

6.6.2.6 Ammoniak

Bei einer verminderten Harnstoffsyntheseleistung infolge Einschränkung der Leberfunktion kann der NH_4-Spiegel im Serum ansteigen, besonders bei Zirrhose mit portosystemischen Shunts. Bei schwerer portaler Enzephalopathie ist der Ammoniakgehalt des Bluts meist erhöht, es besteht aber keine feste Beziehung zwischen der Höhe des NH_4-Spiegels und dem Grad der Enzephalopathie. Die früher häufig geübte Bestimmung des NH_4-Gehalts im Serum ist deshalb heute weitgehend verlassen worden.

Test (Ammoniakbestimmung im Serum)
Prinzip. Enzymatische Reaktion mit der GLDH (s. Enzymbestimmungen).
Reaktion. α-Ketoglutarat + NH_4^+ + NADPH $\underset{\longleftarrow}{\overset{\text{GLDH}}{\longrightarrow}}$ Glutamat + $NADP^+$ + H_2O.
Durchführung mit fertigen Testpackungen und ca. 1 ml ÄDTA-Plas-

ma, Messung bei 366 nm. Das Blut sollte innerhalb von 20 min zentrifugiert und die Untersuchung unverzüglich durchgeführt werden.
Normalwert: 20–80 μg/dl ≙ 11–47 μmol/l (arteriell: 5–10 μg/dl mehr).
Bei Leberinsuffizienz: Werte bis 300 μg/dl.

6.6.2.7 Spezielle Globuline

Caeruloplasmin. Das Protein transportiert Kupfer, seine besondere biologische Rolle ist unbekannt. Bei der Wilson-Erkrankung ist Caeruloplasmin im Serum erniedrigt (wahrscheinlich sekundär), während Kupfer in der Leber gespeichert wird. Bei langdauernder Cholestase (besonders bei der primär biliären Zirrhose) können das Caeruloplasmin im Serum und der Kupfergehalt der Leber ansteigen. Bestimmung im Speziallabor (Normalwerte: 20–40 mg/dl).

α-1-Antitrypsin (α_1AT). Das Protein wird in der Leber gebildet und stellt den überwiegenden Teil der proteinasehemmenden Wirkung des Serums dar. Die Synthese wird stimuliert durch Streß, Entzündungen und ähnliches. Ein angeborener Mangel an α-1-Antitrypsin ist mit chronischer Bronchitis und Emphysem sowie chronischer Lebererkrankung (Übergang in Zirrhose möglich) vergesellschaftet. Die Bedeutung für die Entwicklung der Leberkrankheit ist ungeklärt. Die Bestimmung erfolgt z. B. durch die radiale Immundiffusion nach Mancini oder die Messung der Trypsininhibitorkapazität. Bei α-1-AT-Mangel wird eine zusätzliche Differenzierung der Untereinheiten des α_1-AT angestrebt. (Normalwerte: 200–400 mg/dl.)

α-1-Foetoprotein (AFP). Es handelt sich um ein Protein, das von der fetalen Leber gebildet wird und dessen Synthese später sistiert. Zellen des primären Leberzellkarzinoms (nicht Lebermetastasen) sowie Tumorzellen von embryonalen Tumoren vermögen das Protein wieder zu sezernieren (Derepression). α-1-Foetoprotein wird aber auch bei Lebernekrosen, regenerierender Leber und Leberzirrhose nachgewiesen. Seine Bildung wird mit der Stärke der Zellregeneration in Zusammenhang gebracht.

Der Nachweis erfolgt mit der Gegenstromelektrophorese (Nachweisgrenze 200 µg/l) oder dem Radioimmunassay (Nachweisgrenze 5–10 µg/l). (Normalwerte: bis 5 µg/l, ab 20 µg/l pathologisch.) Bei hepatozellulärem Karzinom bestehen in 80–90% der Fälle Werte >1000 µg/l, bei Leberkrankheiten nur transitorische Erhöhung (<1000 µg/l).

6.7 Fettstoffwechsel

6.7.1 Physiologie und Pathophysiologie

Die wichtigsten Lipide des Serums sind Cholesterin, Cholesterinester, Phospholipide und Triglyzeride, sie liegen im Blut in Form von Lipid-Proteinkomplexen (Lipoproteine) vor. Die Lipoproteine lassen sich nach ihrer Dichte und nach ihrer Wanderungsgeschwindigkeit in der Elektrophorese in verschiedene Gruppen unterteilen:

Chylomikronen
very low density Lipoproteine (VLDL) = prae-β-Lipoproteine
intermediate density Lipoproteine (IDL)
low density Lipoproteine (LDL) = β-Lipoproteine
high density Lipoproteine (HDL) = α-Lipoproteine

Produktionsorte der Lipoproteine sind Leber und Darm (Chylomikronen), die Leber hat darüber hinaus eine Bedeutung beim Abbau von Lipoproteinen. Lipoproteine aus exogener Zufuhr (Chylomikronen) bzw. ihre Abbauprodukte (Chylomikronen-„remnants“) werden ebenso in der Leber aufgenommen wie IDL und LDL aus dem endogenen Fettstoffwechsel.
Die Leber beeinflußt auch indirekt die Lipoproteine des Bluts durch die Bildung und Abgabe von Enzymen, die auf die Lipoproteine einwirken: Die hepatische Triglyzeridlipase spaltet Triglyzeride der sog. „remnant particles“ und der IDL, während die Lecithin-Cholesterin-

Acyl-Transferase (LCAT) eine langkettige Fettsäure von Lecithin auf freies Cholesterin überträgt und so zum Gehalt des Serums an Cholesterinestern wesentlich beiträgt. Aus dem Gesagten folgt, daß bei Störungen der Leberfunktion durch Leberkrankheiten Veränderungen im Lipoproteinmuster des Bluts zu erwarten sind. Bezüglich einer exakten Beschreibung des Lipoproteinstoffwechsels sei auf die entsprechende Literatur verwiesen.

Als wichtigste Veränderungen der Lipoproteine im Blut, die auch eine gewisse klinische Bedeutung erlangt haben, seien genannt:

- Erniedrigung der Cholesterinester bei schwerer Leberfunktionseinschränkung.
- Anstieg des freien Cholesterins und der Phospholipide bei Cholestase, insbesondere bei komplettem extrahepatischen Verschluß.
- Anstieg der Triglyzeride bei bestimmten Lebererkrankungen (Hepatitis, alkoholische Lebererkrankung).

Der Anstieg des freien Cholesterins und der Phospholipide bei Cholestase ist auf das Auftreten eines neuen Lipoproteins, des sog. Lipoprotein X (LPX) zurückzuführen, das im Bereich der LDL nachzuweisen ist. Die Ursache seiner Bildung ist wahrscheinlich der Rückstau von Galle bzw. Gallebestandteilen ins Blut. Die Erniedrigung der Cholesterinester (in ausgeprägter Form als sog. „Estersturz" bei Leberversagen) wird auf einen Mangel an dem in der Leber gebildeten Enzym LCAT zurückgeführt. Die Hypertriglyzeridämie bei Lebererkrankung (Hepatitis!) beruht ebenfalls auf dem Auftreten eines abnormen β-Lipoproteins. Es wird vermutet, daß der Abbau der Lipoproteine und insbesondere der Triglyzeride bei Lebererkrankungen auf einem Mangel an der in der Leber gebildeten Triglyzeridlipase beruht, wodurch das abnorme β-Lipoprotein entsteht. Der Anstieg der Triglyzeride beim Alkoholabusus beruht auf Stoffwechselveränderungen in der Leber: unter Äthanoleinwirkung werden in der Leber mehr VLDL gebildet und sezerniert, wobei die individuelle Antwort sehr unterschiedlich ist. Bei starker, akuter Alkoholbelastung kann es dagegen auch zum Abfall der Triglyzeride und VLDL kommen.

Test. Die Bestimmung der Lipide erfolgt aus dem Serum nach 12stündiger Nahrungskarenz im Routinelabor (geringe Mengen Serum, bis 0,1 ml). Die Auftrennung der Lipoproteine mittels Ultrazen-

trifuge erfolgt in Speziallabors, die Elektrophorese wird mit kleinen Serumproben meist auf Agarosegel durchgeführt.
LPX kann mit einem fertigen Testsatz der Firma Immuno (Heidelberg) bestimmt werden.

Normalwerte:

Cholesterin (Gesamt)	:	oberer Normbereich 220–260 mg/dl
Triglyzeride	:	Normbereich bis 150 mg/dl
Cholesterinester	:	Normbereich bis 160 mg/dl
Phospholipide	:	Normbereich bis 250 mg/dl

Kommentar. Die Bedeutung der Lipid- und Lipoproteinbestimmung für die Klinik der Lebererkrankungen ist gering und überwiegend von wissenschaftlichem Wert. Die Triglyzeride haben bei der Einschätzung einer Alkoholhepatitis eine gewisse Aussagekraft (Sonderform des sog. Zieve-Syndroms mit Triglyzeridwerten von über 1000 mg/dl) Das LPX kann eine Cholestase empfindlich anzeigen. Gegenüber einer Kombination der übrigen Laborparameter (Bilirubin, γ-GT, alk. Phosphatase) wird keine zusätzliche Aussage erzielt. Differentialdiagnostische Aussagen, insbesondere bezüglich intra- und extrahepatischer Cholestase, sind mit Hilfe der LPX-Bestimmung nicht möglich.

6.8 Serumenzyme

Während die Konzentrationen von Stoffwechselprodukten im Blut Hinweise auf veränderte Stoffwechselfunktionen der Leber geben, gelten die Aktivitäten von Leberenzymen im Serum als Maß der Leberzellschädigung, die zum Austritt dieser Enzyme führt.
Metabolite des intermediären Stoffwechsels werden im Blut rasch verändert und abgebaut, so daß ihre Bestimmung wenig sinnvoll ist.
Für die Höhe der Enzymaktivitäten im Serum sind entscheidend
- Enzymaktivitäten in der Leberzelle
- Ausmaß der Leberzellschädigung und des Enzymaustritts

– Elimination der Enzymaktivitäten im Serum.

Über die Mechanismen von Enzymaustritt und Enzymelimination ist bis heute wenig bekannt. Unter pathologischen Bedingungen müssen Membrandefekte vorhanden sein, die zum Austritt der Enzyme führen. Jedoch ist ein Enzymaustritt auch ohne nachweisbare Membrandefekte möglich, evtl. in Abhängigkeit von einem gestörten Energiestoffwechsel der Zelle. Die Halbwertszeit der Enzyme im Serum beträgt etwa 17 (GOT) bis 50 (GPT) Stunden. Die Elimination ist dabei weitgehend konstant.

Die klinische Beurteilung der Enzymtests richtet sich nach Höhe und Art des Enzymanstiegs.

6.8.1 Aminotransferasen

Alanin-Aminotransferase = Glutamat-Pyruvat-Transaminase (GPT) Aspartat-Aminotransferase = Glutamat-Oxalacetat-Transaminase (GOT). Die Enzyme sind in der Leber in hoher Konzentration vorhanden, außerdem werden sie unter anderem in Niere, Muskel und Herz nachgewiesen. Die GOT ist im Zytosol und den Mitochondrien, die GPT im Zytosol der Leberzelle lokalisiert.

Bei Leberzellschädigung oder bei Permeationsstörungen der Leberzellmembran werden die Enzyme freigesetzt, zunächst aus dem Zytosol, bei starker Schädigung auch aus den Mitochondrien. Es besteht aber keine feste Beziehung zwischen der Höhe der Enzymaktivität im Serum und dem Ausmaß von mikroskopisch erkennbaren Leberzellnekrosen.

Test

Prinzip. Kinetischer Enzymtest, der photometrisch durch NADH-Verbrauch gemessen wird (334, 340 und 366 nm).

GPT

$$\text{L-Alanin} + \alpha\text{-Ketoglutarat} \xleftrightarrow{\text{GPT}} \text{Pyruvat} + \text{L-Glutamat}$$

$$\text{Pyruvat} + \text{NADH}_2 \xleftrightarrow{\text{LDH}} \text{Laktat} + \text{NAD}^+ \text{ (Indikatorreaktion)}$$

(LDH = Laktatdehydrogenase)

GOT

$$\text{L-Aspartat} + \alpha\text{-Ketoglutarat} \xleftrightarrow{\text{GOT}} \text{Oxalacetat} + \text{L-Glutamat}$$

$$\text{Oxalacetat} + \text{NADH}_2 \xleftrightarrow{\text{MDH}} \text{Malat} + \text{NAD}^+ \text{ (Indikatorreaktion)}$$

(MDH = Malatdehydrogenase)

Die Bestimmung wird mit Serum ausgeführt. Die Blutentnahme erfolgt morgens beim nüchternen Patienten, das Blut wird möglichst bald zur Serumgewinnung zentrifugiert und im Kühlschrank aufbewahrt, wenn die Bestimmung nicht gleich erfolgen kann.
Die Messung selbst erfolgt heute im Routinelabor mit fertigen Bestimmungsansätzen (z. B. der Fa. Boehringer u. a.).
Normalwerte:
GPT 5–19 E/l bei Frauen und 5–23 E/l bei Männern
GOT 5–12 E/l bei Frauen und 5–19 E/l bei Männern.

Beurteilung. Bei akuter Leberschädigung (Virushepatitis oder toxische Hepatitis) kommt es zu einem starken Anstieg der Leberenzyme. Die GPT wird dabei als spezifischer und empfindlicher als die GOT betrachtet. Bei sehr starker Leberschädigung kann die GOT allerdings höhere Werte als die GPT erreichen (bei toxischer Leberschädigung z. B. durch Tetrachlorkohlenstoff), da jetzt auch die mitochondrialen Anteile des Enzyms freigesetzt werden.
Bei akuter Hepatitis ist der Anstieg der Transaminasen schon vor Auftritt des Ikterus vorhanden. Es werden maximal Aktivitäten bis etwa zum 100fachen der Norm erreicht. Nach Auftreten des Ikterus kommt es zu einem raschen Abfall der Transaminasen, zusammen mit der klinischen Besserung. Bleibt die Enzymaktivität hoch, besteht Verdacht auf massive Lebernekrose. Eine geringe, persistierende Erhöhung der Transaminasen kann im Ausheilungsstadium für mehrere Monate bestehen, sie kann aber auch Hinweis auf eine sich entwickelnde chronische Hepatitis sein.
Mäßige (selten auch hohe) Enzymanstiege beobachtet man bei Infektionskrankheiten wie infektiöser Mononukleose, bei Cholestase und Cholangitis, Fettleber, Zirrhose, Lebermetastasen und medikamentöser Leberschädigung. Bei Herzinfarkt und Muskeltraumen findet man mäßige Enzymanstiege, bei akuter kardialer Stauung und bei Schockzuständen können sehr hohe Enzymaktivitäten im Serum

gemessen werden (GPT höher als GOT). Der Quotient $\frac{GOT}{GPT}$ wurde zur weiteren Differenzierung der Leberkrankheiten herangezogen (de Ritis-Quotient). Obgleich dieser Quotient nicht als exaktes differentialdiagnostisches Kriterium zur Unterscheidung verschiedener Lebererkrankungen mißverstanden werden darf, kann er unter Berücksichtigung des klinischen Gesamtbildes und weiterer Laborwerte für die Diagnose oder Prognose einer Erkrankung aufschlußreich sein. Bei akuter Virushepatitis ist der Quotient kleiner als 0,7. Bei schwerer Verlaufsform sowie bei andersartig bedingten schweren Lebernekrosen steigt der GOT-Anteil (s. oben), der Quotient steigt über 0,7. Bei chronisch aggressiver Hepatitis und Zirrhose steigt der Quotient sogar auf Werte von 1 bis 1,3. Die fortgeschrittene alkoholische Leberschädigung (Alkoholhepatitis und alkoholbedingte Zirrhose) zeigt Quotienten bis zu 2 und darüber.

6.8.2 Laktatdehydrogenase

Das Enzym ist ubiquitär, sein Aktivitätsanstieg im Serum ist deshalb wenig spezifisch, für die Beurteilung des „Leberstatus" von geringem zusätzlichen Wert. Bei Aktivitätsanstieg ohne Transaminasenerhöhung kann eine Hämolyse vermutet werden (Differentialdiagnose des Ikterus!). (Normalwert: bis 240 E/l.)

6.8.3 Glutamatdehydrogenase (GLDH)

Das Enzym GLDH ist in den Mitochondrien der Leberzelle lokalisiert. Außer in Leber wird es in Herz, Muskel und Nieren nachgewiesen. Das Molekulargewicht ist hoch, im normalen Serum sind nur geringe Aktivitäten vorhanden. Innerhalb des Leberläppchens ist das Enzym besonders zentrilobulär konzentriert, im Gegensatz zur überwiegend peripheren Lokalisation der GPT, so daß der Enzymaustritt bei zentrilobulärer Schädigung besonders hoch ist.

Test.

$$\alpha\text{-Ketoglutarat} + NH_4^+ + NADH_2 \xleftrightarrow{GLDH} \text{Glutamat} + H_2O + NAD^+$$

Durchführung mit kommerziellen, vorgefertigten Testkits und ca. 100 μl Serum.
(Normalwert: bis 4 E/l bei Männern; bis 3 E/l bei Frauen.)

Beurteilung. Hohe Serumaktivitäten werden besonders bei schweren Leberzellnekrosen gemessen (Hepatitis, Zirrhose, Lebermetastasen). Bedingt durch die Lokalisation im Leberläppchen kommt es zu besonderem Aktivitätsanstieg bei zentrilobulären Nekrosen (akute Rechtsherzinsuffizienz) und gelegentlich bei akutem Gallengangsverschluß! Bei alkoholischer Leberzellschädigung kommt es ebenfalls zu einem recht charakteristischem Anstieg der GLDH, der relativ höher ist als der Anstieg der Transaminasen, d.h. die Sensitivität der GLDH ist vergleichsweise höher für die alkoholtoxische Leberschädigung.

6.8.4 Alkalische Phosphatase (AP)

Das Enzym AP ist in der Leber, der Galle sowie in Knochen, Darm, Niere und Plazenta nachweisbar. Das Leberenzym ist vorwiegend in den Plasmamembranen der Mikrovilli der Gallenkapillaren lokalisiert. Das Serumenzym des Erwachsenen stammt im wesentlichen aus der Leber, während die AP der Kinder überwiegend aus den Knochen stammt.
Die Aktivität in der Leber ist nicht sehr groß, bei Leberzellschädigung werden deshalb keine größeren Aktivitätsanstiege im Serum beobachtet. Der Anstieg der AP im Serum beruht auf einer kontinuierlichen, längerdauernden Freisetzung des Enzyms aus der Leber bei allen Formen der Cholestase, welche selbst wahrscheinlich die Enzymsynthese induziert. Die AP im Serum hat eine Halbwertszeit

von 7 Tagen. Die Enzyme aus Knochen und Darm sind vom Leberenzym zu unterscheiden (Polyacrylamidgel-Elektrophorese).

Test. Die AP hydrolisiert organische Phosphate im alkalischen Milieu.

Zum Beispiel: p-Nitrophenylphosphat → p-Nitrophenol + Phosphat.

Die Bildungsrate von p-Nitrophenol, im alkalischen Bereich intensiv gelb gefärbt, wird bei 405 nm gemessen.
Das Untersuchungsmaterial ist Serum, Untersuchung mit Testkits im Routinelabor.
Normalwerte: Männer bis 175 E/l; Frauen bis 170 E/l (in der Schwangerschaft: 400 E/l); Kinder bis 700 E/l (bis etwa zum 15. Lebensjahr).

Beurteilung. Die AP reagiert sehr empfindlich bei allen Störungen der Gallesekretion. Leberzellschädigungen bewirken dagegen nur einen geringen Anstieg der AP im Serum. Eine Differentialdiagnose zwischen extra- und intrahepatischem Verschluß ist mit Hilfe der AP nicht möglich. Bei akutem Gallengangsverschluß steigen zunächst die Transaminasen (meist nur mäßige Erhöhung, gelegentlich aber auch Werte bis 800 E/l), nach 1–2 Tagen folgen AP und Bilirubin. Bei chronischem Verschluß sind die Transaminasen nur gering oder mäßig erhöht, dagegen kann man sehr hohe Aktivitäten der AP bestimmen. Bei inkomplettem Gallengangsverschluß (z. B. Stein) können sowohl nur gering gerhöhte als auch normale Werte vorliegen. Durch partielle Obstruktionen der kleinen Gallengänge steigt die AP bei umschriebenen Strukturveränderungen der Leber z. B. bei Metastasen, Granulomen, primär biliärer Zirrhose auf hohe Serumwerte an, während das Bilirubin durch die Funktion der verbleibenden Leberzellen und Gallengänge noch normal sein kann. Bei ca. 50% maligner Lebererkrankungen ohne Ikterus werden hohe AP-Werte beobachtet, nicht selten bilden sie den einzigen pathologischen Befund. Bei Skeletterkrankungen (z. B. Knochenmetastasen, Morbus Paget, Hyperparathyreoidismus, osteogenes Sarkom) kommt es ebenfalls zu einem Aktivitätsanstieg der AP im Serum. Die Differenzierung ist möglich durch gleichzeitige Bestimmung von Gamma-GT und LAP im Serum. Im letzten Drittel der Schwangerschaft werden gelegentlich Werte bis 400 E/l beobachtet. Im Zweifelsfalle ist eine Differenzierung durch Bestimmung der Isoenzyme notwendig.

6.8.5 Gamma-Glutamyltransferase (Gamma-GT)

Das Enzym Gamma-GT ist in fast allen Geweben und Organen vorhanden, insbesondere in Leber, Pankreas und Niere. In der Leber ist das Enzym überwiegend, wenn nicht ausschließlich an den Teilen der Leberzellmembranen gebunden, welche die Gallekanälchen begrenzen. Bei Schädigung der Leberzelle bzw. der Leberzellmembran wird es vermehrt freigesetzt und führt zu einem Anstieg der Enzymaktivität im Serum. Darüber hinaus vermögen verschiedene Substanzen, z. B. Alkohol, einen Anstieg der Enzymaktivität zu induzieren, welche mit einer Ausbreitung der Enzymlokalisation auf die Anteile der Leberzellmembran bis in die Disse-Räume verbunden sein kann.

Test. Die Gamma-GT katalysiert die Übertragung von Gamma-Glutamyl-Resten auf Aminosäuren und Peptide.
Gamma-Glutamyl-p-nitranilid + Glycyl-Glycyin =
p-Nitranilin + Gly-Gly-Glutamin.
Durchführung im klinischen Labor mit ca. 0,2 ml Serum. Messung des p-Nitranilin bei 405 nm. (Normalwerte: Männer bis 20 E/l; Frauen bis 28 E/l. Bei Frühgeborenen, Neugeborenen und Kindern in den ersten 9 Lebensmonaten Normalbereich bis etwa 150 E/l.)

Beurteilung. Die Gamma-GT ist der empfindlichste Indikator zur Beurteilung von Leber-und Gallenwegserkrankungen. Die Enzymaktivität ist bei fast allen Leber- und Gallenwegserkrankungen erhöht, die höchsten Werte werden bei Gallengangsverschluß gefunden. Die Spezifität des Enzyms ist gering, differentialdiagnostische Aussagen sind aufgrund der Gamma-GT meist nicht möglich. Enzyminduktionen führen zu einer mäßigen Aktivitätserhöhung im Serum, welche in der Regel bis zum Zweifachen, in seltenen Fällen bis zum Fünffachen des Normalwerts reicht. Hierher gehören chronischer Alkoholkonsum, die Einnahme von Hypnotika, z. B. Phenobarbital, von Antikonvulsiva, z. B. Phenytoin sowie von Steroidhormonen, z. B. Östrogenpräparate. Enzyminduktion und Leberschaden können bei Alkoholikern zu sehr hohen Gamma-GT-Aktivitäten im Serum (> 1000 E/l) führen. Der Abfall der alkoholbedingten Serum-Gamma-GT in 10 Tagen nach Beginn der Alkoholabstinenz soll ca. 50% betragen. Die Persistenz erhöhter Werte weist auf das Fortbestehen des Alkoholkonsums hin. Die Erhöhung anderer leberspezifischer Enzymaktivitäten, z. B. der GPT ist auch bei geringem Anstieg der Gamma-GT Ausdruck einer zumindest zusätzlichen Leberzellschädigung. Für die Diagnostik akuter Hepatitiden ist die Gamma-GT gegenüber den Transaminasen zweitrangig. Bei unklarer Erhöhung der AP kann eine erhöhte Gamma-GT auf den hepatischen Ursprung der AP hinweisen. Ein isolierter Anstieg der Gamma-GT kann bei Leberzirrhose, primären und sekundären Lebertumoren beobachtet werden, aber auch bei Organerkrankungen des Gehirns (Apoplex, Gehirntumor), der Niere (akutes Nierenversagen, Abstoßungsreaktion nach Transplantation, nephrotisches Syndrom), des Pankreas (Karzinom) sowie bei Herzinfarkten, Diabetes mellitus, Gefäßkomplikationen. In Einzelfällen wurde bei Zervixkarzinom, obstruktiven Lungenerkrankungen, schweren Traumata und Radiotherapie von Steigerungen der Gamma-GT-Werte im Serum berichtet.

6.8.6 Leucin-Aminopeptidase (LAP)

Das Enzym LAP ist im Körpergewebe weit verbreitet. Serumaktivitätssteigerungen kommen aber praktisch nur bei cholestatischen Lebererkrankungen vor. Gegenüber der gemeinsamen Bestimmung von AP und Gamma-GT wird durch die Messung der LAP keine wesentliche zusätzliche Aussage erzielt. (Normalwerte: Männer 20–35 E/l; Frauen 16–32 E/l.)

6.9 Immunologische Untersuchungen bei Lebererkrankungen

6.9.1 Physiologie und Pathophysiologie

Erkrankungen der Leber führen häufig zu auffälligen immunologischen Phänomenen. Da die Leber eines der wichtigsten Organe im retikulo-endothelialen System (RES) darstellt und viele Erkrankungen einen chronischen, protrahierten Verlauf nehmen, können solche Phänomene erwartet werden. Die Gründe für diese immunologischen Veränderungen im Organismus sind oft nur wenig aufgeklärt.

Die Leber hat als Organ des RES eine aktive Bedeutung für immunologische Reaktionen im Körper, ist andererseits bei Leberkrankheiten auch Zielorgan von immunologischen Vorgängen, die entweder durch Erreger von außen (Hepatitis B) oder aber durch den Körper selbst (Autoimmunerkrankung) ausgelöst werden. Die Funktion der Leber innerhalb des RES ergibt sich aus ihrer Lage zwischen dem Gastrointestinaltrakt und dem allgemeinen Blutkreislauf. Es ist bekannt, daß aus dem Darm Antigene (größere Moleküle, evtl. sogar Bakterien bzw. Bakterienanteile) aufgenommen werden und ins Pfortaderblut übertreten. In der Leber werden diese Substanzen vom RES aufgefangen und abgebaut. Im Gegensatz zur Milz wirken diese Stoffe in der Leber aber nicht als antigener Stimulus zur Antikörperproduktion (Fehlen von lymphoiden Zellen). Die Leber ist somit ein Filter für exogene, aus dem Darm stammende Antigene. Fällt diese Filterfunktion aus (schwere Leberschädigung, Umgehung der Leber durch portosystemische Shunts), so gelangen diese Antigene in den allgemeinen Kreislauf und wirken hier als antigener Stimulus zur Antikörperproduktion.

Auf diese Weise kann die Hypergammaglobulinämie bei Leberkrankheiten und besonders bei Leberzirrhose erklärt werden. Andere, im einzelnen nicht genau erkannte Mechanismen scheinen aber eine zusätzliche Bedeutung bei der Vermehrung der Gammaglobuline bei dieser Erkrankung zu haben.

Bei der Infektion der Leber mit Erregern, besonders Viren, werden wie allgemein bei Infektionen Immunglobuline zuerst der IgM-Klasse und später der IgG-Klasse gebildet. Aus dem Titerverlauf dieser Antikörper und ihrem zeitlichen Auftreten während der Erkrankung kann die Infektion diagnostiziert werden (Hepatitis A, Zytomegalie u.a.). Besondere Verhältnisse liegen bei der Hepatitis B vor (s. dort). Aus dem Gehalt des Serums an Immunglobulinen können in einzelnen Fällen Schlüsse auf die Art der zugrundeliegenden Lebererkrankungen gezogen werden. Bei primär biliärer Zirrhose werden fast regelmäßig erhöhte IgM-Spiegel (das 2–3fache der Norm), bei alkoholischer Zirrhose erhöhte IgA-Spiegel (bis zum 2fachen der Norm) gefunden. Bei chronisch agressiver Hepatitis, insbesondere bei der autoimmun bedingten Form („lupoide Hepatitis“) werden hohe IgG-Konzentrationen im Serum beobachtet.
Bei bestimmten Leberkrankheiten sind im Serum Autoantikörper vorhanden. Viele dieser Antikörper sind nicht organspezifisch oder krankheitsspezifisch, besitzen aber dennoch eine wichtige Rolle als diagnostische Werkzeuge in der Klinik. Es werden Antikörper gegen Kernmaterial (antinukleäre Faktoren: ANF) gegen Mitochondrien (antimitochondriale Faktoren: AMF, d.h. Antikörper gegen ATPase-assoziiertes Antigen) und Antikörper gegen glatte Muskulatur (SMA) gefunden.
Häufig wird bei Lebererkrankungen (besonders bei chronisch aktiver Hepatitis) der Rheumafaktor (Anti-Gamma-Globulin-Antikör-

Tabelle 6.2. Autoantikörper bei Leberkrankheiten [9]

Autoantikörper	Leberkrankheit	Häufigkeit (%)
Antinukleäre Faktoren (ANF)	Chronisch aktive Hepatitis Primär biliäre Zirrhose	20–50 15–40
Anti-DNS-Antikörper	Alle Lebererkrankungen	30–60
Antikörper gegen glatte Muskelzellen	Chronisch aktive Hepatitis Primär biliäre Zirrhose Virushepatitis	20–60 10–30 50–80
Antimitochondriale Faktoren (AMF)	Primär biliäre Zirrhose Chronisch aktive Hepatitis	80–95 10–25

per) nachgewiesen. Eine besondere diagnostische Bedeutung kommt diesem Nachweis aber nicht zu.
Veränderungen der zellulären Immunität (T-Zellen-Dysfunktion) sind für viele chronische Lebererkrankungen sicher von großer, vielleicht ursächlicher Bedeutung, sind aber bei der klinischen Arbeit z.Zt. noch nicht von Belang. Wie die aufgeführten Häufigkeiten der Antikörper in der Tabelle 6.2 zeigen, kann man mit einem Antikörpernachweis im allgemeinen eine Lebererkrankung nicht sicher diagnostizieren. Es findet eine beachtenswerte Überlappung statt. Am wichtigsten sind wahrscheinlich die antimitochondrialen Faktoren (M2-Fraktion), die bei der primär biliären Zirrhose in bis zu 95% nachweisbar sind.

6.9.2 Serologische Befunde bei infektiösen Hepatitiden

6.9.2.1 Hepatitis A

Die virologischen und serologischen Befunde bei Hepatitis A (RNS-Virus) entsprechen denjenigen bei anderen bekannten Virusinfektionen, die eine akute Krankheitsphase hervorrufen und dann in der Regel unter Hinterlassung einer Immunität ausheilen. Eine chronische Hepatitis nach Hepatitis-A-Virusinfektion ist nicht bekannt. Die Übertragung erfolgt fäkal-oral. Nach der Infektion erfolgt nach der Inkubationszeit (2–6 Wochen) der Ausbruch der Krankheit mit Virämie und fäkaler Virusausscheidung. Mit Beginn der Erkrankung läßt die Virusausscheidung rasch nach; es entstehen anschließend zuerst IgM- und dann IgG-Antikörper (Abb. 6.6).
Die Diagnose der akuten Erkrankung wird mit dem Nachweis der IgM-Antikörper (Anti-HAV-IgM) gestellt, welche mit Krankheitsbeginn nachweisbar sind. Der Nachweis von Anti-HAV-IgG weist auf eine durchgemachte Erkrankung hin.

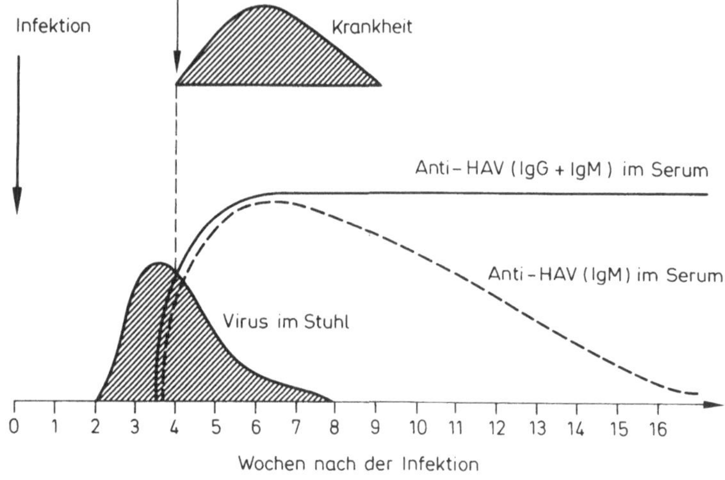

Abb. 6.6. Schema des Verlaufs einer Hepatitis-A-Infektion [36]

6.9.2.2 Hepatitis B

Das eine doppelsträngige DNS enthaltende Hepatitis-B-Virus (Dane-Teilchen) besitzt verschiedene Antigene, welche zur Antikörperbildung führen (Tabelle 6.3). Man unterscheidet Antigene der Virushülle (surface) = Hb_sAg, des Viruskerns (core) Hb_cAg welche nur im Lebergewebe nachweisbar sind und das Hepatitis-B_e-Antigen, welches ebenfalls ein Kernantigen darstellt. Der Verlauf einer Erkrankung mit Hepatitis-B-Virus unterscheidet sich grundsätzlich von anderen Viruserkrankungen, z. B. der Hepatitis A, insofern, als das Virus selbst wahrscheinlich nicht zytopathogen ist und die Zellschädigung erst durch die Immunantwort des Organismus erfolgt und dadurch, daß eine chronische Erkrankung mit Viruspersistenz bzw. Virusträgerschaft durch den Organismus möglich ist. Die immunologische Auseinandersetzung des Körpers mit dem Hepatitis-B-Virus ist aus dem Titerverlauf der Antigene und/oder ihrer entsprechenden Antikörper abzulesen.

Tabelle 6.3. Antigene und Antikörper bei Hepatitis B

HB_sAg = Hepatitis-B-Oberflächenantigen (früher Australia-Antigen)	Anti-HB_s = Antikörper gegen HB_sAG
HB_cAg = Hepatitis-B-Kernantigen	Anti-HB_c = Antikörper gegen HB_cAg (IgG u. IgM)
HB_eAg = Hepatitis-„E-Antigen"	Anti-HB_e = Antikörper gegen HB_eAg

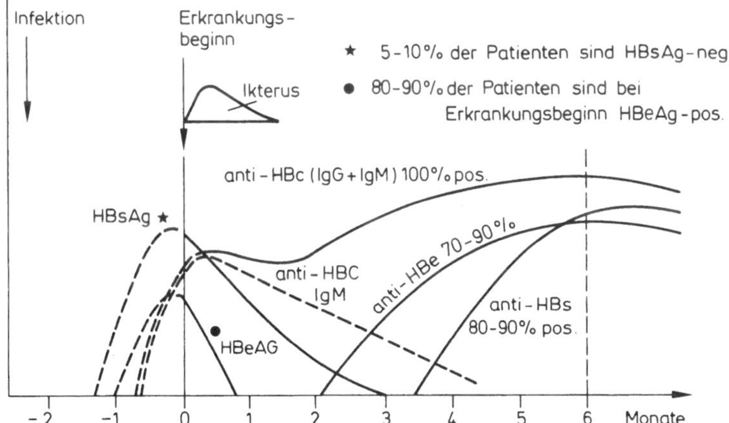

Abb. 6.7. Schema der Titerverläufe von Antigenen und Antikörpern bei Hepatitis-B-Infektion [36]

6.9.2.3 Akute Hepatitis-B-Infektion

Bei der akuten Infektion treten zunächst HB_sAg, HB_eAg und Anti-HB_c in Erscheinung (Abb. 6.7). Im einzelnen ist das HB_sAG 2–6 Wochen postinfektiös, d.h. nicht selten 1–3 Wochen vor Krankheitsbeginn nachweisbar. HB_eAg tritt etwas später, 4–8 Wochen nach der Infektion in Erscheinung. Anti-HB_c ist in der frühen Krankheitsphase (IgM-Antikörper) positiv und kann mehrere Jahre als IgG-Antikörper nachweisbar bleiben. Anti-HB_c-IgM fällt in den Monaten nach der akuten Erkrankung in einen niedrigen Titerbereich ab. Bei chronisch aktiver Hepatitis B werden aber wieder höhere Anti-HB_c-

IgM-Titer gefunden, so daß die Bestimmung des Anti-HB_c-IgM sinnvoll ist. Anti-Hb_e zeigt sich mit dem Verschwinden von HB_eAg; Anti-HB_sAg, ein neutralisierender Antikörper, tritt später auf, kündigt in der Regel die endgültige Ausheilung der Erkrankung an und persistiert viele Jahre.
Zwischen dem Verschwinden von HB_sAg und dem Nachweis von Anti-HB_sAG besteht nicht selten ein Intervall („diagnostisches Fenster“), währenddem die frische Erkrankung nur aus dem Vorhandensein von Anti-HB_cIgM zu ersehen ist. Bei leichteren Infektionen können HB_sAG und Anti-HB_s nur kurzfristig bestimmbar sein.
Als Folgezustände einer akuten Hepatitis-B-Infektion können sich entwickeln:
- Ausheilung,
- Hepatitis-B-Trägerschaft,
- chronische Hepatitis B (5–10%).

6.9.2.4 Hepatitis-B-Träger

Der Nachweis von HB_sAg über einen Zeitraum von mehr als 6 Monaten – auch ohne nachgewiesene vorausgegangene akute Erkrankung – weist auf einen Trägerstatus hin. Bei Fehlen von laborchemischen und histologischen Zeichen einer Lebererkrankung spricht man von einem gesunden HB_sAg-Träger. In der Leber finden sich lediglich „Milchglashepatozyten“ und Einzelnekrosen. Prädisponiert sind angeborene [z. B. Trisomie 21 (Mongolismus)] oder erworbene Immunmangelzustände (Dialysepatienten, Drogenabhängige). Neben HB_sAg können Anti-HB_c und Anti-HB_e vorhanden sein. In Einzelfällen wurde das Fehlen von HB_sAG in Gegenwart von Anti-HB_c beobachtet. Bei chronischer HB_sAg-Trägerschaft wird eine erhöhte Gefährdung für die Entwicklung eines primären Leberzellkarzinoms angenommen.

6.9.2.5 Delta-Antigen

Es handelt sich um ein pathogenes Agens mit einem RNS-Genom, welches zu seiner Synthese das Hepatitis B-Virus bzw. das HB_sAg

benötigt. Während die gleichzeitige akute Infektion mit Hepatitis B und Delta-Antigen zu einer Ausheilung führt, werden bei Hepatitis-B-Trägern und Patienten mit chronischer Hepatitis-B-Infektion durch Exposition mit Delta-Antigen lang anhaltende, teilweise schwer verlaufende Infektionen mit Entwicklung zur chronisch aktiven Hepatitis beobachtet. Über den Ausbruch von Delta-Antigen-Erkrankungen wurde insbesondere bei Drogenabhängigen in Italien berichtet. Die Bestimmung von Delta-Antigen und insbesondere Anti-Delta durch Radioimmunassay ist bisher nur in einzelnen wissenschaftlichen Speziallabors möglich (Pettenkofer-Institut, München).

6.9.2.6 Chronische Hepatitis

Als chronische Hepatitis bezeichnet man eine fortbestehende Entzündung 6 Monate nach einer akuten Virushepatitis oder eine spontan aufgetretene und länger als 6 Monate andauernde Leberentzündung, welche nicht auf exogene Noxen und Toxine zurückgeführt werden kann. Die Klassifizierung erfolgt nach klinischen, laborchemischen, immunologischen und histologischen Kriterien (Abb. 6.8).

Chronisch persistierende Hepatitis. Es handelt sich um eine histologische Diagnose, welche durch eine Infiltration der Portalfelder durch Lymphozyten, Monozyten und Plasmazellen mit oder ohne Leber-

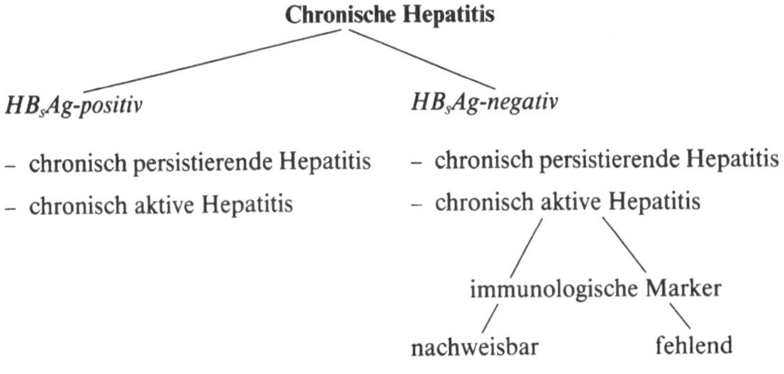

Abb. 6.8. Einteilung der chronischen Hepatitiden

zellschädigung sowie eine geringe Bindegewebsvermehrung gekennzeichnet ist. Die Veränderungen können diffus, häufiger aber fokal ausgeprägt sein. Die Struktur der Leberläppchen ist nicht verändert.

Laborchemisch sind die Transaminasen nicht oder leicht erhöht (weniger als 100 E/l). Eine Störung der Leberfunktion oder immunologische Veränderungen (Hypergammaglobulinämie, Autoantikörper) werden in der Regel nicht beobachtet. Man unterscheidet:

1. Patienten mit HB_sAg, d.h. eine persistierende Hepatitis-B-Infektion. Die Hepatitis kann in diesen Fällen auch nach Verschwinden des HB_sAG weitergehen.
2. Patienten ohne HB_sAg Nachweis, sog. kryptogene Hepatitis, für deren Ursache auch Non-A-Non-B-Hepatitiden in Frage kommen. Erwähnt sei, daß sich in dieser Gruppe Patienten mit Anti-HB_s und Anti-HB_c als Ausdruck einer durchgemachten Hepatitis-B-Infektion befinden, wie sie auch in der Normalbevölkerung vorkommen.

Die Prognose der chronisch persistierenden Hepatitis mit oder ohne Hepatitis-B-Indikatoren ist insgesamt gut. Neben der Ausheilung ist der Übergang in eine chronisch aktive Hepatitis möglich. Der Verlauf der Erkrankung wird anhand der Transaminasen kontrolliert.

Chronisch aktive Hepatitis. Die Diagnose einer chronisch aktiven Hepatitis wird histologisch gestellt. Charakteristisch ist eine Infiltration in den Periportalfeldern durch Rundzellen (Lymphozyten etc.) und Bindegewebe mit Übergreifen auf das Leberläppchen. Die entzündliche, bindegewebige Infiltration ist mit dem Untergang von Leberzellen sowie der Isolierung von Leberzellgruppen („peace-meal necrosis") verbunden. In schweren Fällen kommt es zu konfluierenden Leberzellnekrosen („bridging necrosis") und Einwachsen von Bindegewebssträngen in das Parenchym mit der Entwicklung einer Zirrhose.

Laborchemisch findet sich eine Erhöhung der Transaminasen (meist mehr als 100 E/l), welche im Krankheitsverlauf starke Schwankungen aufweisen kann. Die Parameter der Leberfunktion wie Serumalbuminspiegel und Gerinnungsfaktoren entsprechen der Schwere der Leberzellschädigung.

Entsprechend der Einteilung der chronisch persistierenden Hepatitis können Patienten unterschieden werden, welche HB_sAg besitzen und Patienten ohne HB_sAG-Nachweis (Ätiologie unbekannt). Bei Patienten mit chronisch aktiver Hepatitis B lassen sich zumeist Anti-HB_c (auch als IgM-Antikörper), HB_eAg und/oder Anti-HB_eAg nachweisen. Einen Hinweis für Verlauf und Prognose ergeben diese Parameter kaum. Diese Patienten zeigen häufig Autoantikörper gegen mikrosomale Antigene aus Leber und Nieren. In der Gruppe der kryptogenen Hepatitis (HB_sAg-negativ) befindet sich eine größere Anzahl (20–30%) von Personen mit Anti-HB_c und Anti-HB_s. Eine Unterscheidung der kryptogenen, chronisch aktiven Hepatitis wird danach vorgenommen, ob die Patienten humorale Zeichen einer immunologischen Störung, z.B. Hypergammaglobulinämie sowie Autoantikörper gegen glatte Muskulatur, Kernmaterial (ANA) oder Mitochondrien (AMA) aufweisen. In diese Gruppe fallen auch frühe Verlaufsformen der primär biliären Zirrhose, welche durch den Nachweis von AMA Typ M2 erfaßt werden können. Die chronisch aktive Hepatitis kann ausheilen, in eine chronisch persistierende Hepatitis übergehen oder zu einer Leberzirrhose führen.

6.9.2.7 Hepatitis-B-Impfung

Bei Patienten mit gesicherter oder wahrscheinlicher Inokulation mit Hepatitis-B-Virus wird sofort, d.h. innerhalb der ersten Stunden (bis 24 h) eine passiv-aktive Impfung durchgeführt, welche den Ausbruch der Erkrankung verhindert oder ihren Verlauf stark abschwächt. Die Gabe eines hochtitrigen Immunserums (Anti-HB_s Titer = 1 : 100000) führt nach 2 h zu einem Nachweis von Antikörpern im Serum, deren Titer nach 2–4 Tagen sein Maximum erreicht. Die Verabreichung einer Hepatitis-B-Vakzine bewirkt bei entsprechender Dosierung, z.B. 20 mcg HB_sAG jeweils in drei Dosen im Abstand von 1 und 6 Monaten zur Erstinjektion, bei 95% der Geimpften einen hochtitrigen anhaltenden Anti-HB_sAg-Spiegel und eine Immunität gegen Hepatitis-B-Virus.
Die aktiv-passive Impfung sollte sofort nach der Geburt von Kindern HB_sAg-positiver Mütter erfolgen. Empfohlen wird die Impfung bei Personen, die engen Kontakt mit HB_sAg- und besonders HB_e-AG-positiven Personen haben oder Personen ohne Immunität, bei denen in bestimmten Situationen das Risiko einer Hepatitis-B-

Infektion hoch ist. Eine prophylaktische Aktivimpfung sollte bei folgendem Personenkreis vorgenommen werden:
1. Familienangehörige (z.B. Ehegatten) und Kontaktpersonen (Krankenhauspersonal) von Patienten, welche nach einer akuten Hepatitis-B-Infektion noch HB_sAg-positiv sind.
2. Patienten, die neu in ein Dialyseprogramm aufgenommen werden.
Eine Infektiösität des Bluts bzw. anderer Körpersekrete, z.B. Speichel, ist bei Nachweis von HB_s-Antigen und den Antikörpern anzunehmen, welche Ausdruck einer Virusvermehrung sind. Gesichert ist die Infektiösität beim Nachweis von 1. $HB_sAG + HB_eAg$, 2. HB_sAg + Anti-HB_c-IgM, 3. DNS-Polymerase.
Keine Infektiösität ist zu unterstellen bei Vorhandensein von 1. Anti-HB_s, 2. Anti-HB_s + Anti-HB_c + Anti-HB_e und 3. Anti-HB_c + Anti-HB_e.

6.9.3 Non-A-Non-B-Hepatitis

Serologische und virologische Indikatoren für die sog. Non-A-Non-B-Hepatitis-Infektion liegen für den klinischen Gebrauch bisher nicht vor. Die akute Erkrankung ist bei einer etwas kürzeren Inkubationszeit in ihrem klinischen und laborchemischen Verlauf nicht von einer akuten Hepatitis A oder Hepatitis B zu unterscheiden. Sie kann in eine chronische Hepatitis (30–50%) übergehen, die meist nach 2–3 Jahren ausheilt. Die Erkrankung wird parenteral (insbesondere durch Bluttransfusionen, Blutkonzentrate) aber auch oral übertragen.

6.9.4 Seltene Virushepatitiden

Die Infektion mit *Epstein-Barr-Virus* weist neben den charakteristischen klinischen und laborchemischen Zeichen der Mononukleose

in etwa 15% eine Hepatitis auf. Transaminasenerhöhungen werden regelmäßig beobachtet. Der Nachweis der Erkrankung erfolgt durch die Bestimmung von Epstein-Barr-Virus-Antikörper, durch Komplementbindungsreaktion und Immundiffusion.
Die *Zytomegalie-Erkrankung*, welche besonders bei immunsupprimierten Patienten beobachtet wird, verläuft klinisch häufig stumm. Es wird neben chronischen febrilen Erkrankungen auch eine leichte Hepatitis-Symptomatologie beobachtet. Der Nachweis der Erkrankung erfolgt durch Antikörperbestimmung (IgM), wobei Kreuzreaktionen mit Epstein-Barr-Virus auftreten können.
Eine Hepatitis infolge *Herpes-simplex*-Infektion kann sich bei schwerem systemischen Befall einstellen. Selten und diskret ist eine Hepatitis bei Enteroviruserkrankungen (Coxsackie A und B).
Gelbfieber, verursacht durch ein RNS-Virus wird von Moskitos übertragen und tritt im Dschungel von Afrika, Mittel- und Südamerika endemisch auf. Das Krankheitsbild kann einen schweren Verlauf mit Fieber, Meningoenzephalitis, Nierenversagen und schwerem Ikterus nehmen. Eine spezifische Therapie gibt es nicht; die Prophylaxe wird durch Impfung mit abgeschwächtem Virus erreicht.

6.9.5 Serologische Diagnostik akuter Virushepatitiden

Der serologische Nachweis einer akuten Virushepatitis ergibt sich aus Tabelle 6.4 nach Hoofnagle [19].
Die Diagnose der Hepatitis A erfolgt aus der Bestimmung von Anti-HAV-IgM, die Diagnose der Hepatitis B aus der Bestimmung von HB_sAg und Anti-HB_c-Titer (oder Anti-HB_c-IgM). Die alleinige Bestimmung von HB_sAg verfehlt ca. 10% der Fälle von akuter Hepatitis B, welche lediglich hohe Titer von Anti-HB_c während des „diagnostischen Fensters" zwischen Verschwinden der HB_s-Antigenämie und Auftreten von Anti-HB_s aufweisen. Andererseits ist der alleinige HB_sAg-Nachweis mit klinischen, biochemischen und morphologischen Veränderungen einer akuten Infektion bei 10–30% der Patienten nicht Ausdruck einer akuten Hepatitis B, sondern zeigt bei fehlendem Anti-HB_c-IgM einen Hepatitis-B-Trägerstatus mit gleichzei-

Tabelle 6.4. Serologische Diagnostik akuter Virushepatitiden [19]

Anti-HAV IgM	HB_sAG	Anti-HB_c IgM	Interpretation
+	–	–	akute A-Hepatitis
+	+	–	akute A-Hepatitis bei einem HB_sAg Träger
–	–	+	akute B-Hepatitis
–	+	+	akute B-Hepatitis
–	+	–	chron. Hepatitis-B-Träger evtl. mit einer gleichzeitigen Hepatitis: Non-A-Non-B; Delta-Infektion; toxisch z. B. Drogen oder Medikamente

tiger akuter Leberschädigung, z. B. A-Hepatitis, Delta-Hepatitis-Infektion, Non-A-Non-B-Hepatitis, Herpes-Virusinfektion oder toxische Leberschädigung an. Eine Delta-Antigen-Infektion kann bisher nur in einzelnen Speziallabors bestimmt werden. Für die Non-A-Non-B-Hepatitis gibt es bisher keine spezifischen Nachweisverfahren, so daß die Diagnose per exclusionem gestellt werden muß.

6.9.6 Untersuchungsmethoden

Radioimmuntest, Hämagglutinationstest und Enzymimmuntest werden erstrangig zur Bestimmung von Antikörpern gegen Hepatitis A sowie zur Feststellung der verschiedenen Antigene und Antikörper der Hepatitis B angewendet. Die älteren, einfacheren und preisgünstigeren Verfahren wie Immunodiffusion, Komplementbindungsreaktion und Counter-Immunelektrophorese sind wegen eingeschränkter Sensitivität weitgehend verlassen, obwohl sie zur Diagnostik hochtitriger Antikörper und Antigene bei akuten Erkrankungen genügen. Es liegen kommerziell verfügbare Kits vor, z. B. Fa. Behring u. a.

Die Immunfluoreszenzmethode ist heute die einzig verwendete Methode zum Nachweis der meisten Gewebsantikörper (Speziallabors). Die Immunglobuline werden mit der radialen Immundiffusion (Mancini-Technik) nachgewiesen. Für letztere Bestimmung sind fertige Agarplatten im Handel (z. B. der Firma Behring).
Normalwerte für Immunglobuline:

IgG = 800–1600 mg/dl
IgA = 100– 400 mg/dl
IgM = 60– 250 mg/dl.

6.10 Galle, Gallensäuren

6.10.1 Physiologie und Pathophysiologie

Die Leber bildet als exokrine Drüse die Galle. Über den Gallengang gelangt die Galle in den Darm, wo die Gallensäuren ihre Funktion als Mizellenbildner ausüben. Im Nebenschluß zum Gallengang liegt die Gallenblase als Reservoir, in der die Galle eingedickt und bei Bedarf in den Darm abgegeben wird. Die Funktionsuntersuchungen der Gallenblase sind morphologischer Natur (Röntgenuntersuchung, Sonographie, ERCP), sie werden deshalb hier nur der Vollständigkeit wegen genannt. Die qualitativen Daten der Gallebildung und Gallezusammensetzung sind der Tabelle 6.5 zu entnehmen.
Die Gallensäuren liegen in der Galle als Glycin- oder Taurinkonjugate vor. Cholsäure und Chenodesoxycholsäure werden in der Leber synthetisiert und deshalb als primäre Gallensäuren bezeichnet. Gallensäuren, die beim enterohepatischen Kreislauf im Darm von Bakterien aus primären Gallensäuren gebildet werden, nennt man sekundäre Gallensäuren: Desoxycholsäure und Lithocholsäure. Von der Leber werden Cholsäure und Chenodesoxycholsäure im Verhältnis 2:1 gebildet, die Gesamtmenge der neugebildeten Gallensäuren beträgt ca. 400 mg/Tag. Die Gallensäuren werden vom Darm re-

Tabelle 6.5. Zusammensetzung der Galle [3]

Menge/24 h	500–1200 ml	Gallensäuren	
pH	6,5–8,6	Cholsäure	40%
Spez. Gew.	1,010–1,012	Chenodesoxycholsäure	40%
Wassergehalt	96–97%	Desoxycholsäure	20%
Gallenfarbstoffe	2–7 g/dl	Lithocholsäure	1%
Gallensäuren	1,2–2,5 g/dl		
Cholesterin	30–180 mg/dl		
Lecithin	~250 mg/dl		

sorbiert und gelangen mit dem Pfortaderblut zur Leber, wo sie aufgenommen und erneut biliär sezerniert werden (enterohepatischer Kreislauf). Die Gesamtmenge an sezernierten Gallensäuren übersteigt deshalb die Menge der neugebildeten Gallensäuren. Die Gesamtheit der zirkulierenden Gallensäuren bezeichnet man als Gallensäurepool (2–4 g). Der Gallensäurepool zirkuliert ca. 6mal in 24 h. Da die Aufnahme von Gallensäuren durch die gesunde Leber sehr effizient ist, erscheinen nur geringe Gallensäurekonzentrationen im systemischen Kreislauf (Konzentration ca. 2 µmol/l). Bei Lebererkrankungen ist die Aufnahme geringer, die systemischen Konzentrationen steigen an. Ein empfindlicher Funktionstest der Leber beruht auf diesem Vorgang.
Die Zusammensetzung der Gallensäuren in der Galle ist in der Tabelle 6.5 beschrieben. Veränderungen der Zusammensetzung bei Erkrankungen der Leber sind bekannt. Bei Cholestase steigt der Anteil der Chenodesoxycholsäure im Blut an. Es treten Sulfatester der Gallensäuren auf, die vornehmlich im Urin ausgeschieden werden. Bei Leberzirrhose scheint die Cholsäuresynthese abzunehmen, die Veränderungen sind aber im übrigen auch durch die gleichfalls vorhandene Cholestase bestimmt. Ein besonderes Verteilungsmuster der Gallensäuren, das hinweisend wäre für bestimmte Erkrankungen und aus dem man diagnostische Schlüsse ziehen dürfte, gibt es aber nicht. Eine Analyse der individuellen Gallensäure-Zusammensetzung im Blut ist nur von wissenschaftlichem Interesse!

6.10.2 Gallensteinbildung

Voraussetzung für die Gallensteinbildung (Cholesterinsteine) ist eine an Cholesterin übersättigte Galle. Cholesterin ist in Wasser unlöslich, es wird in der Galle durch die Bildung von gemischten Mizellen mit Gallensäuren und Phospholipiden in Lösung gehalten. Eine gegebene Mischung aus Phospholipiden und Gallensäuren in wäßriger Lösung vermag eine bestimmte Menge Cholesterin in Lösung zu halten (Cholesterinsättigung); ist mehr Cholesterin in der Lösung vorhanden, bilden sich Cholesterinsteine. Die menschliche Galle enthält relativ viel Cholesterin, die Cholesterinsättigung wird bei vielen Individuen (genetische Disposition, Adipositas, Medikamente) überschritten, so daß Gallensteine gebildet werden. Die Schwankungen des Cholesteringehaltes sind allerdings auch intraindividuell beträchtlich, so haben die meisten Menschen nachts (Hungerzustand = geringer Gallefluß) eine übersättigte Galle. Dies gilt auch für andere Zustände einer geringen Gallensäurensekretion. Diese Tatsache ändert aber nichts an der Feststellung, daß bei Patienten mit Cholelithiasis eine übersättigte Galle Bedingung ist für die Gallensteinbildung.

Andere Faktoren mögen für die Gallensteinbildung eine zusätzliche Bedeutung haben (Mukus der Gallenblasenschleimhaut, Entzündungen). Die Sättigungskurve für Cholesterin bei verschiedenen Zusammensetzungen der Galle wird in einem Dreieck in der unten dargestellten Weise angegeben [10] (Abb. 6.9).

Innerhalb des eingezeichneten Bezirks ist das Cholesterin in Mizellen gelöst, außerhalb dieses Bereichs besteht eine an Cholesterin übersättigte Lösung, die zur Bildung von Cholesterinsteinen Anlaß gibt. Die Darstellungsform ist etwas ungewöhnlich, deshalb wurde der sog. lithogene Index eingeführt. Unter dem *lithogenen Index* versteht man den Quotienten aus tatsächlich gelöstem Cholesterin und dem maximal lösbaren Cholesterin für die jeweilige Zusammensetzung (Phospholipid und Gallensäuren) der Gallenflüssigkeit. Durch Gabe von Chenodesoxycholsäure und Ursodesoxycholsäure gelingt es, die von der Leber sezernierte Galle so zu verändern, daß eine mit Cholesterin untersättigte Lösung gebildet wird: Gallensteine können sich auflösen. Der Mechanismus ist noch nicht vollständig geklärt,

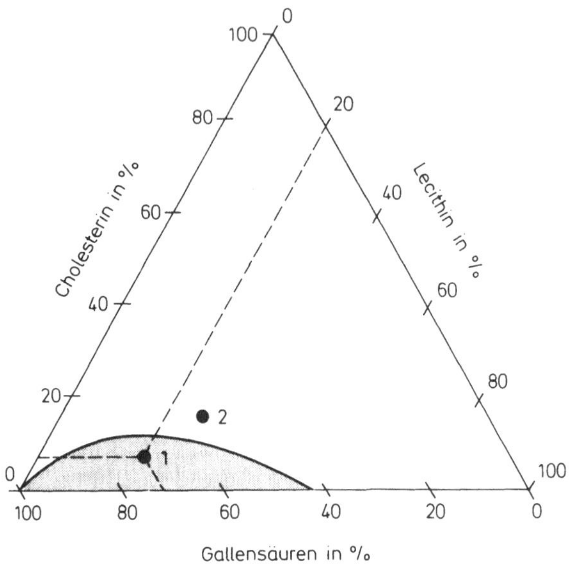

Abb. 6.9. Darstellung der Gallenlipide in Dreieckskoordinaten. In der schattierten Fläche ist die Galle nicht mit Cholesterin gesättigt *(Punkt 1)*, außerhalb dieser Fläche ist Gallensteinbildung möglich *(Punkt 2)* [10]

die veränderte Gallensäure-Zusammensetzung in der Galle scheint weniger wichtig zu sein als eine Stoffwechselveränderung in der Leberzelle.

6.10.3 Gallensäurenbestimmung im Serum

Freie und konjugierte Gallensäuren können im Serum mit verschiedenen Methoden bestimmt werden. Exakt aber sehr aufwendig sind gaschromatographische Verfahren, die im klinischen Routinelabor nicht eingesetzt werden. Mittels des Radioummunoassays (RIA) lassen sich bestimmte Gallensäuren-, aber nicht die Gesamtmenge an Gallensäuren, ziemlich exakt bestimmen (RIA-Tests z. B. der Firma Abbott).
Eine einfachere aber etwas weniger empfindliche und genaue Be-

stimmungsmethode ist die enzymatisch-optische Messung der Gallensäuren mit Hilfe eines Enzyms (3 α-Hydroxysteroid-Dehydrogenase).

Prinzip und **Durchführung**
$NAD^+ + 3\ \alpha$-Hydroxy-Gallensäuren $\rightleftharpoons$ NADH + Ketogallensäuren; Enzym: Hydroxysteroiddeheydrogenase.
Die entstehenden Ketogallensäuren werden durch Hydrazinhydrat gebunden und damit aus der Reaktion entfernt. NADH wird spektrophotometrisch oder fluorometrisch gemessen. Durchführung mit Testkits z. B. der Fa. Nyegaard, Oslo. Galle und Duodenalsaft können direkt gemessen werden, bei niedrigen Serumkonzentrationen ist eine Anreicherung z. B. durch Amberlite XAD-2 notwendig [27].
Normalwert im Serum: 2–5 µmol/l.
2 h postprandial: bis 20 µmol/l.
Eine Erhöhung des postprandialen 2-h-Wertes gilt mehr noch als der Nüchternwert als sehr empfindlicher Test einer sonst noch nicht zu messenden Leberfunktionseinschränkung. Bei Patienten mit Zirrhose und normalen Transaminasen konnten z. B. Nüchternwerte bis 17 µmol/l und postprandiale 2-h-Werte von 35 µmol/l gemessen werden. Auch bei der chronischen Hepatitis konnte durch die Bestimmung der Gallensäurekonzentration im Serum eher ein Hinweis auf morphologische Veränderungen als durch sämtliche übrige Laborbestimmungen erhalten werden. Der Test ist im klinischen Routinelabor noch nicht eingeführt, seine Aussagekraft gilt aber als relativ hoch.

6.11 Beitrag der Laboruntersuchungen zur Differentialdiagnose

Für die rasche und sorgfältige Diagnostik von Leberkrankheiten sind Laboruntersuchungen unerläßlich (Tabelle 6.6). Es wird zunächst ein Screening-Programm als Teil der allgemeinen Routine-

Tabelle 6.6. Diagnostischer Leitfaden

Laboruntersuchungen	Morphologische Untersuchungen
A. Zum Ausschluß einer Lebererkrankung bei der Routineuntersuchung	
BSG	Sonographie
Urinstatus	
GOT	
GPT	
AP	
Gamma-GT	
Elektrophorese	
HB_sAg	
Bilirubin	
Quick-Test	
B. Erweitertes diagnostisches Programm zur Diagnose der häufigsten Lebererkrankungen	
Blutbild	Gastroskopie
Retikulozyten, evtl. LDH	ERCP
Serologische Marker Hepatitis A/B	Laparoskopie
Serum-Amylase	Computertomographie
Serum-Lipase	
α-1-Foetoprotein	
C. Gezielte Untersuchung zur Diagnose seltenerer Erkrankungen	
Bromsulfthalein-Test bzw. ICG-Test	Laparoskopie, Biopsie
Zytomegalie-Mononukleose-(Paul-Bunnel)Antikörper, Antikörper gegen glatte Muskulatur	
ANA, AMA (M_2)	
Serum-Eisen, Ferritin	
Caeruloplasmin	
α-1-Antitrypsin	

diagnostik zur Untersuchung empfohlen: BSG, Urinstatus, Blutbild, GOT, GPT, alkalische Phosphatase und γ-GT, Quick-Test, Elektrophorese, HB_sAG und Bilirubin. Die abdominale Sonographie gehört heute zur Routinediagnostik. Ein Ikterus mit Bilirubinurie weist auf eine Erkrankung der Leber oder Gallenwege hin; fehlt die Bilirubinausscheidung im Harn, so spricht das für das Vorliegen eines hämolytischen Ikterus oder für eine sog. funktionelle Hyperbilirubinämie (Morbus Meulengracht, Morbus Gilbert). Sehr hohe Serumaktivitäten der Transaminasen sind charakteristisch für eine akute Hepatitis oder eine schwere toxische Leberschädigung. Die Differentialdiagnose der Hepatitis erfolgt durch die Bestimmung von HB_sAG, Anti-HB_c, Anti-HB_s, Anti-HAV-IgM. Andere Infektionen der Leber werden durch spezifischen Antikörpernachweis gesichert. Seltene Ursachen für hohe Transaminasenaktivitäten im Serum sind die akut einsetzende Leberstauung, protrahierte Schockzustände sowie sehr selten der akute Gallengangsverschluß. Die Differenzierung ist durch die klinische Gesamtsituation möglich. Die alkalische Phosphatase ist ein empfindlicher Indikator für die Gallenabflußstörung bei intra- oder extrahepatischer Cholestase. Hohe Aktivitäten der alkalischen Phosphatase und geringe Transaminasenaktivitäten bei Ikterus sind typisch für das Vorliegen einer Cholestase. Erhöhte Aktivitäten der alkalischen Phosphatase bei oft nur geringem Anstieg des Bilirubins sieht man am häufigsten bei sich entwikkelndem primären Leberkarzinom (α-1-Fetoprotein!), bei Lebermetastasen, Tumoren oder Gallengangssteinen mit partiellem Gallengangsverschluß sowie bei diffuser Durchsetzung der Leber mit Tumorgewebe (z. B. Morbus Hodgkin) oder mit Granulomen (Morbus Boeck) und bei immunpathologischen Systemerkrankungen (Vaskulitiden), sowie bei primärer biliärer Zirrhose. Die γ-GT weist bei starkem Anstieg auf eine Alkoholschädigung der Leber hin. Geringe Anstiege der γ-GT sind bei der hohen Empfindlichkeit und geringen Spezifität des Tests oft ohne Aussagekraft!

Ein nach Vitamin-K-Gabe nicht ansteigender Quick-Test zeigt die Funktionseinschränkung des Leberparenchyms an (Zirrhose, Hepatitis), ein ansteigender Quick-Test den Mangel an Vitamin K, z. B. bei langdauerndem Verschlußikterus. Die Serum-Eiweiß-Elektrophorese zeigt eine Erniedrigung des Albumingehalts und einen Anstieg der γ-Globuline bei Zirrhose und chronisch aggressiver Hepatitis. Ein hoher Titer an antinukleären Antikörpern und Antikörpern gegen glatte Muskulatur weist auf eine chronisch aggressive Hepatitis, der Nachweis von antimitochondrialen Faktoren (Typ M_2) weist auf eine primär biliäre Zirrhose hin. α-1-Antitrypsin-Mangel weist auf die Lebererkrankung hin, die bei diesem Mangelzustand gefunden wird. Niedrige Caeruloplasminspiegel begründen den Verdacht auf das Vorliegen eines Morbus Wilson (Kupferbestimmung im Lebergewebe!). Bei der Hämochromatose findet man Serum-Eisen-Spiegel von > 170 µg/dl sowie Ferritinspiegel von > 1000 ng/ml bei einem Eisengehalt der Leber von mehr als 1 g/100 g Feuchtgewicht. Bei der primären Hämochromatose wird das HLA-A_I und HLA-B_{14} nachgewiesen. Bleibt die Diagnose einer Lebererkrankung unsicher oder werden Krankheiten vermutet, die evtl. einer chirurgischen Therapie zugeführt werden müssen, sind morphologische Untersuchungen notwendig. Als erste Untersuchung wird heute die Sonographie durchgeführt. Sie kann Auskunft geben, ob ein diffuser oder umschriebener parenchymatöser Prozeß der Leber vorliegt, oder ob eine Galleabflußstörung angenommen werden muß. Auch sind allein durch diese einfache Untersuchung häufig sichere Aussagen über Lebermetastasen sowie über die Ursache einer Gallengangsstauung möglich. Bei hepatozellulärer Erkrankung erfolgen – falls notwendig – Laparoskopie und/oder Leberblindpunktion, bei Gallenwegserkrankungen die ERCP oder PTC.

6.12 Aszites

Unter Aszites verstehen wir eine mehr oder weniger große Flüssigkeitsansammlung in der freien Bauchhöhle. Dem Patienten fällt die langsame Zunahme des Leibesumfangs zunächst kaum auf, oft führen erst sehr starke Umfangsvermehrungen oder aber Begleitsymptome den Patienten zum Arzt. Schmerz ist nur selten bei Aszites vorhanden und kann dann auf die zugrundeliegende Erkrankung hinweisen (Tumor, Pankreatitis, Peritonitis usw.). Bei massivem Aszites mit stark gespanntem Leib treten Dyspnoe, Orthopnoe evtl. auch eine Refluxösophagitis auf. Die häufigste Ursache des Aszites ist die Leberzirrhose, in der Anamnese ist deshalb besonders nach dem früheren Alkoholkonsum, nach Lebererkrankungen, z. B. Hepatitiden, zu forschen. Aszites kann als Komplikation bei Herzerkrankungen (chronischer Cor pulmonale, Pericarditis constrictiva mit chronischer Stauung vor dem rechten Herzen), bei Nephrose, disseminierten Karzinomen und bei chronischer Entzündung des Bauchfells (z. B. Tuberkulose) auftreten. Es ist wichtig, auch bei scheinbar klarer Ursache eines Aszites nach Krankheiten zu forschen, die sich evtl. dem zugrundeliegenden Prozeß überlagert haben. Insbesondere bei Leberzirrhose weist ein zunehmend schlechter therapierbarer Aszites auf eine evtl. zusätzliche Komplikation hin. Es ist dabei an Hepatome, tuberkulöse Peritonitis, spontane bakterielle Peritonitis oder auch peritoneale Aussaat eines Tumors zu denken.

Untersuchung. Das Vorhandensein von mehr als ca. 1000 ml Aszites gilt als klinisch nachweisbar. Die Inspektion des Abdomens zeigt die Straffung der Bauchhaut, evtl. das Hervortreten des Nabels und die ausladenden Flanken. Die Undulation weist auf Aszites hin, ist aber ein unsicheres Zeichen. Die Perkussion weist die Flankendämpfung durch Aszites nach, die typischerweise mit der Lageveränderung verschieblich ist. Die palpatorische Untersuchung des Abdomens ist insbesondere bei massivem Aszites so erschwert, daß die Organe nicht beurteilbar sind.

Die Sonographie ist heute eine einfache technische Untersuchung, mit der über das Vorhandensein selbst von geringem Aszites, sowie über andere peritoneale Flüssigkeitsansammlungen, Tumoren, Leberstrukturveränderungen usw. Auskunft gewonnen werden kann. Unerläßlich ist eine Probepunktion mit Gewinnung von ca. 20–50 ml Aszites zur chemischen, zytologischen und bakteriellen Analyse. Bestimmungen des Proteingehalts, der Zellzahl mit Differenzierung der Zellen, die Zytologie zur Untersuchung auf Tumorzellen sowie eine Gram-Färbung auf Bakterien und eine Bakterienkultur sind je nach klinischem Befund durchzuführen. Bei Verdacht auf Tuberkulose sind Färbungen auf säurefeste Stäbchen und Kulturen anzufertigen. Die Eigenschaften des Aszites bei verschiedenen Erkrankungen zeigt die Tabelle 6.7. Auch wenn die Zusammensetzung der Aszitesflüssigkeit bei einer bestimmten Erkrankung sehr unterschiedlich sein kann, so geben die in der Tabelle 6.7 genannten Eigenschaften doch Hinweise für die Diagnose. Der Aszites bei Leberzirrhose und bei kardialer Stauung hat meist die Eigenschaften eines Transsudats. Aszites bei Peritonitis zeigt die Eigenschaften des Exsudats mit evtl. charakteristischer Zellvermehrung. Vermehrung

Tabelle 6.7. Eigenschaften des Aszites bei verschiedenen Krankheiten (modifiziert nach Isselbacher)

	Aussehen	Protein g/dl	Zellzahl		Weitere Untersuchungen
			Ery über < 1000/mm^3	Leuko über < 1000/mm^3	
Zirrhose	gelb-grünl.	< 2,5	selten	selten	
Maligne Tumoren	gelb, oft blutig, trüb	> 2,5	häufig	häufig	Zytologie
Peritonitis eitrig	trüb, eitrig	> 2,5	selten	häufig Granulozyten	Gram-Färbung Kultur
Tuberkulös	klar, trüb, hämorrhagisch, chylös	> 2,5	selten	häufig Lymphozyten	Kultur und Färbung f. säurefeste Stäbchen
Kardiale Stauung	gelb-grün	< 1,5–5	selten	selten	
Nephrose	gelb-chylös	> 2,5	selten	selten	Sudanfärbung
Pankreaserkrankung	trüb, hämorrhagisch oder chylös	> 2,5	gelegentlich	unterschiedl.	Amylasebestimmung

von Granulozyten im Transsudat bei Zirrhose ist verdächtig auf eine spontane bakterielle Peritonitis. Sorgfältige Gramfärbungen und Kulturen zum Nachweis der Bakterien sind notwendig.

Chylöser Aszites entsteht durch Beimischung von intestinaler Lymphflüssigkeit, die Lipide enthält, zum Aszites. Der Nachweis gelingt z. B. durch Sudanfärbung. Ursache ist meist eine Verlegung der Lymphgefäße z. B. durch Trauma, Tumor oder Tuberkulose. Andere seltene Ursachen von Aszites sind z. B. ein Lebervenenverschluß, Ovarialtumoren (Meigs-Syndrom) sowie Myxödem und Kollagenosen.

Zur vollständigen Klärung sind ggf. Laparoskopie mit Peritonealbiopsie und Laparotomie notwendig.

Literatur

Lehrbücher und Monographien

1. Classen M, Schreiber HW (Hrsg) (1983) Biliary tract disorders. Clinics in Gastroenterology, Vol 12/1. Saunders, London
2. Domschke W, Koch H (Hrsg) (1979) Diagnostik in der Gastroenterologie. Thieme, Stuttgart
3. Kühn HA, Wernze H (1979) Klinische Hepatologie. Thieme, Stuttgart
4. Richterich R, Colombo JP (1978) Klinische Chemie. Karger, Basel
5. Russel RJ (Hrsg) (1978) Investigative tests and techniques. In: Clinics in gastroenterology, Vol 7/2. Saunders, London
6. Schiff L (1983) Diseases of the liver, 5th edn. Lippincott, Philadelphia
7. Thomas L (Hrsg) (1978) Labor und Diagnose. Medizinische Verlagsgesellschaft, Marburg
8. Woitinas F (1983) Blutungs- und Thrombosekrankheiten. Urban & Schwarzenberg, München
9. Wright R et al. (1979) Liver and biliary disease. Saunders, London

Spezielle Literatur

10. Admirand CW, Small DM (1968) The physicochemical basis of cholesterol gallstone formation in man. J Clin Invest 47: 1043
11. Arias JM, Gartner LM et al. (1969) Chronic nonhemolytic unconjugated hyperbilirubinamia with glucuronyl transferase deficiency. Am J Med 47: 395
12. Caspary WF (1978) Breath tests, in: Clinics in gastroenterology, Vol 7/2. Saunders, London
13. Danzinger RA et al. (1972) Dissolution of cholesterol gallstones bei chenodeoxycholic acid. N Engl J Med 286: 1–5
14. Doss M (1978) Watson-Schwarz-Test. Dtsch Med Wochenschr 103: 851
15. Erlinger S, Dhumeaux D (1974) Mechanism and control of secretion of bile, water and electrolyts. Gastroenterology 66: 281–304
16. Felsher BF, Rickard D, Redeker AG (1970) The reciprocal relation between caloric intake and the degree of hyperbilirubinamia in Gilbert's Syndrom. N Engl J Med 283: 170
17. Fisher JE, Funovics JM et al. (1975) The role of plasma amino acids in hepatic encephalopathy. Surgery 38: 276
18. Hepner GW, Vesell ES (1975) Quantitative assessment of hepatic function by breath analysis after oral administration of ^{14}C-aminopyrine. Ann Int Med 83: 632–638
19. Hoofnagle JH (1983) Serodiagnosis of acute viral hepatitis. Hepatology 3: 267
20. Kaplan MM, Raghetti A (1970) Induction of rat liver alkaline phosphatase: the mechanism of the serum elevation in bile duct obstruction. J Clin Invest 49: 508
21. Niederau C, Stremmel W, Strohmeyer G (1981) Eisenüberladung und Hämochromatose. Internist 22: 546

22. Paumgartner G (1975) The handling of indocyaningreen by the liver. Schweiz Med Wochenschr 105: 5–30
23. Penn R, Worthington DJ (1983) Is serum-γ-glutamyl transferase a misleading test? Br Med J 286: 531
24. Pezold FA, Kessel M (1957) Der Bromsulphaleintest in der Leberdiagnostik. Dtsch Arch Klin Med 204: 518
25. Popper H (1981) Was ist chronische Hepatitis? Internist 22: 529
26. Schmidt E, Schmidt FW (1974) Enzym-Fibel. Schriftenreihe, Boehringer Mannheim
27. Schwarz HP, Bergmann von K, Paumgartner G (1974) A simple method to the estimation of bile acids in serum. Clin Chim Acta 50: 197
28. Shani M, Gilon E et al. (1970) BSP tolerance test in patients with Dubin-Johnson-Syndrom and their relatives. Gastroenterology 59: 842
29. Spech HJ, Liehr H (1983) Was leisten SGOT/SGPT-, GGT/AP- und IgG/IgA-Quotienten differentialdiagnostisch bei fortgeschrittenen Leberkrankheiten. Z Gastroenterol 21: 89
30. Sternlieb J (1978) Diagnosis of Wilson's disease. Gastroenterology 74: 787
31. Rizzetto M, Shih JWK, Gocke DJ et al. (1979) Incidence and significance of antibodies to delta antigen in hepatitis B virus infection. Lancet II: 986–990
32. Wernze H, Speck HJ (1976) Funktionsdiagnostik der Leber mit Farbstoffen. Dtsch Med Wochenschr 101: 620
33. Wheeler HO, Meltzer JI, Bradley SE (1980) Biliary transport and hepatic storage of BSP in the dog, in normal man and in patients with hepatic disease. J Clin Invest 39: 1131
34. Wildgrube HJ, Stang H (1982) Zur diagnostischen Relevanz des Aminopyrin-Atemtests bei Lebererkrankungen. Z Gastroenterol 20: 667
35. Wolpert E, Pascasio FM, Wolkoff AW, Arias JW (1977) Abnormal BSP metabolism in Rotor's Syndrom and obligate heterozygotes. N Engl J Med 296: 1099
36. Zachoval G, Deinhardt F et al. (1982) Virushepatitiden Dtsch Ärztebl 79: 22

7 Okkultes Blut im Stuhl und Intestinaltrakt

H. Kaess

Der Nachweis von okkultem Blut im Stuhl hat das Ziel, mit Hilfe eines einfachen, preiswerten, reproduzierbaren Verfahrens ein Suchtest für Neoplasien des Gastrointestinaltraktes zu sein [1, 2]. Für die Anwendung auf breiter Basis ist eine hohe Sensitivität und Spezifität die Voraussetzung, d. h. falsch positive und falsch negative Befunde müssen selten sein. Die bisher zur Verfügung stehenden Verfahren entsprechen dieser Zielvorstellung nicht. Verwendung findet ein Screeningtest mit eingeschränkter Empfindlichkeit [4]. Klinische Angaben bestimmen unverändert die gezielte Diagnostik.

7.1 Prinzip der Methode

Hämoglobin besitzt eine peroxydatische Aktivität, welche durch Zusatz von Wasserstoffsuperoxid (H_2O_2) zur Oxydation farbloser Chromogene, wie Guajak, O-Toluidin, Benzidin verwendet wird.

$$\text{Hämoglobin} + 2\,H_2O_2 \rightarrow 2\,H_2O + O_2 \qquad \text{(Reaktion 1)}$$

$$\underset{\text{(farblos)}}{O_2 + \text{Chromogen}} \rightarrow \underset{\text{(gefärbt)}}{\text{oxydiertes Chromogen}} \qquad \text{(Reaktion 2)}$$

Beim Hämoccult-Test wird Guajakharz als Chromogen verwendet.

7.2 Durchführung des Tests

Der Testansatz des Hämoccult-Tests besteht aus einem Briefchen, welches ein mit Guajak bzw. einer Fraktion von Guajak imprägniertes Filterpapier sowie eine Entwicklerlösung (stabilisiertes H_2O_2) enthält. Exogene Quellen von Hämoglobin und Myoglobin, welches ebenfalls die peroxydatische Aktivität besitzt, sollten aus der Kost eliminiert werden. Hierher gehören Blutwurst sowie größere Mengen sog. rotes Fleisch, sowie Bananen, Spinat, Radieschen, Meerrettich, Blumenkohl, Wassermelonen, Broccoli [3]. Erlaubt sind Fisch, Schweinefleisch, Hühnerfleisch, weil ihre Katalasen durch Erhitzen zerstört werden. Ungeklärt ist, ob eine ballastreiche Kost, z.B. 50 g Nüsse, die Treffsicherheit des Verfahrens erhöht. Über eine geringe Zunahme falsch positiver Ergebnisse wurde berichtet. Medikamente, welche die Schleimhaut schädigen und zu Blutungen führen, wie Antiphlogistika, z.B. Acetylsalicylsäure, Antirheumatika, müssen zuvor abgesetzt werden. Dasselbe gilt für Vitamin C, welches die Oxydation des Farbstoffs verändert, d.h. falsch negative Ergebnisse verursacht.

Zwei linsengroße Stuhlproben werden mit einer Spatel auf zwei voneinander getrennte Stellen des Filterpapiers aufgetragen. Wenn der Stuhl adäquat getrocknet ist (Lagerung ca. 4 h), wird auf die Rückseite die H_2O_2-haltige Entwicklerlösung aufgeträufelt. Eine Blaufärbung nach 30 Sekunden bedeutet einen positiven Test. Sie verschwindet nach 2 min. Die Untersuchung muß aus Stühlen dreier aufeinanderfolgender Tage erfolgen. Der Test erfaßt Hämoglobinkonzentrationen von mehr als 0,12 mg/ml.

7.3 Fehlerquellen

Bei längerer Lagerung (2–8 Tage) der Stuhlproben in Raumtemperatur werden, wahrscheinlich durch bakterielle proteolytische Einwirkungen, positive Proben häufig (bis zu 40%) negativ, so daß der Postversand unterbleiben sollte. Durch Rehydratation gelagerter Proben, welche bei 4 °C im Kühlschrank aufbewahrt werden sollten, wird der Anteil falsch negativer Tests vermindert [4]. Die Nichtbeachtung diätetischer Vorschriften erhöht die Anzahl falsch positiver Ergebnisse.

7.4 Ergebnisse

Ein positiver Hämoccult-Test bedeutet mit hoher Wahrscheinlichkeit eine blutende Läsion, welche durch weitere gezielte Diagnostik abgeklärt werden muß. Falsch positive Ergebnisse werden bei korrekter Durchführung des Hämoccult-Tests mit weniger als 3% angegeben. Ohne Einhaltung einer Diät liegen falsch positive Ergebnisse bei über 30%. Die Achillesferse des Hämoccult-Tests liegt in der Bewertung der negativen Ergebnisse, weil sie das Vorliegen einer Neoplasie keineswegs ausschließen. Falsch negative Ergebnisse werden bei 20–35% der Karzinome und bis zu 60% der präkanzerösen Polypen im Dickdarm beobachtet. Hierfür sind geringfügige (< 20 ml/Tag), intermittierende Blutverluste sowie eine inhomogene Blutverteilung im Stuhl verantwortlich. Polypen von einem ∅ von mehr als 2 cm haben eine größere Blutungsneigung. Die Erfolgsquote steigt mit der Anzahl der Untersuchungstage an und liegt bei 10tägigen Kontrollen nahe 100%. Trotz der Einschränkungen hat der Hämoccult-Test einen Platz als Suchtest zur Voruntersuchung von Dickdarmkarzinomen bis Verfahren mit höherer Treffsicherheit zur Verfügung stehen. In Vorbereitung ist ein immunologischer Test, bei dem Antikörper gegen menschliches Hämoglobin oder ein Peptid des Hämoglobin verwendet werden.

Wegen der relativ hohen Anzahl falsch positiver Befunde, d.h. ohne Nachweis einer Dickdarmneoplasie, findet der Benzidin-Test keine, der O-Toluidin-Test nur beschränkte Anwendung.
Obwohl auf die Stuhluntersuchung verzichtet werden kann und geringe intermittierende Blutungen sicher erfaßt werden, hat die Gesamtkörper-^{59}Fe-Eliminationsmessung den Nachteil einer Verwendung radioaktiven Eisens, eines hohen technischen Aufwands (NaJ-Kristall-Ganzkörper-Detektor) und einer zu hohen Empfindlichkeit, so daß dieses Verfahren wegen der hohen Anzahl falsch negativer Ergebnisse als Suchtest keinen Eingang in die Praxis finden konnte.

Literatur

1. Gnauck R (1979) Sensitivität des Hämokkult-Tests. Dtsch Med Wochenschr 104: 527–528
2. Herzog P, Ewe K, Holtermüller KH (1978) Die Zuverlässigkeit des Hämokkult-Tests. Dtsch Med Wochenschr 103: 48–49
3. Macrae FA, St John DJB, Caligiore P et al. (1982) Optimal diatary conditions for haemoccult testing. Gastroenterology 82: 899–910
4. Winawer SJ, Fleisher M (1982) Sensitivity and specificity of the fecal occult blood test for colorectal neoplasia. Gastroenterology 82: 986–991

8 Diagnostik parasitärer Erkrankungen des Gastrointestinaltrakts

H. Lieske

Die Parasitosen und Infektionskrankheiten des Gastrointestinaltrakts spielen in der gastroenterologischen Labordiagnostik eine große Rolle.

8.1 Wurmkrankheiten

Die Wurmkrankheiten oder intestinalen Helminthosen spielen eine besonders große Rolle, weil sowohl deutsche Touristen mit ihrem vermehrten Reisedrang in die Tropen und Subtropen als auch deutsche Gastarbeiter mit z. T. mehrjährigen Verträgen in tropischen Gebieten Wurmkrankheiten importieren. Dazu kommen noch Gastarbeiter, Flüchtlinge und Studenten, die in den Tropen und Subtropen beheimatet sind und zu uns – aus welchen Gründen auch immer – in die Bundesrepublik einreisen.
Der Kollege wird daher in seiner Praxis mit z. T. hier nicht bekannten Parasitosen konfrontiert, die er in seinem bisherigen Studium oder Ausbildungsgang nicht kennengelernt hat und deren Diagnostik daher besonders wichtig ist.

8.1.1 Einteilung der Würmer

Die Helminthen des Menschen gehören zwei Tierstämmen an, den Plathelminthen oder Plattwürmern und den Nemathelminthen oder Fadenwürmern. Plathelminthen besitzen einen dorsoventral abgeflachten Körper ohne Leibeshöhle und sind Zwitter mit Ausnahme der Schistosomen.
Die Fadenwürmer hingegen haben einen zylindrischen, langgestreckten Körper mit einer Leibeshöhle und sind getrenntgeschlechtlich. Die parasitierenden Plattwürmer sind durch zwei Klassen vertreten, 1. die Trematoden – Saugwürmer oder Egel. Sie haben einen zungenförmigen Körper, der einen Darm enthält und sind ungegliedert und 2. die Cestoden oder Bandwürmer, die fast immer gegliedert sind.

8.1.2 Untersuchungsmethodik

Bei Verdacht auf Wurmbefall muß frischer Stuhl auf spontan abgegangene Würmer kontrolliert werden. Dieses sollte nicht dem Patienten überlassen werden, da dieser häufig Schleimfäden oder unverdauten Mageninhalt als „Würmer" ansieht.
So findet man beim Bandwurmbefall makroskopisch erkennbare weiße, einzelne, meist bewegliche nudelähnliche Glieder oder Gliederketten. Hingegen sind Askariden oder Spulwürmer regenwurmähnlich.
Bei Kleinkindern findet man häufig mehr oder weniger auf der Stuhloberfläche haftende kleine Madenwürmer oder Oxyuren.
Da solche Befunde jedoch meist Zufallsbefunde sind, muß die mikroskopische Untersuchung angewandt werden. Für den Praktiker kommen dabei folgende Untersuchungen in Frage:

1. die Direktuntersuchung des frischen Stuhls,
2. die Untersuchung mittels konzentrierter Kochsalzlösung (die sich nur für Nematodeneier, insbesondere Hakenwurmeier, eignet),
3. das Konzentrationsverfahren nach Telemann (Universalverfahren für alle Wurmeier),

4. die Untersuchung nach dem MIF-Verfahren (Merthiolat-Jod-Formaldehyd-Konzentration), welches sich zusätzlich zu der Telemann-Methode dadurch auszeichnet, daß mit ihm nicht nur sämtliche Wurmeier, sondern auch sämtliche Protozoenzysten nachgewiesen werden können. Außerdem eignet es sich vorzüglich als Konservierungslösung, um Stuhlproben, z. B. an ein Speziallabor, zu senden.

Die einzelnen Untersuchungsmethoden sollten, wie folgt, ausgeführt werden:

1. *Direktuntersuchung:* Eine Platinöse Kot (2 mg) wird auf einem Objektträger in möglichst dünner Schicht mit etwas Leitungswasser oder physiologischer Kochsalzlösung dünn verrieben, mit einem Deckglas bedeckt und bei 60- bis 120facher Vergrößerung mikroskopiert.

Der Kotausstrich sollte dabei so dünn sein, daß z. B. unter das Deckglas gelegte Druckschrift noch gut lesbar bleibt.

Zur besseren Sichtbarmachung farbloser Eier kann die Kotprobe zusätzlich mit Lugol-Lösung oder 1%iger Eosinlösung verrieben werden.

2. *Kochsalzanreicherung:* Sind Eier nicht zahlreich oder überhaupt nicht nachweisbar, wie es häufig der Fall ist, kann man die Kochsalzanreicherung durchführen, mit der man alle Eier von Nematoden (Fadenwürmern) einschließlich Hymenolepis nana nachweisen kann, hingegen nicht die Eier von Trematoden (Saugwürmern).

In einem kleinen Einmalplastikbecher wird eine vollständig gesättigte Kochsalzlösung dem Stuhl unter ständigem Rühren beigefügt, im Verhältnis Kot zu Kochsalzlösung 1:20. Die so angefertigte Aufschwemmung bleibt 15–20 min stehen. Dann setzt man eine rechtwinklig, am Stiel abgebogene Drahtöse von 1 cm Durchmesser parallel zur Flüssigkeitsoberfläche auf und entnimmt so Flüssigkeit, die dann auf einen Objektträger gebracht und mit Deckglas untersucht wird.

3. *Telemann-Konzentrationsmethode:* Die Anreicherung nach Telemann eignet sich für die Praxis am besten, da mit ihr sämtliche Arten von Wurmeiern aufgefunden werden können, auch die Eier der Trematoden.

Vom zu untersuchenden Stuhl entnimmt man eine bohnengroße (ca. 1 g) Probe und bringt sie in ein Reagenzglas zusammen mit 7 ml verdünnter Salzsäure (1 Teil konzentrierte HCl und 2–3 Teile Wasser). Sodann verrührt man diese Probe mit einem Holzstäbchen, verschließt anschließend das Röhrchen mit einem Gummistopfen oder praktischer noch mit einem Stückchen gefalteten, anschließend wegzuwerfenden Zellstoff und schüttelt 30 s lang kräftig. Nach Zugabe von 7 ml Äther wird nochmals 30 s lang geschüttelt. Anschließend gießt man diese Aufschwemmung durch ein Stück Drahtgaze oder besser noch durch ein doppelt gelegtes Stückchen Mull, welches in einem kleinen Trichter liegt, um so die groben Stuhlbestandteile zurückzuhalten. Der Mull wird dann weggeworfen. Die Plastiktrichter können anschließend, ebenso wie die gebrauchten Röhrchen – sollte es sich nicht um Einmalröhrchen handeln – in Sagrotan-Lösung desinfiziert werden.

Die in ein spitzes Zentrifugenröhrchen gegossene Lösung wird danach 1 min lang zentrifugiert (ca. 1600 U/min), wobei sich 4 Schichten bilden: an der Oberfläche eine gelbliche Ätherzone, dann ein Detrituspfropf, gefolgt von einer Salzsäurezone und zuunterst ein kleiner Bodensatz, in dem neben Zellulosestückchen die Wurmeier enthalten sind.

Nach Lösung des Detrituspfropfes mit einem Holzstäbchen wird der ganze Inhalt ausgegossen (cave: Äther, Explosionsgefahr, nicht in den Ausguß!).

Der übriggebliebene Bodensatz wird kräftig geschüttelt, um dann einen Tropfen davon auf einen Objektträger zu bringen, dann wird wieder – wie vorher angegeben – mit einem Deckgläschen mikroskopiert.

4. *MIF-Verfahren:* Dieses Verfahren (MIF = Merthiolat-Jod-Formaldehyd-Konzentration) hat den Vorteil, daß mit ihm neben sämtlichen Wurmeiern auch alle Protozoenzysten nachgewiesen werden können. Zusätzlich eignet es sich zur Konservierung von Stuhlmaterial für einige Monate.

Zum Verfahren sind zwei Stammlösungen erforderlich:

Stammlösung A (480 ml): 200 ml Merthiolat-Tinktur Nr. 99 Lilly, 1 : 1000, 25 ml konzentriertes Formalin, 5 ml Glycerin, 250 ml Aqua dest.

Stammlösung B: Frische 5%ige Lugol-Lösung (5% Jod in 10%iger wäßriger Kaliumjodid-Lösung), die nicht älter als 3 Wochen sein darf.

Unmittelbar vor der Verarbeitung einer Stuhlprobe werden 2,35 ml Stammlösung A mit 0,15 ml Lösung B unter Zugabe von 1 g Stuhl verrührt.
Es entsteht so eine konservierte und lange haltbare Stuhlprobe, die in diesem Zustand länger aufgehoben und auch zu weiteren Untersuchungen an Speziallabors verschickt werden kann.
Zur weiteren Verarbeitung wird die so vorgefertigte Stuhlprobe wiederum in ein Zentrifugenröhrchen gefüllt und mit 4 ml Äther versetzt, wiederum kräftig geschüttelt und anschließend zentrifugiert. Der sich dann gebildete Detrituspfropf zwischen Äther und MIF-Zone wird wiederum, wie bei der Telemann-Methode, mittels eines Stäbchens vom Röhrchen gelöst und der flüssige Anteil abgegossen. Jetzt befinden sich am Boden des Röhrchens sowohl die Wurmeier als auch die Protozoenzysten nebst vegetativen Amöbenformen. Nunmehr kann die Stuhlprobe wie beim Telemann-Verfahren mikroskopisch untersucht werden.
Den Stuhl in einem Mörser zu zerreiben und dann mindestens 10 Tropfen einer Stuhlprobe zu untersuchen mag sich für wissenschaftliche Zwecke bewähren, ist aber für den routinemäßigen Arbeitsgang einer Kassenpraxis zu aufwendig (Desinfizieren, Säubern und Sterilisieren der Geräte verursacht mehr Personalkosten als einfaches, wegwerfbares Plastikmaterial). Ebenso ist die Durchmusterung von 10 Tropfen zu zeitaufwendig und sollte nur in besonders gelagerten Fällen durchgeführt werden, meistens genügen zur Diagnostik 2–3 Tropfen, mit Deckgläsern versehen, auf einem Objektträger.

8.1.3 Einsenden von Stuhlmaterial

Das Einsenden von Stuhlproben an Kollegen, Labors oder Institute, die sich mit parasitologischer Stuhldiagnostik befassen, sollte in dazu geeigneten Versandgefäßen erfolgen. Dazu gibt es von der Bundespost zugelassene, unzerbrechliche verschraubbare, mit Gummidichtung versehene, kleine Kunststoffversandröhrchen mit Dekkel eingelassenem Plastiklöffel. In diese Röhrchen soll eine etwa

bohnengroße Stuhlprobe (ca. 1 g) eingebracht werden. Die so gefüllten Röhrchen werden dann wiederum in ein etwas größeres, mit aufsaugfähigem Filtrierpapier versehenes Plastikröhrchen eingeschraubt und sind so völlig bruch- und auslaufsicher. Sie kommen dann in kleine, gefütterte Versandtüten, die mühelos in jeden Briefkasten passen. Es ist aber vielerorts üblich, die Stuhlprobe nur in dem erst erwähnten Kunststoffröhrchen mit Plastiklöffel *ohne* ein zweites Kunststoffröhrchen zu verschicken; der Verfasser hat dabei selbst noch nie ein ausgelaufenes oder beschädigtes Röhrchen erhalten.
Zur besseren Konservierung sollte bei längeren Versandwegen die MIF-Lösung verwandt werden.
Soll der Patient seinem Hausarzt eine möglichst frische Stuhlprobe selbst in die Praxis bringen, so genügen hierfür billigere Plastikröhrchen mit ebenfalls im Verschluß eingelassenem Plastiklöffel. Diese eignen sich allerdings nicht zum Versand, da sie nicht bruchsicher sind. Bei frisch übergebenem und schnell zu untersuchendem Stuhl kann auf die Konservierungslösung verzichtet werden.

8.2 Wurminfektionen

8.2.1 Cestoden (Bandwürmer)

8.2.1.1 Rinder- und Schweinebandwurm

Ein Wurmbefall wird meistens durch den Abgang der sog. Proglottiden entdeckt, die sich als weiße, bandnudelähnliche eigenbewegliche Gebilde im frischen Stuhl nachweisen lassen. Sie sind dort entweder einzeln oder in Ketten zusammenhängend zu finden; während in unseren gemäßigten Zonen vorwiegend der Rinderbandwurm (Taenia saginata) vorkommt, findet man in subtropischen und

tropischen Gebieten auch vermehrt den Schweinebandwurm (Taenia solium).
Die Infektion geschieht vorwiegend durch rohes, finnenhaltiges Rinderhack oder nur angebratenes Schweinefleisch. Nach Genuß infizierten Fleisches, löst sich der Scolex mit Saugnäpfen und Haken aus der Finne und heftet sich an die Dünndarmschleimhaut an. Er ist bis zu 25 Jahre lebensfähig. Die mit den Proglottiden im Stuhl abgegebenen Eier reifen aus und werden vom Zwischenwirt aufgenommen. In seinem Darm entwickeln sich mit Haken versehene Embryonen (Oncosphaeren); sie durchdringen die Dünndarmschleimhaut, lagern sich unter anderem in der Skelettmuskulatur an und kapseln sich als Finne ab.
Die Diagnostik kann durch eine einfache Quetschmethode durchgeführt werden. Hierbei wird ein einzelnes Glied mit der Pinzette gefaßt, unter Leitungswasser von anheftenden Kotpartikeln befreit, zwischen zwei Objektträger gequetscht und gegen eine Lichtquelle gehalten. Dabei sieht man deutlich die Seitenäste des Uterus gravider Proglottiden, die bei Taenia solium nur 8 – höchstens 12 –, bei Taenia saginata aber 20 und mehr Seitenäste betragen (Abb. 8.1 k und m). Die Eier lassen sich nur gelegentlich im Stuhl nachweisen (Abb. 8.2-r), weil sie dort nicht abgelegt werden. Die Unterscheidung der Eier beider Arten ist mikroskopisch schwierig.

8.2.1.2 Fischbandwurm

Mit dem breiten Fischbandwurm (Diphyllobothrium latum) infiziert sich der Mensch durch Aufnahme von finnenhaltigem Fischfleisch. Endemiegebiete sind vorwiegend die Haffgebiete der Ostsee sowie Finnland, das Bodenseegebiet, die Seengebiete der Schweiz, Italien, das Donaudelta, ferner Nordamerika, Kanada, der Nahe Osten, Sibirien und die Nordmandschurei.
Im Gegensatz zum Rinder- und Schweinebandwurm sieht man einzeln abgelegte Eier im Stuhl (s. Abb. 8.2-q). Sie sind etwa $70 \times 50\ \mu m$ groß, haben einen flachen Deckel und man sieht neben der Eizelle eine größere Anzahl von Dotterzellen. Die Proglottiden sind mehr breit als lang und besitzen einen rosettenförmigen Uterus (Abb. 8.1-l).

8.2.1.3 Zwergbandwurm

Als kleinster Bandwurm bei menschlichen Infektionen wird der Zwergbandwurm (Hymenolepis nana) angesehen.

Die Eier im Stuhl sind sofort infektiös; sie gelangen ohne Zwischenwirt in den Darm von Mensch oder Tier (Maus, Ratte) und reifen in kurzer Zeit aus. Interne Autoinfektionen sind möglich. Infektionsquellen sind: infiziertes Wasser, infizierte Nahrung sowie ungenügende persönliche Hygiene.

Der Zwergbandwurm kommt vorwiegend in warmen Ländern vor und befällt meistens Kinder. Er ist 10–45 mm lang und 0,5–1,0 mm breit und bildet etwa 100–200 Glieder, die immer breiter als lang sind (s. Abb. 8.1-n). Die Eier (Abb. 8.2-s) enthalten eine charakteristische 6-Haken-Larve. Sie ähneln denen von Hymenolepis diminuta, der ebenfalls vorwiegend in tropischen Regionen beim Menschen vorkommt.

Tabelle 8.1. Trematoda – Cestoda – Nematoda (annähernd natürliche Größe)

a	*Dracunculus medinensis*
b	*Onchocerca volvulus*
c	*Wuchereria bancrofti*
d	*Ancylostoma duodenale, Necator americanus*
e	*Trichuris trichiura*
f	*Enterobius vermicularis*
g	*Trichinella spiralis*
h	*Strongyloides stercoralis*
i	*Ascaris lumbricoides*
k	*Taenia saginata,* reife Proglottide und Scolex
l	*Diphyllobothrium latum,* reife Proglottide und Scolex
m	*Taenia solium,* reife Proglottide und Scolex
n	*Hymenolepis nana*
o	*Echinococcus granulosus, E. multilocularis*
p	*Schistosoma mansoni, S. haematobium, S. japonicum*
q	*Dicrocoelium dendriticum*
r	*Heterophyes heterophyes*
s	*Metagonimus yokogawai*
t	*Clonorchis sinensis*
u	*Opisthorchis felineus*
v	*Paragonimus westermani, P. kellicotti*
w	*Fasciolopsis buski*

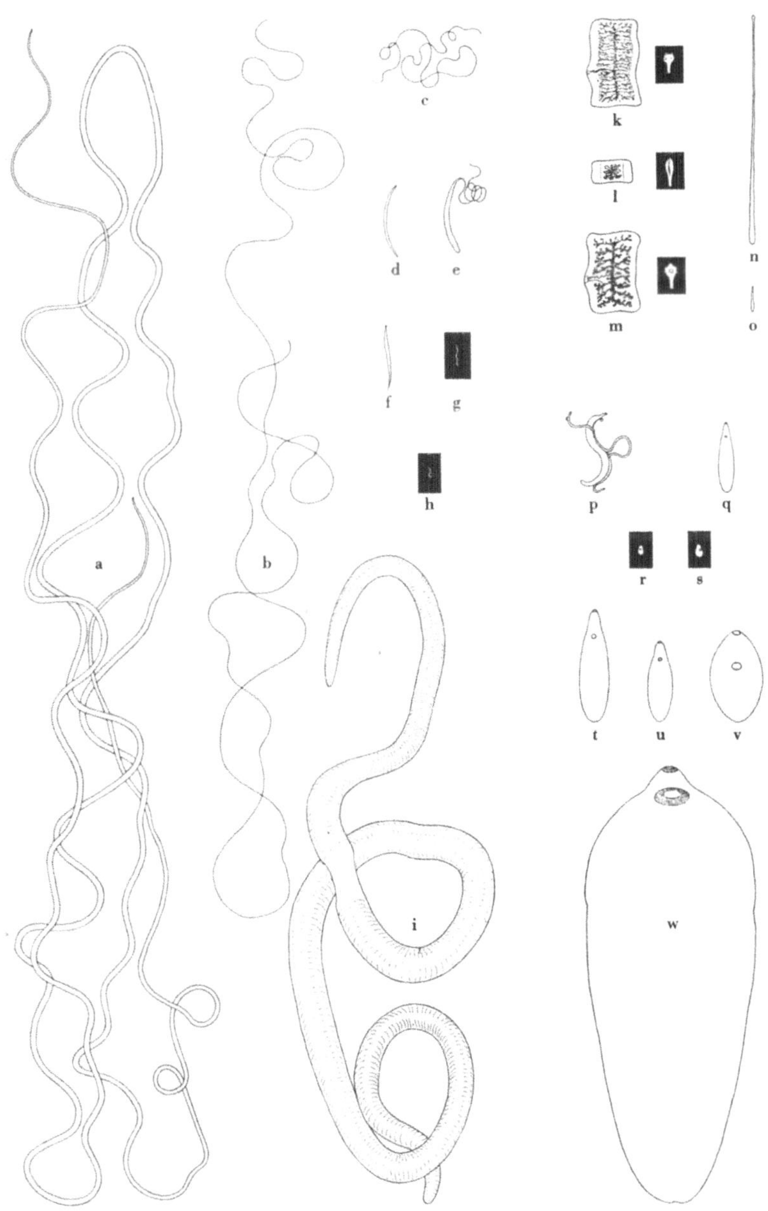

Abb. 8.1

8.2.2 Trematoden

Die Trematoden (Saugwürmer oder Egel) sind dorsoventral abgeplattet, sie besitzen einen Mund- und einen Bauchsaugnapf. Mit Ausnahme der Schistosomen sind alle Trematoden Zwitter, daher haben sie als Geschlechtsorgane 2 Testes, 1 Ovar und 2 Dotterstöcke. Der Verdauungskanal besteht aus einem unpaarigen Anfangsteil mit Pharynx, Ösophagus und zwei blind endenden Darmschenkeln. Aus den Eiern entwickeln sich bewimperte Larven (Miracidien). Alle Eier haben ein Deckelchen, außer den Schistosomen.
Die Trematoden kommen beim Menschen im Darm, in den Gallenwegen, in der Lunge und in den Blutgefäßen vor.

8.2.2.1 Bilharziose oder Schistosomiasis

Die Erreger der Bilharziose sind in tropischen Gebieten weit verbreitet. Sie rufen sehr ernste Krankheitserscheinungen hervor. Die WHO rechnet mit einem Befall von ca. 200 Mio. Menschen in tropischen und subtropischen Gebieten.
Die Egel sind – im Gegensatz zu anderen Trematoden des Menschen – getrennt geschlechtlich. Sie leben paarweise (Pärchen-Egel) in den venösen Blutgefäßen des Menschen. Dabei umschließt das länglich plattförmige Männchen das runde Weibchen mantelförmig (Abb. 8.1-p).
Nach Ablage der Eier im venösen Blut des Pfortadersystems penetrieren diese die Gefäßwand und verursachen in der Schleimhaut von Blase und Darm entzündliche Veränderungen. Nach ihrer Ausscheidung in Stuhl oder Urin folgt ihre kurzfristige Umwandlung zu Miracidien. Zwischenwirte der Miracidien (Larven) sind Schnekken; in ihnen erfolgt eine asexuelle Vermehrung und Reifung (Cercarien). Diese gelangen aus dem Zwischenwirt ins Wasser und können innerhalb weniger Minuten die intakte Haut des Menschen durchdringen. Über den Lungenkreislauf gelangen sie ins Pfortadersystem, wo sie innerhalb von 5–12 Wochen zu geschlechtsreifen Egeln heranreifen. Es gibt drei Schistosomenarten:

8.2.2.2 Schistosoma haematobium (Urogenitalbilharziose)

Man findet diesen Erreger vorwiegend in Afrika, einschließlich Madagaskar und Mauritius, in Asien, im Irak und Jemen, außerdem in kleineren Herden auch in Syrien, Saudi-Arabien, in der Türkei, Israel und im Libanon. Das Ei ist ungefähr 135 μm groß und durch einen typischen Endstachel gekennzeichnet.
Das Krankheitsbild beginnt mit einer Hämaturie, dabei sind die Eier im Urin nachweisbar. Bei der Zystoskopie sieht man in der Blase hirsekorngroße erhabene helle Knötchen, sog. Eituberkel, die durch Probeexzision entnommen werden und mittels Quetschpräparats diagnostiziert werden können.

8.2.2.3 Schistosoma mansoni (Intestinalbilharziose)

Ist ebenfalls in Afrika weit verbreitet, zum großen Teil in denselben Regionen wie S. haematobium. In Südwestasien bestehen Herde im Jemen und in Saudi-Arabien, in Südamerika, in Brasilien, Surinam, Venezuela, auf Puerto Rico und anderen karibischen Inseln.
Ihre Eier haben im Vergleich zu den vorherigen einen typischen Seitenstachel; sie sind ungefähr 150 μm groß (s. Abb. 8.2-e). Hier finden die Eiablagerungen vorwiegend im Dickdarm statt. Bei starker Infektion besteht eine Kolitis, die differentialdiagnostisch leicht mit einer Amöbenruhr oder Colitis ulcerosa verwechselt werden kann. Durch den Einachweis im Stuhl oder bei der Rektoskopie in der man in der Schleimhaut auch kleine rote Flecken und erhabene Knötchen sieht, die massenhaft Eier enthalten, läßt sich die Diagnose sichern. Hepatomegalien mit portaler Hypertension sowie in Einzelfällen ein Befall der Lunge werden beobachtet.

8.2.2.4 Schistosoma japonicum (asiatische Bilharziose)

Der Egel wird vorwiegend in China gefunden. Kleinere Endemiegebiete bestehen auch in Japan, auf den Philippinen, auf Celebes, in Laos und Kambodscha.

Die Eier sind etwas gedrungen und fast kugelförmig, sie besitzen nur einen kleinen seitlichen, kaum sichtbaren Haken. Das Ei selbst ist 85 µm groß. In ihm sieht man wie auch im S. haematobium und S. mansoni das schon ausgebildete Miracidium. Die Eier von S. japonicum befinden sich vorwiegend im Darm, ein Teil gelangt jedoch in die Leber. Hier entsteht dann das Bild des sog. Banti-Syndroms mit einer Leber- und Milzvergrößerung und im fortgeschrittenen Stadium mit einer Pfortaderstauung mit Leberfibrose, Aszites, Ösophagusvarizen und schließlich Leberinsuffizienz. Die Eier werden ausschließlich wie bei S. mansoni im Stuhl gefunden.

Als selteneren Befund findet man auch eine Lungenbilharziose oder eine Gehirnbilharziose. Wichtig für den befragenden Arzt ist es zu wissen, daß eine Schistosomeninfektion nur durch Kontakt der menschlichen Haut oder Schleimhaut mit schistosomenverseuchtem Wasser eintreten kann; dazu gehören keine Swimmingpools und auch nicht das Meer, sondern vorwiegend Teiche, Wassergräben und langsam fließende Gewässer.

Tabelle 8.2. Protozoa – Helminthes (Vergr. etwa 500:1)

	Parasiten-Spezies
a	*Lamblia (Giardia) intestinalis, Cyste*
b	*Entamoeba coli,* 8-kernige Cyste
c	*Entamoeba histolytica,* 4-kernige Cyste
d	*Balantidium coli,* Cyste
e	*Schistosoma mansoni,* Ei mit Miracidium
f	*Paragonimus westermani,* Ei
g	*Fasciolopsis buski,* Ei
h	*Dicrocoelium dendriticum,* Ei
i	*Opisthorchis felineus,* Ei
k	*Clonorchis sinensis,* Ei
l	*Enterobius vermicularis,* Ei
m	*Trichuris trichiura,* Ei
n	*Ancylostoma duodenale,* Ei
o	*Ascaris lumbricoides,* Ei
p	*Strongyloides stercoralis,* Larve
q	*Diphyllobothrium latum,* Ei
r	*Taenia saginata,* Embryophore
s	*Hymenolepis nana,* Ei mit Oncosphaera
t	Erythrocyt des Menschen (∅ etwa 7 µm) als Vergleichsobjekt

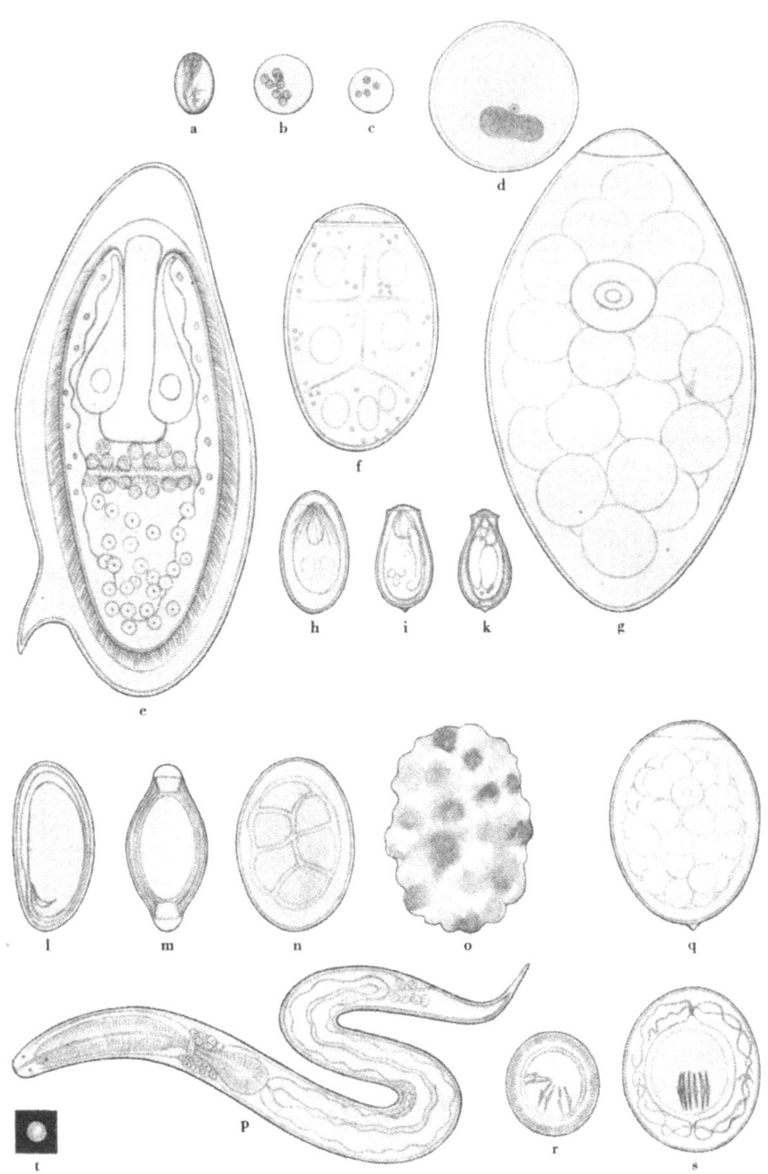

Abb. 8.2

8.2.3 Darm-, Leber- und Lungentrematoden

8.2.3.1 Großer Darmegel

Neben den Schistosomen spielen die Darmtrematoden eine große Rolle. Der große Darmegel (Fasciolopsis buski) ist mit 5–7 cm Länge der größte Darmegel, der den Menschen befällt (Abb. 8.1-w). Seine Verbreitung ist vorwiegend in Indien, Thailand, China und Taiwan.
Als Zwischenwirte gehören Schnecken und Wasserpflanzen zum Übertragungszyklus mit den infektiösen Metazerkarien. Die Eier sind 130–140 µm groß (Abb. 8.2-g). Die Metazerkarien (Larven) gelangen durch Genuß von in diesem Gebiet angebauten Wassernüssen in den Magen-Darm-Kanal des Menschen. Die Erkrankung ist häufig symptomlos; andererseits werden Schmerzen, Durchfall und gastrointestinale Blutungen beobachtet.
Zu weiteren Darmtrematoden, die jedoch für den Menschen von geringerer Bedeutung sind, gehören die Arten Heterophyes heterophyes (Abb. 8.1-r) und Metagonimus yokogawi (Abb. 8.1-s).

8.2.3.2 Leberegel

Der große Leberegel oder Fasciola hepatica ist ein naher Verwandter des großen Darmegels. Die Infektion erfolgt durch den Genuß von Wasserkresse, aber auch durch rohes Gemüse, welches im Wasser kultiviert wird. Entsprechende Schnecken sind die Zwischenwirte. Endemiegebiete sind vorwiegend Frankreich, Korsika, Algerien, Peru, Chile, Puerto Rico, Madeira, Südafrika und Thailand; er kommt gelegentlich auch in Deutschland vor.
Die Metazerkarien durchdringen beim Menschen die Duodenalschleimhaut und gelangen über die Bauchhöhle in Leber und Gallenwege. Während die akute Infektion aus Anamnese, Klinik, Eosinophilie und Komplementbindungsreaktion nachgewiesen werden kann, können bei chronischen Erkrankungen die Eier im Stuhl gefunden werden (Telemann-Verfahren). Die großen Eier haben einen Deckel und sind 130–150 µm lang.

Neben diesem großen Leberegel ist der sog. kleine Leberegel (Dicrocoelium dentriticum) zu erwähnen, dessen Endwirte vorwiegend Schafe und Rinder sind. Der Mensch als Endwirt gehört zu den Seltenheiten.

8.2.3.3 Chinesischer Leberegel

Clonorchis sinensis (Abb. 8.1-t) kommt in China, Japan, Korea, Taiwan und Indochina vor. Man schätzt den befallenen Personenkreis in diesen Regionen auf 20 Mio. Zur Verbreitung des Egels gehören besondere Schneckenarten als erster und Süßwasserfische, besonders Karpfen, als zweiter Zwischenwirt. Im letzteren entwickeln sich sog. Metazerkarien, die beim Genuß von rohem Fischfleisch in den menschlichen Darm gelangen und von hier aus in die Lebergänge wandern. Die gelblich-braunen, kleinsten, beim Menschen überhaupt gefundenen Eier haben eine kaffeekannenähnliche Gestalt mit kleinem Deckel am oberen Pol (Abb. 8.2-k). Ihre Größe beträgt nur etwa 20 µm, sie finden sich im Stuhl, besonders aber im Duodenalsaft und werden häufig wegen ihrer Kleinheit übersehen. Hier ist besonders das Telemann-Konzentrationsverfahren anzuwenden.

8.2.3.4 Katzenleberegel

Opisthorchis felinieus (Abb. 8.1-u) ist ein naher Verwandter des chinesischen Leberegels mit dem gleichen Infektionsweg. Auch das Verbreitungsgebiet erstreckt sich, ähnlich wie beim chinesischen Leberegel, auf bestimmte Fluß- und Seegebiete. Endemiegebiete befinden sich in den Haffgebieten der Ostsee, entlang der Weichsel, im Donaugebiet, in Rußland, Nordsibirien und Japan. Seinem Namen entsprechend befällt der Egel vorwiegend Katzen, menschliche Infektionen kommen jedoch vor. Prädilektionsorte sind ebenfalls die Gallengänge. Die Opisthorchiseier (Abb. 8.2-i) ähneln denen der Clonorchiseier.

8.2.3.5 Lungenegel

Paragonimus tritt in mehreren morphologisch und biologisch sich unterscheidenden Arten beim Menschen auf. Die wichtigsten sind:

1. Paragonimus westermani in Asien (Abb. 8.1-v).
2. P. africanus und P. uterobilateralis in Afrika.
3. P. kellicotti und andere Arten in Amerika.

Die Verbreitungsgebiete von P. westermani sind Japan, Korea, Taiwan, Mandschurei, die Philippinen und Indien.
P. kellicotti wird in Kanada, Nord- und Mittelamerika und in Teilen Südamerikas gefunden.
P. africanus und P. uterobilateralis wurden in Zaire, Gabun, Kamerun und Nigeria gefunden. Der rötlich-braune Lungenegel hat eine kaffeebohnenähnliche Gestalt.
Zur Übertragung sind als erster Zwischenwirt Schnecken und als zweiter Süßwasserkrabben notwendig. Die Infektion des Menschen erfolgt durch den Genuß von rohem Krabbenfleisch. Aus den in den Dünndarm gelangenden Metazerkarien entwickeln sich junge Egel, die die Darmwand durchbohren, durch Bauch und Diaphragma wandern und sich in der Lunge ansiedeln. Klinisch ist differentialdiagnostisch an eine Lungentuberkulose zu denken.
Die Diagnostik kann schnell durch den Einachweis im Sputum gesichert werden, beim Herunterschlucken des Sputums findet man diese entsprechend auch im Stuhl. Die Eier selbst sind goldbraun, $90 \times 60\,\mu m$ groß und haben, wie alle Egel, einen Deckel (Abb. 8.2-f).

8.2.4 Nemathelminthen (Fadenwürmer)

8.2.4.1 Oxyuris

Der weltweit verbreitete Madenwurm (Enterobius vermicularis oder Oxyuris) (Abb. 8.1-f) zählt zu den häufigsten Wurmparasiten des Menschen. Er befällt besonders Klein- und Schulkinder.

Die Infektion erfolgt durch orale Aufnahme oder Staubinhalation der Eier. Im Dünn- und Dickdarm entwickeln sich die Larven zum geschlechtsreifen Wurm. Die reifen Weibchen kriechen zur Eiablage aus der Afteröffnung heraus und entleeren innerhalb weniger Minuten 5000–10000 fast farblose, längliche, etwas unsymmetrische Eier von etwa 55 μm Länge (Abb. 8.2-l). Der Nachweis der Madenwurmeier gelingt dabei vorwiegend mittels eines Analabstrichs, z. B. mit einem Zellophan-Klebestreifen, den man dann auf einen Objektträger klebt und mikroskopisch untersucht.

8.2.4.2 Peitschenwurm (Trichuris trichiura)

Der Peitschenwurm findet ebenfalls weltweite Verbreitung, er ist in der warmen Zone jedoch häufiger anzutreffen als in der gemäßigten. Der geschlechtsreife Wurm wird etwa 5 cm lang und hat seinen Namen durch seine peitschenförmige Gestalt (Abb. 8.1-e). Die sehr typischen Eier haben eine helle bis dunkelbraune Färbung (s. Abb. 8.2-m). Die mit den Eiern aufgenommenen Larven gelangen nach Verlassen der Eihülle direkt in den Dickdarm, wo sie innerhalb 1–3 Monaten geschlechtsreif werden. Mit dem schlanken Vorderteil bohren sie sich in die Schleimhaut ein.
Klinisch bestehen meistens Beschwerdefreiheit, selten Leibschmerzen und Durchfall.

8.2.4.3 Hakenwurm

Der Hakenwurm (Ancylostoma duodenale und Necator americanus) (Abb. 8.1-d) wird in einem Gebiet zwischen 30 °C südlicher und 40 °C nördlicher Breite angetroffen. Man schätzt, daß ungefähr 25% der Erdbevölkerung, also etwa 700–900 Mio. Menschen Hakenwurmträger sind. Die Eier beider Arten sind mikroskopisch nicht zu unterscheiden. Sie sind dünnschalig, ungefärbt, 50–60 μm lang, 34–38 μm breit und zeigen ein typisches Zellstadium (Abb. 8.2-n). Die Zahl der von einem Weibchen ausgeschiedenen Eier beträgt täglich bis zu 30000. Bei nicht mehr ganz frischem Stuhl ist die Entwicklung der Wurmeier so weit fortgeschritten, daß aus ihnen Larven schlüpfen. Die Eier verwandeln sich im Erdboden in Larven, welche monatelang überleben können. Sie durchbohren die Haut, gelangen auf dem Blutweg in die Lunge, werden aspiriert, verschluckt und siedeln sich im Dünndarm ein. Die Lebensdauer beträgt 2–6 Jahre. Die Infektion führt zu Husten, Dyspnoe, Löffler-Syndrom und Durchfällen sowie an den Eintrittstellen der Haut zu einem vesikopapulösen Exanthem, später entsteht eine schwere Anämie.

8.2.4.4 Zwergfadenwurm

Strongyloides stercoralis (Abb. 8.1-h) – der Zwergfadenwurm – hat in warmen Ländern eine weite Verbreitung, vergleichbar jener des Hakenwurms. Die klinischen Beschwerden sind ebenfalls denen des Hakenwurms ähnlich.
Der Entwicklungsgang ist sehr kompliziert. Man unterscheidet eine Endo- von einer Exo-Autoinvasion durch körpereigene Strongyloideslarven, aber auch eine perkutane Larveneinwanderung nach direkter Entwicklung der Larven im Freien. Findet man in einer frischen Stuhlprobe frei bewegliche Larven (Abb. 8.2-p u. Abb. 8.1-h), so handelt es sich mit großer Wahrscheinlichkeit um Wurmbefall mit Strongyloides stercoralis. Die dem Hakenwurm sehr ähnlichen Eier werden dabei nur selten im Stuhl gefunden. Der weibliche Wurm ist 2 mm lang.

8.2.4.5 Trichostrongylus

Trichostrongylus-Spezies kommen in Asien, Afrika, Australien und Südamerika vor. Die adulten Würmer sind 4,5–9 mm lang. Ihre Eier ähneln sehr denen der Hakenwürmer, sie sind jedoch größer und werden im frischen Stuhl im Morulastadium (8–16 oder mehr Embryonalzellen) ausgeschieden. Der Befall des Menschen erfolgt durch kontaminiertes rohes Gemüse, Salat oder perkutan; er ist meist symptomlos. Differentialdiagnostisch wichtig ist die Unterscheidung zwischen Hakenwurm- und Trichostrongyluseiern im frischen Stuhl.
Therapieresistente Hakenwurmerkrankungen sind häufig Infektio-

nen mit Trichostrongylus. Im frischen Stuhl findet man Hakenwurmeier im 4–8-Zellen-Stadium, Trichostrongylus-Eier aber immer im Morula-(8–16 Zellen)-Stadium.

8.2.4.6 Spulwurm

Der Spulwurm (Ascaris lumbricoides) ist einer der häufigsten und größten Darmparasiten des Menschen. Er ist weltweit verbreitet. Der Spulwurm ist von gelblich-weißer Farbe, wird bis zu 40 cm lang und hält sich im Dünndarm auf (Abb. 8.1-i). Spulwurmweibchen können täglich bis zu 200000 Eier ablegen. Diese sind plump-oval, 60 µm lang, gelblich-braun gefärbt und von rauher Oberfläche (Abb. 8.2-o). Es gibt aber auch längere und schlankere Eier ohne Hülle, die dann unbefruchtet sind.
Nach oraler Aufnahme der larvenhaltigen Eier werden die Larven im Dünndarm frei. Sie beginnen dann eine komplizierte Wanderung über den Dünndarm zum Pfortadersystem, dann zum rechten Herzen und dann über die A. pulmonalis zur Lunge. Daselbst verlassen sie das Kapillarnetz der Bronchiolen, gelangen durch diese über die Bronchien in die Trachea und werden dann verschluckt. So geraten sie erneut in den Magen-Darm-Kanal, wo sie sich im Jejunum festsetzen und auswachsen.

Abschließend sollte erwähnt werden, daß Filarien-Erkrankungen, die in den letzten Jahren immer häufiger durch Tropenrückkehrer in Deutschland gesehen werden, nicht durch Stuhluntersuchungen nachgewiesen werden können.

8.2.5 Protozoenerkrankungen

Neben den intestinalen Helminthosen spielen die Protozoenerkrankungen des Menschen eine große Rolle. Unter ihnen steht an erster Stelle die Amöbenruhr mit ihren Komplikationen, die – wenn nicht rechtzeitig erkannt – tödlich verlaufen können.

Untersuchungsmethodik. Als Untersuchungsmethode für Protozoen und deren Zysten eignet sich die schon vorher angegebene MIF-Methode. Eine weitere Methode, die jedoch nur für Großlabors und Tropeninstitute vorwiegend für wissenschaftliche Zwecke verwendet wird, ist die sog. Heidenhain-Färbung, die sich aber aufgrund ihrer komplizierten Methodik für das kleine Labor oder die Praxis nicht eignet.

Diese Färbung wird folgendermaßen durchgeführt:

1. Der Stuhl wird mit Hilfe eines Deckglases oder Objektträgers gleichmäßig dünn auf einem Objektträger ausgestrichen. Der Ausstrich darf nicht eintrocknen und muß feucht mit Sublimatalkohol 20 min oder länger fixiert werden. Dann folgt eine Nachbehandlung mit Jodalkohol und eine Färbung nach Heidenhain.

   Der Sublimatalkohol besteht aus einem Teil 96%igem Alkohol und zwei Teilen konzentrierter wäßriger Sublimatlösung.
2. Nachbehandlung in Jodalkohol (70%iger Alkohol durch Jodtinktur hellbraun gefärbt), Färbedauer ungefähr 20 min.
3. Nachbehandlung in 70%igem Alkohol, 30 min.
4. Kurz mit Leitungswasser abspülen.
5. Beizen in 4%iger Eisen-Alaun-Lösung (besteht aus Eisen-ammonium-alaun-Kristallen, 4 g in Aquadest 100 ml), 60 min lang.
6. Kurz mit Wasser abspülen.
7. Färbung mit Haematoxylin (1 g Haematoxylin in 10 ml 96%igem Alkohol lösen, dann 90 ml Aquadest dazusetzen, 4 Wochen unter Luftzutritt bis zur Dunkelfärbung reifen lassen, nach Gebrauch zurückfiltrieren) Färbedauer 60 min.
8. Kurz mit Wasser abspülen.
9. Differenzierung mit 2%iger Eisen-Alaun-Lösung in 4 verschiedenen Stufen (d. h. Zugießen von zunächst 25, dann je 25 ml nach 1, 2 und 3 min, Abgießen nach 4 min). Auf diese Weise erhält man 4 verschieden stark differenzierte Längsstreifen im gleichen Präparat.
10. Gründlich in fließendem Wasser auswaschen, 30 min oder länger.
11. Die Präparate durch 70%igen Alkohol, 96%igen und dann absoluten Alkohol jeweils 1–2 min belassen und dann in Xylol überführen.

12. Feucht einschließen in Kanada-balsam.
Diese recht umständliche Methodik ergibt jedoch ausgezeichnete Präparate, die sich besonders für Demonstrationen und wissenschaftliche Zwecke eignen und unbegrenzt haltbar sind.

Das Versenden von Stuhl-Material geschieht in derselben Form, wie es vorher bei den Wurminfektionen beschrieben wurde.

8.2.5.1 Amöbenruhr

Die Amöbenruhr oder Amoebiasis wird durch Entamoeba histolytica hervorgerufen. Die Erkrankung kommt vorwiegend in tropischen und subtropischen Ländern vor.
Es handelt sich hierbei primär um einen Dickdarmbefall, sekundär aber auch um Organbefall.
Charakteristische Formen der Amöben sind die *Dauerformen* (Abb. 8.3, f–j) in Form von 1 bis 4kernigen Zysten, die *Darmlumenform* (Minutaform) (Abb. 8.3, d–e) und die *invasive Form* oder Magnaform (Abb. 8.3, a–c), die das Krankheitsgeschehen auslöst.
Die Übertragung erfolgt oral durch die 1 bis 4kernigen *Zysten,* aus denen sie sich bei entsprechender Disposition (Resistenzminderung, Gastroenteritiden, Bakterieninfekte) in die invasive Magnaform umwandeln. Diese hat die Fähigkeit, durch extrazelluläre Verdauung die Darmwand zu zerstören und in diese einzudringen. Es entstehen dann Ulzera. Prädilektionsstellen sind Iliozökalgegend, Sigmoid und Rektum nebst Flexuren. Die vegetativen Amöben können aber auch über Blut und Lymphe in andere Organe gelangen und dort Abszesse verursachen. Am bekanntesten sind die Leberabszesse, die vorwiegend im rechten Leberlappen auftreten, aber auch Milz-, Lungen-, Pleura- und Hirnabszesse kommen vor.
Bei der akuten Amöbenruhr finden sich Blut- und Schleimabsonderungen im Stuhlgang, hier genügt es, solches Material – möglichst körperwarm – mikroskopisch auf dem Objektträger mit Deckglas zu untersuchen. Man findet dann die durch Pseudopodien sich lebhaft bewegenden Magnaformen, die mit Erythrozyten beladen sind und die Diagnose so sichern. Es ist wichtig, daß der Patient zu diesem Zweck den Stuhl möglichst in der Praxis produziert. Bei den sog. Sy-

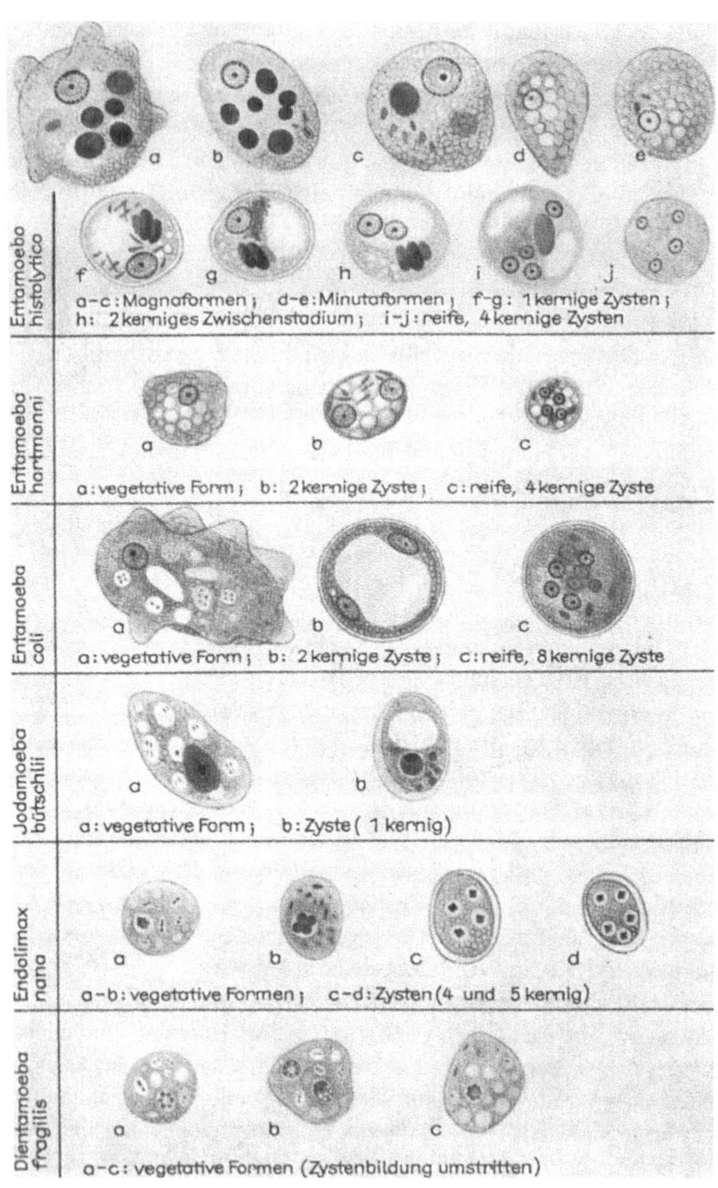

Abb. 8.3. (nach Granz W, Ziegler K: Tropenkrankheiten)

phontoiletten stößt dieses auf Schwierigkeiten, deshalb erhält der Patient von mir eine Einmal-Nierenschale, die er in die Toilette hineinsetzt und in die er dann seine gesamte Stuhlmenge produziert, aus der ich dann im Labor sofort die Nativuntersuchung vornehme.
Bei der nichtinvasiven Amöbenruhr findet man vorwiegend die 1 bis 4kernigen Zysten und ggfs. Minutaformen. Eine Provokationsmethode, z. B. mit Karlsbader Salz, die der Patient kurz vorher trinken muß, erscheint nicht erforderlich, da sie gegenüber der normalen Untersuchung ohne Provokation keine Vorteile bringt und für den Patienten lästig ist.
Obstipierte Patienten, die in der Praxis eine Stuhlprobe abgeben sollen, erhalten ein Abführzäpfchen.
Differentialdiagnostisch sind Histolyticazysten vorwiegend von Entamoeba-coli-Zysten abzugrenzen, die größer sind und 6–8 Kerne enthalten (Abb. 8.3 a–c). Sie sind nicht pathogen.
Die Diagnostik der Protozoen ist für den Ungeübten äußerst schwierig und sollte nur Geübten überlassen werden, um Fehldiagnosen, die besonders bei der Amoebiasis schwerwiegend sein können, zu vermeiden; im folgenden sind schematisiert die wichtigsten apathogenen Protozoen im Vergleich zur Entamoeba histolytica dargestellt (Abb. 8.3).

8.2.5.2 Balantidiasis

Die Balantidiasis, Balantidiose- oder Balantidienruhr ist ebenfalls eine Protozoenerkrankung des Dünndarms, die ein ruhrähnliches Krankheitsbild zeigen kann.
Der Erreger ist Balantidium coli, er gehört zur Klasse der Ciliophoren und ist der einzige Ciliat, der zum Parasiten des Menschen werden kann.
Dabei führt die Infektion nur selten zur Erkrankung, weil die Balantidien gewöhnlich durch die Säurebarriere des Magens zerstört werden. Natürliche Wirte für Balantidium coli sind vorwiegend Haus- und Wildschwein, an denen sich der Mensch, vorwiegend bei engem Umgang mit Schweinen, infizieren kann. Die Balantidiasis kommt deshalb vorwiegend bei Tierärzten, Landwirten, Schweinezüchtern und Schlachthofpersonal vor. In Europa sind Fälle auf

dem Balkan, in Griechenland und in Südrußland aufgetreten. Endemiegebiete bestehen auf den Philippinen, in Japan und Mittelamerika.
Die Infektion erfolgt meistens durch die orale Aufnahme von mit Zysten verunreinigtem Wasser. Die Zysten sind kugelig mit dickwandiger Membran und einem Durchmesser von 50–60 µm. Im Dickdarm wandelt sich der Erreger in eine ovale Form von 40–150 µm um, die sich mittels den ganzen Körper umgebenden Wimpern sehr rasch fortbewegen kann. Balantidium ist die *größte* aller menschenpathogenen Protozoen. Der Parasit hat einen großen, nierenförmigen Kern, an dessen Konkavseite ein Mikronukleus liegt, Vermehrung erfolgt durch Querteilung. Die Zysten werden vom infizierten Menschen nur selten ausgeschieden, deshalb erfolgt keine Direktübertragung von Mensch zu Mensch.
Das Krankheitsbild ist wechselhaft und reicht von asymptomatischer Darmlumeninfektion über leichte bis chronische Darmstörungen mit rezidivierenden Durchfällen. Es entstehen aber auch schwere Krankheitsbilder, die einer akuten Amöbenruhr ähneln.
Die Diagnose wird durch den Nachweis der Balantidien im Stuhl gestellt, was bei akuten Fällen leicht gelingt. Die Erreger fallen durch ihre Größe und ihre lebhafte Eigenbewegung schon bei geringer mikroskopischer Vergrößerung auf. Bei chronischen Fällen sollte eine Anreicherungsmethode durchgeführt werden.
Seltene Komplikationen sind Perforation von Balantidiengeschwüren mit anschließender Peritonitis.
In tropischen Gebieten kommen Mischinfektionen, z. B. mit Salmonellen und Shigellen, vor.

8.2.5.3 Lambliasis

Die Giardia lamblia gehört zur Untergruppe der Flagellaten, die ebenfalls zu den Protozoen zählen und ein eigenes Krankheitsbild verursachen.
Die vegetative Form der Flagellaten ist 20 µm lang und 9 µm breit, hat eine birnenförmige Gestalt und trägt an der Unterseite einen Saugnapf. In der vorderen Hälfte sind 2 Kerne erkennbar, zwischen ihnen 4 Basalkörper, von denen 4 Paar Geißeln ausgehen. Die vor-

wiegend im Stuhl gefundenen Zysten sind etwa 14 µm groß, haben 4 Kerne, und die Geißeln durchziehen der Länge nach die Zysten. Abb. 8.2-a.

Die Übertragung erfolgt von Mensch zu Mensch oder auch durch Lebensmittel. Der Sitz der vegetativen Form ist vorwiegend Duodenum und Jejunum, gelegentlich auch die Gallenblase mit Gallenwegen und Pankreasgang.

Die vegetative Form läßt sich im frisch gewonnenen Duodenalsaft oder auch im Stuhl nachweisen. Dort wird sie im Nativpräparat an der lebhaften Bewegung erkannt. Ebenso kann man die Zysten im Stuhl nachweisen, hier vorwiegend mit der MIF-Methode.

8.2.5.4 Kokzidiose

Die Kokzidiose wird durch eine Infektion des Dünndarms mit Isospora ausgelöst. Die Parasiten kommen weltweit vor, Isospora belli ist in Mitteleuropa selten zu finden, in Südamerika liegt die Befallsrate teilweise zwischen 3 und 4%. Isospora belli wird als unsporulierte, ca. 30–15 µm große Oozyste ausgeschieden. Eine Infektion mit der ähnlichen Isospora hominis entsteht durch den Verzehr rohen Rinder- und Schweinefleisches, in deren Muskulatur sich die durch ungeschlechtliche Vermehrung entstehende Zystenform des Parasiten (Sarkosporidien) befinden.

Im Dünndarm des Menschen bilden sich daraus durch geschlechtliche Vermehrung die Oozysten. Sie werden sporuliert ausgeschieden.

Die Kokzidien gehören zur Klasse der Sporozoen, sie sind in ihren Entwicklungszyklen den Malariaplasmodien verwandt.

Isospora belli wurde häufig als Ursache für Durchfall, Anorexie, Gewichtsverlust und Fieberanfälle beschrieben. Die Inkubationszeit beträgt ca. 6–12 Tage, die pathogenetische Bedeutung von Isospora hominis ist bisher jedoch nicht eindeutig geklärt worden.

Die Untersuchung im Stuhl gelingt meistens nur durch Anreicherungsmethode, da der Oozystenbefall gering ist.

Literatur

Lehrbücher

1. Granz W, Ziegler K (1976) Tropenkrankheiten. Barth, Leipzig
2. Hornbostel H, Kaufmann W, Siegenthaler W (1977) Innere Medizin in Praxis und Klinik, Bd 3, 2. Aufl. Thieme, Stuttgart
3. Nauck EG (1975) Mohr W, Schumacher HH, Weyer F (Hrsg) Lehrbuch der Tropenkrankheiten, 4. Aufl. Thieme, Stuttgart
4. Piekarski G (1973) Medizinische Parasitologie in Tafeln, 2. Aufl. Springer, Berlin Heidelberg New York

Einzelarbeiten

5. Lieske H (1982) Wurmeier – Diagnostik in der Praxis. Mat Med Nordmark 34: 67–84
6. Schreiber W (1974) Parasitosen des Darmtraktes. Fortschr Med 8 (92): 305–350
7. Volkheimer G (1981) Intestinale Helminthosen. der arzt im krankenhaus 8: 472
8. Volkheimer G (1981) Intestinale Helminthosen: ein Praxisproblem. diagnostik 14: 246–257

Sachverzeichnis